# 2026
# 승강기 기능사

## 기출문제집

### 필기/실기

- 전체 무료강의 제공 -

▶ 유튜버 순수찜 저

 **이 책의 장점**

★ 저자직강 유튜브 채널운영
★ 최신 개정 법령 완벽 반영
★ Q-NET 최신 출제기준 기반 필기 이론
★ 작업형 실기 이미지 기반 쉬운 해설
★ 필기, 실기 강좌로 합격 노하우 완벽 대비

<영상 바로가기>

## 필기

### 과년도 기출 유형별 복원   7

### 실전 기출문제 [해설 미포함]   41

- 답안지   43
- 16년도 실전 1회차   49
- 16년도 실전 2회차   60
- 16년도 실전 4회차   70

### 핵심이론   81

- Ⅰ. 승강기 개론   82
- Ⅱ. 승강기 안전관리   122
- Ⅲ. 승강기 보수관리   139
- Ⅳ. 기계/전기 기초 이론   163
- 별첨-자체점검기준   199

### 과년도 기출문제 [해설 포함]   213

- 15년도 1회차   214
- 15년도 2회차   230
- 15년도 4회차   246
- 15년도 5회차   262
- 16년도 1회차   278
- 16년도 2회차   295
- 16년도 4회차   310

## 실기

### 와이어로프 끝부분 처리작업   328

- 준비물   328
- 지급재료   329
- 작업과정   330

### 승강기 운전 제어회로   337

- 준비물   337
- 지급재료   338
- 제어회로 작업 과정   340
- 접점 표시법   341
- 실전문제   356
- 작업과정   366
- 승강기기능사 실기 공개문제   418

# 『필기 단기간 합격 전략』

"25년도 필기 합격률 20%?! 기출 + 이론 중심으로 공부하라"

최근 몇 년간 승강기기능사 **필기 합격률은 꾸준히 하락**하고 있습니다. 100점 만점에 60점 이상이 합격 기준이지만, 실제로는 응시자 10명 중 약 7명이 60점을 넘기지 못하고 불합격하고 있습니다.

필기시험 문항의 약 60%는 기존 기출문제와 동일하거나 일부 변형된 문제, 나머지 40%는 새롭게 출제되는 신유형 문제로 구성됩니다. 따라서 단순히 문제를 암기하는 것만으로는 합격을 장담할 수 없습니다. 기출문제를 알고 있더라도 그 **기반이 되는 이론을 정확히 이해해야만** 새로운 문제를 해결할 수 있습니다.

이전까지만 해도 "기출만 외워도 합격할 수 있다"는 말이 통했지만, **2026년도 시험부터는 '기출 중심 + 이론 보완형 학습'**이 필수입니다. 기출문제를 통해 출제 경향을 익히되, 각 문제에 내포된 핵심 이론까지 숙지해야 안정적으로 고득점을 받을 수 있습니다.

본 교재에는 2015~2016년도 필기시험 해설이 수록되어 있습니다. 이는 2016년도까지 필기시험이 종이 시험지로 진행되었기 때문이며, 그 이후 CBT(Computer Based Test) 방식으로 변경되면서 문제 복원이 제한되었습니다. CBT 시험은 회차와 시간대가 같더라도 문제 구성이 다르게 랜덤 출제되므로, **기존 기출문제와 유사하게 출제된다면 반드시 모두 맞춘다는 각오**로 학습해야 합니다.

결국, 다양한 기출문제를 풀어보며 그에 기반한 이론을 확실히 이해하는 것이 한 번에 합격하는 가장 확실한 방법입니다.

한편, 승강기기능사 출제기준이 2025~2027년까지 개정되었습니다. 이전에는 '승강기 기초이론' 중심이었다면, 새로운 기준에서는 '설치 및 유지관리 등 실무 중심 내용'으로 비중이 확대되었습니다. 그러나 신유형 문제가 출제되더라도 기존의 기본 이론이 바뀌는 것은 아니므로, 본 교재의 기출문제와 핵심이론 중심으로 학습하시면 충분히 대비할 수 있습니다.

# 『실기 단기간 합격 전략』

"실기 재료는 직접 구매하여 반드시 여러 번 연습할 것"

2025~2027년도 출제기준 개정으로 엘리베이터 형판 설치, 에스컬레이터 디딤판 설치, 엘리베이터 및 에스컬레이터 점검 등의 실무 내용이 새롭게 추가되었습니다.

다만 출제기준이 변경되더라도 기존의 와이어로프 소켓 작업과 제어회로 구성 작업 이 두 과목은 당분간 유지될 것으로 예상됩니다. 실제로 **2025년도 실기시험에서도 와이어로프 및 제어회로 작업이 그대로 출제**되었습니다.

실기시험이 완전히 변경되기 위해서는 **큐넷(Q-Net) 출제경향 항목의 수정이 선행**되어야 합니다. 현재 큐넷에는 다음과 같이 명시되어 있습니다.

"- 작업형 실기시험은 와이어로프의 작업과 승강기의 운전제어회로를 구성합니다."

따라서 현 시점에서는 기존 작업 형태에 맞추어 준비하는 것이 가장 안정적인 전략이라 할 수 있습니다.

## 1) 와이어로프 작업

와이어로프 작업은 로프 꼬기 이후 소켓 삽입 과정까지 반드시 연습해야 합니다. 시험장에서는 로프 꼬기까지만 연습하고 소켓 삽입을 생략한 응시자들이 많지만, 이 과정이 완성되지 않으면 제어회로 작업으로 넘어가지 못하는 경우가 발생합니다. 따라서 **로프 꼬기부터 소켓 삽입까지 전 과정을 숙달하는 것이 필수입니다.**

## 2) 제어회로 작업

제어회로 구성 시에는 **접점번호 부여 연습이 매우 중요합니다.** 접점번호가 잘못되면 결선이 틀어지고 회로가 정상적으로 동작하지 않아 불합격으로 이어질 가능성이 높습니다. 따라서 충분한 반복 연습을 통해 회로 구성 순서와 접점번호 체계를 정확히 익히는 것이 필요합니다.

큐넷에는 공개문제 10가지 회로도가 공개되어 있으며, 각 문제별 해설은 유튜브 무료 강의로 확인할 수 있습니다. 시험에서는 이 공개문제와 동일한 회로가 출제되거나, 일부 변형된 형태로 출제되므로 **10개 공개문제를 모두 완벽히 숙지해야 안정적으로 대비할 수 있습니다.**

## 3) 실기 재료 준비

실기 재료는 일반 시중에서 개별 구매가 어렵기 때문에, **온라인으로 한 번에 주문할 수 있는 링크를 교재 맨 뒤 페이지에 수록하였습니다.** 재료를 직접 준비하여 최소 3회 이상 전체 작업 과정을 반복 실습해보는 것이 실기시험 합격을 위한 가장 효과적인 방법입니다.

# 1

# 승강기기능사
## 과년도 기출 유형별 복원

# 과년도 유형별 최신 기출문제

> 📢 **만점 활용 가이드**
>
> 처음 접하는 내용이라 다소 어렵고 낯설게 느껴질 수 있습니다. 이 단계에서는 문제와 해설을 먼저 눈으로 훑어보는 것부터 시작하세요. 너무 많은 시간을 들이기보다는, 자주 등장하는 단어와 표현을 시각적으로 익히는 데 집중합니다. 빈출 유형에서 반복되는 용어를 이미지처럼 떠올릴 수 있을 정도로 눈에 익히는 것이 중요합니다.

## Ⅰ. 승강기 개론

### chapter1. 엘리베이터의 개념

**001**

고속엘리베이터의 일반적인 기준속도는?
① 2 m/s 이상  ② 3 m/s 이상
③ 4 m/s 이상  ④ 5 m/s 이상

**해** 속도에 따른 분류
- 저속 엘리베이터 : 0.75m/s 이하
- 중속 엘리베이터 : 1~4m/s
- 고속 엘리베이터 : 4~6m/s
- 초고속 엘리베이터 : 6m/s 이상

**002**

승객 스스로 운전하는 전자동 엘리베이터로 승강장에 누름버튼이 2개 있으며, 카 버튼이나 승강장의 호출신호에 의해 기동, 정지를 이루며 운행하는 방식은 무엇인가?
① 승합전자동식   ② 단식자동식
③ 군 승합 전자동식  ④ 군 관리 방식

**003**

엘리베이터를 신호방식에 따라 분류할 때 먼저 눌러져 있는 버튼의 호출에 응답하고, 그 운전이 완료될 때까지 다른 호출을 일체 받지 않는 방식은?
① 군 관리 방식
② 승합 전자동식
③ 단식 자동 방식
④ 하강 승합 전자동식

**빈출유형**

**해** 전자동식 엘리베이터 운전조작방식
- 단식 자동식 : 가장 먼저 누른 호출버튼에만 응답하고 운전이 완료되기 전까지는 다른 호출에 응답하지 않음
- 승합 전자동식 : 승강장에 상향, 하향 버튼이 있음. 승객이 승강장 외부의 버튼을 누름으로써 운행됨
- 군 승합 전자동식 : 2-3대 승강기가 함께 있을 때 사용되는 조작방식. 한 개의 승강장 호출에 한 대의 카만 응답하는 방식
- 군 관리 방식 : 3-8대 승강기가 함께 있을 때 사용되는 조작방식. 이용 상황에 따라 상호간 유기적으로 운전하는 방식

# chapter2. 엘리베이터의 구성요소

## 004

균형추의 중량을 결정하는 계산식은? (단, 여기서 L은 정격하중, F는 오버밸런스율이다.)

① 균형추의 중량 = 카 자체하중 + (L * F)
② 균형추의 중량 = 카 자체하중 × (L * F)
③ 균형추의 중량 = 카 자체하중 + (L + F)
④ 균형추의 중량 = 카 자체하중 + (L - F)

**빈출유형**

해 균형추의 중량 = 카 자체하중 + L x F
　　(L : 정격하중, F : 오버밸런스율)

## 005

균형추의 총 중량을 정할 때 빈 카의 자중에 적재하중의 몇 %를 더 할 것인가를 나타내는 것으로써, 일반적으로 정격 적재하중에 35~55% 가량 추가된 값을 의미하는 것은 무엇인가?

① 오버밸런스율　② 종합효율
③ 안전율　　　　④ 영(Young)율

해 **오버밸런스율**
- 정격 적재하중에 35~55% 가량 추가된 값
- 승용의 경우 45%, 화물의 경우 50%를 적용시킴

## 006

트랙션권상기의 특징으로 틀린 것은?

① 소요동력이 작다.
② 행정거리의 제한이 없다.
③ 주로프 및 도르래의 마모가 일어나지 않는다.
④ 권과(지나치게 감기는 현상)를 일으키지 않는다.

## 007

트랙션식 권상기에서 로프와 도르래의 마찰계수를 높이기 위해서 도르래 홈의 밑을 도려낸 언더컷 홈을 사용한다. 이 언더컷 홈의 단점은 무엇인가?

① 권과가 심하다.
② 균형추 진동이 심하다.
③ 시브의 이완이 발생한다.
④ 로프 마모가 심하다.

**빈출유형**

해 **트랙션식 권상기**
- 가장 기본적으로 사용되는 구동방식 (1:1 로핑)
- 와이어로프를 시브와 도르래에 걸어 한쪽에는 카를 매달고 반대쪽에는 균형추를 매달아 운행하는 방식
　▶ 카를 승·하강 시키면서 마찰이 생기고 로프나 도르래의 마모가 일어남

## 008

정격하중 1000kg, 정격속도 60m/min, 오버밸런스율 50%, 종합효율 80% 일 때 엘리베이터 전동기의 소요동력 약 몇 kW인가?

① 6.127
② 7.127
③ 15.686
④ 16.686

**해 전동기의 소요동력**

$$P = \frac{MVS}{6120\eta}$$

M : 정격하중(kg), V : 정격속도(m/min),
S : 1 − F(오버밸런스율%) $\eta$ : 종합효율

$$P = \frac{1000 \times 60 \times (1-0.5)}{6120 \times 0.8} = \frac{30000}{4896} ≒ 6.127$$

## 009

다음 중 조속기의 형태가 아닌 것은?
① 롤 세이프티(Roll Safety)형
② 디스크(Disk)형
③ 플라이 볼(Fly Ball)형
④ 카(Car)형

## 010

도르래의 회전을 베벨기어에 의해 수직축의 회전으로 변환하고, 이 축의 상부에서부터 링크 기구에 의해 매달린 구형의 진자에 작용하는 원심력으로 작동하는 과속조절기는?
① 디스크형 과속조절기
② 플라이 볼형 과속조절기
③ 롤 세프티형 과속조절기
④ 슬라이드형 과속조절기

**빈출유형**

**해 과속조절기(조속기)종류**
- 롤 세이프티형 (마찰정지형) : 엘리베이터 과속 시 ⇨ 과속스위치가 과속 검출 ⇨ 동력 전원 회로 차단 ⇨ 전자 브레이크 작동 ⇨ 과속조절기 도르래의 회전을 정지시킴 ⇨ 도르래 홈과 로프 사이의 마찰로 비상 정지시킴 (저속 엘리베이터에 주로 사용)
- 플라이 볼형 : 도르래의 회전을 베벨기어에 의해 수직축의 회전으로 변환 ⇨ 축의 상부에서부터 링크 기구에 의해 매달린 구형의 진자에 작용하는 원심력으로 작동 (고속엘리베이터에 주로 사용)
- 디스크형 : 엘리베이터 과속 시 ⇨ 원심력에 의해 진자가 움직임 ⇨ 가속 스위치를 작동시켜서 정지시킴 (중저속 엘리베이터에 주로 사용)

## 011

보상로프의 역할로 적합한 것은?
① 카의 진동을 방지한다.
② 카의 낙하를 방지한다.
③ 주로프와 이동케이블의 이동으로 변화된 하중을 보상한다.
④ 균형추의 이탈을 방지한다.

**해** 균형체인(보상체인), 균형로프(보상로프)
- 카와 균형추에 연결되어 무게 불균형을 보상함
- 승강로가 긴 경우 로프를 사용함 (균형로프)
- 카의 위치 변화에 따라 주로프의 무게 차가 생겨 카와 균형추의 무게불균형 변동이 크게 되었을 때 이를 보상하는 역할을 함

## 012

가이드레일 또는 브라켓의 보수점검사항이 아닌 것은?
① 가이드레일의 녹 제거
② 가이드레일의 요철제거
③ 가이드레일과 브라켓의 체결볼트 점검
④ 가이드레일 고정용 브라켓 간의 간격 조정

**해** ▶ 가이드레일은 설치 할 때부터 고정되어있기 때문에 보수점검시 간격 조정을 할 수 없음

## 013

가이드 레일의 사용목적이 아닌 것은?
① 집중하중 작용 시 수평하중을 유지
② 비상정지장치 작동 시 수직하중을 유지
③ 카와 균형추의 승강로 평면내의 위치 규제
④ 카의 자중이나 화물에 의한 카의 기울어짐 방지

**빈출유형**
**해** 가이드레일의 목적
- 비상정지장치 작동이나 집중하중 발생 시 수직하중을 유지함
- 카와 균형추의 승강로 평면 내의 위치를 규제함
- 카의 자중이나 화물에 의한 기울어짐을 방지함

## 014

엘리베이터 전동기에 요구되는 특성으로 옳지 않은 것은?
① 기동전류가 클 것
② 기동토크가 클 것
③ 회전부의 관성모멘트가 적을 것
④ 고기동 빈도에 의한 발열에 충분히 견딜 것

**빈출유형**
**해** 엘리베이터용 전동기의 구비조건
- 전력소비가 작을 것 (기동전류가 작을 것)
- 운전상태가 정숙하고 저진동일 것
- 고기동 빈도에 의한 발열에 충분히 견딜 것
- 회전부의 관성모멘트가 적을 것
- 정격속도에 맞게 회전속도 오차는 +5%~ -10% 사이일 것

# chapter3. 엘리베이터 도어시스템

## 015

승강장의 문이 열린 상태에서 모든 제약이 해제되면 자동적으로 닫히게 하여 문의 개방상태에서 생기는 2차 재해를 방지하는 문의 안전장치는?
① 시그널 컨트롤
② 도어 컨트롤
③ 도어 클로저
④ 도어 인터록

**해 도어클로저**
- 카가 승강장에 없을 때 승강장의 문이 자동으로 닫히게 하는 안전장치
- 도어클로저의 검사는 카 위에서 행함

## 016

엘리베이터 도어 사이에 끼이는 물체를 검출하기 위한 안전장치로 틀린 것은?
① 광전 장치
② 도어클로저
③ 세이프티 슈
④ 초음파 장치

**빈출유형**

**해 도어 안전장치**
- 세이프티슈 : 사람이나 물체가 닿는 경우 도어가 열림
- 광전장치(세이프티레이) : 투광기와 수광기로 구성됨. 광선이 차단되면 도어가 열림
- 초음파장치 : 초음파로 사람이나 물체를 검출하여 도어가 열림

## 017

엘리베이터 도어의 세이프티 슈에 대한 점검 사항이 아닌 것은?
① 슈의 작동 상태
② 슈와 도어의 간격
③ 슈와 도어 머신 캠 스위치와의 갭
④ 도어 끝에서 슈의 나온 길이

**해 세이프티 슈 점검 사항**
- 세이프티 슈의 작동상태
- 세이프티 슈와 도어 간격
- 세이프티 슈의 길이

## 018

카의 문을 열고 닫는 도어머신에서 성능상 요구되는 조건이 아닌 것은?
① 작동이 원활하고 정숙하여야 한다.
② 카 상부에 설치하기 위하여 소형이며 가벼워야 한다.
③ 어떠한 경우라도 수동조작에 의하여 카 도어가 열려서는 안된다.
④ 작동 회수가 승강기 기동 회수의 2배이므로 보수가 쉬워야 한다.

**해 도어머신에 요구되는 성능**
- 보수가 쉽고 작고 가벼울 것
- 가격이 저렴할 것
- 작동이 원활하고 조용할 것
- 작동 횟수가 많기 때문에 내구성이 좋을 것
  ▶ 비상시에는 수동 조작에 의해 카 도어가 열려야함

## chapter4. 승강로 & 기계실

### 019

엘리베이터 자체점검항목 중 기계실의 감속기에서 점검하는 항목이 아닌 것은?
① 도르래 홈의 마모상태
② 감속기 및 관련 부품의 노후 및 작동상태
③ 윤활유의 유량 및 노후상태
④ 이상 소음 및 진동 발생상태

**해 엘리베이터 자체점검 기준**

| 점검내용 | 점검방법 | 점검주기 (회/월) |
|---|---|---|
| 감속기 윤활유의 유량 및 노후상태 | 육안 | 1/3 |
| 감속기 및 관련 부품의 노후 및 작동상태 | 육안 | 1/1 |
| 감속기 이상 소음 및 진동 발생상태 | 육안 | 1/3 |

### 020

승강로에서 작업 시 피트 바닥에서 수직으로 1m 위쪽의 조도는 얼마이상이어야 하는가?
① 5lx  ② 20lx
③ 50lx  ④ 100lx

**빈출유형**
**해 조도**
- 카 지붕에서 1m 수직 위 : 50 lx
- 피트 바닥에서 1m 수직 위 : 50 lx
- 승강로 그 외의 장소 : 20 lx
- 기계실 작업공간의 바닥 면 : 200 lx
- 기계실 작업공간 간 이동 공간의 바닥 면 : 50 lx
- 정전시 비상전원공급장치 : 5 lx

## chapter5. 엘리베이터 제어시스템

### 021

속도제어 중 워드레오나드방식을 옳게 설명한 것은?
① 전동발전기의 계자를 조절하여 출력전압을 조절
② 발전기의 출력을 저항으로 출력전압을 조절
③ 사이리스터의 점호각을 조절
④ 전동기의 전압을 주파수로 변화시켜 속도를 조절

**빈출유형**
**해 직류엘리베이터**
- 워드레오나드 방식 : 발전기의 계자전류를 조정하여 발전기 전압을 임의로 연속적으로 변화시킴. 연속적이고 광범위하게 속도 조절이 가능한 방식.
- 정지레오나드 방식 : 사이리스터로 구성된 정류기로 점호각을 제어하여 교류(AC)에서 직류(DC)로 전압을 변환하는 방식

## 022

교류1단속도제어의 속도 적용범위는 착상 오차를 고려하여 보통 몇 m/s 까지 적용하는가?

① 0.75m/s    ② 1m/s
③ 4m/s       ④ 6m/s

**빈출유형**

**해** **교류엘리베이터**
- 교류1단 제어방식
  - 전원을 끊은 후 제동기에 의해 브레이크가 걸려 속도가 제어됨
  - 착상 오차가 크기 때문에 저속(0.75m/s 이하) 승강기에 적합
- 교류2단 제어방식
  - 고속권선 기동/주행, 저속권선 감속/착상을 하여 속도 제어
  - 교류1단 제어방식에 비해 착상이 우수하며, 중속(1~4m/s) 승강기에 적합
  - 4:1 속도비가 교류 2단 제어방식에서 가장 많이 사용됨
- 교류 귀환(궤환) 제어방식
  - 사이리스터의 점호각을 바꾸어 유도전동기의 속도를 제어
- VVVF 제어방식
  - 가변전압, 가변주파수 제어. 인버터 제어라고도 불림
  - 저속, 중속, 고속, 초고속 관계없이 광범위한 속도제어에 이용됨

## chapter6. 엘리베이터 부속장치

## 023

카 추락방지안전장치가 작동될 때, 무부하 상태의 카 바닥 또는 정격하중이 균일하게 분포된 부하 상태의 카 바닥은 정상적인 위치에서 몇 %를 초과하여 기울어지지 않아야 하는가?

① 2    ② 3    ③ 4    ④ 5

**해** ▶ 카 추락방지안전장치가 작동될 때, 무부하 상태의 카 바닥 또는 정격하중이 균일하게 분포된 부하 상태의 카 바닥은 정상적인 위치에서 5%를 초과하여 기울어지지 않아야 함

## 024

카의 추락방지안전장치가 작동할 때 균형추나 와이어로프 등이 관성에 의해 튀어 오르는 것을 방지하기 위하여 설치하는 장치는?

① 과전류차단기
② 과부하방지장치
③ 개문출발방지장치
④ 튀어오름 방지장치

**해** **록다운 비상정지 장치(튀어오름방지장치)**
- 와이어 로프나 균형추 등이 관성에 의해 튀어 오르지 못하도록 하는 장치
- 비상정지장치 작동시 필요함
- 순간작동식으로 작동되어야 함

## 025

승객용 엘리베이터에서 튀어오름 방지장치를 설치해야하는 정격속도의 범위는?

① 3m/s 이하　② 3m/s 초과
③ 3.5m/s 초과　④ 1.75m/s 초과

**해 보상수단**
- 정격속도가 3m/s 이하 : 체인, 로프 또는 벨트와 같은 수단 설치
- 정격속도가 3m/s 초과 : 보상 로프 설치
- 정격속도가 3.5m/s 초과 : 튀어오름방지장치 추가
- 정격속도가 1.75m/s 초과 : 순환하는 부근에서 안내봉 등에 의해 안내되야 함

## 026

다음 중 작동되어도 운행이 가능한 것은 무엇인가?

① 과부하감지장치
② 과속조절기
③ 주브레이크
④ 통신장치

**해** ▶ 카 내 통신장치로는 인터폰, 비상벨 등이 있으며, 작동되어도 운행이 가능함

## 027

아파트 등에서 주로 야간에 카 내의 범죄활동 방지를 위해 설치하는 것은?

① 파킹스위치
② 슬로다운 스위치
③ 록다운 비상정지 장치
④ 각층 강제 정지운전 스위치

**빈출유형**

**해 기타 안전장치**
- 파킹스위치(휴지스위치) : 승강기를 사용하지 않을 경우 파킹스위치를 켜면 자동으로 승강장의 모든 호출신호는 사라지고, 카 내의 행선신호만 서비스한 후 기준층으로 돌아와서 운행이 중지됨
- 슬로다운 스위치 : 카가 최상층이나 최하층에서 정지하지 못했을 때 이를 감지하여 강제로 감속시켜 정지시키는 장치
- 록다운 비상정지 장치(튀어오름방지장치) : 와이어 로프나 균형추 등이 관성에 의해 튀어 오르지 못하도록 하는 장치
- 강제 각층 정지운전 스위치 : 아파트와 같은 공동주택에서 야간에 카 내 범죄활동을 방지하기 위해 사용. 층마다 정지 후 운행됨

## 028

정지로 작동시키면 승강기의 버튼등록이 정지되고 자동으로 지정 층에 도착하여 운행이 정지 되는 것은?

① 리미트 스위치　② 슬로다운 스위치
③ 파킹 스위치　④ 피트 정지 스위치

**해 파킹스위치(휴지스위치)**
승강기를 사용하지 않을 경우 파킹스위치를 켜면 자동으로 승강장의 모든 호출신호는 사라지고, 카 내의 행선신호만 서비스한 후 기준층으로 돌아와서 운행이 중지됨

# chapter7. 유압식 엘리베이터

## 029

유압식 엘리베이터에서 램(실린더) 또는 플런저의 상부에 카를 직접 설치하는 방식은?
① 직접식　　② 간접식
③ 기어식　　④ 팬터그래프식

## 030

유압식 엘리베이터 중에서 구조가 간단하고 설치면적이 좁은 방식은?
① 직접식　　② 간접식
③ 밸브식　　④ 팬터그래프식

**빈출유형**

**해 직접식 유압 엘리베이터**
- 램 또는 실린더가 카 또는 슬링에 직접 연결되어 있는 형태
- 비상정지장치가 필요 없음
- 구조가 간단하며 승강로의 공간 면적이 작음
- 실린더를 설치하기 위해 보호관을 땅 속에 묻어야 해서 설치와 점검이 어려움
- 부하에 의한 카 바닥의 빠짐이 작음

## 031

플런저 상부에 도르래를 설치하여 로프나 체인으로 카를 승강하도록 설계된 유압식 엘리베이터는 무엇인가?
① 직접식
② 간접식
③ 팬더그래프식
④ 화물용 엘리베이터

## 032

간접식 유압엘리베이터의 특징이 아닌 것은?
① 부하에 의한 카 바닥의 빠짐이 비교적 작다.
② 비상정지장치가 필요하다.
③ 실린더 설치를 위한 보호관이 필요하지 않다.
④ 실린더의 점검이 용이하다.

**빈출유형**

**해 간접식 유압 엘리베이터**
- 램 또는 실린더가 로프 또는 체인과 같은 현수수단에 의해 카 또는 슬링에 연결되어 있는 형태
- 비상정지장치가 필요함
- 승강로는 실린더를 수용할 부분만큼 면적이 더 커짐
- 실린더를 설치하기 위한 보호관이 필요 없음
- 실린더의 점검이 용이함
- 부하에 의한 카 바닥의 빠짐이 큼

## 033

유압식 엘리베이터에서 고장수리 할 때 가장 먼저 차단해야 할 밸브는?
① 체크 밸브　　② 스톱 밸브
③ 복합 밸브　　④ 다운 밸브

## 034

파워유니트를 보수·점검 또는 수리할 때 사용하면 불필요한 작동유의 유출을 방지할 수 있는 밸브는?
① 사일렌서　　② 체크밸브
③ 스톱밸브　　④ 릴리프밸브

**해 스톱 밸브 (=차단밸브)**
- 파워유니트와 실린더 사이에 설치되는 수동 조작밸브
- 밸브를 닫으며 실린더의 기름이 파워유닛으로 역류하는 걸 막을 수 있음
- 불필요한 작동유의 유출을 방지 할 수 있음
- 승강기 유압장치 보수, 점검, 수리 시 사용됨
- 실린더에 체크밸브와 하강밸브를 연결하는 회로에 설치되어야함
- 엘리베이터 구동기의 다른 밸브와 가까이 위치되어야 함

## 035

유압식 엘리베이터의 밸브 작동 압력을 전부하 압력의 140%까지 맞추어 조절해야 하는 밸브는?
① 체크밸브　　② 스톱밸브
③ 릴리프밸브　　④ 업(up)밸브

**해 릴리프밸브**
- 유체를 배출함으로써 미리 설정된 값 이하로 압력을 제한
- 펌프와 체크밸브 사이의 회로에 연결
- 밸브가 열리면 작동유는 탱크로 되돌려 보내져야함
- 전 부하 압력의 140%까지 제한하도록 맞추어 조절되어야함

## 036

유압식 엘리베이터에서 실린더에 이물질이 흡입되는 것을 방지하기 위하여 펌프의 흡입축에 부착하는 것은?
① 필터　　② 사일렌서
③ 스트레이너　　④ 더스트와이퍼

**해 기타 파워유닛설비(필터)**
- 필터 : 유압장치에 이물질이 들어가는 것을 막기 위해 설치함
  - 스트레이너 : 펌프의 흡입축에 부착하는 것
  - 라인필터 : 배관 중간에 부착하는 것

## chapter8. 에스컬레이터

### 037

에스컬레이터의 층고가 6 m 이하이고, 공칭 속도가 0.5m/s 이하인 경우에는 경사도를 몇 °까지 증가시킬 수 있는가?
① 30  ② 35  ③ 40  ④ 45

해 ▶ 에스컬레이터의 경사도 : 30°를 초과하지 않아야함 (층고가 6m 이하이고, 공칭속도가 0.5m/s 이하인 경우 35°까지 증가시킬 수 있음)

### 038

에스컬레이터의 안전장치가 아닌 것은?
① 제어회로 자동, 수동 선택 스위치
② 스커트 가드
③ 핸드레일 안전장치
④ 인레트 스위치

### 039

에스컬레이터의 안전장치가 아닌 것은?
① 인렛트 스위치   ② 비상 스위치
③ 업다운 키 스위치
④ 스커트가드 안전스위치

**빈출유형**

해 에스컬레이터 안전장치
- 구동체인 안전장치
- 스커트가드 안전장치
- 과속 감지 장치
- 콤 끼임 감지장치
- 핸드레일 인입구 끼임 감지장치(인레트 스위치)
- 핸드레일 속도 편차 감지장치
- 비상정지장치

### 040

에스컬레이터의 구동체인이 규정치 이상으로 늘어났을 때 일어나는 현상은?
① 안전장치가 작동하여 하강은 되고 상승은 되지 않는다.
② 안전장치가 작동하지만 브레이크는 작동하지 않는다.
③ 안전장치가 작동하여 무부하 시 구동은 되지만 부하 시 구동되지 않는다.
④ 안전장치가 작동하여 안전회로 차단으로 구동되지 않는다.

해 에스컬레이터 안전장치 - 구동체인 안전장치
- 구동체인이 절단되거나, 과하게 늘어나게 된 경우 발생하는 위험을 방지함
- 구동체인 안전장치가 작동되어 기계적으로 브레이크를 동작시킴
- 비상브레이크라고도 함

## 041

에스컬레이터에는 손잡이 속도 감시 장치가 설치되어야 하고, 5초 ~ 15초 내에 디딤판에 대해 몇 %이상의 손잡이 속도 편차가 발생하는 경우 에스컬레이터 또는 무빙워크를 정지시켜야 하는가?

① ±3%  ② ±5%
③ ±10%  ④ ±15%

🅗 **에스컬레이터 안전장치 - 핸드레일 속도 편차 감지장치**
- 핸드레일과 디딤판 속도 사이 허용오차 -0% ~ +2% (핸드레일이 디딤판보다 빠른 경우에만)
- 5초~15초 내에 디딤판에 대해 ±15% 이상의 손잡이 속도 편차가 발생하는 경우 에스컬레이터/무빙워크 정지

## 042

에스컬레이터의 손잡이(핸드레일)의 점검사항에 해당하는 것은?

① 주행안내 시스템의 설치상태
② 스커트 디플렉터 설치상태
③ 문짝과 문짝, 문틀 또는 문턱 사이의 틈새 점검
④ 손잡이(핸드레일) 측면과 가이드 측면 사이의 틈새

🅗 **에스컬레이터 손잡이 자체점검 기준**

| 점검내용 | 점검방법 | 점검주기 (회/월) |
|---|---|---|
| 손잡이 측면과 가이드 측면 사이의 틈새 | 측정 | 1/3 |
| 손잡이의 설치 상태 | 측정 | 1/3 |

## chapter9. 특수승강기

## 043

거동이 불편한 장애인의 이동을 위해 의자 또는 휠체어에 앉아 경사면을 이동할 수 있도록 설치되는 것은?

① 장애인용 엘리베이터
② 유압식 엘리베이터
③ 경사형 휠체어리프트
④ 에스컬레이터

🅗 ▶ 경사형 휠체어 리프트에 해당하는 내용임

## 044

사람이 탑승하지 않으면서 적재용량 300kg 이하의 소형화물 운반에 적합하게 제작된 엘리베이터는?

① 소형 화물용 엘리베이터(덤웨이터)
② 화물용 엘리베이터
③ 비상용 엘리베이터
④ 승객용 엘리베이터

🅗 **덤웨이터**
- 정격하중 300kg 이하
- 정격속도가 1m/s
- 바닥면적 $1m^2$ 이하
- 카 높이 1.2m 이하, 카 깊이 1m 이하
- 사람이 출입할 수 없는 소형 화물용 엘리베이터
- 서적이나 음식물 등과 같은 소형 화물의 운반에 적합하게 제작됨

## 045

에스컬레이터와 무빙워크의 일반적인 경사도는 각각 몇 도 이하 인가?
① 20°, 5°  ② 30°, 8°
③ 30°, 12°  ④ 45°, 20

**빈출유형**

**해 경사도**
- 에스컬레이터의 경사도 : 30° 이하 (층고가 6m 이하이고, 공칭속도가 0.5m/s 이하인 경우 35°까지 증가시킬 수 있음)
- 무빙워크의 경사도 : 12° 이하

## 046

여러 층으로 배치되어 있는 고정된 주차구획에 아래·위로 이동할 수 있는 운반기에 의하여 자동차를 자동으로 운반 이동하여 주차하도록 설계한 주차장치는?
① 2단식 주차장치  ② 승강기식 주차장치
③ 슬라이드식 주차장치
④ 수직순환식 주차장치

**빈출유형**

**해 입체주차설비**
- 2단식 주차장치 : 주차구획이 2층으로 배치되어있음. 위, 아래, 수평으로 주차구획을 이동하여 자동차가 운반됨
- 승강기식 주차장치 : 주차 구획이 여러 층으로 배치되어있으며 케이지를 통해 차량이 상하로 운반됨.
- 슬라이드식 주차장치 : 승강기식 주차장치와 같은 형식으로 운행되지만, 슬라이드식의 승강기는 승강이동하는 동시에 수평이동이 가능함
- 수직순환식 주차장치 : 주차구획(케이지)을 수직으로, 좌우로 순환시켜 차량을 주차하도록 설계한 주차장치

## 047

다음 중 회전운동을 하는 유희시설이 아닌 것은?
① 워터슈트  ② 해적선
③ 비행탑  ④ 회전목마

**해 유희시설**
- 회전운동을 하는 유희시설 : 관람차, 회전목마, 비행탑, 문로켓트, 오토퍼스, 해적선
- 중력을 이용한 유희시설 : 롤러코스터
- 곡선식, 직선식 형태의 유희시설 : 워터슬라이드

## II. 승강기 안전관리

### chapter1. 승강기 안전 기준 및 취급

**048**

승강기 운전자가 준수하여야 할 사항으로 옳지 않은 것은?
① 음주 혹은 흡연하면서 운전하지 않아야 한다.
② 적재하중, 정원을 초과하여 운전하지 않아야 한다.
③ 질병, 피로 등을 느꼈을 때는 즉시 약을 복용하고 근무한다.
④ 정상적으로 운행되지 않을 시 즉시 운전을 중지하고 관리주체 또는 안전관리자에게 즉시 보고하여야 한다.

해 ▶ 운전자가 피로하거나 질병이 있을 때는 관리주체 또는 안전관리자에게 상황을 보고하고 운전 하지 않아야 한다.

**049**

승강기 안전관리자의 직무범위가 아닌 것은?
① 유지관리업자로 하여금 자체점검을 대행하게 한 경우 유지관리업자에 대한 관리·감독을 한다.
② 승강기 고장발생에 대비한 정비요령을 숙지하여 고장 시 즉시 고장 수리한다.
③ 승강기 사고 또는 고장 발생에 대비한 비상연락망의 작성 및 관리를 한다.
④ 승강기 운행 및 관리에 관한 규정을 작성한다.

해 **안전관리자 직무범위**
- 승강기 운행 및 관리에 관한 규정 작성
- 승강기 사고 또는 고장 발생 대비 비상연락망의 작성 및 관리
- 유지관리업자에 대한 관리·감독
- 중대한 사고 및 중대한 고장의 통보
- 승강기 내에 갇힌 이용자의 신속한 구출을 위한 승강기 조작(승강기관리교육을 받은 경우만 해당)
- 피난용 엘리베이터의 운행(승강기관리교육을 받은 경우만 해당)
- 승강기 표준부착물 관리
- 승강기 비상열쇠 관리

## 050

엘리베이터 자체점검 주기가 가장 긴 항목은?
① 오일쿨러 설치 및 작동상태
② 균형추의 고정 및 설치상태
③ 베어링 및 관련 부품의 노후·작동상태
④ 도르래 및 관련 부품의 마모 및 노후상태

**해** 엘리베이터 자체점검 기준

| 점검내용 | 점검 방법 | 점검주기 (회/월) |
|---|---|---|
| 오일쿨러 설치 및 작동상태 | 육안 | 1/6 |
| 균형추의 고정 및 설치상태 설치 상태 | 육안 | 1/3 |
| 베어링 및 관련 부품의 노후·작동상태 | 육안 | 1/1 |
| 도르래 및 관련 부품의 마모 및 노후상태 | 육안 | 1/1 |

## 051

고장발생시 조치사항과 후속조치로 옳은 것은?
① 즉시 보수하고, 보수가 끝날 때까지 운행을 중지한다.
② 고장 기록 후 운행한다.
③ 제한 운행 후 수리한다.
④ 경고표지를 설치 후 운행한다.

**해** 이상 발견 시 조치 순서
발견 → 점검 → 조치 → 수리 → 확인
즉시 조치 후 보수가 끝날 때까지 운행을 정지시켜야 함

## chapter2. 이상시 제현상과 재해방지

## 052

다음 중 재해발생 형태가 아닌 것은?
① 추락　　　② 전도
③ 감전　　　④ 골절

**해** 재해발생 형태
- 추락 : 사람이 건축물, 사다리, 기계, 계단 등에서 떨어지는 경우
- 협착 : 물체에 끼이거나 말려 들어가는 경우
- 전도 : 사람이 넘어지거나 미끄러지는 경우
- 낙하 : 떨어지는 물건에 사람이 맞는 경우
- 충돌 : 사람이 물체와 부딪히는 경우
- 감전 : 사람이 전기와 접촉하여 충격을 받는 경우

## 053

사고예방의 기본 4원칙이 아닌 것은?
① 원인 계기의 원칙
② 대책 선정의 원칙
③ 손실 우연의 원칙
④ 개별 분석의 원칙

**해** 사고예방 기본 4원칙
- 원인 계기의 원칙
- 대책 선정의 원칙
- 예방 가능의 원칙
- 손실 우연의 법칙

| 050 | ① | 051 | ① | 052 | ④ | 053 | ④ | 054 | ④ | 055 | ① | 056 | ④ | 057 | ② |

## 054

재해 조사의 요령으로 바람직한 방법이 아닌 것은?
① 재해 발생 직후에 행한다.
② 현장의 물리적 증거를 수집한다.
③ 재해 피해자로부터 상황을 듣는다.
④ 의견 충돌을 피하기 위하여 반드시 1인이 조사하도록 한다.

**해 재해조사 요령**
- 재해 발생 직후에 실시함
- 현장의 물리적 증거를 수집함
- 재해 피해자로부터 상황을 들음
- 판단하기 어려운 특수재해의 경우 전문가에게 조사를 의뢰함
  ▶ 일반적으로 재해조사는 2인 이상으로 함

## 055

재해의 직접 원인에 해당되는 것은?
① 물적 원인    ② 교육적 원인
③ 기술적 원인  ④ 작업관리상 원인

**빈출유형**

**해 재해의 직접원인**
- 물적원인(불안정한 상태)
- 인적원인(불안정한 행동)

**재해의 간접원인**
- 관리적 원인
- 신체적(생리적) 원인
- 기술적 원인
- 교육적 원인
- 정신적 원인

## 056

재해원인의 분류에서 불안정한 상태(물적원인)가 아닌 것은?
① 안전방호장치의 결함
② 작업환경의 결함
③ 생산공정의 결함
④ 불안전한 자세 결함

## 057

산업재해의 발생원인 중 불안전한 행동(인적원인)이 많은 사고의 원인이 되고 있다. 이에 해당 되지 않는 것은?
① 위험장소 접근
② 작업 장소 불량
③ 안전장치 기능 제거
④ 복장 보호구 잘못 사용

**빈출유형**

**해 재해의 직접원인**
- 물적원인(불안정한 상태) : 안전방호장치 결함, 작업환경 결함, 생산공정의 결함
- 인적원인(불안정한 행동) : 복장, 보호구 결함, 위험한 장소의 접근

## 058

높은 곳에서 전기작업을 위한 사다리작업을 할 때 안전을 위하여 절대 사용해서는 안 되는 사다리는?

① 니스(도료)를 칠한 사다리
② 셸락(shellac)을 칠한 사다리
③ 도전성 있는 금속제 사다리
④ 미끄럼 방지장치가 있는 사다리

해 ▶ 고소작업용 사다리는 절연성이 높아야 하고 미끄럼이 방지되어야 함. 전기작업시 감전위험이 있기 때문에 도전성이 있는 사다리는 사용하면 안 됨

## 059

인체에 전격의 위험을 결정하는 주된 인자가 아닌 것은?

① 통전전류의 크기
② 통전경로
③ 음파의 크기
④ 통전시간

해 감전에 영향을 주는 요소 : 통전전류, 통전경로, 통전 시간

## 060

감전 상태에 있는 사람을 구출할 때의 행위로 틀린 것은?

① 맨손으로 즉시 잡아당긴다.
② 전원 스위치를 내린다.
③ 절연물을 이용하여 떼어 낸다.
④ 변전실에 연락하여 전원을 끈다.

해 ▶ 감전된 사람을 즉시 잡아당길 경우 함께 감전 될 위험이 있기 때문에 전원을 차단한 후에 떼어내거나, 전기가 흐르지 않는 물체를 이용해서 떼어 내야함

# chapter3. 안전점검 제도

## 061

안전점검의 목적에 해당되지 않는 것은?
① 합리적인 생산관리
② 생산 위주의 시설 가동
③ 결함이나 불안전 조건의 제거
④ 기계·설비의 본래 성능 유지

해 ▶ 사용자의 안전을 보장하기 위한 안전점검에 생산 위주의 시설 가동은 포함되지 않음

## 062

사업장에서 승강기의 조립 또는 해체작업을 할 때 조치하여야 할 사항과 거리가 먼 것은?
① 작업 지휘자를 선임하여 작업을 지휘한다.
② 작업 할 구역에는 관계 근로자 외 출입을 금지시킨다.
③ 기상상태의 불안정으로 인하여 날씨가 몹시 나쁠 때에는 작업을 중지시킨다.
④ 근로자가 위험이 없다고 판단되면 작업을 한다.

해 ▶ 작업 지휘자의 지휘에 따라 작업을 해야 함

# chapter4. 기계기구와 그 설비의 안전

## 063

추락에 의한 위험방지 중 유의사항으로 틀린 것은?
① 승강로 내 작업 시에는 작업공구, 부품 등이 낙하하여 다른 사람을 해하지 않도록 한다.
② 카 상부 작업 시 중간층에는 균형추의 움직임에 주의하여 충돌하지 않도록 한다.
③ 카 상부 작업 시에는 신체가 카 상부 보호대를 넘지 않도록 하며 로프를 잡는다.
④ 승강장 도어 키를 사용하여 도어를 개방할 때에는 몸의 중심을 뒤에 두고 개방하여 반드시 카 유무를 확인하고 탑승해야 한다.

해 ▶ 카 상부 작업 시 로프를 손으로 잡아서는 안됨

## 064

승강로 작업 시 착용하는 보호구로 알맞지 않은 것은?
① 안전모         ② 안전대
③ 핫스틱         ④ 안전화

해 **보호구 종류**
- 안전모 : 물체가 떨어지거나 날아올 위험 또는 근로자가 추락할 위험이 있는 작업
- 안전대 : 높이 또는 깊이 2m이상의 추락할 위험이 있는 장소에서 하는 작업
- 안전화 : 물체의 낙하·충격, 물체에의 끼임, 감전 또는 정전기의 대전에 의한 위험이 있는 작업

## 065

다음 중 방호장치의 기본적인 목적으로 가장 옳은 것은?
① 먼지 흡입 방지
② 기계 위험 부위의 접촉방지
③ 작업자 주변의 사람 접근방지
④ 소음과 진동 방지

**해** **방호장치**
위험기계·기구의 위험장소 또는 부위에 근로자가 통상적인 방법으로는 접근하지 못하도록 하는 제한조치

# III. 승강기 보수관리

## chapter1. 승강기 제작기준

## 066

권상도르래, 풀리 또는 드럼과 현수로프의 공칭 직경사이의 비는 스트랜드의 수와 관계없이 얼마 이상이어야 하는가? (단, 일반 승객용이다.)
① 10  ② 20  ③ 30  ④ 40

**빈출유형**

**해** **공칭직경**
- 로프의 공칭 직경 : 8mm 이상
- 로프의 공칭직경 6mm가 허용되는 경우 : 구동기가 승강로에 위치, 정격속도가 1.75 m/s이하
- 권상도르래·풀리 또는 드럼과 현수로프의 공칭직경의 비는 40이상, 주택용의 경우 30 이상

## 067

완성된 로프의 꼬임 길이는 로프 공칭 지름의 몇 배를 초과해서는 안 되는가?
① 4.25배  ② 5.25배
③ 6.5배  ④ 6.75배

**해** ▶ 완성된 로프의 꼬임 길이는 로프 공칭 지름의 6.75배를 초과해서는 안 됨

## 068

엘리베이터를 카 위에서 검사할 때 주로프를 걸어 맨 고정부위는 2중 너트로 견고하게 조여 있어야 하고 풀림방지를 위하여 무엇이 꽂혀 있어야 하는가?

① 소켓  ② 균형체인
③ 브래킷  ④ 분할핀

**해** ▶ 주로프를 걸어맨 고정부위는 2중 너트로 견고하게 조이며, 풀림방지를 위한 분할핀이 꽂혀 있을 것

## 069

다음의 빈칸 안에 들어갈 적당한 단어는 무엇인가?

> 카 바닥·벽·천장 및 카문으로 구성된 본체는 [　]로 만들어져야 한다. 다만, 페인트 마감, 벽면에 최대 0.3mm의 코팅(합판) 및 고정장치(조작반, 조명 및 표시기)는 제외된다.

① 불연재료  ② 난연재료
③ 준불연재료  ④ 가연재료

**해** ▶ 불연재료 : 콘크리트·석재·벽돌·기와·철강·알루미늄·유리·시멘트모르타르 및 회 등

## 070

수직 개폐식 승강장문 및 카 문이 닫혀 있을 때, 문짝 간 틈새 또는 문짝과 문틀사이의 틈새는 몇 mm까지 허용되는가? (단, 관련부품이 마모되지 않은 경우이다)

① 4  ② 6  ③ 10  ④ 14

**해** **문짝 사이 틈새**
- 승강장문 및 카 문이 닫혀 있을 때, 문짝 간 틈새 또는 문짝과 문틀 사이 틈새 : 6mm 이내 (마모 시 10mm 이내)
- 수직 개폐식 승강장문 및 카 문의 경우 : 10mm 까지 허용 (마모시 14mm 까지 허용)

**손끼임방지장치**
- 자동 작동식 수평 개폐식 문에는 손끼임 방지장치가 설치되어야 함.
- 문짝간 틈새 또는 문짝과 문틀 사이 틈새 5mm 이내, 유리문의 경우 4mm 이내 또는 손가락 끼임 감지수단

## 071

승강장 도어 문턱과 카 문턱과의 수평거리는 몇 mm 이하여야 하는가?

① 125  ② 120  ③ 50  ④ 35

**해** ▶ 카문의 문턱과 승강장문의 문턱 사이의 수평 거리 : 35mm 이하

# chapter2. 승강기 검사기준

## 072

승객용 승강기의 시브가 편마모 되었을 때 어떤 것을 보수, 조정하여야 하는가?
① 과부하방지장치
② 조속기
③ 로프의 장력
④ 균형체인

해 ▶ 편마모란 무게가 치우치면서 한 쪽 면만 많이 닳게 되는 것으로 시브의 편마모의 원인은 균등하지 못한 로프의 장력임

## 073

승강기 자체점검에서 기계실에서 행하는 점검항목이 아닌 것은?
① 감속기         ② 전동기
③ 조속기         ④ 핸드레일

**빈출유형**

해 **기계실에서 행하는 검사**
  - 기계실의 구조 및 설비
  - 수전반, 주개폐기, 제어반, 배선
  - 전동기, 브레이크, 구동기, 과속조절기
  - 추락방지안전장치, 유압 파워유닛
  - 압력배관 및 안전밸브
  - 하중시험

## 074

엘리베이터 자체점검항목 중 피트 내 설비에서 행하는 점검항목이 아닌 것은?
① 점검운전 조작반의 작동상태
② 소방운전 스위치의 설치 및 작동상태
③ 피트 내 정지장치의 설치 및 작동상태
④ 튀어오름 방지장치의 설치 및 작동상태

해 **엘리베이터 자체점검 기준 - 피트 내 설비**

| 점검내용 | 점검방법 | 점검주기(회/월) |
|---|---|---|
| 점검운전 조작반의 작동상태 | 시험 | 1/1 |
| 피트 내 정지장치의 설치 및 작동상태 | 시험 | 1/1 |
| 피트 점검운전스위치 작동 후 복귀상태 | 시험 | 1/3 |
| 튀어오름 방지장치의 설치 및 작동상태 | 시험 | 1/3 |
| 피트 내 누수 및 청결상태 | 육안 | 1/3 |

072 ③   073 ④   074 ②   075 ④   076 ③   077 ②

## 075

**승강장문의 점검사항이 아닌 것은?**
① 문짝과 문짝, 문틀 또는 문턱 사이의 틈새 점검
② 승강장 문이 유리로 된 문인 경우 파손 점검
③ 어린이 손끼임방지장치 작동점검
④ 점검문의 설치 및 작동상태

**해 엘리베이터 자체점검 기준 - 승강장 문**

| 점검내용 | 점검방법 | 점검주기 (회/월) |
|---|---|---|
| 문짝과 문짝, 문틀 또는 문턱 사이의 틈새 | 측정 | 1/1 |
| 승강장문 유리 사용 시 손상상태 | 육안 | 1/3 |
| 어린이 손끼임방지 수단 설치상태 | 육안 | 1/1 |
| 승강장문 및 관련 부품의 설치 및 작동상태 | 육안 | 1/1 |

## 076

**엘리베이터 자체점검항목 중 전기배선에서 점검하는 항목이 아닌것은?**
① 카 문 및 승강장문의 바이패스 기능
② 전기배선(이동케이블 등) 설치 및 손상상태
③ 이상 소음 및 진동발생상태
④ 모든 접지선의 연결 상태

**해 엘리베이터 자체점검 기준 - 전기배선**

| 점검내용 | 점검방법 | 점검주기 (회/월) |
|---|---|---|
| 전기배선(이동케이블 등) 설치 및 손상상태 | 육안 | 1/3 |
| 모든 접지선의 연결 상태 | 육안 | 1/3 |
| 카 문 및 승강장문의 바이패스 기능 | 시험 | 1/3 |

## 077

**승강기 자체점검사항에서 유압시스템의 점검에 포함되지 않는 것은?**
① 소화설비 비치 및 표기상태
② 윤활유의 유량 및 노후상태
③ 잭 및 관련 부품의 설치 및 작동상태
④ 유압유의 온도감지장치 작동상태

**해 엘리베이터 자체점검 기준 - 유압시스템의 점검**

| 점검내용 | 점검방법 | 점검주기 (회/월) |
|---|---|---|
| 유압시스템 관련 밸브 설치 및 작동상태 | 시험 | 1/1 |
| 로프, 체인이완감지장치 설치 및 작동 상태 | 시험 | 1/1 |
| 유압유의 온도감지장치 작동상태 | 육안 | 1/1 |
| 유압탱크 설치상태 및 유량상태 | 육안 | 1/6 |
| 배관, 밸브 등의 이음/고정 및 부식/누유상태 | 육안 | 1/1 |
| 수동펌프 설치 및 작동상태 | 시험 | 1/1 |
| 소화설비 비치 및 표기상태 | 육안 | 1/6 |
| 잭 및 관련 부품의 설치 및 작동상태 | 시험 | 1/1 |

## 078

엘리베이터 자체점검항목 중 장애인용 엘리베이터 추가요건에서 해당하는 항목이 아닌 것은?
① 조작반, 통화장치 등에 점자표시 여부
② 신호장치, 표시장치 등의 작동상태
③ 트레드 홈의 설치상태
④ 문열림 대기시간

**해** 엘리베이터 자체점검 기준 - 장애인용 엘리베이터 추가요건

| 점검내용 | 점검방법 | 점검주기 (회/월) |
|---|---|---|
| 승강장 문턱과 카 문턱 사이의 거리 | 측정 | 1/3 |
| 호출버튼, 조작반, 통화장치 등의 작동상태 | 시험 | 1/1 |
| 조작반, 통화장치 등에 점자표시 여부 | 육안 | 1/3 |
| 손잡이, 거울 등의 설치상태 | 육안 | 1/3 |
| 신호장치, 표시장치 등의 작동상태 | 시험 | 1/1 |
| 문열림 대기시간 | 측정 | 1/1 |
| 카 내 및 승강장의 조명 점등상태 및 조도 | 측정 | 1/3 |

## 079

장애인용 엘리베이터의 경우 호출버튼에 의하여 카가 정지하면 몇 초 이상 문이 열린 채로 대기하여야 하는가?
① 8초 이상
② 10초 이상
③ 12초 이상
④ 15초 이상

**해** ▶ 호출버튼 또는 등록버튼에 의하여 카가 정지하면 10초 이상 문이 열린 채로 대기해야 함

## 080

실린더를 검사하는 것 중 해당되지 않는 것은?
① 패킹으로부터 누유된 기름을 제거하는 장치
② 공기 또는 가스의 배출구
③ 더스트 와이퍼의 상태
④ 압력배관의 고무호스는 여유가 있는지의 상태.

**해** 실린더 구성
- 더스트 와이퍼 : 플런저 표면에 있는 이물질이 실린더 내부로 유입되는 것을 차단함
- 패킹 : 플런저와 접동하면서 오일을 밀봉함
  ▶ 압력배관은 펌프의 출구~실린더 입구까지의 배관임

## 081

엘리베이터 보상수단에 대한 점검 사항에 해당되는 것은 무엇인가?
① 인장 또는 튀어오름 방지장치의 설치상태
② 체인 끝 부분의 지지대 고정상태
③ 로프 간 장력 균등상태
④ 권상도르래의 마모상태

**해** 보상수단
- 정격속도가 3m/s 이하 : 체인, 로프 또는 벨트와 같은 수단 설치
- 정격속도가 3m/s 초과 : 보상 로프 설치
- 정격속도가 3.5m/s 초과 : 튀어오름방지장치 추가
- 정격속도가 1.75m/s 초과 : 순환하는 부근에서 안내봉 등에 의해 안내되야 함

# IV. 기계/전기 기초 이론

## chapter1.
## 승강기 재료의 역학적 성질에 관한 기초

### 082

금속재료를 압축하여 눌렀을 때 넓게 퍼지는 성질은?
① 인성　　　② 연성
③ 취성　　　④ 전성

해 ▶ 연성 : 금속재료가 파괴되지 않고 늘어나는 성질

### 083

재료에 하중이 작용하면 재료를 구성하는 원자사이에서 위치의 변화가 일어나고, 그 내부에 응력이 생기며, 외적으로는 변형이 나타난다. 이 변형량과 원치수와의 비를 변형률이라 하는데, 변형률의 종류가 아닌 것은?
① 가로 변형률　　② 세로 변형률
③ 전단 변형률　　④ 전체 변형률

**빈출유형**

해 **변형률**
- 정의 : 변형량과 원래 치수와의 비
- 수식 : 변형률 $(\varepsilon) = \dfrac{\text{변형된 길이}}{\text{변형전 길이}}$
- 종류 : 가로 변형률, 세로 변형률, 전단 변형률, 체적 변형률

### 084

길이 1m의 봉이 인장력을 받고 0.2㎜ 만큼 늘어났다. 인장변형률은 얼마인가?
① 0.0001　　② 0.0002
③ 0.0004　　④ 0.0005

해 **변형률**

- 변형률 $(\varepsilon) = \dfrac{\text{변형된 길이}}{\text{변형전 길이}}$

$= \dfrac{0.0002}{1} = 0.0002$

### 085

숏피닝(shot peening)을 하는 이유는 무엇인가?
① 탄성한도를 늘리기위해
② 인장강도를 늘리기 위해
③ 피로강도를 높이기 위해
④ 경도를 높이기 위해

해 **숏피닝(shot peening)**
- 숏이라는 작은 쇠구슬을 피가공물에 고압으로 분사시켜 표면의 강도를 늘리는 것.
- 스프링, 기어 등과 같은 부품의 피로강도를 높여서 수명을 개선하는데 사용됨.

## 086

빈칸 안에서 설명하는 법칙은 무엇인가?

> 물체에 힘을 가하여 변형시키는 경우, 힘이 어떤 크기를 넘지 않는 한 응력과 변형률은 비례한다는 법칙

① 후크의 법칙
② 렌츠의 법칙
③ 가우스의 법칙
④ 키르히호프의 법칙

해 훅(후크 Hook)의 법칙

- 탄성계수 $(E) = \dfrac{응력\ (\sigma)}{변형률\ (\varepsilon)}$

 응력 $(\sigma)$ = 변형률 $(\varepsilon)$ × 탄성계수 $(E)$

## 087

1J은 몇 cal인가?

① 0.239
② 0.329
③ 4.184
④ 4.284

해 줄의 법칙
- 1[J] = 0.239[cal]
- 1[cal] = 4.184[J]

## 088

과열의 원인으로 볼 수 없는 것은?

① 전동기 속도저하
② 과부하
③ 불균형한 전압
④ 전동기 환기불량

해 ▶ 전동기 속도 상승이 과열의 원인이 될 수 있음

## 089

다음 응력에 대한 설명 중 옳은 것은?

① 단면적이 일정한 상태에서 외력이 증가하면 응력은 작아진다.
② 단면적이 일정한 상태에서 하중이 증가하면 응력은 증가한다.
③ 외력이 일정한 상태에서 단면적이 작아지면 응력은 작아진다.
④ 외력이 증가하고 단면적이 커지면 응력은 증가한다.

해 응력(stress)
- 단위면적 당 하중
- 물체에 하중을 작용시켰을 때 물체 내부에 생기는 저항력
- 응력 $(\sigma) = \dfrac{하중\ [kgf]}{단면적\ [cm^2]}$
- 단위 $kg/cm^2$

# chapter2. 승강기 주요 기계요소별 구조와 원리

## 090

회전운동을 직선운동, 반복운동, 진동 등으로 변환시켜주는 기구로써 두 개의 부품이 결합된 구조를 가지는 것은?

① 커플링  ② 링크
③ 캠      ④ 기어

**해** 캠(Cam)
- 회전운동을 직선운동, 왕복운동, 진동 등으로 변환하는 기구
- 종류
  • 평면 캠 : 판 캠, 정면 캠, 직동 캠
  • 입체 캠 : 원뿔 캠, 원통 캠, 구면 캠

## 091

모듈이 2, 잇수가 각각 38, 72인 두 개의 표준 평기어가 맞물려 있을 때 축간거리는 몇 mm 인가?

① 110  ② 130
③ 180  ④ 200

**해** 축간거리 공식 (외접의 경우)
지름 D = mZ

$$C = \frac{D_1 + D_2}{2} = \frac{m(Z_1 + Z_2)}{2}$$

(D : 지름, m : 모듈, Z : 잇수)

$$C = \frac{2(38 + 72)}{2} = 110$$

# chapter3. 승강기 요소측정 및 시험

## 092

버니어캘리퍼스를 사용하여 와이어로프의 직경 측정방법으로 알맞은 것은?

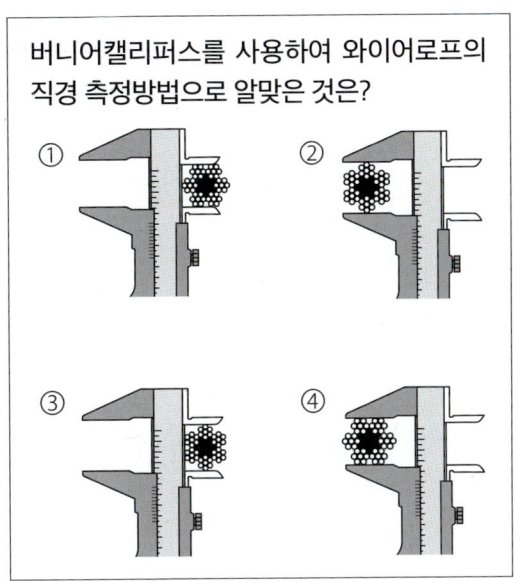

**해** ▶ 버니어캘리퍼스의 오른쪽 쇠부리가 아닌 왼쪽 조를 이용하여 측정해야하며, 로프의 직경을 잴 때는 스트랜드 외접원의 지름을 측정해야함

## 093

측정 요소와 측정하는 측정기구의 연결로 틀린 것은?

① 길이 : 버니어캘리퍼스
② 전압 : 볼트미터
③ 전류 : 암미터
④ 접지저항 : 메거

**해** 기계요소 측정기기
- 길이측정 : 버니어캘리퍼스, 마이크로미터 등
- 각도측정 : 사인바, 분도기 등
- 평면측정 : 직각자, 정반 등

전기요소 측정기기
- 전압측정 : 전압계(볼트미터)
- 전류측정 : 전류계(암미터)
- 절연저항측정 : 절연저항계(메거)
- 접지저항측정 : 접지저항측정기(어스테스터)

# chapter4. 승강기 동력원의 기초전기

## 094

그림과 같은 회로의 합성저항 R은 몇 Ω인가?

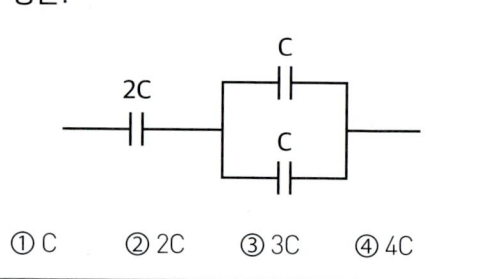

① 10  ② 3  ③ $\dfrac{31}{30}$  ④ $\dfrac{30}{31}$

**해** 저항의 합성저항
- 직렬연결 : $R = R_1 + R_2 + R_3$
- 병렬연결 : $\dfrac{1}{R} = \dfrac{1}{R_1} + \dfrac{1}{R_2} + \dfrac{1}{R_3}$

▶ $3Ω + 5Ω + 2Ω = 10Ω$

## 095

그림과 같은 콘덴서 접속회로의 합성정전용량은?

① C  ② 2C  ③ 3C  ④ 4C

**해** 콘덴서 합성 정전용량 계산법
- 직렬접속 : $C = \dfrac{C_1 C_2}{C_1 + C_3}$
- 병렬접속 : $C = C_1 + C_2$

▶ 병렬접속 부분 합성정전용량
 : $C + C = 2C$

2C와 2C 직렬접속 시 합성전정용량
: $\dfrac{2C \times 2C}{2C + 2C} = 1C$

## 096

전기장의 세기의 단위는 무엇인가?
① AT/m  ② V/m  ③ F/m  ④ H/m

**해 단위**
- 자기장 : AT/m
- 전기장 : V/m
- 유전율 : F/m
- 투자율 : H/m

## 097

회로망에서 "임의의 접속점에 흘러 들어오고 흘러 나가는 전류의 대수합은 0이다."라는 법칙은?
① 키르히호프의 법칙
② 가우스의 법칙
③ 줄의 법칙
④ 쿨롱의 법칙

**해 키르히호프의 제 1법칙(전류 법칙)**
들어온 전류량의 합과 나간 전류량의 합이 같음.

## 098

자기장내에서 운동도체에 의해 발생하는 기전력과 관련 있는 법칙은?
① 플레밍의 왼손법칙
② 플레밍의 오른손법칙
③ 렌츠의 법칙
④ 패러데이의 법칙

**해 플레밍의 오른손법칙(발전기 법칙)**
- 전자유도에 의해서 생기는 유도전류의 방향을 나타냄.
- 운동도체가 자기장내에서 기전력을 발생함

## 099

단상교류 전력을 측정하기 위해서 필요한 계측기 중 필요하지 않는 것은?
① 전압계   ② 전류계
③ 역률계   ④ 주파수계

**해 유효전력 $P = VI\cos\theta$ [W]**
($V$ : 전압, $I$ : 전류, $\cos\theta$ : 역률)

# chapter5.
# 승강기 구동 기계 기구 작동 및 원리

## 100

직류발전기의 기본 구성요소에 속하지 않는 것은?
① 계자
② 보극
③ 전기자
④ 정류자

**해** 직류기 주요 3요소
- 계자 : 자속을 만드는 부분
- 전기자 : 전력을 생성하는 부분
- 정류자 : 교류를 직류로 바꿔주는 부분

## 101

직류전동기에서 보극의 목적은 무엇인가?
① 전동기의 회전을 빠르게 한다.
② 전기자의 회전속도가 증가한다.
③ 브러시에서 스파크가 발생하는 것을 감소시킨다.
④ 전동기의 힘을 2배로 증가시킨다.

**해** 보극
- 주자극의 중간에 있는 작은 자극
- 정류를 양호하게 함
- 브러쉬에서의 스파크 발생을 방지

## 102

직류 전동기의 속도 제어 방법이 아닌 것은?
① 저항 제어법
② 계자 제어법
③ 주파수 제어법
④ 전기자 전압 제어법

## 103

직류전동기 속도제어방식에 포함되지 않는 것은?
① 전압제어
② 저항제어
③ 전류제어
④ 계자제어

**빈출유형**

**해** 직류전동기 속도제어법
- 저항제어(R) : 전기자에 직렬저항 연결. 저항으로 인한 손실이 크기 때문에 잘 쓰이지 않음
- 전압제어(V) : 정토크 제어, 광범위한 속도 제어, 효율이 좋음. 워드 레오나드방식
- 계자제어(ø) : 자기력선속을 변화시킴. 제어방법이 간단함
▶ 주파수제어는 교류 전동기 속도 제어 방법

---

100 ② 101 ③ 102 ③ 103 ③ 104 ② 105 ② 106 ④

## 104

60HZ, 2000kVA, 900 rpm 인 동기발전기의 극수는 얼마인가?

① 6극　② 8극　③ 10극　④ 12극

**빈출유형**

해 동기 속도($N_S$)

$$N_S = \frac{120f}{p}[\text{rpm}]\,(f: \text{주파수}, \ p: \text{극수})$$

$$p = \frac{120f}{N_S} = \frac{120 \times 60}{900} = 8$$

## 105

동전을 넣고 버튼을 누르면 커피가 나오는 커피 자판기와 같이 어떤 순서를 미리 정해놓고 입력조건이 맞을 때 제품이 출력되는 것과 같은 제어방법은?

① on off 제어
② 시퀀스제어
③ 추치제어
④ 정치제어

해 **시퀀스제어**
- 미리 정해놓은 순서에 따라 제어의 각 단계를 차례로 진행하는 제어방식
- 적용사례 : 엘리베이터, 자동판매기, 세탁기 등

## 106

3상 유도전동기를 역회전 동작시키고자 할 때의 대책으로 옳은 것은?

① 퓨즈를 조사한다.
② 전동기를 교체한다.
③ 3선을 모두 바꾸어 결선한다.
④ 3선의 결선 중 임의의 2선을 바꾸어 결선한다.

**빈출유형**

해 **유도전동기 제동방법**
- 발전 제동 : 직류여자전류를 통해 발전기를 작동시켜 제동시킴
- 역상 제동 : 역회전시켜 제동시킴 (3상 유도전동기의 회전방향 바꾸는 방법 : 3상 전원 중 임의의 2상의 접속을 바꿈)
- 회생 제동 : 전원전압보다 전력을 크게하여 발생전력을 전원측으로 반환하면서 제동시킴

# chapter6.
## 승강기 제어 및 제어시스템의 원리 및 구성

### 107

A, B 는 입력, X를 출력이라 할 때 OR회로의 논리식은?

① $\overline{A} = X$
② $A \cdot B = X$
③ $A + B = X$
④ $\overline{A \cdot B} = X$

**빈출유형**

**해** **OR회로**
- A, B가 병렬이므로 OR회로에 해당함.
- 논리식 : $X = A + B$
- 하나라도 참(논리1)이 있으면 출력은 참(논리1)

| 입력 | | 출력 |
|---|---|---|
| A | B | X |
| 0 | 0 | 0 |
| 0 | 1 | 1 |
| 1 | 0 | 1 |
| 1 | 1 | 1 |

### 108

논리식 ABC+AC 의 값은 다음 중 어느 것인가?

① A
② AB
③ AC
④ ABC

**해** **불 대수의 정리**
- A+0=0+A=A
- A+1=1+A=1
- A·0=0·A=0
- A·1=1·A=A
- A+A=A
- A·A=A
- 교환법칙 : A+B=B+A, A·B=B·A
- 결합법칙 : (A+B)+C=A+(B+C), (A·B)·C=A·(B·C)
- 분배법칙 : A(B+C)=AB+AC, A+BC=(A+B)·(A+C)
- 부정법칙 : $\overline{\overline{A}}$=A, A+$\overline{A}$=1, A·$\overline{A}$=0
▶ ABC+AC = AC(B+1) = AC·1=AC

## 109

다음 그림 같은 입력과 출력을 가지는 정류방식은 무엇인가?

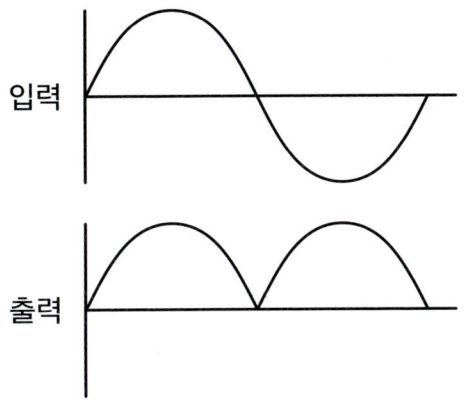

① 단상전파정류
② 3상반파정류
③ 3상전파정류
④ 단상반파정류

**해** **정류회로**
- 반파정류회로 : 입력 기전력에 대해 절반의 전류만 출력될 수 있음
- 전파정류회로 : 양방향의 입력 기전력을 모두 출력할 수 있음
▶ 입력 기전력이 모두 출력으로 나왔으며 1상으로 되어있음

## 110

정전압 다이오드란?
① 입력전압과 출력전압이 동일해야 한다.
② 출력전압이 일정해야 한다.
③ 출력전압과 전류가 일정값 이하로 유지되어야 한다.
④ 입력전압보다 출력전압이 작아야 한다.

**해** **제너다이오드**
- 주로 정전압 회로에 사용됨
- 일정하지 않은 전압이 입력돼도 항상 같은 전압이 출력됨

# 2

## 승강기기능사

실전 기출문제 [해설 미포함]

## 16년도 1회차 답안지

*답안지 사용법

① 답안지를 뜯는다.
② 1st 문제에 답을 적고 채점한다.
③ 문제지에 틀린 문제를 체크한다.

① 1st 답안지를 뒤로 접는다.
② 2nd 문제를 풀고 채점한다.
③ 문제지에 틀린 문제를 체크한다.

① 2nd 답안지를 뒤로 접는다.
② 3rd 문제를 풀고 채점한다.
③ 문제지에 틀린 문제를 체크한다.

| 16년도 1회차 1st | | | |
|---|---|---|---|
| 1 | | 31 | |
| 2 | | 32 | |
| 3 | | 33 | |
| 4 | | 34 | |
| 5 | | 35 | |
| 6 | | 36 | |
| 7 | | 37 | |
| 8 | | 38 | |
| 9 | | 39 | |
| 10 | | 40 | |
| 11 | | 41 | |
| 12 | | 42 | |
| 13 | | 43 | |
| 14 | | 44 | |
| 15 | | 45 | |
| 16 | | 46 | |
| 17 | | 47 | |
| 18 | | 48 | |
| 19 | | 49 | |
| 20 | | 50 | |
| 21 | | 51 | |
| 22 | | 52 | |
| 23 | | 53 | |
| 24 | | 54 | |
| 25 | | 55 | |
| 26 | | 56 | |
| 27 | | 57 | |
| 28 | | 58 | |
| 29 | | 59 | |
| 30 | | 60 | |

| 16년도 1회차 2nd | | | |
|---|---|---|---|
| 1 | | 31 | |
| 2 | | 32 | |
| 3 | | 33 | |
| 4 | | 34 | |
| 5 | | 35 | |
| 6 | | 36 | |
| 7 | | 37 | |
| 8 | | 38 | |
| 9 | | 39 | |
| 10 | | 40 | |
| 11 | | 41 | |
| 12 | | 42 | |
| 13 | | 43 | |
| 14 | | 44 | |
| 15 | | 45 | |
| 16 | | 46 | |
| 17 | | 47 | |
| 18 | | 48 | |
| 19 | | 49 | |
| 20 | | 50 | |
| 21 | | 51 | |
| 22 | | 52 | |
| 23 | | 53 | |
| 24 | | 54 | |
| 25 | | 55 | |
| 26 | | 56 | |
| 27 | | 57 | |
| 28 | | 58 | |
| 29 | | 59 | |
| 30 | | 60 | |

| 16년도 1회차 3rd | | | |
|---|---|---|---|
| 1 | | 31 | |
| 2 | | 32 | |
| 3 | | 33 | |
| 4 | | 34 | |
| 5 | | 35 | |
| 6 | | 36 | |
| 7 | | 37 | |
| 8 | | 38 | |
| 9 | | 39 | |
| 10 | | 40 | |
| 11 | | 41 | |
| 12 | | 42 | |
| 13 | | 43 | |
| 14 | | 44 | |
| 15 | | 45 | |
| 16 | | 46 | |
| 17 | | 47 | |
| 18 | | 48 | |
| 19 | | 49 | |
| 20 | | 50 | |
| 21 | | 51 | |
| 22 | | 52 | |
| 23 | | 53 | |
| 24 | | 54 | |
| 25 | | 55 | |
| 26 | | 56 | |
| 27 | | 57 | |
| 28 | | 58 | |
| 29 | | 59 | |
| 30 | | 60 | |

## 16년도 2회차 답안지

*답안지 사용법

① 답안지를 뜯는다.
② 1st 문제에 답을 적고 채점한다.
③ 문제지에 틀린 문제를 체크한다.

① 1st 답안지를 뒤로 접는다.
② 2nd 문제를 풀고 채점한다.
③ 문제지에 틀린 문제를 체크한다.

① 2nd 답안지를 뒤로 접는다.
② 3rd 문제를 풀고 채점한다.
③ 문제지에 틀린 문제를 체크한다.

### 16년도 2회차 1st

| # | | # | |
|---|---|---|---|
| 1 | | 31 | |
| 2 | | 32 | |
| 3 | | 33 | |
| 4 | | 34 | |
| 5 | | 35 | |
| 6 | | 36 | |
| 7 | | 37 | |
| 8 | | 38 | |
| 9 | | 39 | |
| 10 | | 40 | |
| 11 | | 41 | |
| 12 | | 42 | |
| 13 | | 43 | |
| 14 | | 44 | |
| 15 | | 45 | |
| 16 | | 46 | |
| 17 | | 47 | |
| 18 | | 48 | |
| 19 | | 49 | |
| 20 | | 50 | |
| 21 | | 51 | |
| 22 | | 52 | |
| 23 | | 53 | |
| 24 | | 54 | |
| 25 | | 55 | |
| 26 | | 56 | |
| 27 | | 57 | |
| 28 | | 58 | |
| 29 | | 59 | |
| 30 | | 60 | |

### 16년도 2회차 2nd

| # | | # | |
|---|---|---|---|
| 1 | | 31 | |
| 2 | | 32 | |
| 3 | | 33 | |
| 4 | | 34 | |
| 5 | | 35 | |
| 6 | | 36 | |
| 7 | | 37 | |
| 8 | | 38 | |
| 9 | | 39 | |
| 10 | | 40 | |
| 11 | | 41 | |
| 12 | | 42 | |
| 13 | | 43 | |
| 14 | | 44 | |
| 15 | | 45 | |
| 16 | | 46 | |
| 17 | | 47 | |
| 18 | | 48 | |
| 19 | | 49 | |
| 20 | | 50 | |
| 21 | | 51 | |
| 22 | | 52 | |
| 23 | | 53 | |
| 24 | | 54 | |
| 25 | | 55 | |
| 26 | | 56 | |
| 27 | | 57 | |
| 28 | | 58 | |
| 29 | | 59 | |
| 30 | | 60 | |

### 16년도 2회차 3rd

| # | | # | |
|---|---|---|---|
| 1 | | 31 | |
| 2 | | 32 | |
| 3 | | 33 | |
| 4 | | 34 | |
| 5 | | 35 | |
| 6 | | 36 | |
| 7 | | 37 | |
| 8 | | 38 | |
| 9 | | 39 | |
| 10 | | 40 | |
| 11 | | 41 | |
| 12 | | 42 | |
| 13 | | 43 | |
| 14 | | 44 | |
| 15 | | 45 | |
| 16 | | 46 | |
| 17 | | 47 | |
| 18 | | 48 | |
| 19 | | 49 | |
| 20 | | 50 | |
| 21 | | 51 | |
| 22 | | 52 | |
| 23 | | 53 | |
| 24 | | 54 | |
| 25 | | 55 | |
| 26 | | 56 | |
| 27 | | 57 | |
| 28 | | 58 | |
| 29 | | 59 | |
| 30 | | 60 | |

# 16년도 4회차 답안지

* 답안지 사용법

① 답안지를 뜯는다.
② 1st 문제에 답을 적고 채점한다.
③ 문제지에 틀린 문제를 체크한다.

① 1st 답안지를 뒤로 접는다.
② 2nd 문제를 풀고 채점한다.
③ 문제지에 틀린 문제를 체크한다.

① 2nd 답안지를 뒤로 접는다.
② 3rd 문제를 풀고 채점한다.
③ 문제지에 틀린 문제를 체크한다.

| 16년도 4회차 1st | | | |
|---|---|---|---|
| 1 | | 31 | |
| 2 | | 32 | |
| 3 | | 33 | |
| 4 | | 34 | |
| 5 | | 35 | |
| 6 | | 36 | |
| 7 | | 37 | |
| 8 | | 38 | |
| 9 | | 39 | |
| 10 | | 40 | |
| 11 | | 41 | |
| 12 | | 42 | |
| 13 | | 43 | |
| 14 | | 44 | |
| 15 | | 45 | |
| 16 | | 46 | |
| 17 | | 47 | |
| 18 | | 48 | |
| 19 | | 49 | |
| 20 | | 50 | |
| 21 | | 51 | |
| 22 | | 52 | |
| 23 | | 53 | |
| 24 | | 54 | |
| 25 | | 55 | |
| 26 | | 56 | |
| 27 | | 57 | |
| 28 | | 58 | |
| 29 | | 59 | |
| 30 | | 60 | |

| 16년도 4회차 2nd | | | |
|---|---|---|---|
| 1 | | 31 | |
| 2 | | 32 | |
| 3 | | 33 | |
| 4 | | 34 | |
| 5 | | 35 | |
| 6 | | 36 | |
| 7 | | 37 | |
| 8 | | 38 | |
| 9 | | 39 | |
| 10 | | 40 | |
| 11 | | 41 | |
| 12 | | 42 | |
| 13 | | 43 | |
| 14 | | 44 | |
| 15 | | 45 | |
| 16 | | 46 | |
| 17 | | 47 | |
| 18 | | 48 | |
| 19 | | 49 | |
| 20 | | 50 | |
| 21 | | 51 | |
| 22 | | 52 | |
| 23 | | 53 | |
| 24 | | 54 | |
| 25 | | 55 | |
| 26 | | 56 | |
| 27 | | 57 | |
| 28 | | 58 | |
| 29 | | 59 | |
| 30 | | 60 | |

| 16년도 4회차 3rd | | | |
|---|---|---|---|
| 1 | | 31 | |
| 2 | | 32 | |
| 3 | | 33 | |
| 4 | | 34 | |
| 5 | | 35 | |
| 6 | | 36 | |
| 7 | | 37 | |
| 8 | | 38 | |
| 9 | | 39 | |
| 10 | | 40 | |
| 11 | | 41 | |
| 12 | | 42 | |
| 13 | | 43 | |
| 14 | | 44 | |
| 15 | | 45 | |
| 16 | | 46 | |
| 17 | | 47 | |
| 18 | | 48 | |
| 19 | | 49 | |
| 20 | | 50 | |
| 21 | | 51 | |
| 22 | | 52 | |
| 23 | | 53 | |
| 24 | | 54 | |
| 25 | | 55 | |
| 26 | | 56 | |
| 27 | | 57 | |
| 28 | | 58 | |
| 29 | | 59 | |
| 30 | | 60 | |

# 16년도 실전 1회

### 📢 만점 활용 가이드

문제는 교재 위에 직접 풀이하지 말고, 43~47페이지 답안지에 작성하고 채점하세요. 틀린 문제는 문항 옆의 동그라미 표시란에 체크해두면, 자주 틀리는 문제 유형을 한눈에 파악할 수 있습니다. 아직 내용을 완전히 이해하지 못하더라도, 처음에는 무작정 3회 이상 반복해서 풀어보는 것이 중요합니다. 처음에는 다소 비효율적으로 느껴질 수 있지만, 채점 과정을 통해 정답을 눈으로 익히며 자연스럽게 암기하게 됩니다.

문제의 해설은 278페이지에 나와있습니다.

**001** ○○○

엘리베이터의 유압식 구동방식에 의한 분류로 틀린 것은?
① 직접식
② 간접식
③ 스크류식
④ 팬터그래프식

**002** ○○○

권상도르래, 풀리 또는 드럼과 현수로프의 공칭 직경사이의 비는 스트랜드의 수와 관계없이 얼마 이상이어야 하는가?
① 10
② 20
③ 30
④ 40

**003** ○○○

가이드 레일의 사용목적으로 틀린 것은?
① 집중하중 작용 시 수평하중을 유지
② 비상정지장치 작동 시 수직하중을 유지
③ 카와 균형추의 승강로 평면내의 위치 규제
④ 카의 자중이나 화물에 의한 카의 기울어짐 방지

**004** ○○○

아파트 등에서 주로 야간에 카내의 범죄활동 방지를 위해 설치하는 것은?
① 파킹스위치
② 슬로다운 스위치
③ 록다운 비상정지 장치
④ 각층 강제 정지운전 스위치

## 005

레일의 규격을 나타낸 그림이다. 빈칸 ⓐ, ⓑ 에 맞는 것은 몇 kg 인가?

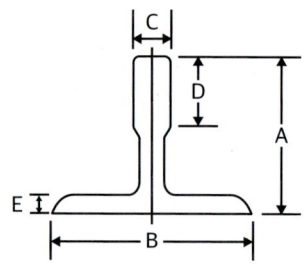

| 공칭 [mm] | 8 [Kg] | ⓐ | 18 [Kg] | ⓑ | 30 [Kg] |
|---|---|---|---|---|---|
| A | 56 | 62 | 89 | 89 | 108 |
| B | 78 | 89 | 114 | 127 | 140 |
| C | 10 | 16 | 16 | 16 | 19 |
| D | 26 | 32 | 38 | 50 | 51 |
| E | 6 | 7 | 8 | 12 | 13 |

① ⓐ 10, ⓑ 26　　② ⓐ 12, ⓑ 22
③ ⓐ 13, ⓑ 24　　④ ⓐ 15, ⓑ 27

## 006

다음 중 주유를 해서는 안되는 부품은?
① 균형추　　② 가이드슈
③ 가이드레일　　④ 브레이크 라이닝

## 007

중앙 개폐방식의 승강장 도어를 나타내는 기호는?
① 2S　　② CO
③ UP　　④ SO

## 008

압력맥동이 적고 소음이 적어서 유압식 엘리베이터에 주로 사용되는 펌프는?
① 기어 펌프　　② 베인 펌프
③ 스크류 펌프　　④ 릴리프 펌프

## 009

에스컬레이터의 역회전 방지장치로 틀린 것은?
① 조속기　　② 스커트 가드
③ 기계 브레이크　　④ 구동체인 안전장치

## 010

엘리베이터 도어 사이에 끼이는 물체를 검출하기 위한 안전장치로 틀린 것은?
① 광전 장치　　② 도어클로저
③ 세이프티 슈　　④ 초음파 장치

## 011

기계실을 승강로의 아래쪽에 설치하는 방식은?
① 정상부형 방식　　② 횡인 구동 방식
③ 베이스먼트 방식　　④ 사이드머신 방식

## 012
기계식 주차설비를 할 때 승강기식인 경우 시브 또는 드럼의 직경은 와이어로프 직경의 몇 배 이상으로 하는가?
① 10  ② 15  ③ 20  ④ 30

## 013
가장 먼저 누른 호출버튼에 응답하고 운전이 완료될 때까지 다른 호출에 응답하지 않는 운전방식은?
① 승합 전자동식
② 단식 자동방식
③ 카 스위치방식
④ 하강 승합 전자동식

## 014
트랙션권상기의 특징으로 틀린 것은?
① 소요동력이 작다.
② 행정거리의 제한이 없다.
③ 주로프 및 도르래의 마모가 일어나지 않는다.
④ 권과(지나치게 감기는 현상)를 일으키지 않는다.

## 015
정지 레오나드 방식 엘리베이터의 내용으로 틀린 것은?
① 워드 레오나드 방식에 비하여 손실이 적다.
② 워드 레오나드 방식에 비하여 유지보수가 어렵다.
③ 사이리스터를 사용하여 교류를 직류로 변환한다.
④ 모터의 속도는 사이리스터의 점호각을 바꾸어 제어한다.

## 016
작동유의 압력맥동을 흡수하여 진동, 소음을 감소시키는 것은?
① 펌프  ② 필터
③ 사이렌서  ④ 역류제지 밸브

## 017
에스컬레이터 각 난간의 꼭대기에는 정상운행 조건하에서 스텝, 팔레트 또는 벨트의 실제 속도와 관련하여 동일방향으로 몇 %의 공차가 있는 속도로 움직이는 핸드레일이 설치되어야 하는가?
① 0 ~ 2  ② 4 ~ 5
③ 7 ~ 9  ④ 10 ~ 12

## 018

**3상 유도전동기의 회전 방향을 바꾸는 방법으로 옳은 것은?**

① 3상 전원의 주파수를 바꾼다.
② 3상 전원 중 1상을 단선시킨다.
③ 3상 전원 중 2상을 단락시킨다.
④ 3상 전원 중 임의의 2상의 접속을 바꾼다.

## 019

**화재 시 조치사항에 대한 설명 중 틀린 것은?**

① 비상용 엘리베이터는 소화활동 등 목적에 맞게 동작시킨다.
② 빌딩 내에서 화재가 발생할 경우 반드시 엘리베이터를 이용해 비상탈출을 시켜야 한다.
③ 승강로에서의 화재 시 전선이나 레일의 윤활유가 탈 때 발생되는 매연에 질식되지 않도록 주의한다.
④ 기계실에서의 화재 시 카내의 승객과 연락을 취하면서 주전원 스위치를 차단한다.

## 020

**안전점검 체크 리스트 작성 시의 유의사항으로 가장 타당한 것은?**

① 일정한 양식으로 작성할 필요가 없다.
② 사업장에 공통적인 내용으로 작성한다.
③ 중점도가 낮은 것부터 순서대로 작성한다.
④ 점검표의 내용은 이해하기 쉽도록 표현하고 구체적이어야 한다.

## 021

**재해의 직접 원인 중 작업환경의 결함에 해당되는 것은?**

① 위험장소 접근
② 작업순서의 잘못
③ 과다한 소음 발산
④ 기술적, 육체적 무리

## 022

추락방지를 위한 물적 측면의 안전대책과 관련이 없는 것은?

① 발판, 작업대 등은 파괴 및 동요되지 않도록 견고하고 안정된 구조이어야 한다.
② 안전교육훈련을 통해 작업자에게 추락의 위험을 인식시킴과 동시에 자율적 규제를 촉구한다.
③ 작업대와 통로는 미끄러지거나 발에 걸려 넘어지지 않게 평평하고 미끄럼 방지성이 뛰어난 것으로 한다.
④ 작업대와 통로 주변에는 난간이나 보호대를 설치해야 한다.

## 023

산업재해의 발생원인 중 불안전한 행동이 많은 사고의 원인이 되고 있다. 이에 해당 되지 않는 것은?

① 위험장소 접근
② 작업 장소 불량
③ 안전장치 기능 제거
④ 복장 보호구 잘못 사용

## 024

높은 곳에서 전기작업을 위한 사다리작업을 할 때 안전을 위하여 절대 사용해서는 안되는 사다리는?

① 니스(도료)를 칠한 사다리
② 셀락(shellac)을 칠한 사다리
③ 도전성 있는 금속제 사다리
④ 미끄럼 방지장치가 있는 사다리

## 025

전기 화재의 원인으로 직접적인 관계가 되지 않는 것은?

① 저항
② 누전
③ 단락
④ 과전류

## 026

안전점검의 목적에 해당되지 않는 것은?

① 합리적인 생산관리
② 생산 위주의 시설 가동
③ 결함이나 불안전 조건의 제거
④ 기계·설비의 본래 성능 유지

**027**

전기식 엘리베이터의 자체점검항목이 아닌 것은?
① 브레이크  ② 스커트가드
③ 가이드레일  ④ 비상정지장치

**028**

다음에서 일상점검의 중요성이 아닌 것은?
① 승강기 품질유지
② 승강기의 수명연장
③ 보수자의 편리도모
④ 승강기의 안전한 운행

**029**

전동 덤웨이터의 안전장치에 대한 설명 중 옳은 것은?
① 도어 인터록 장치는 설치하지 않아도 된다.
② 승강로의 모든 출입구 문이 닫혀야만 카를 승강시킬 수 있다.
③ 출입구 문에 사람의 탑승금지 등의 주의사항은 부착하지 않아도 된다.
④ 로프는 일반 승강기와 같이 와이어로프 소켓을 이용한 체결을 하여야만 한다.

**030**

전기식 엘리베이터의 자체점검 중 피트에서 하는 점검항목장치가 아닌 것은?
① 완충기
② 측면 구출구
③ 하부 파이널 리미트 스위치
④ 조속기로프 및 기타의 당김 도르래

**031**

유압식 엘리베이터의 피트 내에서 점검을 실시할 때 주의해야 할 사항으로 틀린 것은?
① 피트 내 비상정지스위치를 작동 후 들어갈 것
② 피트 내 조명을 점등한 후 들어갈 것
③ 피트에 들어갈 때는 승강로 문을 닫을 것
④ 피트에 들어갈 때 기름에 미끄러지지 않도록 주의할 것

**032**

전기식 엘리베이터의 경우 기계실에서 검사하는 항목과 관계없는 것은?
① 전동기
② 인터록장치
③ 권상기의 도르래
④ 권상기의 브레이크 라이닝

## 033

승강로에 관한 설명 중 틀린 것은?

① 승강로는 안전한 벽 또는 울타리에 의하여 외부공간과 격리되어야 한다.
② 승강로는 화재시 승강로를 거쳐서 다른 층으로 연소 될 수 있도록 한다.
③ 엘리베이터에 필요한 배관 설비외의 설비는 승강로내에 설치하여서는 안 된다.
④ 승강로 피트 하부를 사무실이나 통로로 사용할 경우 균형추에 비상정지장치를 설치한다.

## 034

승강기 완성검사 시 전기식 엘리베이터의 카문턱과 승강장문 문턱 사이의 수평거리는 몇 mm 이하이어야 하는가?

① 35  ② 45  ③ 55  ④ 65

## 035

웜기어오일(Worm Gear Oil)에 관한 설명으로 틀린 것은?

① 매월 교체하여야 한다.
② 반드시 지정된 것만 사용한다.
③ 규정된 수준을 유지하여야 한다.
④ 웜기어가 분말이나 먼지로 혼탁해지면 교체한다.

## 036

에스컬레이터(무빙워크 포함)에서 1개월에 1회 점검하는 사항이 아닌 것은?

[법 개정 문제 - 내용 일부 수정]

① 디딤판과 스커트 각 측면의 틈새
② 주행안내 시스템의 설치상태
③ 정지스위치 설치상태 및 작동상태
④ 사용표지판 및 안내문 등 표시상태

## 037

기계실에 대한 설명으로 틀린 것은?

① 출입구 자물쇠의 잠금장치는 없어도 된다.
② 관리 및 검사에 지장이 없도록 조명 및 환기는 적절해야 한다.
③ 주로프, 조속기로프 등은 기계실 바닥의 관통부분과 접촉이 없어야 한다.
④ 권상기 및 제어반은 기둥 및 벽에서 보수 관리에 지장이 없어야 한다.

## 038

파워유니트를 보수·점검 또는 수리할 때 사용하면 불필요한 작동유의 유출을 방지할 수 있는 밸브는?

① 사이런스  ② 체크밸브
③ 스톱밸브  ④ 릴리프밸브

**039**

에스컬레이터의 경사도가 30°이하일 경우에 공칭 속도는?

① 0.75m/s 이하  ② 0.80m/s 이하
③ 0.85m/s 이하  ④ 0.90m/s 이하

**040**

에스컬레이터(무빙워크 포함) 점검항목 및 방법 중 제어 패널, 캐비닛, 접촉기, 릴레이, 제어기판에서 "B로 하여야 할 것"에 해당하지 않는 것은?   [법 개정 문제]

① 잠금 장치가 불량한 것
② 환경상태(먼지, 이물)가 불량한 것
③ 퓨즈 등에 규격외의 것이 사용되고 있는 것
④ 접촉기, 릴레이-접촉기 등의 소모가 현저한 것

**041**

고속 엘리베이터에 많이 사용되는 조속기는?

① 점차 작동형 조속기
② 롤 세이프티형 조속기
③ 디스크형 조속기
④ 플라이 볼형 조속기

**042**

에스컬레이터(무빙워크 포함)의 비상정지스위치에 관한 설명으로 틀린 것은?

① 색상은 적색으로 하여야 한다.
② 상하 승강장의 잘 보이는 곳에 설치한다.
③ 버튼 또는 버튼 부근에는 "정지" 표시를 하여야 한다.
④ 장난 등에 의한 오조작 방지를 위하여 잠금장치를 설치하여야 한다.

**043**

와이어 로프의 구성요소가 아닌 것은?

① 소선      ② 심강
③ 킹크      ④ 스트랜드

**044**

카 상부에서 행하는 검사가 아닌 것은?

① 완충기 점검    ② 주로프 점검
③ 가이드 슈 점검  ④ 도어개폐장치 점검

## 045

전기식 엘리베이터의 가이드 레일 설치에서 패킹(보강재)이 설치된 경우는?

① 가이드 레일이 짧게 설치되어 보강할 경우
② 가이드 레일 양 폭의 너비를 조정 작업할 경우
③ 레일브래킷의 간격이 필요이상 한계를 초과하여 레일의 뒷면에 강재를 붙여서 보강하는 경우
④ 레일브래킷의 간격이 필요이상 한계를 초과하여 레일의 앞면에 강재를 붙여서 보강하는 경우

## 046

유압식 엘리베이터에 있어서 정상적인 작동을 위하여 유지하여야 할 오일의 온도 범위는?

① 5℃ ~ 60℃         ② 20℃ ~ 70℃
③ 30℃ ~ 80℃        ④ 40℃ ~ 90℃

## 047

직류전동기의 회전수를 일정하게 유지하기 위하여 전압을 변화시킬 때 전압은 어디에 해당되는가?

① 조작량           ② 제어량
③ 목표값           ④ 제어대상

## 048

직류발전기의 구조로서 3대 요소에 속하지 않는 것은?

① 계자            ② 보극
③ 전기자          ④ 정류자

## 049

체크밸브(non-return valve)에 관한 설명 중 옳은 것은?

① 하강 시 유량을 제어하는 밸브이다.
② 오일의 압력을 일정하게 유지하는 밸브이다.
③ 오일의 방향이 한쪽방향으로만 흐르도록 하는 밸브이다.
④ 오일의 방향이 양방향으로 흐르는 것을 제어하는 밸브이다.

## 050

높이 50mm 의 둥근 봉이 압축하중을 받아 0.004 의 변형률이 생겼다고 하면, 이 봉의 높이는 몇 mm 인가?

① 49.80            ② 49.90
③ 49.98            ④ 48.99

## 051

기어의 언더컷에 관한 설명으로 틀린 것은?
① 이의 간섭현상이다.
② 접촉면적이 넓어진다.
③ 원활한 회전이 어렵다.
④ 압력각을 크게 하여 방지한다.

## 052

기계 부품 측정 시 각도를 측정할 수 있는 기기는?
① 사인바
② 옵티컬플렛
③ 다이얼게이지
④ 마이크로미터

## 053

그림과 같은 논리기호의 논리식은?

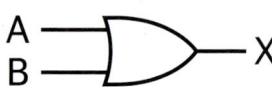

① Y = A' + B'
② Y = A'·B'
③ Y = A·B
④ Y = A + B

## 054

평행판 콘덴서에 있어서 판의 면적을 동일하게 하고 정전용량은 반으로 줄이려면 판 사이의 거리는 어떻게 하여야 하는가?
① 1/4로 줄인다.
② 반으로 줄인다.
③ 2배로 늘린다.
④ 4배로 늘린다.

## 055

유도 전동기에서 동기속도 Ns와 극수 P와의 관계로 옳은 것은?
① $N_s \propto p$
② $N_s \propto \dfrac{1}{p}$
③ $N_s \propto p^2$
④ $N_s \propto \dfrac{1}{p^2}$

## 056

그림과 같은 회로의 역률은 약 얼마인가?

9[Ω]  2[Ω]

① 0.74
② 0.80
③ 0.86
④ 0.98

## 057 ○○○

전기기기에서 E종 절연의 최고 허용온도는 몇 ℃ 인가?

① 90  ② 105  ③ 120  ④ 130

## 058 ○○○

안전율의 정의로 옳은 것은?

① 허용응력/극한강도
② 극한강도/허용응력
③ 허용응력/탄성한도
④ 탄성한도/허용응력

## 059 ○○○

정속도 전동기에 속하는 것은?

① 직권 전동기  ② 분권 전동기
③ 타여자 전동기  ④ 가동복권 전동기

## 060 ○○○

측정계기의 오차의 원인으로서 장시간의 '통전 등에 의한 스프링의 탄성피로에 의하여 생기는 오차를 보정하는 방법으로 가장 알맞은 것은?

① 정전기 제거  ② 자기 가열
③ 저항 접속  ④ 영점 조정

### 16년도 1회 정답

| 01 ③ | 02 ④ | 03 ① | 04 ④ | 05 ③ |
|---|---|---|---|---|
| 06 ④ | 07 ② | 08 ③ | 09 ② | 10 ② |
| 11 ③ | 12 ④ | 13 ② | 14 ③ | 15 ② |
| 16 ③ | 17 ① | 18 ④ | 19 ② | 20 ④ |
| 21 ③ | 22 ② | 23 ② | 24 ③ | 25 ① |
| 26 ② | 27 ② | 28 ② | 29 ② | 30 ② |
| 31 ③ | 32 ② | 33 ② | 34 ② | 35 ① |
| 36 | 37 ① | 38 ③ | 39 ① | 40 |
| 41 ④ | 42 ④ | 43 ③ | 44 ① | 45 ③ |
| 46 ① | 47 ① | 48 ② | 49 ③ | 50 ① |
| 51 ② | 52 ① | 53 ④ | 54 ③ | 55 ② |
| 56 ④ | 57 ③ | 58 ② | 59 ②③ | 60 ④ |

# 16년도 실전 2회

**001** ○○○

엘리베이터용 트랙션식 권상기의 특징이 아닌 것은?
① 소요동력이 작다.
② 균형추가 필요 없다.
③ 행정거리에 제한이 없다.
④ 권과를 일으키지 않는다.

**002** ○○○

스텝 폭 0.8m, 공칭속도 0.75m/s 인 에스컬레이터로 수송할 수 있는 최대 인원의 수는 시간 당 몇 명인가?
① 3600　　② 4800
③ 6000　　④ 6600

**003** ○○○

카가 최상층 및 최하층을 지나쳐 주행하는 것을 방지하는 것은?
① 균형추　　② 정지 스위치
③ 인터록 장치　　④ 리미트 스위치

**004** ○○○

비상용 엘리베이터의 정전 시 예비전원의 기능에 대한 설명으로 옳은 것은?
① 30초 이내에 엘리베이터 운행에 필요한 전력용량을 자동적으로 발생하여 1시간 이상 작동하여야 한다.
② 40초 이내에 엘리베이터 운행에 필요한 전력용량을 자동적으로 발생하여 1시간 이상 작동하여야 한다.
③ 60초 이내에 엘리베이터 운행에 필요한 전력용량을 자동적으로 발생하여 2시간 이상 작동하여야 한다.
④ 90초 이내에 엘리베이터 운행에 필요한 전력용량을 자동적으로 발생하여 2시간 이상 작동하여야 한다.

**005** ○○○

주차구획이 3층 이상으로 배치되어 있고 출입구가 있는 층의 모든 주차구획을 주차장치 출입구로 사용할 수 있는 구조로서 그 주차 구획을 아래·위 또는 수평으로 이동하여 자동차를 주차하도록 설계한 주차장치는?
① 수평순환식
② 다층순환식
③ 다단식 주차장치
④ 승강기 슬라이드식

## 006 ○○○

도어 인터록에 관한 설명으로 옳은 것은?
① 도어 닫힘 시 도어 록이 걸린 후, 도어 스위치가 들어가야 한다.
② 카가 정지하지 않는 층은 도어 록이 없어도 된다.
③ 도어 록은 비상시 열기 쉽도록 일반공구로 사용 가능해야 한다.
④ 도어 개방 시 도어 록이 열리고, 도어 스위치가 끊어지는 구조이어야 한다.

## 007 ○○○

승객이나 운전자의 마음을 편하게 해 주는 장치는?
① 통신장치
② 관제운전장치
③ 구출운전장치
④ B.G.M(Back Ground Music)장치

## 008 ○○○

조속기로프의 공칭 직경은 몇 mm 이상이어야 하는가?
① 6   ② 8   ③ 10   ④ 12

## 009 ○○○

카 문턱과 승강장문 문턱 사이의 수평거리는 몇 mm 이하이어야 하는가?
① 12   ② 15   ③ 35   ④ 125

## 010 ○○○

기계실에서 이동을 위한 공간의 유효 높이는 바닥에서부터 천장의 빔 하부까지 측정하여 몇 m 이상이어야 하는가?
① 1.2   ② 1.8   ③ 2.0   ④ 2.5

## 011 ○○○

펌프의 출력에 대한 설명으로 옳은 것은?
① 압력과 토출량에 비례한다.
② 압력과 토출량에 반비례한다.
③ 압력에 비례하고, 토출량에 반비례한다.
④ 압력에 반비례하고, 토출량에 비례한다.

## 012

엘리베이터를 3~8대 병설하여 운행관리하며 1개의 승강장 부름에 대하여 1대의 카가 응답하고 교통수단의 변동에 대하여 변경되는 조작방식은?

① 군관리방식
② 단식 자동방식
③ 군승합 전자동식
④ 방향성 승합 전자동식

## 013

교류 2단속도 제어에서 가장 많이 사용되는 속도비는?

① 2 : 1
② 4 : 1
③ 6 : 1
④ 8 : 1

## 014

일반적으로 사용되고 있는 승강기의 레일 중 13K, 18K, 24K 레일 폭의 규격에 대한 사항으로 옳은 것은?

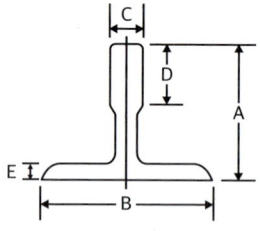

① 3종류 모두 같다.
② 3종류 모두 다르다.
③ 13K와 18K는 같고 24K는 다르다.
④ 18K와 24K는 같고 13K는 다르다.

## 015

엘리베이터의 속도가 규정치 이상이 되었을 때 작동하여 동력을 차단하고 비상정지를 작동시키는 기계장치는?

① 구동기
② 조속기
③ 완충기
④ 도어스위치

## 016

승객(공동주택)용 엘리베이터에 주로 사용되는 도르래 홈의 종류는?

① U홈
② V홈
③ 실홈
④ 언더컷트홈

## 017

가요성 호스 및 실린더와 체크밸브 또는 하강밸브 사이의 가요성 호스 연결 장치는 전부하 압력의 몇 배의 압력을 손상 없이 견뎌야 하는가?

① 2
② 3
③ 4
④ 5

## 018

에스컬레이터와 무빙워크의 일반적인 경사도는 각각 몇 도 이하 인가?

① 20°, 5°
② 30°, 8°
③ 30°, 12°
④ 45°, 20°

### 019

파괴검사 방법이 아닌 것은?
① 인장 검사   ② 굽힘 검사
③ 육안 검사   ④ 경도 검사

### 020

안전 작업모를 착용하는 주요 목적이 아닌 것은?
① 화상방지
② 감전의 방지
③ 종업원의 표시
④ 비산물로 인한 부상 방지

### 021

전기재해의 직접적인 원인과 관련이 없는 것은?
① 회로 단락   ② 충전부 노출
③ 접속부 과열  ④ 접지판 매설

### 022

사용전압 380V의 전동기를 사용하는 경우 접지공사는? [법 개정 문제]
① 제1종 접지공사
② 제2종 접지공사
③ 제3종 접지공사
④ 특별 제3종 접지공사

### 023

재해의 발생 과정에 영향을 미치는 것에 해당 되지 않는 것은?
① 개인의 성격적 결함
② 사회적 환경과 신체적 요소
③ 불안전한 행동과 불안전한 상태
④ 개인의 성별·직업 및 교육의 정도

### 024

승강기시설 안전관리법의 목적은 무엇인가?
① 승강기 이용자의 보호
② 승강기 이용자의 편리
③ 승강기 관리주체의 수익
④ 승강기 관리주체의 편리

## 025

재해 조사의 목적으로 가장 거리가 먼 것은?
① 재해에 알맞은 시정책 강구
② 근로자의 복리후생을 위하여
③ 동종재해 및 유사재해 재발방지
④ 재해 구성요소를 조사, 분석, 검토하고 그 자료를 활용하기 위하여

## 026

감전과 전기화상을 입을 위험이 있는 작업에서 구비해야 하는 것은?
① 보호구
② 구명구
③ 운동화
④ 구급용구

## 027

감전에 의한 위험대책 중 부적합한 것은?
① 일반인 이외에는 전기기계 및 기구에 접촉 금지
② 전선의 절연피복을 보호하기 위한 방호조치가 있어야 함
③ 이동전선의 상호 연결은 반드시 접속기구를 사용할 것
④ 배선의 연결부분 및 나선부분은 전기절연용 접착테이프로 테이핑 하여야 함

## 028

"엘리베이터 사고 속보"란 사고 발생 후 몇 시간 이내인가?
① 7시간
② 9시간
③ 18시간
④ 24시간

## 029

에스컬레이터의 스커트 가드판과 스탭 사이에 인체의 일부나 옷, 신발 등이 끼었을 때 에스컬레이터를 정지시키는 안전장치는?
① 스텝체인 안전장치
② 구동체인 안전장치
③ 핸드레일 안전장치
④ 스커트 가드 안전장치

## 030

유압장치의 보수 점검 및 수리 등을 할 때 사용되는 장치로서 이것을 닫으면 실린더의 기름이 파워유니트로 역류하는 것을 방지하는 장치는?
① 제지 밸브
② 스톱 밸브
③ 안전 밸브
④ 럽처 밸브

## 031

피트 정지 스위치의 설명으로 틀린 것은?

① 이 스위치가 작동하면 문이 반전하여 열리도록 하는 기능을 한다.
② 점검자나 검사자의 안전을 확보하기 위해서는 작업 중 카의 움직임을 방지하여야 한다.
③ 수동으로 조작되고 스위치가 열리면 전동기 및 브레이크에 전원 공급이 차단되어야 한다.
④ 보수 점검 및 검사를 위해 피트 내부로 "정지"위치로 두어야 한다.

## 032

유압식 엘리베이터의 카 문턱에는 승강장 유효 출입구 전폭에 걸쳐 에이프런이 설치되어야한다. 수직면의 아랫부분은 수평면에 대해 몇 도 이상으로 아랫방향을 향하여 구부러져야 하는가?

① 15°  ② 30°  ③ 45°  ④ 60°

## 033

도어에 사람의 끼임을 방지하는 장치가 아닌 것은?

① 광전 장치  ② 세이프티 슈
③ 초음파 장치  ④ 도어 인터록

## 034

승강기 정밀안전 검사기준에서 전기식 엘리베이터 주로프의 끝 부분은 몇 가닥 마다 로프소켓에 바빗트 채움을 하거나 체결식 로프소켓을 사용하여 고정하여야 하는가?

① 1가닥  ② 2가닥
③ 3가닥  ④ 5가닥

## 035

정전으로 인하여 카가 층 중간에 정지될 경우 카를 안전하게 하강시키기 위하여 점검자가 주로 사용하는 밸브는?

① 체크 밸브
② 스톱 밸브
③ 릴리프 밸브
④ 하강용 유량제어 밸브

## 036

유압펌프에 관한 설명 중 틀린 것은?

① 압력맥동이 커야 한다.
② 진동과 소음이 작아야 한다.
③ 일반적으로 스크류 펌프가 사용된다.
④ 펌프의 토출량이 크면 속도도 커진다.

**037** ○○○

유압식 엘리베이터 자체점검 시 피트에서 하는 점검항목 장치가 아닌 것은?
① 체크밸브
② 램(플런저)
③ 이동케이블 및 부착부
④ 하부 파이널리미트 스위치

**038** ○○○

전기식 엘리베이터 자체점검 시 기계실, 구동기 및 풀리 공간에서 하는 점검항목 장치가 아닌 것은?
① 조속기                ② 권상기
③ 고정 도르래         ④ 과부하 감지장치

**039** ○○○

승강장에서 스텝 뒤쪽 끝부분을 황색 등으로 표시하여 설치되는 것은?
① 스텝체인            ② 테크보드
③ 데마케이션         ④ 스커트 가드

**040** ○○○

전기식 엘리베이터 자체점검 시 제어 패널, 캐비닛 접촉기, 릴레이 제어 기판에서 "B로 하여야할 것"이 아닌 것은? [법 개정 문제]
① 기판의 접촉이 불량한 것
② 발열, 진동 등이 현저한 것
③ 접촉기, 릴레이-접촉기 등의 손모가 현저한 것
④ 전기설비의 절연저항이 규정 값을 초과하는 것

**041** ○○○

기계실에는 바닥 면에서 몇 lx 이상을 비출 수 있는 영구적으로 설치된 전기 조명이 있어야 하는가?
① 2    ② 50    ③ 100    ④ 200

**042** ○○○

콤에 대한 설명으로 옳은 것은?
① 홈에 맞물리는 각 승강장의 갈래진 부분
② 전기안전장치로 구성된 전기적인 안전시스템의 부분
③ 에스컬레이터 또는 무빙워크를 둘러싸고 있는 외부 측 부분
④ 스텝, 팔레트 또는 벨트와 연결되는 난간의 수직 부분

**043**

로프의 미끄러짐 현상을 줄이는 방법으로 틀린 것은?

① 권부각을 크게 한다.
② 카 자중을 가볍게 한다.
③ 가감속도를 완만하게 한다.
④ 균형체인이나 균형로프를 설치한다.

**044**

균형체인과 균형로프의 점검사항이 아닌 것은?

① 이상소음이 있는지를 점검
② 이완상태가 있는지를 점검
③ 연결부위의 이상 마모가 있는지를 점검
④ 양쪽 끝단은 카의 양측에 균등하게 연결 되어 있는지를 점검

**045**

고장 및 정전 시 카 내의 승객을 구출하기 위해 카 천장에 설치된 비상구출문에 대한 설명으로 틀린 것은?

① 카 천장에 설치된 비상구출문은 카 내부 방향으로 열리지 않아야 한다.
② 카 내부에서는 열쇠를 사용하지 않으면 열 수 없는 구조이어야 한다.
③ 비상구출구의 크기는 0.3m x 0.3m 이상 이어야 한다.
④ 카 천장에 설치된 비상구출문은 열쇠 등을 사용하지 않고 카 외부에서 간단한 조작으로 열 수 있어야 한다.

**046**

자동차용 엘리베이터에서 운전자가 항상 전진방향으로 차량을 입·출고할 수 있도록 해주는 방향 전환장치는?

① 턴 테이블       ② 카 리프트
③ 차량 감지기    ④ 출차 주의등

**047**

한쌍의 기어를 맞물렸을 때 치면 사이에 생기는 틈새를 무엇이라 하는가?

① 백래시    ② 이사이
③ 이뿌리면  ④ 지름피치

**048**

변형량과 원래 치수와의 비를 변형률이라 하는데 다음 중 변형률의 종류가 아닌 것은?
① 가로 변형률    ② 세로 변형률
③ 전단 변형률    ④ 전체 변형률

**049**

직류 전동기에서 전기자 반작용의 원인이 되는 것은?
① 계자 전류
② 전기자 전류
③ 와류손 전류
④ 히스테리시스손의 전류

**050**

공작물을 제작할 때 공차 범위라고 하는 것은?
① 영점과 최대허용치수와의 차이
② 영점과 최소허용치수와의 차이
③ 오차가 전혀 없는 정확한 치수
④ 최대허용치수와 최소허용치수와의 차이

**051**

논리식 A(A+B)+B를 간단히 하면?
① 1    ② A    ③ A+B    ④ A·B

**052**

전압계의 측정범위를 7배로 하려 할 때 배율기의 저항은 전압계 내부저항의 몇 배로 하여야 하는가?
① 7    ② 6    ③ 5    ④ 4

**053**

논리회로에 사용되는 인버터(inverter)란?
① OR회로    ② NOT회로
③ AND회로    ④ X-OR회로

**054**

물체에 하중을 작용시키면 물체 내부에 저항력이 생긴다. 이 때 생긴 단위면적에 대한 내부 저항력을 무엇이라 하는가?
① 보    ② 하중
③ 응력    ④ 안전율

**055**

100V를 인가하여 전기량 30C을 이동시키는 데 5초 걸렸다. 이때의 전력(kW)은?
① 0.3    ② 0.6    ③ 1.5    ④ 3

## 056

다음 중 측정계기의 눈금이 균일하고, 구동 토크가 커서 감도가 좋으며 외부의 영향을 적게 받아 가장 많이 쓰이는 아날로그 계기 눈금의 구동방식은?

① 충전된 물체 사이에 작용하는 힘
② 두 전류에 의한 자기장 사이의 힘
③ 자기장내에 있는 철편에 작용하는 힘
④ 영구자석과 전류에 의한 자기장 사이의 힘

## 057

RLC직렬회로에서 최대전류가 흐르게 되는 조건은?

① $wL^2 - \dfrac{1}{wC} = 0$

② $wL^2 + \dfrac{1}{wC} = 0$

③ $wL - \dfrac{1}{wC} = 0$

④ $wL + \dfrac{1}{wC} = 0$

## 058

직류발전기의 기본 구성요소에 속하지 않는 것은?

① 계자
② 보극
③ 전기자
④ 정류자

## 059

3상 유도전동기를 역회전 동작시키고자할 때의 대책으로 옳은 것은?

① 퓨즈를 조사한다.
② 전동기를 교체한다.
③ 3선을 모두 바꾸어 결선한다.
④ 3선의 결선 중 임의의 2선을 바꾸어 결선한다.

## 060

웜(Worm)기어의 특징이 아닌 것은?

① 효율이 좋다.
② 부하용량이 크다.
③ 소음과 진동이 적다.
④ 큰 감속비를 얻을 수 있다.

### 16년도 2회 정답

| 01 ② | 02 ④ | 03 ④ | 04 ③ | 05 ③ |
| 06 ① | 07 ④ | 08 ① | 09 ③ | 10 ② |
| 11 ① | 12 ① | 13 ② | 14 ① | 15 ② |
| 16 ④ | 17 ④ | 18 ③ | 19 ③ | 20 ③ |
| 21 ④ | 22 ③ | 23 ④ | 24 ① | 25 ② |
| 26 ① | 27 ① | 28 ④ | 29 ④ | 30 ② |
| 31 ① | 32 ④ | 33 ④ | 34 ① | 35 ④ |
| 36 ① | 37 ① | 38 ④ | 39 ③ | 40 ① |
| 41 ④ | 42 ① | 43 ② | 44 ④ | 45 ③ |
| 46 ① | 47 ① | 48 ④ | 49 ④ | 50 ④ |
| 51 ③ | 52 ② | 53 ② | 54 ③ | 55 ② |
| 56 ④ | 57 ③ | 58 ② | 59 ④ | 60 ① |

# 16년도 실전 4회

001 ○○○

유압식엘리베이터에서 T형 가이드레일이 사용되지 않는 엘리베이터의 구성품은?
① 카
② 도어
③ 유압실린더
④ 균형추(밸런싱웨이트)

002 ○○○

전기식엘리베이터에서 기계실 출입문의 크기는?
① 폭 0.7m 이상, 높이 1.8m 이상
② 폭 0.7m 이상, 높이 1.9m 이상
③ 폭 0.6m 이상, 높이 1.8m 이상
④ 폭 0.6m 이상, 높이 1.9m 이상

003 ○○○

엘리베이터의 도어머신에 요구되는 성능과 거리가 먼 것은?
① 보수가 용이할 것
② 가격이 저렴할 것
③ 직류 모터만 사용할 것
④ 작동이 원활하고 정숙할 것

004 ○○○

건물에 에스컬레이터를 배열할 때 고려할 사항으로 틀린 것은?
① 엘리베이터 가까운 곳에 설치한다.
② 바닥 점유 면적을 되도록 작게 한다.
③ 승객의 보행거리를 줄일 수 있도록 배열한다.
④ 건물의 지지보 등을 고려하여 하중을 균등하게 분산시킨다.

005 ○○○

교류 이단속도(AC-2)제어 승강기에서 카 바닥과각 층의 바닥면이 일치되도록 정지시켜 주는 역할을 하는 장치는?
① 시브          ② 로프
③ 브레이크      ④ 전원 차단기

## 006

에스컬레이터의 안전장치에 해당되지 않는 것은?
① 스프링(spring) 완충기
② 인레트 스위치(inlet switch)
③ 스커트 가드(skirt guard) 안전 스위치
④ 스텝 체인 안전 스위치(step chain safety switch)

## 007

유압식 승강기의 밸브 작동 압력을 전 부하 압력의 140%까지 맞추어 조절해야 하는 밸브는?
① 체크밸브  ② 스톱밸브
③ 릴리프밸브  ④ 업(up)밸브

## 008

문 닫힘 안전장치의 종류로 틀린 것은?
① 도어 레일  ② 광전 장치
③ 세이프티 슈  ④ 초음파 장치

## 009

군관리 방식에 대한 설명으로 틀린 것은?
① 특정 층의 혼잡 등을 자동적으로 판단한다.
② 카를 불필요한 동작 없이 합리적으로 운행 관리한다.
③ 교통수요의 변화에 따라 카의 운전 내용을 변화 시킨다.
④ 승강장 버튼의 부름에 대하여 항상 가장 가까운 카가 응답한다.

## 010

기계실 바닥에 몇 m를 초과하는 단차가 있을 경우에는 보호난간이 있는 계단 또는 발판이 있어야 하는가?
① 0.3  ② 0.4  ③ 0.5  ④ 0.6

## 011

다음 중 조속기의 종류에 해당되지 않는 것은?
① 웨지형 조속기
② 디스크형 조속기
③ 플라이 볼형 조속기
④ 롤 세이프티형 조속기

## 012

엘리베이터용 전동기의 구비조건이 아닌 것은?
① 전력소비가 클 것
② 충분한 기동력을 갖출 것
③ 운전상태가 정숙하고 저진동일 것
④ 고기동 빈도에 의한 발열에 충분히 견딜 것

## 013

승강기의 안전에 관한 장치가 아닌 것은?
① 조속기(governor)
② 세이프티 블럭(safety block)
③ 용수철완충기(spring buffer)
④ 누름버튼스위치(push button switch)

## 014

가이드레일의 규격과 거리가 먼 것은?
① 레일의 표준길이는 5m로 한다.
② 레일의 표준길이는 단면으로 결정한다.
③ 일반적으로 공칭 8, 13, 18, 24 및 30K 레일을 쓴다.
④ 호칭은 소재의 1m 당 중량을 라운드번호로 K레일을 붙인다.

## 015

승강기의 카 내에 설치되어 있는 것의 조합으로 옳은 것은?
① 조작반, 이동 케이블, 급유기, 조속기
② 비상조명, 카 조작반, 인터폰, 카 위치표시기
③ 카 위치표시기, 수전반, 호출버튼, 비상정지장치
④ 수전반, 승강장 위치표시기, 비상스위치, 리미트 스위치

## 016

엘리베이터 카에 부착되어 있는 안전장치가 아닌 것은?
① 조속기 스위치
② 카 도어 스위치
③ 비상정지 스위치
④ 세이프티 슈 스위치

## 017

다음 장치 중에서 작동되어도 카의 운행에 관계없는 것은?
① 통화장치
② 조속기 캐치
③ 승강장 도어의 열림
④ 과부하 감지 스위치

## 018

비상용 승강기에 대한 설명 중 틀린 것은?

[법 개정 문제 - 내용 일부 수정]

① 예비전원을 설치하여야 한다.
② 외부와 연락할 수 있는 전화를 설치하여야 한다.
③ 정전 시에는 예비전원으로 작동할 수 있어야 한다.
④ 승강기의 운행속도는 1.3m/s 이상으로 해야 한다.

## 019

사고 예방 대책 기본 원리 5단계 중 3E를 적용하는 단계는?

① 1단계
② 2단계
③ 3단계
④ 5단계

## 020

승강기 안전관리자의 직무범위에 속하지 않는 것은?

① 보수계약에 관한 사항
② 비상열쇠 관리에 관한 사항
③ 구급체계의 구성 및 관리에 관한 사항
④ 운행관리규정의 작성 및 유지에 관한 사항

## 021

저압 부하설비의 운전조작 수칙에 어긋나는 사항은?

① 퓨즈는 비상시라도 규격품을 사용하도록 한다.
② 정해진 책임자 이외에는 허가 없이 조작하지 않는다.
③ 개폐기는 땀이나 물에 젖은 손으로 조작하지 않도록 한다.
④ 개폐기의 조작은 왼손으로 하고 오른손은 만약의 사태에 대비한다.

## 022

재해 발생 시의 조치내용으로 볼 수 없는 것은?

① 안전교육 계획의 수립
② 재해원인 조사와 분석
③ 재해방지대책의 수립과 실시
④ 피해자를 구출하고 2차 재해방지

## 023

관리주체가 승강기의 유지관리 시 유지관리자로 하여금 유지관리중임을 표시하도록 하는 안전 조치로 틀린 것은?

① 사용금지 표시
② 위험요소 및 주의사항
③ 작업자 성명 및 연락처
④ 유지관리 개소 및 소요시간

## 024

전기에서는 위험성이 가장 큰 사고의 하나가 감전이다. 감전사고를 방지하기 위한 방법이 아닌 것은?
① 충전부 전체를 절연물로 차폐한다.
② 충전부를 덮은 금속체를 접지한다.
③ 가연물질과 전원부의 이격거리를 일정하게 유지 한다.
④ 자동차단기를 설치하여 선로를 차단할 수 있게 한다.

## 025

재해의 직접 원인에 해당되는 것은?
① 물적 원인
② 교육적 원인
③ 기술적 원인
④ 작업관리상 원인

## 026

안전점검 시의 유의사항으로 틀린 것은?
① 여러 가지의 점검방법을 병용하여 점검한다.
② 과거의 재해발생 부분은 고려할 필요 없이 점검한다.
③ 불량 부분이 발견되면 다른 동종의 설비도 점검한다.
④ 발견된 불량 부분은 원인을 조사하고 필요한 대책을 강구한다.

## 027

안전점검 중에서 5S 활동 생활화로 틀린 것은?
① 정리
② 정돈
③ 청소
④ 불결

## 028

재해의 간접 원인 중 관리적 원인에 속하지 않는 것은?
① 인원 배치 부적당
② 생산 방법 부적당
③ 작업 지시 부적당
④ 안전관리 조직 결함

## 029

전기식 엘리베이터의 정기검사에서 하중시험은 어떤 상태로 이루어져야 하는가?
① 무부하
② 정격하중의 50%
③ 정격하중의 100%
④ 정격하중의 125%

### 030 ○○○

전기식 엘리베이터의 과부하방지장치에 대한 설명으로 틀린 것은?

① 과부하방지장치의 작동치는 정격적 재하중의 110%를 초과하지 않아야 한다.
② 과부하방지장치의 작동상태는 초과하중이 해소되기까지 계속 유지되어야 한다.
③ 적재하중 초과 시 경보가 울리고 출입문의 닫힘이 자동적으로 제지되어야 한다.
④ 엘리베이터 주행 중에는 오동작을 방지하기 위해 과부하방지장치 작동은 유효화 되어 있어야 한다.

### 031 ○○○

균형추를 구성하고 있는 구조재 및 연결재의 안전율은 균형추가 승강로의 꼭대기에 있고, 엘리베이터가 정지한 상태에서 얼마 이상으로 하는 것이 바람직한가?

① 3　　② 5　　③ 7　　④ 9

### 032 ○○○

에스컬레이터의 스텝체인의 늘어남을 확인하는 방법으로 가장 적합한 것은?

① 구동체인을 점검한다.
② 롤러의 물림상태를 확인한다.
③ 라이저의 마모상태를 확인한다.
④ 스텝과 스텝간의 간격을 측정한다.

### 033 ○○○

비상정지장치의 작동으로 카가 정지할 때까지 레일이 죄는 힘이 처음에는 약하게 그리고 하강함에 따라 강해지다가 얼마 후 일정한 값으로 도달하는 방식은?

① 슬랙로프 세이프티
② 순간식 비상정지장치
③ 플렉시블 가이드 방식
④ 플렉시블 웨지 클램프 방식

### 034 ○○○

제어반에서 점검할 수 없는 것은?

① 결선단자의 조임상태
② 스위치접점 및 작동상태
③ 조속기 스위치의 작동상태
④ 전동기 제어회로의 절연상태

### 035 ○○○

전기식엘리베이터에서 카 지붕에 표시되어야 할 정보가 아닌 것은?

① 최종점검일지 비치
② 정지장치에 "정지"라는 글자
③ 점검운전 버튼 또는 근처에 운행 방향 표시
④ 점검운전 스위치 또는 근처에 "정상" 및 "점검"이라는 글자

**036**

조속기의 점검사항으로 틀린 것은?
① 소음의 유무
② 브러시 주변의 청소상태
③ 볼트 및 너트의 이완 유무
④ 조속기 로프와 클립 체결상태 양호 유무

**037**

승강기 정밀안전 검사 시 전기식 엘리베이터에서 권상기 도르래 홈의 언더컷의 잔여량은 몇 mm 미만일 때 도르래를 교체하여야 하는가?
① 1  ② 2  ③ 3  ④ 4

**038**

이동식 핸드레일은 운행 중에 전 구간에서 디딤판과 핸드레일의 동일 방향 속도 공차는 몇 % 인가?
① 0~2  ② 3~4
③ 5~6  ④ 7~8

**039**

유압식 엘리베이터에서 실린더의 점검사항으로 틀린 것은?
① 스위치의 기능 상실여부
② 실린더 패킹에 누유여부
③ 실린더의 패킹의 녹 발생여부
④ 구성부품, 재료의 부착에 늘어짐 여부

**040**

에스컬레이터의 스텝구동장치에 대한 점검사항이 아닌 것은?
① 링크 및 핀의 마모상태
② 핸드레일 가드 마모상태
③ 구동체인의 늘어짐 상태
④ 스프로켓의 이의 마모상태

**041**

전기식엘리베이터의 기계실에 설치된 고정도르래의 점검내용이 아닌 것은?
① 이상음 발생여부
② 로프 홈의 마모상태
③ 브레이크 드럼 마모상태
④ 도르래의 원활한 회전여부

## 042

가이드레일 또는 브라켓의 보수점검사항이 아닌 것은?

① 가이드레일의 녹 제거
② 가이드레일의 요철제거
③ 가이드레일과 브라켓의 체결볼트 점검
④ 가이드레일 고정용 브라켓 간의 간격 조정

## 043

엘리베이터에서 현수로프의 점검사항이 아닌 것은?

① 로프의 직경
② 로프의 마모 상태
③ 로프의 꼬임 방향
④ 로프의 변형 부식 유무

## 044

유압식엘리베이터의 점검 시 플런저 부위에서 특히 유의하여 점검하여야 할 사항은?

① 플런저의 토출량
② 플런저의 승강행정 오차
③ 제어밸브에서의 누유상태
④ 플런저 표면조도 및 작동유 누설 여부

## 045

비상정지장치가 없는 균형추의 가이드레일 검사 시 최대 허용 휨의 양은 양방향으로 몇 mm인가?

① 5  ② 10  ③ 15  ④ 20

## 046

전동기의 점검항목이 아닌 것은?

① 발열이 현저한 것
② 이상음이 있는 것
③ 라이닝의 마모가 현저한 것
④ 연속으로 운전하는데 지장이 생길 염려가 있는 것

## 047

18-8 스테인리스강의 특징에 대한 설명 중 틀린 것은?

① 내식성이 뛰어난다.
② 녹이 잘 슬지 않는다.
③ 자성체의 성질을 갖는다.
④ 크롬 18%와 니켈 8%를 함유한다.

**048**

기계요소 설계 시 일반 체결용에 주로 사용되는 나사는?
① 삼각나사  ② 사각나사
③ 톱니 나사  ④ 사다리꼴나사

**049**

직류기 권선법에서 전기자 내부 병렬회로수 a와 극수 p의 관계는? (단, 권선법은 중권이다.)
① a = 2  ② a = (1/2)P
③ a = p  ④ a = 2p

**050**

다음 논리회로의 출력값 표는?

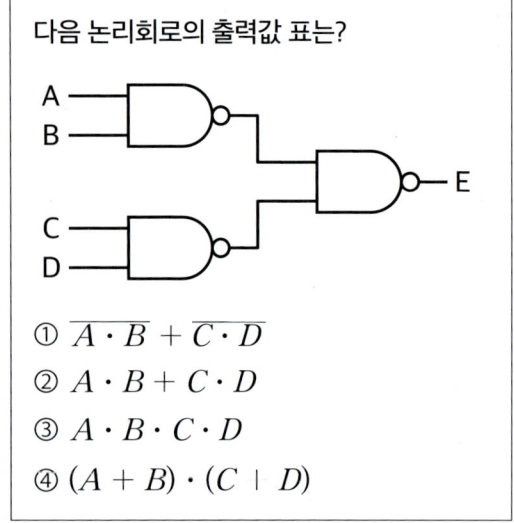

① $\overline{A \cdot B + C \cdot D}$
② $A \cdot B + C \cdot D$
③ $A \cdot B \cdot C \cdot D$
④ $(A + B) \cdot (C \mid D)$

**051**

직류전동기에서 자속이 감소되면 회전수는 어떻게 되는가?
① 정지  ② 감소
③ 불변  ④ 상승

**052**

회전하는 축을 지지하고 원활한 회전을 유지하도록 하며, 축에 작용하는 하중 및 축의 자중에 의한 마찰저항을 가능한 적게 하도록 하는 기계요소는?
① 클러치  ② 베어링
③ 커플링  ④ 스프링

**053**

계측기와 관련된 문제, 환경적 영향 또는 관측 오차 등으로 인해 발생하는 오차는?
① 절대오차  ② 계통오차
③ 과실오차  ④ 우연오차

## 054

유도기전력의 크기는 코일의 권수와 코일을 관통하는 자속의 시간적인 변화율과의 곱에 비례한다는 법칙은 무엇인가?

① 패러데이의 전자유도 법칙
② 앙페르의 주회 적분의 법칙
③ 전자력에 관한 플레밍의 법칙
④ 유도 기전력에 관한 렌츠의 법칙

## 055

직류 전동기의 속도 제어 방법이 아닌 것은?

① 저항 제어법
② 계자 제어법
③ 주파수 제어법
④ 전기자 전압 제어법

## 056

그림은 마이크로미터로 어떤 치수를 측정한 것이다. 치수는 약 몇 mm인가?

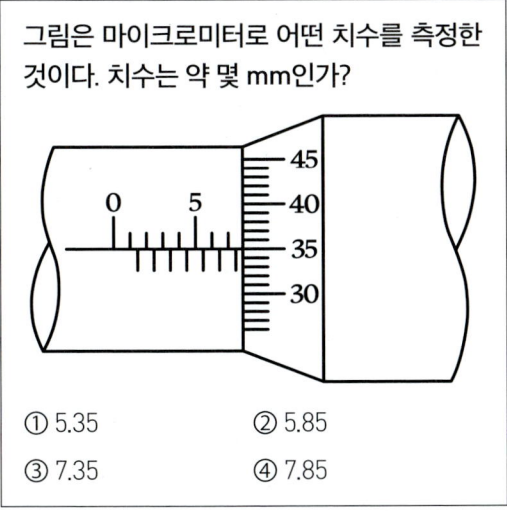

① 5.35
② 5.85
③ 7.35
④ 7.85

## 057

다음 중 응력을 가장 크게 받는 것은? (단, 다음 그림은 기둥의 단면 모양이며, 가해지는 하중 및 힘의 방향은 같다.)

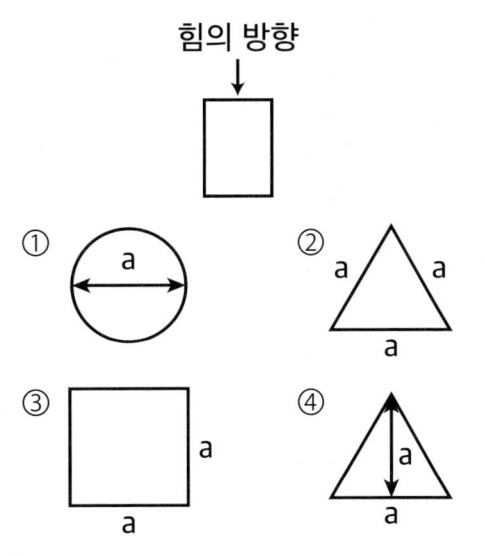

## 058

다음 그림과 같은 제어계의 전체 전달함수는? (단, H(s) = 1이다.)

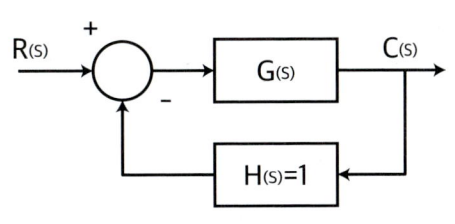

① $\dfrac{1}{G_{(S)}}$
② $\dfrac{1}{1+G_{(S)}}$
③ $\dfrac{G_{(S)}}{1+G_{(S)}}$
④ $\dfrac{G_{(S)}}{1-G_{(S)}}$

**059** ○○○

인덕턴스가 5mH인 코일에 50Hz의 교류를 사용할 때 유도 리액턴스는 약 몇 Ω인가?

① 1.57　　② 2.50
③ 2.53　　④ 3.14

**060** ○○○

저항 100Ω의 전열기에 5A의 전류를 흘렸을 때 전력은 몇 W인가?

① 20　　② 100
③ 500　　④ 2500

## 16년도 4회 정답

| 01 ② | 02 ① | 03 ③ | 04 ① | 05 ③ |
| --- | --- | --- | --- | --- |
| 06 ① | 07 ③ | 08 ① | 09 ④ | 10 ③ |
| 11 ① | 12 ① | 13 ④ | 14 ② | 15 ② |
| 16 ① | 17 ① | 18 ④ | 19 ④ | 20 ① |
| 21 ④ | 22 ① | 23 ② | 24 ③ | 25 ① |
| 26 ② | 27 ④ | 28 ② | 29 ① | 30 ④ |
| 31 ② | 32 ④ | 33 ④ | 34 ③ | 35 ① |
| 36 ② | 37 ① | 38 ① | 39 ① | 40 ② |
| 41 ③ | 42 ④ | 43 ③ | 44 ④ | 45 ② |
| 46 ③ | 47 ③ | 48 ① | 49 ③ | 50 ② |
| 51 ④ | 52 ② | 53 ② | 54 ① | 55 ③ |
| 56 ④ | 57 ② | 58 ③ | 59 ① | 60 ④ |

# 3

## 승강기기능사
### 핵심이론

# I. 승강기 개론

## chapter 1. 엘리베이터의 개념

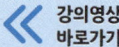

### 1. 엘리베이터 종류

<국가승강기정보센터 승강기 정보 예시>

| 승강기번호 | 1234-567 | 최초설치일자/<br>설치일자 | 2001-01-01/2001-01-01 |
|---|---|---|---|
| 설치장소 | 101-1 | 제조업체 | ㅇㅇ엘리베이터 |
| 승강기종류 | 장애인용 | 유지관리업체 | ㅇㅇ엘리베이터 |
| 승강기형식 | 권상식 VVVF | 하도급업체 | - |
| 승강기모델 | DY-20A | 적재하중 | 1000 |
| 운행층수 | 16 | 정원 | 15 |
| 운행구간 | B1-15 | 정격속도 | 1 |

- 승강기종류 : 장애인용 / 승강기 구동방식 : 권상식
- 속도 : 중속엘리베이터 / 제어방식 : VVVF

#### 1 사용 용도에 따른 승강기 종류

① 승객용 승강기 : 사람만 운송할 수 있도록 설치된 승강기
② 승객화물용 승강기 : 사람과 화물 운반을 겸용할 수 있도록 설치된 승강기
③ 화물용 승강기 : 화물을 운송할 수 있도록 설치된 승강기. 적재용량 300kg 이상. 사람 1명 탑승 가능
④ 소형화물용 승강기 (덤웨이터) : 음식물이나 서적과 같은 소형 화물을 운반하는 승강기. 적재용량 300kg 이하. 사람 탑승 불가.
⑤ 장애인용 승강기 : 장애인, 노약자의 편의를 위해 설치된 승강기 (평소에는 승객용 승강기로 사용됨)
⑥ 병원용 승강기 : 병상을 운반할 수 있도록 설치된 승강기.
⑦ 소방구조용 승강기 : 화재 등 비상 상황에서 소방관의 구조 활동에 용이하도록 설치된 승강기

⑧ 피난용 승강기 : 재난 상황 발생 시 거주자의 피난에 용이하도록 설치된 승강기
⑨ 전망용 승강기 : 승강기 내부에서 외부를 볼 수 있도록 설치된 승강기
⑩ 자동차용 승강기 : 운전자가 탑승한 차량을 운반하는 승강기

## 2 승강기 구동 방식에 따른 분류

<로프식승강기>

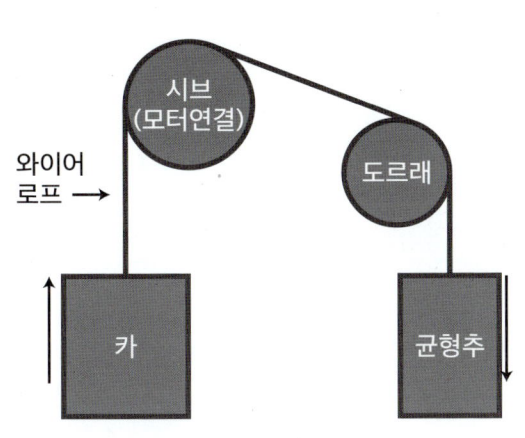

<유압식승강기>

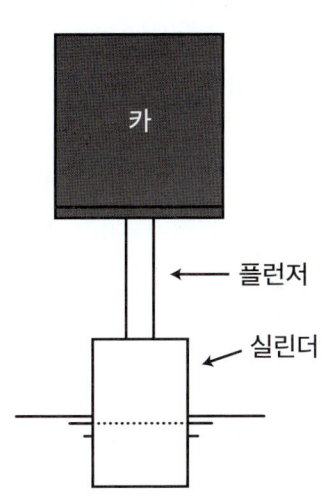

| | | |
|---|---|---|
| 로프식 | 권상식 (트랙션식) | • 가장 기본적으로 사용되는 구동방식 (1:1 로핑)<br>• 와이어로프를 시브와 도르래에 걸어 한쪽에는 카를 매달고 반대쪽에는 균형추를 매달아 운행하는 방식 |
| | 권동식 | • 균형추 대신 로프 끝을 권상기에 고정시켜 감아올리거나 풀어내리며 운행하는 방식 |
| 유압식 | 직접식 | • 램 또는 실린더가 카에 직접 연결되어 운행하는 방식 |
| | 간접식 | • 램이나 실린더가 로프 또는 체인에 의해 카에 연결되어 운행하는 방식 |
| | 팬더그래프식 | • 유압피스톤으로 팬터그래프를 움직여 운행하는 방식 |
| 스크류식 | | • 균형추 없이 나사로 지지되어 상하 운행하는 방식 |
| 랙피니언식 | | • 랙 톱니가 있는 레일과 카의 피니언이 맞물려 운행하는 방식 |

## 3 속도에 따른 분류

• 암기 TIP! 선 위에 숫자를 적어 속도 구간을 구분하면 쉬워요.

단위 : m/sec

```
        0.75      1              4              6
  ●──────○───────○──────────────○──────────────○──────●
  |←─저속─→|←──중속──→|←──고속──→|←──초고속──→|
```

① 저속 엘리베이터 : 0.75m/s 이하
② 중속 엘리베이터 : 1~4m/s
③ 고속 엘리베이터 : 4~6m/s
④ 초고속 엘리베이터 : 6m/s 이상
  • 일반적인 아파트와 같은 건물에서의 승강기 속도는 중속 (1~4m/s)에 해당함

## 4 제어방식에 따른 분류

① 교류엘리베이터 (chapter 5.에서 주의 깊게 다뤄요)
  - 교류**1단** 속도제어 방식 : 착상 오차가 큼
  - 교류**2단** 속도제어 방식 : 고속 권선으로 주행하고 저속 권선으로 감속함. 교류1단 속도제어보다 착상 오차가 적음
  - 교류**귀환** 전압제어 방식 : 사이리스터의 점호각을 바꾸어 유도전동기의 속도를 제어
  - 가변전압 가변주파수제어 방식(**VVVF**) : 전압과 주파수를 동시에 제어함. 직류 전동기와 유사한 성능을 가짐.

② 직류엘리베이터
  - 워드레오나드 방식 : 발전기의 계자전류를 조정하여 발전기 전압을 임의로 연속적으로 변화시킴. 연속적이고 광범위하게 속도 조절이 가능한 방식. 교류2단 속도제어에 비해 승차감이 좋음.
  - 정지레오나드 방식 : 사이리스터를 통해 교류를 직류로 바꾸어 전동기 속도를 조정하는 방식

## 5 기계실 위치에 따른 분류

① 상부형 승강기(정상부형) : 기계실이 승강로 꼭대기에 있음. 대부분의 승강기 형태
② 하부형 승강기(**베이스먼트**) : 기계실이 승강로 아래쪽에 있음
③ 측부형 승강기(사이드 머신) : 기계실이 승강로 측면에 있음
④ 기계실이 없는 승강기(MRL) : 기계실이 없는 타입으로 설치 공간이 효율적이나 운행 시 세대 내 작동 소음이 전달될 수 있음

## 2. 엘리베이터 운전조작방식

### 1 반자동식
① 카 스위치 방식 : 운전원이 조작반의 버튼을 조작해서 운행, 정지시킴
② 신호 방식 : 도어 개폐는 운전자 조작으로 작동. 카 운행, 정지는 카 내 혹은 승강장 버튼에 의해 진행됨

### 2 전자동식
① 단식 자동식 : 가장 먼저 누른 호출버튼에만 응답하고 운전이 완료되기 전까지는 다른 호출에 응답하지 않음 (화물용, 자동차용 등에 적합)
② 승합 전자동식 : 승강장에 상향, 하향 버튼이 있음. 승객이 승강장 외부의 버튼을 누름으로써 운행됨
③ 하강 승합 자동식 : 2층 이상의 승강장에 하향 버튼밖에 없음. 사생활 침해 방지 목적으로 중간층에서 탑승하여 위층으로 올라갈 때는 1층으로 내려온 후 올라감
④ **군 승합 전자동식** : 2-3대 승강기가 함께 있을 때 사용되는 조작방식. 한 개의 승강장 호출에 한 대의 카만 응답하는 방식
⑤ **군 관리 방식** : 3-8대 승강기가 함께 있을 때 사용되는 조작방식. 이용 상황에 따라 상호간 유기적으로 운전하는 방식

<대수에 따른 전자동식 운전방식>

| 대수 | 승강기 1대 | 승강기 2대-3대 | 승강기 3대-8대 |
|---|---|---|---|
| 운전방식 | 단식 자동식<br>승합 전자동식<br>하강 승합자동식 | 군 승합<br>전자동식 | 군 관리 방식 |

# chapter 2. 엘리베이터의 구성요소

## 1. 권상기

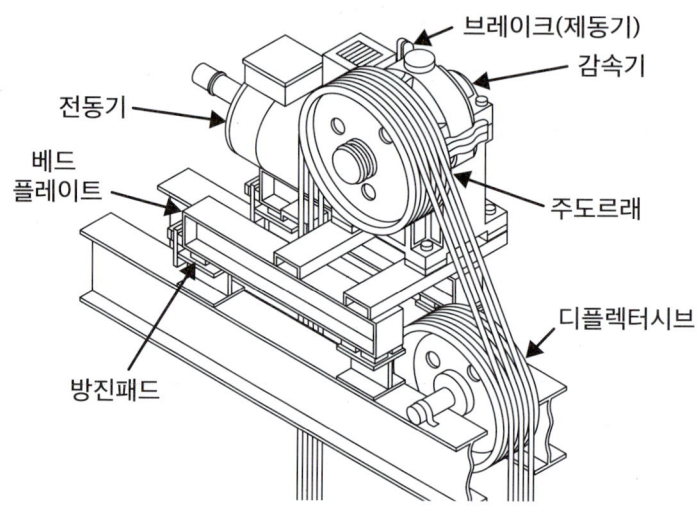

<권상기 구조도>

**1 개념**

① 목적 : 와이어로프를 이용하여 카를 상승 하강 시킬 수 있도록 동력을 제공함
② 구성요소 : 제동기, 감속기, 메인시브(주 도르래), 전동기

**2 제동기(브레이크)**

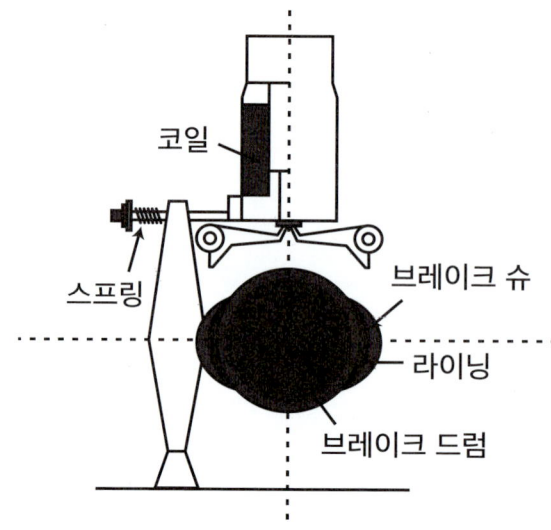

<제동기 구조도>

① 승강기 이상 운행 시 전동기의 회전을 정지시키는 브레이크 역할을 함
② 승강기가 목적 층에 도착했을 때 움직이지 않게 정지시켜주는 장치
③ 제동력은 제동기의 스프링에 의해 작동됨
④ 구성요소 : 브레이크 드럼, 브레이크 슈, 스프링, 전자코일, 라이닝

## 3 권상기의 형식(감속기)

(Ⅳ. 기계/전기 기초 이론 - chapter2 승강기 주요 기계요소별 구조와 원리 - 4. 치차 & 기어에서 이미지를 확인할 수 있어요)

① 기어식(geard 방식) : 감속을 위해 기어를 부착시킴
  - 웜기어 : 소음이 적으나 효율이 낮고 역구동이 어려움
    • 큰 감속비를 얻을 수 있음
    • 소음, 진동은 크지 않음
    • 웜과 휠의 마찰로 인해 효율이 낮음
    • 웜의 홈에 휠의 기어가 걸려있어 역구동이 어려움
  - 헬리컬기어 : 소음이 크나 효율이 높고 역구동이 쉬움
    • 기어와 기어가 맞물려 구동되기 때문에 소음, 진동 발생 가능성이 높으나 최근 가공 기술의 발달로 순차적으로 기어가 맞물리기 때문에 부드럽고 조용함
    • 닿는 면적이 넓어 힘이 강하고 효율이 높음
② 무기어식(gearless 방식) : 기어를 사용하지 않고 전동기 회전축에 메인시브(도르래)를 직접 부착시킴

|  | 웜기어 | 헬리컬기어 | 무기어 |
|---|---|---|---|
| 종합효율성 | 50~70% | 80~85% | 85~90% |
| 역구동 | 어려움 | 웜기어보다 쉬움 | 쉬움 |
| 엘리베이터 형태 | 저속 | 중속 | 중고속&MRL |

## 3 메인시브(도르래) 홈의 종류별 특징

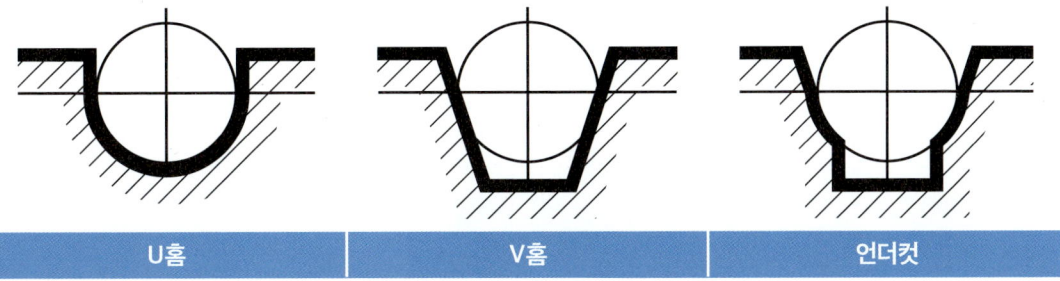

| U홈 | V홈 | 언더컷 |

Ⅰ. 승강기 개론

① 종류
- U홈 : 접촉면 압력이 낮아서 마찰력이 작음, 로프의 수명은 깊
- V홈 : 마찰력이 큼, 가공이 쉬움, 로프와 시브의 수명이 짧음
- 언더컷홈 : U홈과 V홈의 장점을 가짐, 가공은 어렵지만 시브가 마모되더라도 어느 정도까지는 마찰이 유지됨. **승객용 엘리베이터에 주로 사용됨**

② 마찰력 : V홈 > 언더컷 > U홈
- 감속도가 클수록, 권부각(로프가 감기는 각도)이 작을수록, 마찰계수가 작을수록 잘 미끄러짐
- 감속도를 작게, 권부각을 크게, 마찰계수를 크게 하면 미끄러짐을 줄일 수 있음

③ 마모
- 편마모 : 로프 가닥간 높이차가 **2mm 미만**이어야 함
- 마모 : 언더컷의 잔여량이 **1mm 이상**이어야 함

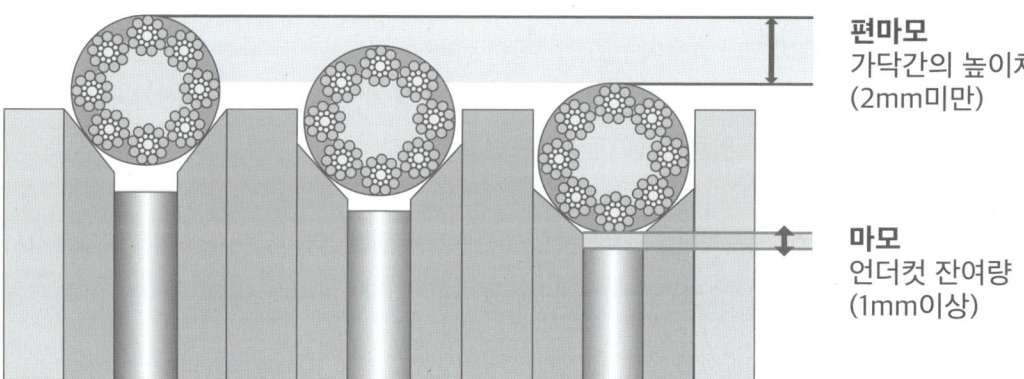

## 4 전동기

① 운행, 정지 빈도가 잦기 때문에 발열을 고려하여 설계해야 함
② 정격속도에 맞게 회전속도 오차는 +5에서 -10% 사이여야 함
③ 소음, 진동이 적어야 함
④ 전동기의 소요동력

• 출제 TIP! 공식을 활용해서 답을 구하는 문제가 나와요.

$$P = \frac{MVS}{6120\eta} [kW]$$

(M : 정격하중(kg), V : 정격속도(m/min), S : 1-F(오버밸런스율 %), η : 종합효율)

## 2. 와이어로프

### 1 구조 및 종류별 특징

① 구성요소 : **소선, 스트랜드, 심강**

<와이어로프 구성요소>

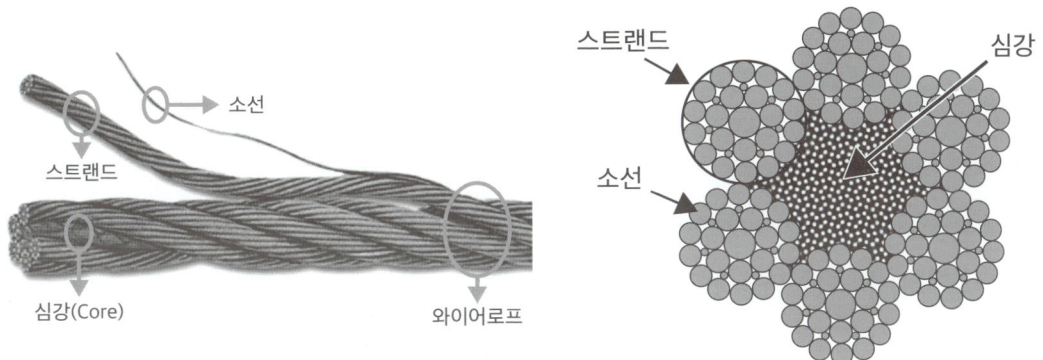

② 종류별 특징
- 보통꼬임 : 스트랜드의 꼬임방향과 로프의 꼬임 방향이 반대
- 랭꼬임 : 스트랜드의 꼬임방향과 로프의 꼬임 방향이 같음

<와이어로프 꼬임 종류>

<와이어로프 직경 재는 법>

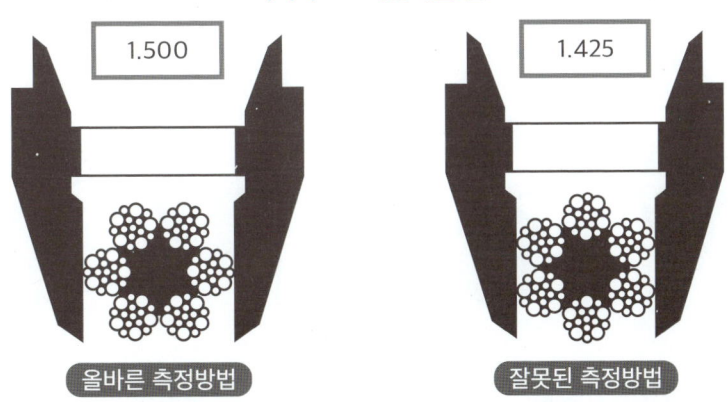

스트랜드 **외접원의 지름을 측정**해야 함

## 2 로프의 걸기 방법(로핑), 감는 방법(래핑)

① 걸기방법 (로핑)
- 1 : 1 로핑 : 일반 승객용 승강기에 사용됨
- 2 : 1 로핑 : 주로 화물용 승강기에 사용됨. 1 : 1 로핑에 비해 장력과 속도가 1/2로 줄고 로프 길이는 2배로 늘어남.
- 3 : 1, 4 : 1, 6 : 1 로핑 : 로프 길이가 길고, 수명이 짧아 효율성이 떨어짐. 대용량 저속화물용 승강기에 쓰임.

<로핑 종류>

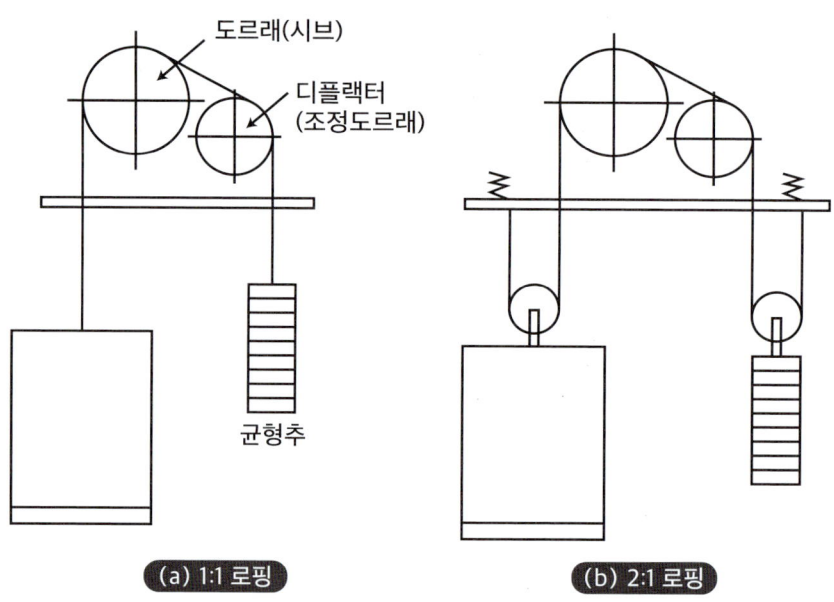

(a) 1 : 1 로핑   (b) 2 : 1 로핑

② 감는방법 (래핑)
- 싱글래핑 : 중저속엘리베이터에 사용됨
- 더블래핑 : 고속엘리베이터에 사용됨

<래핑 종류>

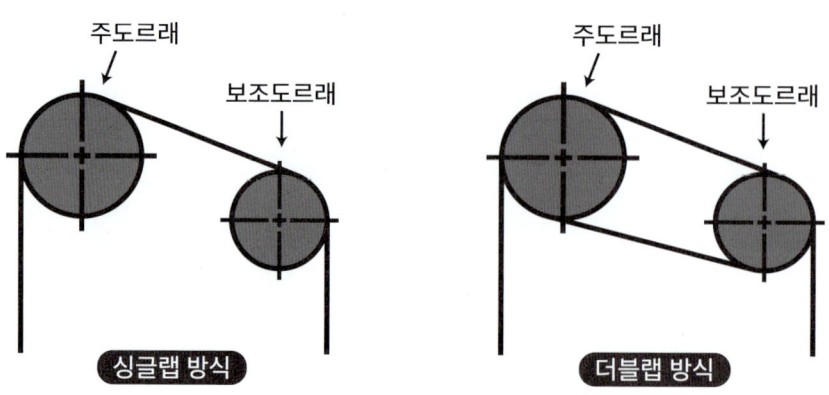

## 3 와이어로프 단말처리

① 와이어로프 체결 순서

<로프 체결 순서>

- 1단계 : 로프 끝부분에 클립 체결
- 2단계 : 로프 안쪽 끝으로 클립 체결
- 3단계 : 사이에 동일한 간격으로 클립체결

② **잘못된 와이어로프 체결**

<잘못된 와이어로프 체결>

③ 와이어로프 단말처리 종류
- **소켓 체결방식이 가장 효율이 높음**
- 클립 체결보다 심블 형태가 더 효율이 높음

<와이어로프 단말처리 종류>

| 공칭 [mm] | 형태 | 효율 |
|---|---|---|
| 소켓 (Socket) | Open / Closed | 100% |
| 팀블 (Thimble) | | 24mm : 95%<br>26mm : 92.5% |
| 웨지 (Wedge) | | 75~90% |
| 아이스플라이스 (Eye Splice) | | 6mm : 90%<br>9mm : 88%<br>12mm : 86%<br>18mm : 82% |
| 클립 (Clip) | | 75~80% |

## 3. 가이드레일(=주행안내레일)

### 1 목적 및 역할

① 비상정지장치 작동이나 집중하중 발생 시 수직하중을 유지함

② 카와 균형추의 승강로 평면 내의 위치 규제

③ 카의 자중이나 화물에 의한 기울어짐 방지

### 2 가이드레일 규격

① **8K, 13K, 18K, 24K, 30K** 레일이 있음. K는 kg을 의미하며 숫자는 **1m당 대략적인 레일의 무게**를 나타냄

② 레일의 표준길이는 **5m**임

<T형 가이드레일>

<가이드레일의 단면>

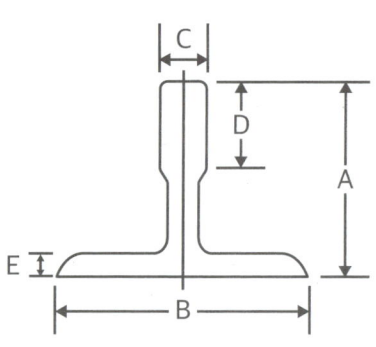

| 공칭 [mm] | 8K | 13K | 18K | 24K | 30K |
|---|---|---|---|---|---|
| A | 56 | 62 | 89 | 89 | 108 |
| B | 78 | 89 | 114 | 127 | 140 |
| C | 10 | 16 | 16 | 16 | 19 |
| D | 26 | 32 | 38 | 50 | 51 |
| E | 6 | 7 | 8 | 12 | 13 |

- 출제 TIP!

공칭이나 숫자에 빈칸을 뚫은 문제가 나와요. 같은 숫자는 어느 부분이 같은지 암기하기!

## 4. 추락방지안전장치 (비상정지장치)

### 1 목적 및 특징
① 카가 급격하게 하강할 때 레일을 죄어서 카를 잡아줌
② 비상정지장치 작동 후 카의 바닥면은 수평도가 5%를 초과하여 기울어져 있으면 안 됨

### 2 종류
① 즉시 작동형 비상정지장치
- 카 또는 균형추가 급격히 정지함
- 저속 화물용 승강기나 유압식승강기에 주로 사용됨
- 슬랙로프 세이프티 : 즉시 작동형 비상정지장치 중 하나

② 점차 작동형 비상정지장치
- F.G.C(플렉시블 가이드 클램프) : 레일을 죄는 힘이 동작에서 정지까지 일정함. 구조가 간단하고 복구가 쉬움
- F.W.C(플렉시블 웨지 클램프) : 레일을 죄는 힘이 초반에는 약하나 점점 강해진 후 일정해짐. 구조가 복잡하여 거의 사용되지 않음

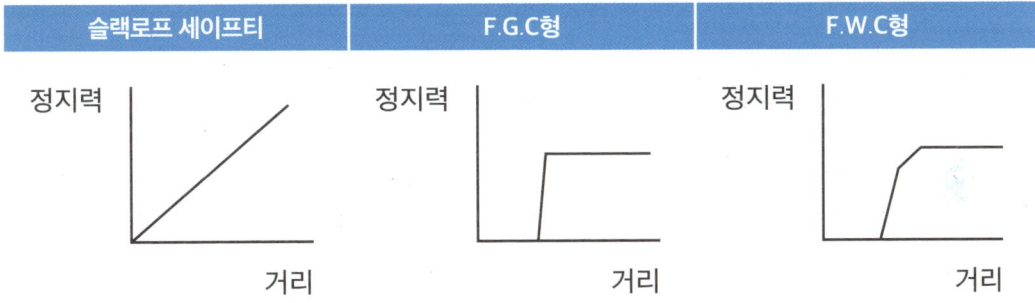

＜거리에 따른 정지력＞

## 5. 과속조절기 (조속기)

### 1 목적 및 특징
① 카가 운행 시 정격속도를 초과할 경우 속도를 검출하여 전원을 차단하고 정지시킴
② 정격속도의 115% 이상이 되면 비상정지장치 작동을 위해 조속기가 작동됨

### 2 종류
① **롤 세이프티형** (마찰정지형) : 저속 엘리베이터에 주로 사용됨
- 엘리베이터 과속 시 → 과속스위치가 과속 검출 → 동력 전원 회로 차단 → 전자 브레이크 작동 → 과속조절기 도르래의 회전을 정지시킴 → 도르래 홈과 로프 사이의 **마찰**로 비상 정지시킴

② **플라이볼형 : 고속**엘리베이터에 주로 사용됨
  • 도르래의 회전을 **베벨기어에 의해** 수직축의 회전으로 변환 → 축의 상부에서부터 링크 기구에 의해 매달린 구형의 진자에 작용하는 원심력으로 작동
③ 디스크형 : 중저속 엘리베이터에 주로 사용됨
  • 엘리베이터 과속 시 → **원심력**에 의해 **진자**가 움직임 → 가속 스위치를 작동시켜서 정지시킴

## 6. 완충기

### 1 목적
① 카가 어떤 원인에 의해 최하층을 지나 피트에 도달했을 때 충격을 완화시켜줌

### 2 종류 및 검사기준
① 우레탄식 완충기 : 평균감속도는 1.0gn 이하여야 하며, 2.5gn 를 넘는 감속도가 0.04초 이상 지속되지 않아야 함. 복귀속도는 1m/s를 초과하지 않아야 함. 작동 후에는 변형이 없어야 함.
② 스프링형 완충기 : 정격속도 1m/s 이하에서 사용함. 스프링형 완충기의 행정(stroke)은 정격속도의 115%에 해당하는 중력정지거리의 2배와 같아야 함. 최소행정은 65mm보다 작지 않아야 함.
③ 유압식 완충기 : 모든 속도의 범위에서 사용 가능함.
  - 정격 중량에 정격속도의 115% 속도로 충돌시켰을 경우 카 또는 균형추의 평균감속도는 1.0gn이하이며 순간 최대 감속도 2.5gn를 넘는 감속도가 0.04초 이상 지속하지 않아야 함.
  - 완충기의 플런저를 완전히 압축한 상태를 5분간 유지한 후 완전히 복구되는데 걸리는 시간이 120초 이하여야 함.

## 7. 균형추

### 1 목적 및 특징
① 권상로프의 반대편 혹은 측면에 위치한 것으로 카의 무게를 보상함
② 균형추로 인해 소요 동력이 절감되고, 제동 시 드는 힘을 절감시킬 수 있음

### 2 오버밸런스율
① 오버밸런스율 : 정격 적재하중에 35~55% 가량 추가된 값을 의미. 승용의 경우 45%, 화물의 경우 50%를 적용시킴
② **균형추의 중량 = 카 자체하중 + L x F (L : 정격하중, F : 오버밸런스율)**

  • 출제 TIP!
    더하기, 곱하기를 빼기, 나누기 등으로 바꿔서 나오는 경우가 많아요.

### 3 트랙션비

① 카 쪽 로프에 매달린 중량과 균형추 쪽 로프에 매달린 중량의 비
② 카 측 중량 = 카의 하중 + 적재하중 + 로프하중
③ 균형추 측 중량 = 균형추 중량(카 자체하중 + L x F)
④ 전부하 트랙션비 = 카 측 중량 / 균형추 측 중량

## 8. 보상수단

### 1 로프 무게 보상수단

① 카의 위치 변화에 따라 주로프의 무게 차가 생겨 카와 균형추의 무게 불균형 변동이 크게 되었을 때 이를 보상하는 역할을 함
② 카와 균형추에 연결함
③ 종류 : 보상로프, 보상체인

- **보상로프**(균형로프)
  - **고속**엘리베이터에서 사용.
  - 승강로가 긴 경우 소음 때문에 체인 대신 로프를 사용
  - 보상로프가 느슨해서 생길 수 있는 로프의 흔들림이나 꼬임을 방지하기 위해 텐션시브를 설치

- **보상체인**(균형체인)
  - **중·저속** 엘리베이터에서 사용
  - 체인의 마찰로 인한 소음을 방지하기 위해 고무나 우레탄 등으로 감싸져 있는 체인을 사용

④ 정격속도에 따른 보상수단
   - 정격속도가 3m/s 이하 : 체인, 로프 또는 벨트와 같은 수단 설치
   - 정격속도가 3m/s 초과 : 보상 로프 설치
   - 정격속도가 3.5m/s 초과 : 튀어오름방지장치 추가
   - 정격속도가 1.75m/s 초과 : 인장장치가 없는 보상수단은 순환하는 부근에서 안내봉 등에 의해 안내되어야 함

### 2 튀어오름방지장치

① 록다운 비상정지 장치(lock down safety device)라고도 불림
② 와이어 로프나 균형추 등이 관성에 의해 튀어 오르지 못하도록 하는 장치

# chapter 3. 엘리베이터 도어시스템

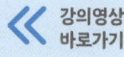

## 1. 도어시스템의 종류

### 1 개폐방식별

① **CO** (Center open) : 중앙 개폐방식 (중앙 열기)

② **SO** (Side open) : 측면 개폐방식 (가로 열기)

③ 상승 개폐 (Up) : 위로 열리는 방식. 주차/화물용, 차량용 등에 사용됨

④ 상하 개폐 (Vertical) : 위 아래로 열리는 방식, 덤웨이터 등에 사용됨

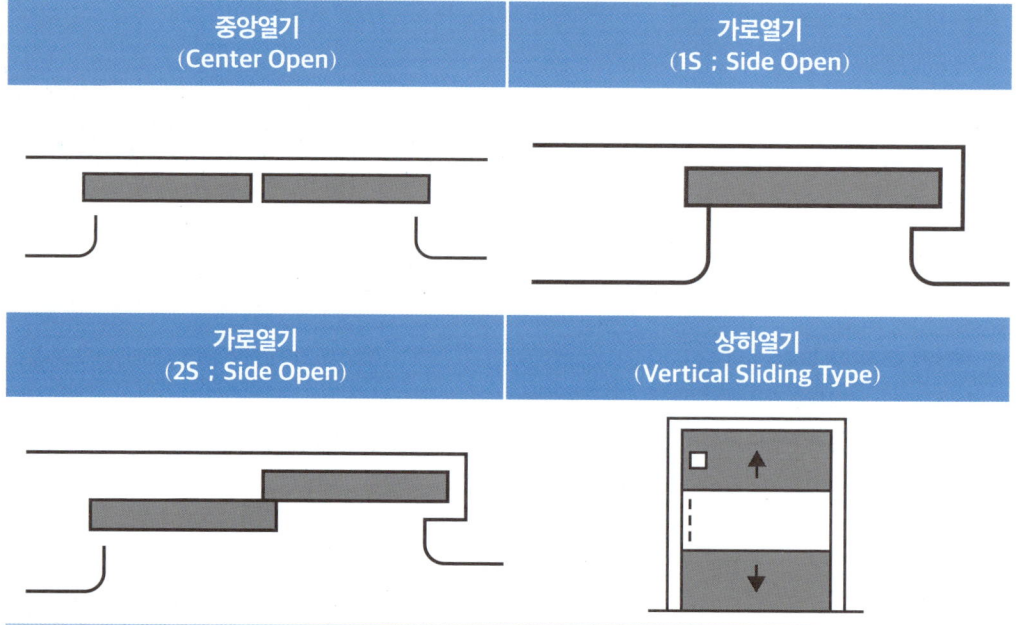

## 2. 도어 장치

### 1 도어 머신 장치

① 개념 : 전동기의 회전을 감속하고, 로프나 암을 구동하여 카 도어를 개폐시키는 장치

② 요구조건

- 작동이 많이 되는 장치이기 때문에 **내구성**이 강하고, **보수가 쉬울 것**
- **소형 경량**이고 **가격이 저렴**할 것
- 작동이 원활하고 **소음이 적을 것**

### 2  도어 인터록

① 개념 : 승강기가 정지해 있지 않은 층에서 도어가 열리지 않도록 락(Lock) 거는 장치. 도어가 있는 모든 층에 도어 인터록이 설치되어 있음

② **작동방식**
- 도어 닫힘 시 도어 락(Lock)이 걸린 후 도어 스위치가 들어감.
- 도어 오픈 시 도어 스위치가 끊어진 후 도어 락이 열림

③ 특징 : 도어 인터록이 걸려있기 때문에 일반 공구로는 도어 오픈이 불가능하며, 특수한 비상키로 오픈이 가능함

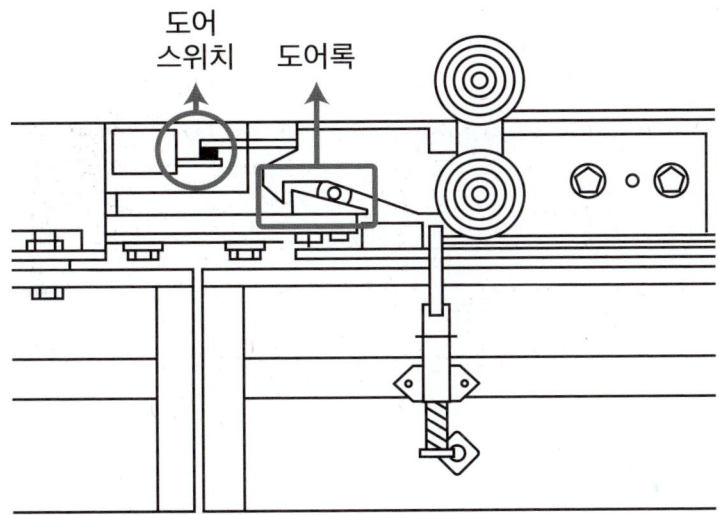

### 3  도어클로저

① 개념 : 카가 승강장에 없을 때 승강장의 **문이 자동으로 닫히게** 하는 안전장치
② 종류 : 스프링 클로저 방식과 웨이트(중력) 클로저 방식이 있음

### 4  도어 안전장치

① 개념 : 도어 사이에 끼인 물체를 감지하기 위한 장치
② 종류
- 세이프티슈 : 사람이나 물체가 닿는 경우 도어가 열림
- 광전장치(세이프티레이) : 투광기와 수광기로 구성됨. 광선이 차단되면 도어가 열림
- 초음파장치 : 초음파로 사람이나 물체를 검출하여 도어가 열림

# chapter 4. 승강로 & 기계실

## 1. 승강로의 구조 및 여유공간

### 1 승강로의 구조

① 승강로 : 카가 주행하는 통로
  - 카 문턱과 승강장문 문턱사이의 수평거리는 **35mm** 이하
② 피트 : 최하층 승강장 하부에 있는 공간
③ 승강로 상부공간 : 카가 최상층에 있을 때 카와 승강로 천장 사이 공간
④ 승강로 전기조명
  - 조도계는 가장 밝은 광원 쪽을 향하여 측정한다.
  - 카 지붕에서 수직 위로 1m 떨어진 곳 : 50 lx
  - 피트 바닥에서 수직 위로 1m 떨어진 곳 : **50 lx**

### 2 승강로 여유공간 - 카 상부의 피난공간

① 승강기가 최고 위치에 있을 때 피난공간을 수용할 수 있는 유효 구역이 1개 이상 카 지붕에 있어야 함
② 점검 등 유지관리 업무 수행을 위해 두 명 이상의 사람이 카 지붕 위에 있어야 하는 경우, 피난공간은 추가되는 사람마다 각각 제공되어야 함
③ 피난공간이 두 개 이상인 경우, 각 피난공간들은 같은 유형이어야 하고, 서로 간섭되지 않아야 함

<상부공간의 피난공간 크기>

| 유형 | 자세 | 그림 | 피난공간 크기 | |
| --- | --- | --- | --- | --- |
| | | | 수평 거리(m × m) | 높이(m) |
| 1 | 서 있는 자세 | | 0.4 × 0.5 | 2 |
| 2 | 웅크린 자세 | | 0.5 × 0.7 | 1 |

기호 설명
① 검은색 ② 노란색 ③ 검은색

### 3 승강로 여유공간 - 피트 피난공간

① 카가 최저 위치에 있을 때, 피트에는 피난공간이 1개 이상 있어야 함
② 주택용 엘리베이터의 경우 피트 바닥과 카 하부의 가장 낮은 부품 사이에 0.2m × 0.2m의 면적 및 1.8m의 수직거리가 확보되어야 함
③ 점검 등 유지관리 업무를 수행하기 위해 두 명 이상의 사람이 피트에 있어야 하는 경우, 피난공간은 추가되는 사람마다 각각 제공되어야 함
④ 피난 공간이 두 개 이상인 경우, 그 피난공간들은 같은 유형이어야 하고, 서로 간섭되지 않아야 함
⑤ 피난공간의 허용 가능 인원 및 자세 유형이 명확하게 표시된 표지가 피트에 있어야 하고, 그 표지는 피트 출입구에서 읽을 수 있는 위치에 있어야 함

<피트의 피난공간 크기>

| 유형 | 자세 | 그림 | 피난공간 크기 | |
|---|---|---|---|---|
| | | | 수평 거리(m × m) | 높이(m) |
| 1 | 서 있는 자세 | | 0.4 × 0.5 | 2 |
| 2 | 웅크린 자세 | | 0.5 × 0.7 | 1 |
| 3 | 누운 자세 | | 0.7 × 1 | 0.5 |

기호 설명
① 검은색 ② 노란색 ③ 검은색

## 2. 승강로 일반사항

### 1 승강로 설치 금지 설비
① 승강로 내에 설치되는 돌출물 중 안전상 지장 있다면 설치 금지
② 엘리베이터의 균형추 또는 평형추는 카와 동일한 승강로에 설치되어 있어야 함

### 2 승강로의 권상도르래
① 권상도르래는 승강로에 설치될 수 있음. 단, 기계실에서 점검 등 유지관리 업무가 수행될 수 있는 경우, 기계실과 승강로 사이의 개구부가 업무 수행자 등 자격자의 추락 또는 작업 공구의 낙하 위험이 없도록 가능한 작은 경우

### 3 승강로 유의사항
① 승강로나 기계실 등 작업구역은 접근이 가능하되, 카 내부를 제외하고 관계자만이 접근할 수 있게 해야 함

## 3. 기계실 구조 및 환경상태

### 1 기계실의 구조

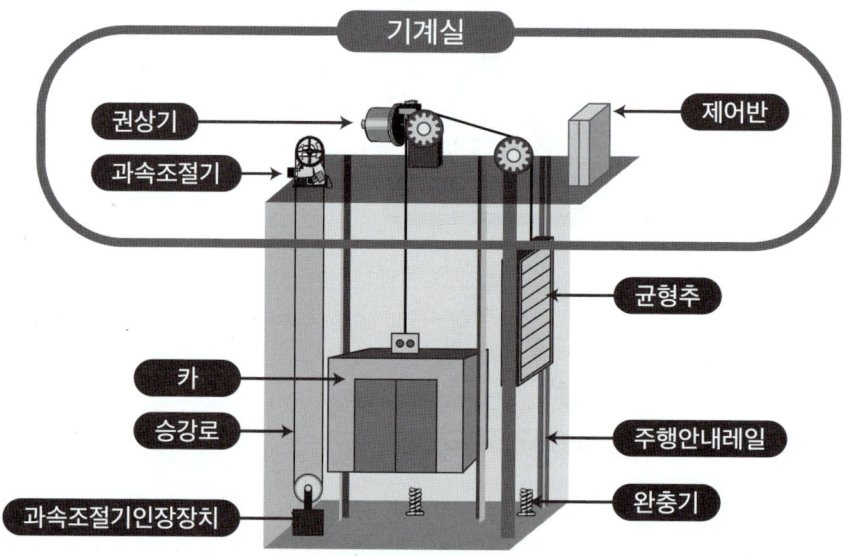

### 2 기계실의 환경상태
① 기계실 작업구역의 유효 높이 **2.1m** 이상
② 움직이는 부품의 점검 및 유지관리가 필요한 곳에 0.5m × 0.6m 이상의 작업구역이 있어야 함

③ 기계실의 조명
- 작업공간의 바닥 면 : **200 lx**
- 작업공간 간 이동 공간의 바닥 면 : 50 lx

## 4. 기계실 출입문 등 제설비

**1 높이 기준**

① 작업구역 간 이동통로의 유효 높이 **1.8m** 이상 (바닥에서 천장의 가장 낮은 충돌점 사이)
② 기계실, 승강로 및 피트 출입문 : **높이 1.8m 이상, 폭 0.7m 이상**
  단, 주택용 엘리베이터의 경우 기계실 출입문은 폭 0.6m 이상, 높이 0.6m 이상으로 할 수 있음

# chapter 5. 엘리베이터 제어시스템

• 출제 TIP! 교류, 직류 제어시스템 각각 특징을 비교하거나 섞어서 출제하는 경우가 많아요.

## 1. 교류승강기의 제어시스템

### 1 교류1단 제어방식
① 전원을 끊은 후 제동기에 의해 브레이크가 걸려 속도가 제어되는 방식
② 가장 간단한 형태의 제어시스템이지만 착상 오차가 크기 때문에 저속용 승강기에 적합함

### 2 교류2단 제어방식
① **고속권선으로 기동, 주행**을 하고 **저속권선으로 감속, 착상**을 하여 속도를 제어하는 방식
② 교류1단 제어방식에 비해 착상이 우수하며, 중속 승강기에 적합함
③ **4:1 속도비**가 교류 2단 제어방식에서 가장 많이 사용됨

### 3 교류 귀환(궤환) 제어방식
① 카의 실제 속도와 지령속도를 비교하여 사이리스터의 점호각을 바꾸어 유도전동기의 속도를 제어
② 교류 1단, 2단에 비해 착상이 우수하며, 승차감이 좋음

### 4 VVVF 제어방식
① VVVF : 가변전압, 가변주파수 제어. **인버터 제어**라고도 불림
② 교류 1단, 2단 속도제어 방식보다 소비 전력이 적다.
③ 저속, 중속, 고속 관계없이 광범위한 속도제어에 이용됨
④ 워드 레오나드 방식에 비해 유지보수가 용이함

## 2. 직류승강기의 제어시스템

### 1 워드-레오나드 제어방식
① 전동발전기의 계자를 제어함으로써 전압을 변환하여 제어하는 방식
② 직류승강기에서 주로 쓰이는 방식
③ 유지보수가 어려움

### 2 정지레오나드 방식의 원리
① 전동발전기 대신 사이리스터로 구성된 정류기로 점호각을 제어하여 **교류(AC)에서 직류(DC)로 전압을 변환**하는 방식
② 광범위한 속도 제어가 가능함
③ 보수가 용이하고 응답속도가 매우 빠름
④ 워드 레오나드에 비해 손실이 적고, **유지보수가 용이함**

# chapter 6. 엘리베이터 부속장치

## 1. 안전장치

### 1 리미트 스위치 (limit switch)
① 승강기 운행 시 **최상층이나 최하층을 지나쳐 충돌하는 것을 방지**할 목적으로 설치됨
② 리미트 스위치는 기계적으로 작동함

### 2 파이널 리미트 스위치 (final limit switch)
① 리미트 스위치 고장일 때를 대비하는 안전장치
② 승강기가 최상층이나 최하층을 지나쳐 통과했을 때 전동기 및 브레이크 **전원이 차단**되어 승강기가 정지됨

### 3 과부하 감지장치 (overload switch)
① 카 내에 정격 적재하중 초과 시 경보를 울리고 도어가 닫히지 않음
② **정격하중의 10%**를 초과하지 않아야 함
③ 초과하중이 해소되기 전까지 계속 유지되어야 함
④ 오동작을 방지하기 위해 **주행 중에는 무효화** 되어야 함

### 4 기타 안전장치
① 역결상 검출장치 : 동력 전원 중 어느 한 상이 바뀌거나 공급 되지 않을 경우를 감지함
② 강제 각층 정지운전 스위치 : 아파트와 같은 공동주택에서 야간에 카 내 범죄활동을 방지하기 위해 사용. **층마다 정지** 후 운행됨
③ 슬로다운 스위치 : 카가 최상층이나 최하층에서 정지하지 못했을 때 이를 감지하여 강제로 감속시켜 정지시키는 장치
④ **파킹스위치(휴지스위치)** : 승강기를 사용하지 않을 경우 파킹스위치를 켜면 자동으로 승강장의 모든 호출신호는 사라지고, 카 내의 행선신호만 서비스한 후 **기준층으로 돌아와서 운행이 중지**됨

## 2. 신호장치

### 1 위치표시기 (인디게이터, indicator)
① 승강장과 카 내에서 카의 위치를 표시해주는 디지털 장치
② 군 관리방식의 경우 위치표시기는 권장되지 않으며 홀 랜턴(hall lantern) 방향등을 통해 카의 상승, 하강을 표시하여 알림

### 2 카 내 통신장치
① **인터폰** : 카 내에 갇힌 사람들이 외부와 연락 할 수 있는 장치
② 비상벨, 비상전화

## 3. 비상전원장치

### 1 비상전원장치 (UPS : Uninterruptible Power Supply)
① 정전 등과 같은 이유로 전원 공급이 차단되었을 시 자체 전원공급 장치로 일시적으로 전원을 공급하여 비상 등을 작동하는 장치
② 비상등의 조명에 사용되는 비상전원장치가 비상통화장치와 동시에 사용될 경우, 그 비상전원장치는 충분한 용량이 확보되어야 함

### 2 비상등(비상조명)
① 정전 시 정상 조명전원이 차단되면 즉시 자동으로 카에 비상등이 켜짐.
② 자동으로 재충전되는 비상전원공급장치에 의해 **5lx 이상의 조도로 1시간** 동안 전원이 공급되어야 함.
③ 위치 : 카 내부, 카 지붕에 있는 비상통화장치의 작동 버튼, 카 바닥 위 1m 지점의 카 중심부, 카 지붕 바닥 위 1m 지점의 카 지붕 중심부

## 4. 기타 보조장치

### 1 BGM(Back Ground Music)
① 승강기 내에 안내방송이나 음악을 틀기 위한 장치

### 2 소방구조용(비상용) 엘리베이터
① 개념 : 평상시 승객용으로 사용되다가 화재상황과 같은 비상상황시 소화 및 인명구출작업으로 사용됨
② 특징
   - 1층에 비상단추를 누르면 승강기 즉시 1층으로 이동됨
   - **운행속도 1m/s 이상**
   - 소방관 접근 지정층에서 소방관이 조작하여 엘리베이터 문이 닫힌 이후부터 60초 이내에 가장 먼 층에 도착해야함. (승강행정 200m 이상의 경우 가장 먼 층까지 도달 시간을 3m운행시마다 1초씩 증가될 수 있음)
   - 높이 31m를 넘는 건축물에는 소방구조용 승강기를 설치해야함
③ 안전장치
   - 주 전원공급과 보조전원공급의 전선은 서로 구분되어 방화구획이 되어있어야 함
   - 정전시 보조전원공급장치에 의해 **60초 이내** 엘리베이터 운행에 필요한 전력을 자동으로 발생시켜야 하며 **2시간 이상 운행이 가능**해야함.

# chapter 7. 유압식 엘리베이터

## 1, 유압식엘리베이터 개요

### 1 구조 및 원리

① 유압식 엘리베이터의 구조

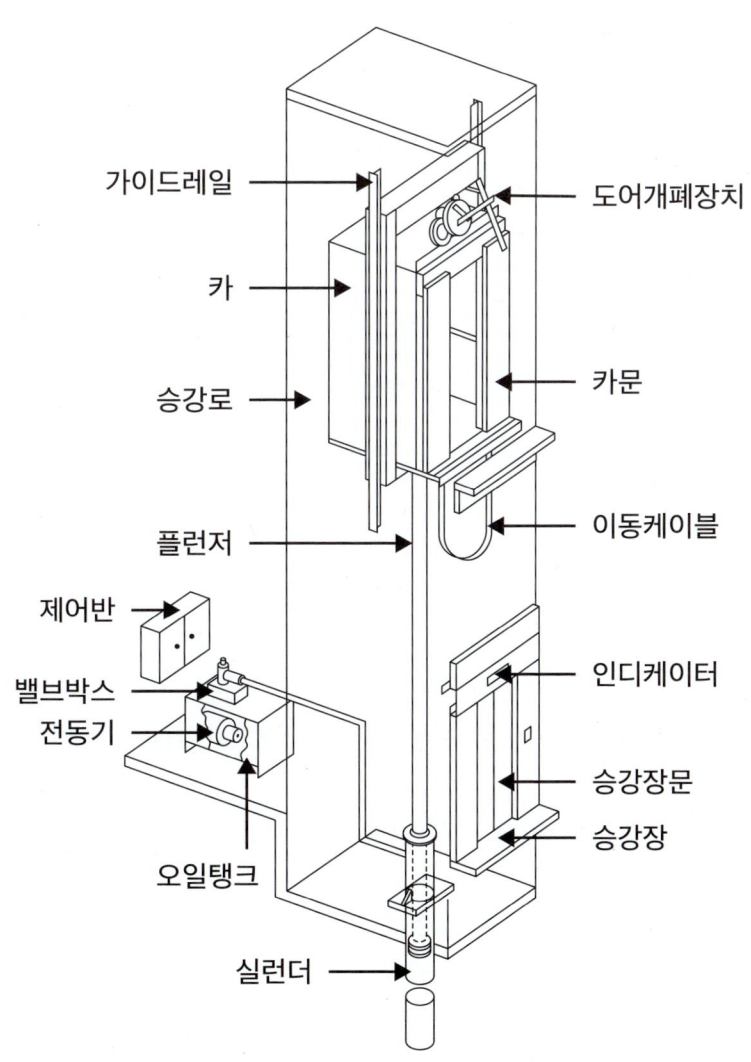

② 원리 : 전동기로 펌프를 구동하여 나온 작동유를 실린더로 보내서 카를 작동시킴
  - 상승 시 : 실린더 내부의 플런저를 직선으로 움직여 카를 밀어올림
  - 하강 시 : 실린더 내부의 기름을 빼면서 하강시킴

## 2 유압식 엘리베이터의 종류

• 출제 TIP!
  직접식과 간접식의 특징을 섞어서 출제하는 경우가 많아요.

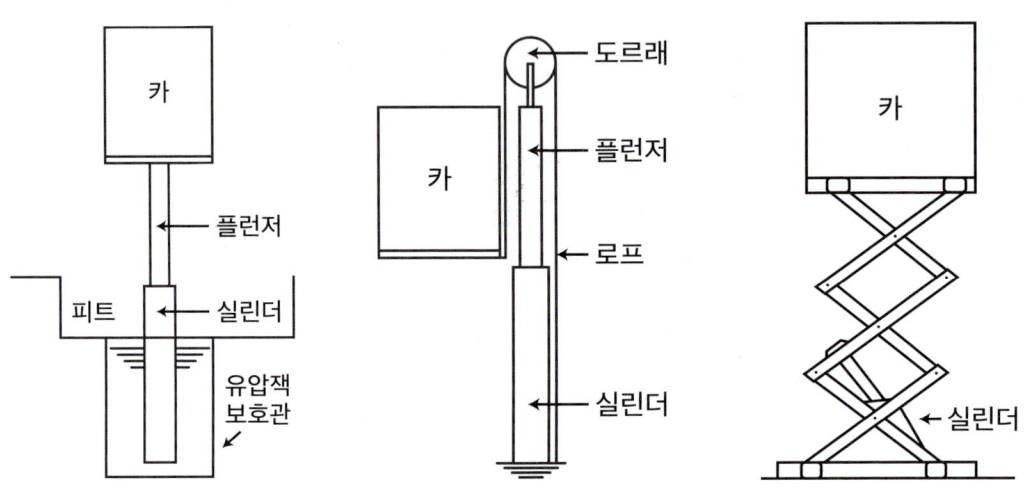

① 직접식 엘리베이터
  - 램 또는 실린더가 카 또는 슬링에 직접 연결되어 있는 형태
  - **비상정지장치가 필요 없음**
  - **구조가 간단**하며 승강로의 공간 면적이 작음
  - 실린더를 설치하기 위해 보호관을 땅 속에 묻어야 해서 **설치와 점검이 어려움**

② 간접식 엘리베이터
  - 램 또는 실린더가 로프 또는 체인과 같은 현수수단에 의해 카 또는 슬링에 연결되어있는 형태
  - **비상정지장치가 필요함**
  - 승강로는 실린더를 수용할 부분만큼 면적이 더 커짐
  - 실린더를 설치하기 위한 **보호관이 필요 없음**
  - 실린더의 **점검이 용이함**

③ 팬터 그래프식 엘리베이터
  - 유압피스톤으로 팬터그래프를 움직여 운행하는 방식
  - 비상정지장치가 필요 없음
  - 창고나 공장 등에서 작업용으로 주로 쓰임

### 3 유압식 엘리베이터의 특징

① 유압식 엘리베이터 작동유의 온도 범위 : **5℃ ~ 60℃ 사이**

② 장점
- 기계실의 배치가 자유로움
- 승강로 상부에 여유가 없어도 됨

③ 단점
- 균형추를 사용하지 않아 전동기의 전력소비가 큼
- 실린더를 사용하여 운행되기 때문에 행정거리와 속도에 제한이 있음

## 2. 유압회로 - 유압식 엘리베이터의 속도제어법

• 출제 TIP!
미터인과 블리드오프의 특징을 섞어서 출제하는 경우가 많아요.

### 1 유량밸브제어법

<유압회로의 구조>

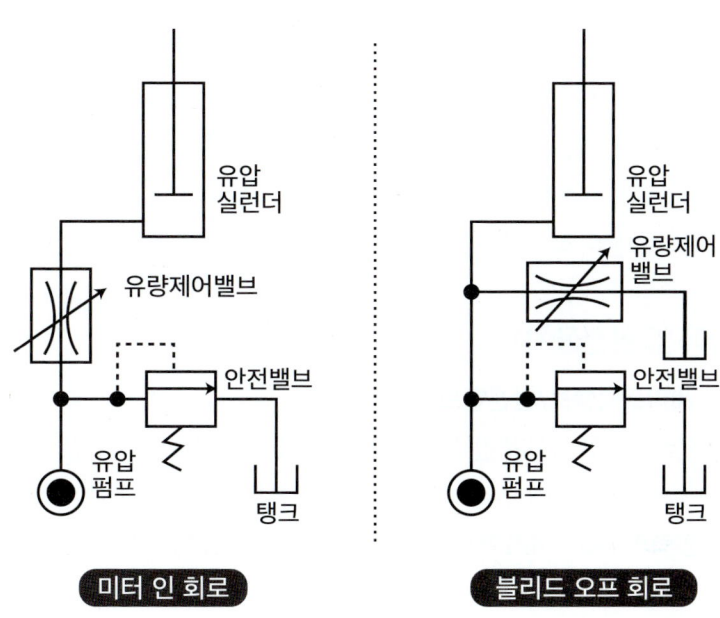

① 미터 인(Meter in) 회로
- 유량제어밸브를 실린더 입구에 부착하여 유량을 직접 제어하는 방식
- **비교적 정확한 제어**가 가능함
- **효율이 낮음**

② 미터 아웃(Meter out) 회로
- 유량제어밸브를 실린더 출구에 설치하는 방식

③ 블리드 오프(Bleed off) 회로
- 유량제어밸브를 주 회로에서 분기된 바이패스 회로에 삽입한 방식
- 유량제어밸브를 실린더와 병렬로 설치하는 방식으로, 불필요한 압유를 배출시킴
- **정확한 제어가 어려움**
- **효율이 높음**

### 2 인버터(VVVF)제어
① 가변전압 가변주파수 제어
② 펌프의 회전수를 소정의 상승속도에 상당하는 회전수로 제어하는 방식

## 3. 펌프

### 1 펌프의 종류 및 요건
① 종류 : 강제송류식기어식, 베인식, 스크류식 등
- **스크류식 펌프** : 진동(압력맥동)이 작고 소음이 작아서 유압식엘리베이터에서 주로 쓰임

② 요건
- 펌프의 토출량이 커지면 속도도 빨라짐
- 보통 스크루펌프가 사용됨
- 펌프의 출력은 압력과 토출량에 비례함
- 진동(압력맥동)과 소음이 작아야함

## 4. 밸브 (유압제어 및 안전장치)

### 1 릴리프밸브 ( =세이프티밸브/안전밸브)
① 유체를 배출함으로써 미리 설정된 값 이하로 **압력을 제한하는 밸브**
② 펌프와 체크밸브 사이의 회로에 연결되어야 하고 유압유는 탱크로 복귀되어야 함
③ 압력을 **전부하 압력의 140%까지 제한**하도록 맞추어 조절돼야 함
④ 수동펌프 없이 릴리프 밸브를 바이패스 하는 것은 불가능해야 함

### 2 체크밸브
① **오일이 한쪽 방향으로만 흐르게 함**
② 펌프와 차단밸브 사이의 회로에 설치되어야 함
③ 공급압력이 최소 작동 압력 아래로 떨어질 때 정격하중을 실은 카를 어떤 위치에서 유지할 수 있어야 함
④ 잭에서 발생하는 유압 및 1개 이상의 안내된 압축 스프링이나 중력에 의해 닫혀야 함

### 3  방향 제어밸브 (=하강 제어밸브)
① **정전으로 층과 층 사이에 카가 정지**했을 때 밸브를 열어 카를 안전하게 하강 시킬 수 있음

### 4  럽처밸브
① 승강기의 급격한 하강 시 럽처밸브를 통과하는 유량이 증가하고 압력이 낮아지게 되는데, 럽쳐벨브의 설정압력보다 압력이 낮아졌을 때 승강기가 자동으로 멈추도록 설계된 밸브
② 엘레베이터가 급속히 하강하여 **정격속도에 0.3m/s 더한 속도로 이르기 전에 작동하여 감속정지**시킴
③ 하강하는 카를 정지시키고 카의 정지상태를 유지할 수 있어야 함
④ 조정 및 점검을 위해 접근이 가능해야 함
⑤ 병렬로 작동하는 여러 개의 잭이 있는 승강기의 경우 1개의 럽처밸브가 공용으로 사용될 수 있음

### 5  스톱 밸브 (=차단밸브)
① **파워유니트**와 실린더 사이에 설치되는 수동 조작밸브
② 밸브를 닫으며 실린더의 기름이 파워유닛으로 **역류하는 걸 막을 수 있음**
③ **불필요한 작동유의 유출을 방지할 수 있음**
④ 승강기 유압장치 **보수, 점검, 수리 시 사용됨**
⑤ 실린더에 체크밸브와 하강밸브를 연결하는 회로에 설치되어야 함
⑥ 엘리베이터 구동기의 다른 밸브와 가까이 위치되어야 함

### 6  기타 파워유닛설비
① 필터 : 유압장치에 이물질이 들어가는 것을 막기 위해 설치함
 - 스트레이너 : 펌프의 흡입축에 부착하는 것
 - 라인필터 : 배관 중간에 부착하는 것
② 사일렌서 : 작동유의 압력맥동을 흡수하여 진동, 소음을 감소시킴

### 7  유압유 온도감지·냉각장치
① 유압식은 온도에 민감하기 때문에 규정치를 초과하게 될 때 이를 감지하고 냉각시킴
 - 저온의 경우 : 오일의 점도가 높아져서 펌프의 효율이 떨어짐
 - 고온의 경우 : 유압유의 열화를 촉진시킴
② 유압유의 온도를 **5℃ ~ 60℃** 로 유지시킴
 - 유압유의 온도가 올라가는 이유 : 하강 시 위치에너지가 열로 바뀌기 때문에

## 4. 잭 (실린더와 램)

**1** **잭의 정의 :** 유압에 의해 작동되는 방식으로 실린더와 램의 조합체

**2** **잭의 요건**

① **카와 동일한 승강로 내에 있어야 함.** 땅속 또는 다른 장소로 연장될 수도 있음

② 여러 개의 잭이 있는 간접식 엘리베이터의 경우, 잭 중 어느 하나라도 현수 수단이 파손되면 비상정지장치가 작동되어야 함

③ 여러 개의 잭이 카를 상승시키기 위해 사용되는 경우, 잭은 압력 균형상태를 보장하기 위해 유압으로 연결되어야 함

# chapter 8. 에스컬레이터

## 1. 에스컬레이터의 개요

### 1 에스컬레이터의 구조 및 분류

① 에스컬레이터 : 스텝과 같은 수평 표면을 이용하여 사람을 오르내릴 수 있는 전동식 경사형 연속 이동계단. 작동하지 않더라도 고정 계단으로 간주하지 않음

② 에스컬레이터의 구조

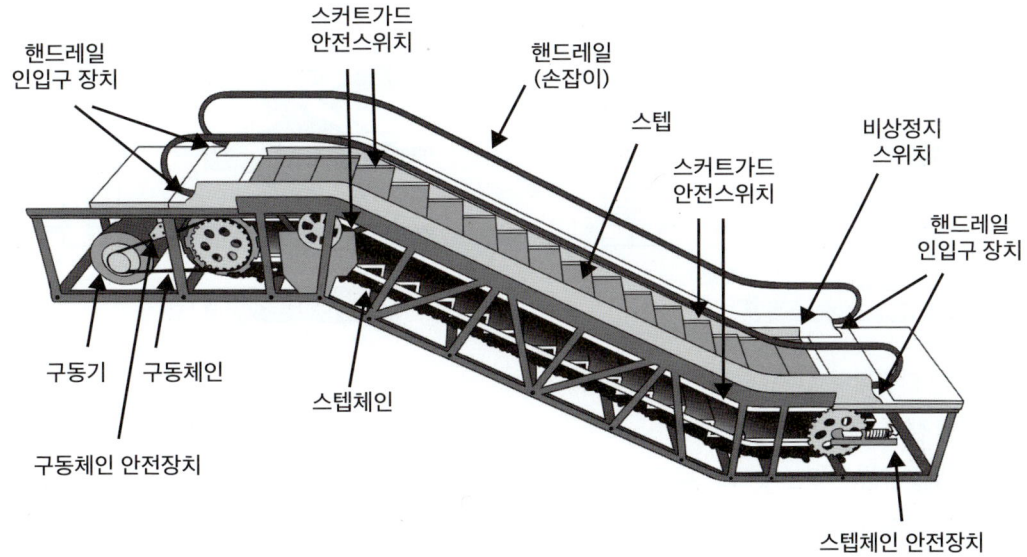

③ 에스컬레이터 분류
- 수송능력별 분류 (난간폭에 의한 분류) : **800형** - 시간당 6000명, **1200형** - 시간당 9000명

### 2 에스컬레이터의 속도와 경사도

• 출제 [TIP!] 무빙워크와 함께 암기해두면 좋아요.

① 에스컬레이터의 공칭속도
- 경사도 **30° 이하 : 0.75m/s 이하**
- 경사도 **30° 초과 35° 이하 : 0.5m/s 이하**

② 에스컬레이터의 경사도
- **30°를 초과하지 않아야 함**
- 35°까지 증가시킬 수 있는 경우 : 층고가 6m 이하이고, 공칭속도가 0.5m/s 이하인 경우

## 3 설치방식

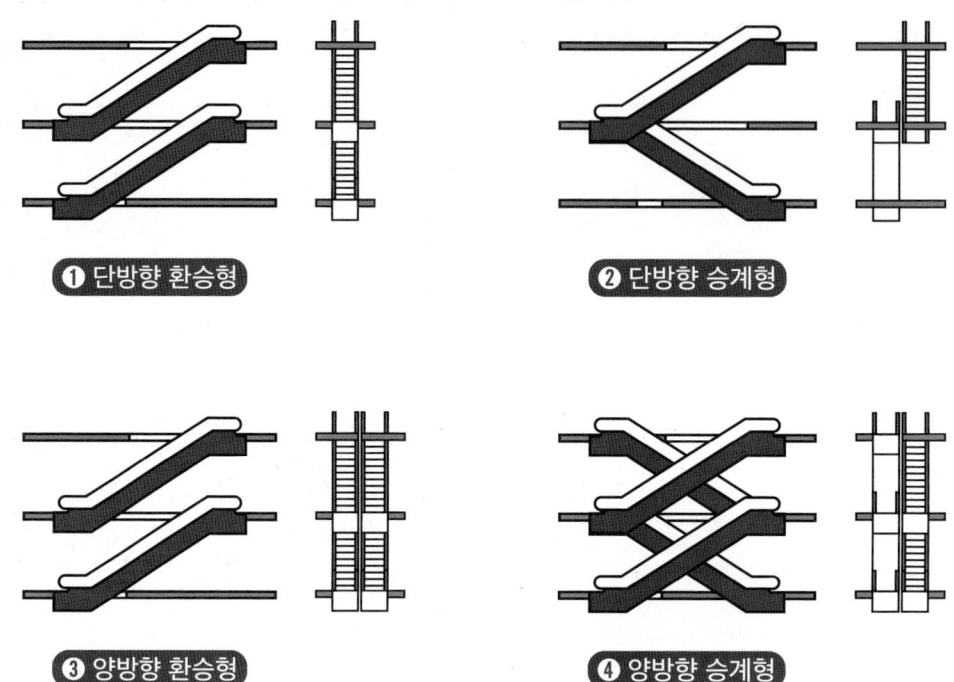

❶ 단방향 환승형　　❷ 단방향 승계형

❸ 양방향 환승형　　❹ 양방향 승계형

① 단방향 환승형
- 건축 점유 면적이 작음
- 승객을 상품 진열한 곳으로 유도 가능
- 층간 이동시간이 증가함

② 단방향 승계형
- 건축 점유 면적이 넓음
- 승객을 빠르게 이동시킬 수 있음
- 갈아타기 편리함

③ 양방향 환승형
- 두 대를 병렬로 나란히 배치한 형태
- 교통량의 변화에 따라 두 에스컬레이터의 주행 방향을 바꿀 수 있음
- 층간 이동시간이 증가

④ 양방향 승계형
- 상행과 하행을 X자로 교차배치한 형태
- 승객을 빠르게 이동시킬 수 있음
- 승강장의 혼잡이 적음

## 2. 구동장치

### 1 구동전동기 및 구동체인

① 에스컬레이터의 구동장치
- 엘리베이의 쉬브 = 에스컬레이터 스프로켓
- 엘리베이터 로프 = 에스컬레이터 체인

② 감속기는 웜기어나, 헬리컬기어를 사용함

③ 하나의 구동기는 두 대 이상의 에스컬레이터 또는 무빙워크를 작동하지 않아야 함

④ 속도는 공칭주파수 및 공칭전압에서 공칭속도로부터 **±5%**를 초과하지 않아야 함

⑤ 구동기에 표시되어야 하는 내용
- 제조·수입업자의 명(법인인 경우에는 법인의 명칭을 말한다)
- 부품안전인증표시
- 부품안전인증번호
- 구동기 형식
- 브레이크 종류 및 모델명
- 정격하중

⑥ 구동체인에 표시되어야 하는 내용
- 제조·수입업자의 명(법인인 경우에는 법인의 명칭을 말한다)
- 부품안전인증표시
- 부품안전인증번호
- 구동체인 형식(종류)
- 모델명(제품의 호칭)

### 2 감속기기어 및 브레이크

① 제동부하 : 에스컬레이터/무빙워크를 정지시키기 위해 설계된 브레이크 시스템의 디딤판에 가해지는 하중

② 전기 브레이크 : 인버터로 전기적 제동. 균일한 감속에 따른 안정감. 정지 상태로 유지

③ 전자-기계 브레이크
- 전자-기계 브레이크의 정상 개방은 지속적인 전류의 흐름에 의해야 함
- 브레이크는 브레이크 회로가 개방되면 즉시 작동되어야 함
- 제동력은 안내되는 압축 스프링에 의해 발휘되어야 함
- 브레이크 개방장치의 전기적 자체여자의 발생은 불가능해야 함

② **보조 브레이크**
- 기계적 마찰 형식
- 연결방식 : 보조 브레이크와 스텝/팔레트의 구동 스프로킷 또는 벨트의 드럼 사이의 연결은 축, 기어 휠, 다중체인 또는 2개 이상의 단일체인으로 이루어져야 함. **클러치로 이뤄진 연결은 허용되지 않음**.
- 작동시기 : 속도가 공칭속도의 **1.4배의 값을 초과하기 전**, 디딤판이 현재 **운행 방향에서 바뀔 때** (한 가지라도 해당되면 작동됨)

## 3. 디딤판과 디딤판체인 및 난간과 손잡이

### 1 디딤판(스텝, step)

① 구조
- 디딤판(스텝) : 발판과 라이저를 조합한 구조로 사람이나 물건을 싣고 이동하는 것
- 데마케이션 : 디딤판 좌, 우, 전방에 표시된 황색의 주의 선
- 콤 : 이물질 끼임을 감지해서 에스컬레이터를 정지시킴
- 안전브러쉬/안전솔(스커트 디플렉터) : 스텝과 스커트가드 사이 끼임을 방지하기 위한 것

② 재질
- 불연성 재료
- 화재가 발생한 경우 추가적인 위험이 발생하지 않도록 하는 재질
- 수명주기 동안에 환경적인 조건(온도, 자외선, 습도, 부식 등)을 고려한 강도 특성을 유지해야 함

### 2 손잡이(핸드레일)
① 에스컬레이터 또는 무빙워크를 사용하는 동안 손으로 잡을 수 있는 전동식 이동 레일

② 특징
- 디딤판과 **같은 방향, 속도로 움직임** (속도 -0 %에서 +2 %의 허용오차)
- 손잡이는 운행방향의 반대편에서 450N의 힘으로 당겨도 정지되지 않아야 함

## 4. 안전장치

(Ⅲ. 승강기 보수관리 - chapter1. 승강기 제작기준 - 3. 에스컬레이터에서 더 많은 안전장치를 다뤄요)

### 1 구동체인 안전장치

① 구동체인이 절단되거나, 과하게 늘어나게 된 경우 발생하는 위험을 방지함
② 구조

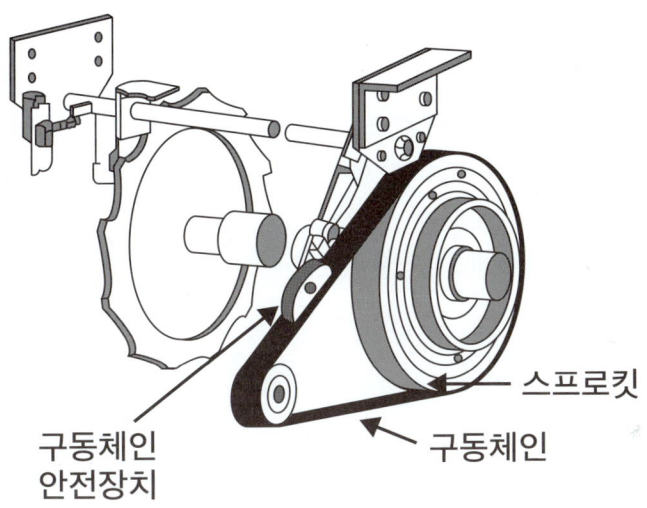

### 2 디딤판체인(스텝체인) 안전장치

① 디딤판체인이 과하게 늘어나서 스텝 사이에 틈이 생기는 것을 감지하여 정지시킴

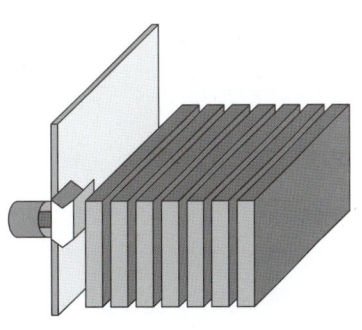

&lt;스커트가드 안전스위치&gt;

### 3 비상정지 스위치
① 승강장 입구에 설치하며, 필요시 버튼을 눌러 운행을 정지시킴
② 눈에 띄고 쉽게 접근 가능할 수 있는 위치에 있어야 함
③ 비상정지 스위치 간 간격은 **30m** 이하 (무빙워크의 경우 40m 이하)

### 4 스커트가드 안전스위치
① 상·하부 경사구간 직선부분 좌·우측에 설치
② 디딤판(스텝)과 스커트가드 사이에 옷이나 신발 같은 것이 끼일 경우 전원을 차단하여 정지시킴
③ 디딤판(스텝)과 스커트가드 틈새는 **각 측면에서 4mm 이하**여야함. 양 측면에서 측정된 틈새의 **합은 7mm 이하**이어야 함

### 5 패널
- 내부패널 : 스커트 또는 하부 내측데크와 손잡이 가이드 또는 난간 데크 사이에 위치한 패널
- 외부패널 : 에스컬레이터 또는 무빙워크를 둘러싸고 있는 외부 측 부분
- 투명 강화유리나 불투명한 소재로 마감
- 핸드레일 프레임을 지지하며 승객의 안전을 도모함

# chapter 9. 특수승강기

## 1. 입체주차설비

### 1 입체주차설비의 종류별 특징

① 수평순환식 주차장치
- 주차구획을 2열 혹은 그 이상으로 배치하여 수평으로 순환 이동시키는 주차장치
- 특징 : 입출고시 시간이 많이 듦, 공간활용도가 좋음.

② 수직순환식 주차장치
- 주차구획(케이지)을 수직으로, 좌우로 순환시켜 차량을 주차하도록 설계한 주차장치
- 특징 : 입출고 시간이 짧음. 좁은 면적에 설치가 쉬움. 사용방식이 간단함. 주차기 이동 및 재설치가 가능함. 자동차 입출고 출입구 위치에 따라 **하부승입식, 중간승입식, 상부승입식**으로 분류됨

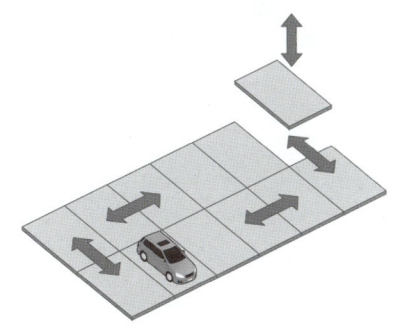
< 수평순환식 주차장치 >

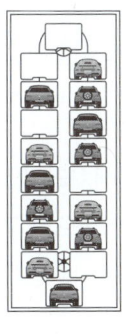 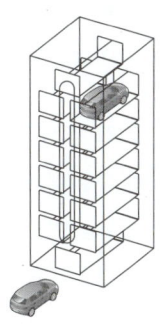
< 수직순환식 주차장치 >

③ 다층순환식 주차장치
- 주차구획을 여러 층으로 된 공간에 위, 아래, 수평으로 주차구획을 이동하여 자동차가 운반됨.
- 특징 : 순환방식에 따라 **각형순환식, 원형순환식**으로 나뉨
  • 원형순환식 : 장치의 양단부에서 운반기를 원호운동시켜 순환하는 방식
  • 각형순환식 : 장치의 양단부에서 운반기를 수직으로 승강하여 순환하는 방식

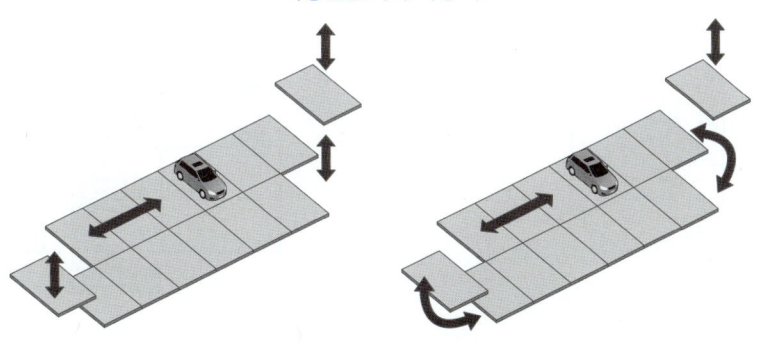
< 다층순환식 주차장치 >

④ 2단식 주차장치
- 주차구획이 2층으로 배치되어있음. 위, 아래, 수평으로 주차구획을 이동하여 자동차가 운반됨.
- 특징 : 입출고 시간이 짧음. 비용이 저렴함.

⑤ 다단식 주차장치
- 주차구획이 3층 이상으로 배치되어있음. 위, 아래, 수평으로 주차구획을 이동하여 자동차가 운반됨.
- 특징 : **출입구가 있는 층의 모든 주차구획을 주차장치 출입구로 사용할 수 있는 구조**

<2단식 주차장치>　　　　　　　　　<다단식 주차장치>

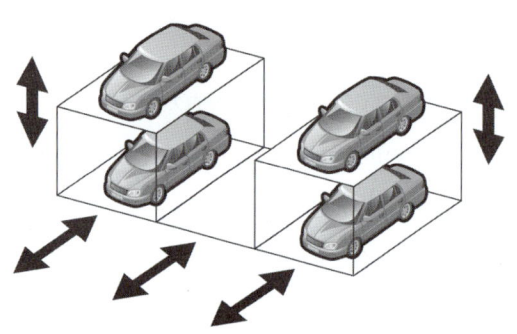
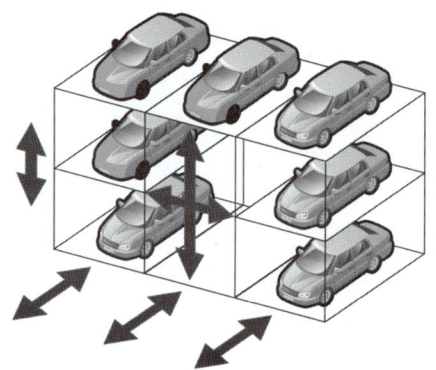

⑥ 승강기식 주차장치
- 주차 구획이 여러층으로 배치되어있으며 케이지를 통해 차량이 상하로 운반됨. (입출고 위치에 따라 하부승입식과 중간승입식으로 구분)
- 특징 : 주차전용빌딩, 중형/대형 빌딩에 적합, 차량의 입출고가 빠름.

⑦ 슬라이드식 주차장치
- 승강기식 주차장치와 같은 형식으로 운행되지만, 슬라이드식의 승강기는 승강이동하는 동시에 수평이동이 가능함.
- 특징 : 넓은 공간이 필요함, 시설비가 많이 듦.

<승강기식 주차장치>　　　　　　　　　<슬라이드식 주차장치>

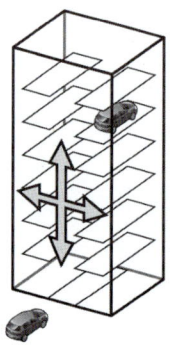
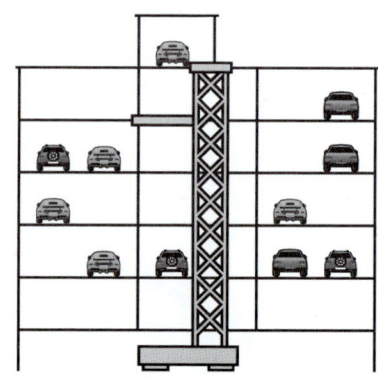

⑧ 평면왕복식 주차장치
- 주차구획이 여러층으로 배치되어있음. 각층간 리프트의 승강으로 운행되며, 운반기(카트)의 평면 왕복작동으로 운반됨.
- 특징 : 수천대까지 적용가능하여 대규모 건물에 적합.

<평면왕복식 주차장치>

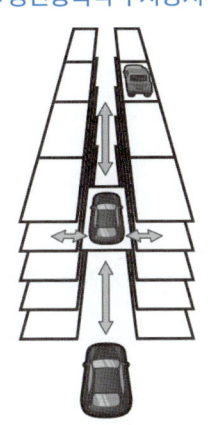

## 2. 무빙워크

### 1 무빙워크의 구조 및 정격속도

① 무빙워크의 구조

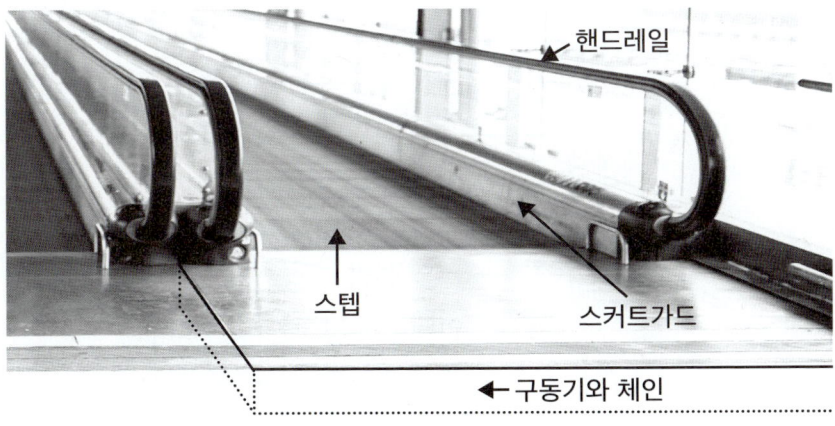

② 무빙워크의 공칭속도
- **0.75m/s 이하**
- 0.9m/s까지 허용되는 경우 : 팔레트 또는 벨트의 폭이 1.1m 이하이고, 승강장에서 팔레트 또는 벨트가 콤에 들어가기 전 1.6m 이상의 수평주행구간이 있는 경우

③ 무빙워크의 경사도
- 출제 TIP! 에스컬레이터의 일반적인 경사도 = 30°, 무빙워크의 일반적인 경사도 = 12°
- **12°를 초과하지 않아야 함**.

## 3. 유희시설

**1** **회전운동을 하는 유희시설** : 관람차, 회전목마, 비행탑, 문로켓트, 오토퍼스, 해적선
**2** **중력을 이용한 유희시설** : 롤러코스터
**3** **곡선식, 직선식 형태의 유희시설** : 워터슬라이드

## 4. 소형화물용 엘리베이터(덤웨이터)

**1** **개념**
① 정격하중이 300kg 이하, 정격속도가 1m/s, 바닥면적 1m² 이하, 카 높이 1.2m 이하, 카 깊이 1m 이하인 사람이 출입할 수 없는 소형 화물용 엘리베이터
② 서적이나 음식물 등과 같은 소형 화물의 운반에 적합하게 제작됨
③ 모든 출입구의 문이 닫혀야 카가 움직임

**2** **구조**
① 플로어형 : 출입문이 바닥과 같음, 카 안이 단일공간, 상승개폐 1문짝
② 테이블형 : 출입문이 바닥보다 높음(75cm위), 카 안에 선반배치, 상하열림 2문짝

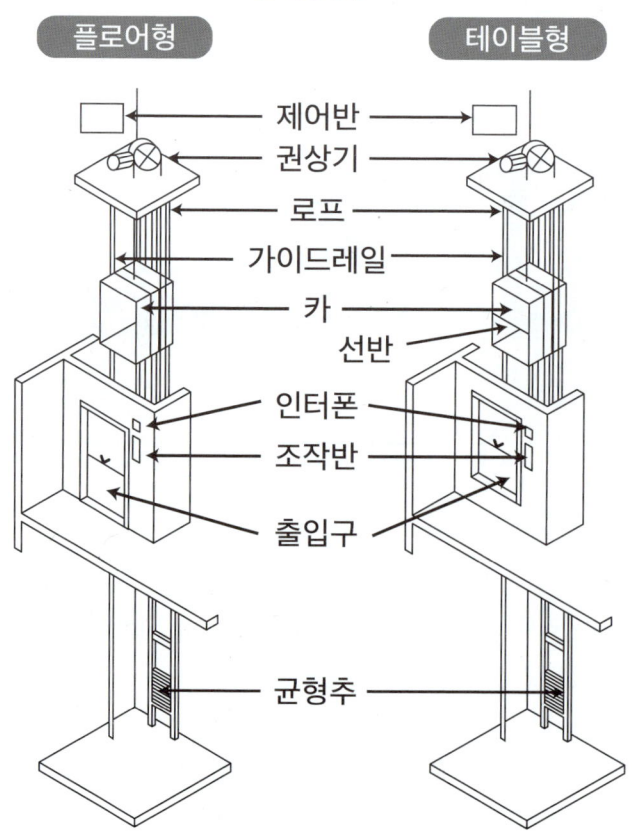

&lt;덤웨이터 구조&gt;

## 5. 주택용 엘리베이터

**1** 개념

① 단독주택에 설치된 승객용 엘리베이터(소형 엘리베이터)
② **정격속도 0.25m/s 이하, 승강행정 12m 이하**
  * 승강행정 : 최하층 승강장과 최상층 승강장 사이에서 카가 움직이는 경로의 중심선을 따라서 추정된 거리.

## 6. 휠체어리프트

**1** 개념

① 거동이 불편한 장애인의 이동을 위해 제작된 승강기
② 종류 : 수직형 휠체어리프트, 경사형 휠체어리프트

**2** 휠체어리프트 안전장치

① 감지 날(sensitive edge) : 플랫폼의 변에 부착되어 끼임, 전단 또는 협착의 위험을 방지하기 위한 안전장치
② 감지 면(sensitive surface) : 감지 날과 유사한 장치이나 플랫폼의 하부 전면과 같은 넓은 면을 보호하기 위한 안전장치
③ 안전 너트(safety nut) : 내부에 나사 가공한 환형 부품으로써 스크류/너트 구동기구와 함께 사용하며, 평상시에는 하중을 받지 않으나 주 구동 너트 파단시 하중을 유지하는 너트
④ 안전 스위치(safety switch) : 1개 이상의 안전 접점으로 구성된 전기 스위치
⑤ 파이널 리미트 스위치(final limit switch) : 전기안전스위치로서 카가 행정구간을 벗어나는 경우 확실하게 기계적으로 동작하는 장치

# Ⅱ. 승강기 안전관리

**chapter 1.** 승강기 안전 기준 및 취급  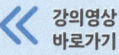 강의영상 바로가기

## 1. 승강기 안전기준

### 1 승강기 안전관리법

① 목적 : 승강기의 제조·수입 및 설치에 관한 사항과 승강기의 안전인증 및 안전관리에 관한 사항 등을 규정함으로써 승강기의 안전성을 확보하고, 승강기 이용자 등의 생명·신체 및 재산을 보호함을 목적으로 함

### 2 승강기 관리주체

• 출제 TIP!
관리주체는 승강기 안전관리자를 선임해야 해요.

① 승강기 소유자

② 다른 법령에 따라 승강기 관리자로 규정된 자

③ ① 또는 ②에 해당하는 자와의 계약에 따라 승강기를 안전하게 관리할 책임과 권한을 부여받은 자

### 3 승강기 안전관리자

① 승강기 운행 및 관리에 관한 규정 작성

② 승강기 사고 또는 고장 발생 대비 비상연락망의 작성 및 관리

③ 유지관리업자에 대한 관리·감독

④ 중대한 사고 및 중대한 고장의 통보

⑤ 승강기 내에 갇힌 이용자의 신속한 구출을 위한 승강기 조작(승강기관리교육을 받은 경우만 해당)

⑥ 피난용 엘리베이터의 운행(승강기관리교육을 받은 경우만 해당)

⑦ 승강기 표준부착물 관리

⑧ 승강기 비상열쇠 관리

## 2. 승강기 안전수칙

### 1 관리주체의 준수사항

① 안전관리자 선임
- 관리주체는 승강기 운행에 대한 지식이 풍부한 사람을 승강기 **안전관리자로 선임**하여 승강기를 관리하게 해야 함
- 관리주체가 직접 승강기를 관리하는 경우에는 안전관리자를 선임하지 않아도 됨
- 안전관리자 선임시 **3개월 내 행정안전부장관에게 통보**해야함
- 안전관리자나 관리주체가 변경되었을 때 또한 통보해야 함
- 안전관리자 **선임 후 3개월 내 승강기관리교육**을 받아야 함
- 관리주체가 승강기 관리시 관리주체 대표자가 승강기 관리교육을 받아야 함

② 보험가입
- 관리주체는 승강기의 사고로 인한 손해에 대한 배상을 보장하기 위해 **책임보험에 가입**해야 함

③ 자체점검 등록
- **월 1회 이상 자체점검** 후 승강기안전종합정보망에 **입력**해야 함
- 결함발생시 즉시 보수해야함. 보수가 끝날 때까지 해당 승강기의 운행을 중지해야 함
- 승강기보수업체에 자체점검을 대행할 수 있음

④ 안전검사
- 관리주체는 정기검사, 수시검사, 정밀검사 등 안전검사를 받아야 함
- 안전검사에 불합격한 승강기는 운행 불가함

⑤ 검사합격증명서관리
- 검사합격증명서 또는 운행금지 표지를 발급받으면 승강기 이용자가 잘 볼 수 있는 곳에 붙이고 관리해야 함

## 2 운전자 준수사항

① 운전자(관리자) 주의사항
- 운전자가 피로하거나 질병이 있을 때는 관리주체 또는 안전관리자에게 상황을 보고하고 운전하지 않아야 한다.
- 음주 혹은 흡연하면서 운전하지 않아야 한다.
- 적재하중, 정원을 초과하여 운전하지 않아야 한다.
- 운전 중 정상적으로 운행되지 않을 시 즉시 운전을 중지하고 관리주체 또는 안전관리자에게 즉시 보고하여야 한다.
- 운전 종료 후에는 정해진 층에 카를 정지시키고 정지스위치를 내린 후 전용 운전반함을 잠그고 관리주체 또는 안전관리자에게 보고하여야 한다.
- 수동핸들, 브레이크 개방레버와 같은 비상용 기구류를 잘 관리해야 한다.
- 반드시 제어반 전원을 차단시킨 상태에서 비상용 기구류를 사용해야 한다.

## 3 이용자 준수사항

① 엘리베이터 이용자 주의사항
- 엘리베이터 출입문에 충격을 가하지 않아야 한다.
- 엘리베이터 출입문에 손이나 발을 대지 않아야 한다.
- 엘리베이터 출입문을 강제로 열지 않아야 한다.
- 엘리베이터 출입문이 완전히 열린 후에 타거나 내려야 한다.
- 엘리베이터에서는 뛰거나 장난치지 않아야 한다.
- 정원 또는 정격하중을 준수하여 엘리베이터를 이용해야 한다.
- 어린이나 노약자는 보호자와 함께 엘리베이터를 이용해야 한다.
- 엘리베이터에 갇힌 경우에는 임의로 판단하여 탈출을 시도하지 않아야 한다. 이 경우 비상통화장치를 통해 외부에 구출을 요청하고 차분히 기다려야 하며, 구출활동 중에는 구출자의 지시에 따라야 한다.
- 검사에 불합격 하였거나 운행이 정지된 엘리베이터의 경우에는 임의로 이용하지 않아야 한다.
- 화재 또는 지진 등 재난이 발생한 경우에는 엘리베이터를 이용하지 않아야 한다. 다만, 피난용 엘리베이터의 경우에는 승강기 안전관리자 등 통제자의 지시에 따라 이용할 수 있다.
- 화물용 엘리베이터의 경우에는 화물 취급자 또는 조작자 한 명만 탑승해야 한다.
- 소형화물용 엘리베이터의 경우에는 탑승하지 않아야 한다.
- 자동차용 엘리베이터의 경우에는 출입문과 충돌하지 않도록 운전에 주의해야 한다.
- 줄넘기, 애완동물의 목줄 등이 엘리베이터의 출입문에 끼이지 않도록 주의해야 한다.
- 그 밖에 이물질을 버리거나 담배를 피우는 등 타인에 피해가 되는 행위를 하지 않아야 한다.

② 에스컬레이터 이용자 주의사항
- 에스컬레이터 또는 무빙워크에서는 뛰지 않아야 한다.
- 에스컬레이터 또는 경사형 무빙워크에서는 걷지 않아야 한다.
- 디딤판의 노란 안전선 안에 탑승하여 에스컬레이터 또는 무빙워크를 이용해야 한다.
- 에스컬레이터 또는 경사형 무빙워크를 이용할 때에는 손잡이를 잡고 이용해야 한다. 다만, 쇼핑카트를 실을 수 있도록 특수하게 제작된 경사형 무빙워크의 경우에는 쇼핑카트 손잡이를 잡고 이용해야 한다.
- 쇼핑카트를 가지고 무빙워크를 이용하는 경우에는 출구에서 힘껏 쇼핑카트를 밀어주어야 한다.
- 에스컬레이터 또는 무빙워크 손잡이 난간 밖으로 몸을 내밀지 않아야 한다.
- 에스컬레이터 또는 무빙워크 손잡이 난간에 몸을 기대지 않아야 한다.
- 에스컬레이터 또는 무빙워크가 운행하는 반대 방향으로 탑승하지 않아야 한다.
- 유모차 또는 수레 등을 가지고 에스컬레이터 또는 무빙워크에 탑승하지 않아야 한다. 다만, 유모차 또는 수레 등을 실을 수 있도록 특수하게 제작된 에스컬레이터 또는 무빙워크의 경우에는 승강기

안전관리자 등 관리자의 안내에 따라 이용해야 한다.
- 휠체어 또는 전동 스쿠터 등에 탑승한 사람은 에스컬레이터 또는 무빙워크를 이용하지 않아야 한다. 다만, 휠체어 또는 전동 스쿠터 등을 실을 수 있도록 특수하게 제작된 에스컬레이터 또는 무빙워크의 경우에는 승강기 안전관리자 등 관리자의 안내에 따라 이용할 수 있다.
- 검사에 불합격 하였거나 운행이 정지된 에스컬레이터 또는 무빙워크의 경우에는 임의로 이용하지 않아야 한다.
- 에스컬레이터 또는 무빙워크 비상정지 버튼을 임의로 누르지 않아야 한다.
- 그 밖에 이물질을 버리거나 담배를 피우는 등 타인에 피해가 되는 행위를 하지 않아야 한다.

③ 휠체어리프트 이용자 주의사항
- 수직형 휠체어리프트 출입문에 충격을 가하지 않아야 한다.
- 수직형 휠체어리프트 출입문에 손이나 발을 대지 않아야 한다.
- 수직형 휠체어리프트 출입문 또는 경사형 휠체어리프트 보호대를 강제로 열지 않아야 한다.
- 수직형 휠체어리프트 출입문이 완전히 열린 후에 타거나 내려야 한다.
- 휠체어리프트에서는 뛰거나 장난치지 않아야 한다.
- 휠체어리프트를 이용할 때에는 정원 또는 정격하중을 준수하여야 한다.
- 휠체어리프트에는 화물을 싣지 않아야 한다.
- 휠체어리프트에 갇히는 등 비상시에는 임의로 판단하여 탈출을 시도하지 않아야 한다. 이 경우 비상통화장치를 통해 외부에 구출을 요청하고 차분히 기다려야 하며, 구출활동 중에는 구출자의 지시에 따라야 한다.
- 경사형 휠체어리프트의 경우에는 임의로 조작하지 않아야 하며, **승강기 안전관리자 등 관리자의 도움을 받아 이용해야 한다.**
- 전동 스쿠터 또는 전동 휠체어에 탑승한 이용자는 휠체어리프트에 탑승하면 전동 스쿠터 또는 전동 휠체어의 시동을 꺼야 한다.
- 검사에 불합격 하였거나 운행이 정지된 휠체어리프트의 경우에는 임의로 이용하지 않아야 한다.
- 정전이나 고장 등으로 휠체어리프트가 움직이지 않는 경우에는 비상경보장치나 비상통화장치 등으로 구조 요청을 한 후 침착하게 기다려야 하며, 임의로 탈출을 시도하지 않아야 한다.
- 그 밖에 이물질을 버리거나 담배를 피우는 등 타인에 피해가 되는 행위를 하지 않아야 한다.

## 3. 승강기 사용 및 취급

### 1 승강기 법정검사

① 설치검사(완성검사)
- 승강기 설치를 끝낸 후 실시하는 검사

② 정기검사
- 설치검사 후 정기적으로 하는 검사
- 기본주기 : 직전 정기검사를 받은 날로부터 **매 1년**
    - 중대한 사고 또는 중대한 고장 발생일로부터 2년이 지나지 않은 승강기 : **6개월**
    - 설치검사를 받은 날부터 25년이 경과한 승강기 : **6개월**
    - 화물용, 자동차용, 소형화물용 엘리베이터 : **2년**
    - 단독주택 설치 승강기 : **2년**

③ 수시검사
- 승강기의 종류, 제어방식, 정격속도, 정격용량 또는 왕복운행거리를 변경한 경우에 실시
- 승강기의 제어반 또는 구동기를 교체한 경우에 실시
- 승강기에 사고가 발생하여 수리한 경우에 실시
- 관리주체가 요청하는 경우에 실시

④ 정밀안전검사
- 수시검사 결과 결함의 원인이 불명확 할 경우에 실시
- 승강기의 결함으로 중대한 사고 또는 중대한 고장이 발생한 경우에 실시
- 설치검사를 받은 날부터 **15년이 지난 경우에 실시**. 이후 **3년마다** 정기적으로 정밀검사 실시
- 정밀안전검사시 분동은 관리주체에서 준비해야 함
- 완성검사를 받은 날부터 21년이 지나 세 번째 정밀안전검사를 받는 승강기(주택용엘리베이터는 제외)는 승강기부품 또는 장치를 추가하여 개정 기준에 따라 개선하여야 함

| 승강기 종류 | 승강기 안전부품 |
|---|---|
| 전기식 엘리베이터 | 1) 승강장문 어린이 손 끼임 방지수단, 2) 승강장문 조립체(이탈방지장치), 3) 승강장문 비상가이드, 4) 카 문 어린이 손 끼임 방지수단, 5) 카의 상승과속방지수단, 6) 카의 개문출발방지수단, 7) 브레이크 시스템 및 8) 자동구출운전수단<br>※ 1), 2), 3), 4), 8) ⇒ 수직 개폐식 문 방식의 경우 적용 제외 |
| 유압식 엘리베이터 | 승강장문 어린이 손 끼임 방지수단, 승강장문 조립체, 승강장문 비상가이드 및 카 문 어린이 손 끼임 방지수단 (※ 수직 개폐식 문 방식의 경우 모두 적용 제외) |
| 에스컬레이터 (무빙워크 포함) | 주 브레이크, 보조 브레이크, 과속·역전방지수단, 스커트 디플렉터, 핸드레일 시스템<br>※ 스커트 디플렉터 ⇒ 경사형/수평형 무빙워크 적용 제외<br>보조브레이크, 과속·역전방지수단 ⇒ 수평형 무빙워크 적용 제외 |

## 2 자체점검

① 관리주체는 자체점검을 월 1회 이상 하고, 그 결과를 승강기안전종합정보망에 입력해야함
② 자체점검 결과 승강기에 결함이 있다는 사실을 알았을 경우에는 관리주체는 즉시 보수하여야 하며, 보수가 끝날 때까지 해당 승강기의 운행을 중지하여야 함
③ 관리주체는 자체점검을 스스로 할 수 없을 경우 승강기의 유지관리업체에 대행 가능함.
④ 관리주체는 승강기 유지관리시 유지관리자로 하여금 **유지관리중임을 표시**하도록 해야함
  - 사용 금지 표지
  - 유지관리 개소 및 소요시간
  - 작업자 성명 및 연락처
⑤ **점검장소별 자체점검 사항**
( TIP! Ⅲ. 승강기 보수관리 – chapter2. 승강기 검사기준에서 더 자세하게 다뤄요)
  - 기계실, 구동기 및 풀리 공간 : 기계실에의 통로, 출입구 및 점검문, 기계실내의 조명·환기, 제어패널 및 캐비닛, 수권조작수단, 층상선택기, 상승과속방지장치, 의도하지 않은 움직임 방지수단, 권상기(감속기어, 도르래, 베어링, 브레이크 시스템), 고정도르래, 풀리, 전동기, 전동발전기, 조속기(카측, 균형추측), 기계실 기기의 내진대책
  - 카 실내 : 카 실내의 주벽·천정 및 바닥, 카의 문 및 문턱, 카 도어스위치, 문닫힘 안전장치 카 조작반 및 표시기, 비상통화장치, 정지스위치, 용도, 적재하중, 정원 등의 표시, 정상조명 및 예비조명, 카바닥 앞과 승강로벽과의 수평거리, 측면구출구
  - 카 위 : 비상구출구, 문의 개폐장치, 문의 잠금 및 해제장치, 카위 안전스위치, 상부도르래, 풀리 또는 스프라켓, 비상정지스위치, 조속기로프, 카의 가이드슈우(롤러), 주 로프 및 부착부, 과부하감지장치, 가이드레일, 브라켓, 균형추 각부, 균형추측 비상정지스위치, 균형추 상부 도르래, 풀리, 상부 화이널리미트스위치, 승강장의 문 및 문턱, 도어잠금 스위치, 도어클로저, 이동케이블 및 부착부, 승강로 주벽, 점검문/비상문, 승강로 조명, 비상통화장치, 승강로내의 내진대책
  - 승강장 : 승강장버튼 및 표시기, 잠금해제 및 열쇠구멍, 에이프런
  - 피트(카 하부) : 완충기, 조속기로프 및 기타의 당김 도르래, 피트바닥, 하부 화이널리미트스위치, 카 비상정지장치 및 스위치, 하부 도르래, 보상수단 및 부착부, 균형추 밑부분 틈새, 이동케이블 및 부착부, 과부하감지장치, 피트내의 내진대책
  - 비상용 엘리베이터 : 카 호출장치, 소방운전스위치, 1, 2차 소방운전, 비상용 표시 및 표시등, 예비전원, 구출수단, 탈출수단, 물에 대한 보호
  - 장애인용 엘리베이터 : 음향 및 음성신호장치, 문턱 틈새, 기타 설비, 대기시간

### 3 사고 및 고장 보고

① 관리주체(자체점검을 대행하는 유지관리업자 포함)는 사고 또는 고장이 발생한 경우 한국승강기안전공단에 통보해야함
  - **중대한 사고** : 사람이 죽거나 다치는 경우 등
  - **중대한 고장** : 출입문이 열린 상태에서 승강기가 운행되는 경우 등

② 공단에 통보해야 하는 내용
  - 승강기가 설치된 건축물이나 고정된 시설물의 명칭 및 주소
  - 승강기 고유 번호
  - 사고 또는 고장 발생 일시
  - 사고 또는 고장 내용
  - 피해 정도(사람이 엘리베이터 또는 휠체어리프트 내에 갇힌 경우에는 갇힌 사람의 수와 구출한 자를 포함한다) 및 응급조치 내용

③ 중대한 사고 발생 시 관련된 물건을 이동, 변형, 훼손시키면 안 됨. (인명구조 등 긴급사유 제외)

④ 행정안전부장관은 승강기 사고의 재발 방지 및 예방을 위하여 필요하다고 인정할 경우에는 승강기 사고의 원인 및 경위 등에 관한 조사를 할 수 있음.

### 4 중대 사고 및 고장

① 중대한 사고
  - **사망자가 발생**한 사고
  - 사고 발생일로부터 7일 이내에 실시된 의사의 최초 진단 결과 **1주 이상의 입원 치료**가 필요한 부상자가 발생한 사고
  - 사고 발생일부터 7일 이내에 실시된 의사의 최초 진단 결과 **3주 이상의 치료**가 필요한 부상자가 발생한 사고

② 중대한 고장 (엘리베이터 및 휠체어리프트)
  - 출입문이 **열린 상태로 움직인 경우**
  - **출입문이 이탈되거나 파손**되어 운행되지 않는 경우
  - **최상층 또는 최하층을 지나 계속 움직인 경우**
  - 운행하려는 층으로 운행되지 않은 경우(정전, 천재지변으로 인해 발생한 경우 제외)
  - 운행 중 정지된 고장으로서 이용자가 운반구에 **갇히게 된 경우**(정전, 천재지변으로 인해 발생한 경우 제외)

③ 중대한 고장 (에스컬레이터)
- **손잡이 속도와 디딤판 속도의 차이**가 행정안전부장관이 고시하는 기준을 초과하는 경우
- **하강 운행 과정**에서 행정안전부장관이 고시하는 기준을 초과하는 **과속**이 발생한 경우
- 상승 운행 과정에서 디딤판이 하강 방향으로 **역행하는 경우**
- 과속 또는 역행을 방지하는 장치가 정상적으로 작동하지 않은 경우
- 디딤판이 이탈되거나 파손되어 운행되지 않은 경우

④ 중대사고·고장 처리 절차 : 중대사고·고장 **발생** ⇨ 중대사고·고장 **통보** ⇨ **접수**보고 ⇨ 중대사고·고장 **조사** ⇨ 사고**원인판정** ⇨ 판정**결과 통보**

# chapter 2. 이상시 제현상과 재해방지

## 1. 이상상태의 제현상 (모든 현상)

### 1 이상상태의 인지 및 확인

① 재해발생 형태
 - 추락 : 사람이 건축물, 사다리, 기계, 계단 등에서 떨어지는 경우
 - 협착 : 물체에 끼이거나 말려 들어가는 경우
 - 전도 : 사람이 넘어지거나 미끄러지는 경우
 - 낙하 : 떨어지는 물건에 사람이 맞는 경우
 - 충돌 : 사람이 물체와 부딪히는 경우
 - 감전 : 사람이 전기와 접촉하여 충격을 받는 경우

② 재해 누발자
 - 미숙성 누발자 : 작업이 미숙하거나, 작업환경에 익숙하지 않은자
 - 상황성 누발자 : 어려운 작업 상황에 근심걱정이 있어 재해를 유발하는자
 - 습관성 누발자 : 과거 재해 경험에 의해 트라우마가 있어 재해를 일으키는자
 - 소질성 누발자 : 부주의, 주의산만과 같은 타고난 소질에 의해 재해를 일으키는자

③ 재해발생순서
 - 이상상태(**간접요인**) ⇨ 불안전한 행동 및 상태(**직접요인**) ⇨ **사고** ⇨ **재해**

## 2. 이상 시 발견조치

### 1 이상상태의 파악

① 사고예방 기본 4원칙
 - 원인 계기의 원칙
 - 대책 선정의 원칙
 - 예방 가능의 원칙
 - 손실 우연의 법칙

### 2 이상상태 해소를 위한 긴급조치

① **이상 발견시** 취해야할 조치
 - 정확한 파악
 - 해소대책강구
 - 상급자에 보고

- 철저한 원인규명
- 조치 순서 : 발견 ⇨ 점검 ⇨ 조치 ⇨ 수리 ⇨ 확인

② 재해발생시 긴급조치 순서
- 긴급처리 ⇨ 재해조사 ⇨ 원인강구 ⇨ 대책수립 ⇨ 실시 ⇨ 평가
- 기계·장비 정지 ⇨ 응급조치 ⇨ 관계자 통보 ⇨ 2차 재해 방지 ⇨ 현장보존

③ 인명사고 발생시 긴급조치 순서
- 사고자 관찰 ⇨ 구명에 필요한 응급처치 ⇨ 입안 이물질 제거 후 기도확보 ⇨ 인공호흡 ⇨ 심폐소생술실시

## 3. 재해 원인의 분석방법

### 1 개별적 원인분석
① 재해요인을 하나하나 상세하게 분석하고 규명하여 근본적인 해결법을 찾음
② 재해요인은 분석하는 과정에서 문제점을 발견할 가능성이 있음
③ 재해발생 건수가 적은 중소 사업장에 적용함

### 2 통계적 원인분석
① 개별적 원인분석 자료들을 활용하여 각 재해별 상호관계와 분포상태를 분석함
② 빈번히 발생하는 재해 요인들을 발견할 수 있음
③ 원인 요소들을 토대로 재해 예방, 방지에 활용할 수 있음

## 4. 재해 조사항목과 내용

### 1 재해사항
① 통계적 재해분류
- 사망, 중상해, 경상해, 경미상해

### 2 재해발생 과정 및 결과 파악
① 재해조사 요령
- 재해 발생 직후에 실시함
- 현장의 물리적 증거를 수집함
- 재해 피해자로부터 상황을 들음
- 판단하기 어려운 특수재해의 경우 전문가에게 조사를 의뢰함

### 3 대책 수립

① 사고방지 5단계 : 안전관리조직 ➪ 사실의 발견 ➪ 원인분석과 평가 ➪ 대책 선정 ➪ 대책적용
- 1단계 (안전조직) : 안전 목표 설정, 안전 계획 수립, 안전관리자 선임 등 안전관리조직
- 2단계 (사실의 발견) : 안전점검, 안전검사, 사고조사, 안전회의 등 불안전한 요소 발견
- 3단계 (원인분석·평가) : 사고원인 분석, 사고 기록 분석, 위험성 평가, 작업환경 평가
- 4단계 (시정책 선정) : 기술적·제도적·교육적 개선방법 선정
- **5단계 (시정책 적용) : 3E 적용**, 기술적 대책(Engineering : 안전설계), 교육적 대책(Education : 안전교육), 규제적 대책(Enforcement : 안전기준 설정)

## 5. 재해원인의 분류

- 출제 TIP!
  어떤 현상이 어떤 원인에 해당하는지 구분할 줄 알아야 해요.

### 1 재해의 직접원인

① 물적원인(불안정한 상태) : 안전방호장치 결함, 물체 자체 결함, 물체의 보관 및 작업환경 결함, 생산공정의 결함, 보호구 및 복장의 결함, 작업환경의 결함
② 인적원인(불안정한 행동) : 안전작업에 대한 지식 결여, 보호구 및 복장의 결함, 위험한 장소의 접근, 위험한 상태로 조작

### 2 재해의 간접원인

① **관리적 원인** : 인원 배치 부적절성, 작업 지시 부적당, 안전관리 조직 결함 등
② 신체적(생리적) 원인 : 작업자의 피로, 작업자의 질병 등
③ **기술적 원인** : 기계장치의 결함, 건축 설비의 기술적 결함 등
④ 교육적 원인 : 안전교육 미실시, 작업자의 안전에 대한 미숙, 미경험 등
⑤ 정신적 원인 : 작업자의 정신적 결함, 태도 불량 등

# chapter 3. 안전점검 제도

 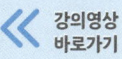

## 1. 안전점검 방법 및 제도

### 1 안전점검 방법
① 육안점검 및 기능점검
  - 합리적인 사고의 발견방법 : 예측진단, 장비진단, 육안진단
② 정밀점검 및 자체점검

### 2 안전점검 목적
① 합리적인 생산관리
② 기계·설비의 본래 성능 유지
③ 결함·불안전 조건 제거

### 3 안전점검 종류
① 정기점검 : 일정 기간을 정해두고 정기적으로 실시하는 점검
② 수시점검 : 일상점검이라고도 하며 작업 전·중·후에 수시로 하는 점검
③ 특별점검 : 기계·기구의 신설·변경 또는 고장수리 작업 후에 실시하는 점검
④ 임시점검 : 기계설비에 이상 발견 시 실시하는 점검

## 2. 안전진단

### 1 안전점검 및 진단 순서
① **실태파악** ⇨ **결함발견** ⇨ **대책결정** ⇨ **대책실시**

### 2 5S 활동 생활화 (일본어의 영문표기)
① 정리 (SEIRI)
② 정돈 (SEIRON)
③ 청소 (SEISO)
④ 청결 (SEIKETSU)
⑤ 습관화 (SHITSUKE)

### 3 안전점검 및 진단 시 유의사항
① 형식과 내용에 변화를 주어 여러 가지 점검방법을 병용하여 점검할 것
② 과거 재해발생 부분을 고려하여 점검할 것

③ 점검자의 능력을 감안하여 그에 따른 점검을 실시할 것
④ 불량부분 발견 시 다른 동종설비도 점검할 것
⑤ 불량부분에 대한 원인을 조사하고 필요대책을 강구할 것

### 4 안전점검 체크리스트 작성 시 유의사항
① 일정한 양식으로 작성할 것
② 각 사업장에 맞는 양식으로 작성할 것 (공통된 양식을 일률적으로 적용하지 않을 것)
③ 긴급을 요하고 위험성이 높은 것 순으로 작성할 것
④ 점검항목은 이해하기 쉽도록 구체적으로 작성할 것
⑤ 정기적으로 검토하여 내용을 반영함으로써 안전재해 예방에 실효적일 것

## 3. 안전점검 결과에 따른 시정조치

### 1 안전점검 평가결과 보고
① 안전점검 및 정밀안전진단을 실시한 자는 완료 후 관리주체 및 시·군·구청장에게 안전점검 및 정밀안전진단 결과보고서를 작성하여 제출해야 함
② 국토안전관리원은 심의절차를 거친 평가결과를 국토교통부장관에게 보고해야 함
③ 국토교통부장관은 평가결과를 검토한 후 해당시설물 관리주체와 안전진단전문기관, 유지관리업자, 국토안전관리원 및 지도·감독기관에게 평가결과를 통보해야 함

### 2 결과에 대한 조치
① 국토교통부장관으로부터 정밀안전점검 또는 정밀안전진단 평가결과를 "미흡", "불량" 또는 "매우 불량"으로 통보받은 관리주체는 정해진 기간 내에 지적내용에 대한 보완을 완료해야 함
② 관리주체는 시정조치결과를 보고한 후에 정밀안전점검 또는 정밀안전진단 결과보고서를 시정기간 이내에 국토안전관리원에 제출하여야 함
③ 정밀안전점검 (정밀안전진단) 시정조치결과 보고서에 들어가는 내용
  - 시설물명, 점검·진단 기간, 점검·진단 기관, 책임기술자, 관리주체, 시정내용
    통보받은 지적내용, 지적내용에 대한 조치결과, 관리주체 확인 등

# chapter 4. 기계기구와 그 설비의 안전

## 1. 기계설비의 위험방지

**1 기계설비 위험방지 대책**

① 회전체에 의한 위험방지
- 협착점 : 왕복 운동하는 동작부분과 고정부분 사이에 형성되는 위험점
- 끼임점 : 고정부와 회전하는 동작부분 사이에 형성되는 위험점
- 절단점 : 회전하는 운동부분이나 운동하는 기계부분 위험점
- 물림점 : 반대방향으로 맞물려 회전하는 두 개의 회전체에 물려 들어가는 위험점
- 접선 물림점 : 회전하는 부분의 접선방향으로 물려 들어가는 위험점
- 회전 말림점 : 회전하는 물체에 작업복 등이 말려 들어가는 위험점

| | |
|---|---|
| 협착점 | |
| 끼임점 | |
| 절단점 | |
| 물림점 | |
| 접선 물림점 | |
| 회전 말림점 | |

② 동력차단장치의 설치
- 동력차단장치 : 원동기자체 또는 동력전달장치의 사용 도중에 동력을 차단하여 기계전체의 운전을 신속하게 정지시키는 장치
- 스위치, 클러치, 벨트이동장치, 스톱밸브 등이 해당함
- 동력차단장치는 조작이 쉽고 접촉 또는 진동 등에 의하여 갑자기 기계가 움직일 우려가 없는 것이어야 함

③ 운전시작신호의 명확화
④ 출입의 제한 및 안전수칙 준수

## 2. 전기에 의한 위험방지

### 1 전기설비 위험방지 대책
① 충전부 보호, 접지 및 절연
② 누전차단기설치
③ 방폭구조 장비의 사용
④ 정전작업시의 조치
⑤ 활선작업시의 조치
⑥ 정전기 및 전자파 방지
⑦ 감전예방

### 2 감전사고 방지대책
① 전기기기 사용 시 접지할 것
  * 접지 : 누전된 전기가 사람의 몸에 흐르지 않고 땅으로 흐르도록 전기 장비 혹은 전기회로의 한 부분을 도체를 이용해 땅과 연결하는 것
② 충전부 전체를 절연물로 가리고 노출되지 않게 할 것
③ 누전차단기를 설치할 것
④ 안전전압 이하의 전기기기를 사용할 것
⑤ 유자격자 이외에 전기 기계 및 기구에 접촉하지 않을 것
⑥ 전기기기 및 설비의 위험부에 위험표시를 할 것
⑦ 땀이나 물에 젖은 손으로 전기기기를 조작하지 않을 것

### 3 감전사고시 대처방법
① 전원 스위치를 내린 후 환자를 떼어 내야 함
② 전기공급이 차단되지 않은 상태에서 직접 떼어낼 경우 함께 감전될 가능성이 있기 때문에 절연물을 이용해서 떼어 내야 함
③ 의식, 호흡, 맥박을 체크 함

④ 호흡이 없다면 심폐소생술을 실시하고 신속히 병원으로 옮겨야 함
⑤ 감전사고로 의식불명 상태인 자에게 물을 줄 땐 천에 물을 묻혀 입술만 적셔줘야 함

## 3. 추락 등에 의한 위험방지

### 1 추락관련 사고방지 대책
① 고소작업(**2m 이상**)시 작업발판을 사용하거나 안전대를 착용한 상태로 이동·작업할 것
② 작업대와 통로 주변에 난간이나 보호대를 설치할 것
③ 카 상부 작업 시 작업공구, 부품 낙하로 다른 사람이 다치지 않도록 할 것
④ **승강기 위치를 확인**하고 도어를 오픈할 것
⑤ 도어 오픈 시 **몸의 중심을 뒤쪽**으로 둘 것
⑥ 카 상부 탑승 전 작업등을 켜고 이동 중에는 로프를 잡지 않을 것
⑦ 발판, 작업대등이 안전한 구조일 것
⑧ 작업대와 통로가 미끄러지거나 걸려 넘어지지 않도록 할 것

### 2 사다리 사용 작업시 사고방지 대책
① 피트 사다리는 한 사람의 무게인 1500N를 견딜 수 있어야 함
② 2개 이상의 사다리를 이어붙인 경우 각각의 사다리가 벽에 고정되도록 조치돼야 함
  - 사다리 이음부 테그용접 및 상단부가 벽에 고정이 안 된 경우 추락사고 발생가능
③ 사다리의 상단부분은 걸쳐놓은 곳보다 60cm 이상 올라가도록 설치되어야 함

## 4. 기계 방호장치

### 1 방호장치
① 정의 : 위험기계·기구의 위험장소 또는 부위에 근로자가 통상적인 방법으로는 접근하지 못하도록 하는 제한조치
② 목적 : 기계 위험부의 접촉방지
③ 특징
  - 방호장치를 해체하고자 할 시 사업주의 허가를 받아야 함
  - 방호장치의 해체 사유가 소멸될 시 즉시 원상으로 회복시켜야 함
  - 방호장치 기능이 상실될 경우 즉시 사업주에게 신고해야 함
  - 사업주는 방호장치의 결함이 발견된 경우 반드시 정비한 후에 근로자가 사용하도록 해야 함
  - 사업주는 결함에 대한 정비가 완료될 때까지 해당 기계의 사용을 금지하여야 함

**2 동력전달 등의 방호조치**

① 작동 부분에 돌기 부분이 있는 것 ⇨ 덮개 부착
② 동력전달 부분 또는 속도조절 부분이 있는 것 ⇨ 덮개 부착, 방호망 설치
③ 회전기계에 물체 등이 말려 들어갈 부분이 있는 것 ⇨ 덮개 부착, 방호울 설치
④ 승강기 방호장치 : 출입문 인터록, 파이널리미트 스위치, 조속기

## 5. 방호조치

**1 보호구의 종류와 구비요건**

① 보호구 종류
- 안전모 : 물체가 떨어지거나 날아올 위험 또는 근로자가 추락할 위험이 있는 작업
- 안전대 : 높이 또는 깊이 2m 이상의 추락할 위험이 있는 장소에서 하는 작업
- 안전화 : 물체의 낙하·충격, 물체에의 끼임, 감전 또는 정전기의 대전에 의한 위험이 있는 작업
- 보안경 : 물체가 흩날릴 위험이 있는 작업
- 보안면 : 용접 시 불꽃이나 물체가 흩날릴 위험이 있는 작업
- 절연용 보호구 : 감전의 위험이 있는 작업
- 방열복 : 고열에 의한 화상 등의 위험이 있는 작업
- 방진마스크 : 분진이 심하게 발생하는 하역작업

② 보호구 구비요건
- 사업주는 위와 같은 작업을 하는 근로자에 대해서 작업조건에 맞는 보호구를 지급해야 함
- 보호구는 작업하는 근로자 수 이상으로 지급해야 함
- 사업자는 근로자들이 보호구를 착용하도록 해야 함
- 사업자로부터 보호구를 받거나 착용지시를 받은 근로자는 보호구를 착용해야 함

**2 보호구 지급관리**

① 사업주는 지급한 보호구를 상시 점검해야 함
② 보호구에 이상이 있는 경우 수리하거나 교환해 주어야하며 청결을 유지하도록 해야 함
③ 안전화, 안전모, 보안경의 경우 근로자가 청결을 유지해야 함
④ 사업주는 방진마스크의 필터 등을 언제나 교환할 수 있도록 충분한 양을 갖춰야 함

**3 전용보호구**

① 보호구를 공동사용 하여 근로자에게 질병이 감염될 우려가 있는 경우 사업자는 개인 전용 보호구를 지급하고 질병 감염을 예방하기 위한 조치를 해야 함

# Ⅲ. 승강기 보수관리

## chapter 1. 승강기 제작기준

### 1. 전기식 엘리베이터

**1 강도기준**

① 승강로 벽의 강도기준
 - 외부 충격에 의해 승강로 내부로 추락 및 간섭 등을 방지할 수 있도록 기계적 강도(0.3m×0.3m 면적에 1,000N)에 견딜 수 있도록 시공되어야 함

② 유리판의 강도 기준
 - 엘리베이터에 사용되는 유리는 KS L 2004에 적합한 접합유리만 사용가능 함
 - 유리판 및 그 고정설비의 강도(0.3m×0.3m 면적에 1,000N)에서 영구변형이 없도록 시공되어야 함
 - **강화유리, 복층유리, 망유리는 엘리베이터에 사용 불가능함**
 - 카 벽에 사용되는 평면 유리판에는 강화 접합유리, 접합유리가 있음

③ 승강장 및 카 도어 강도 기준
 - 설계된 수명동안 적절한 강도가 유지되는 재질로 만들어져야 함
 - 5cm×5cm 면적에 300N 힘을 균등하게 가할 때 1mm를 초과하는 영구적인 변형이 없어야하며, 15mm를 초과하는 탄성변형이 없어야 함
 - 100cm×100cm 면적에 1,000N 힘을 균등하게 가할 때 안전에 영향을 주는 중대한 영구 변형이 없어야 함.

④ 비상구출문 강도기준
 - 카 벽의 비상구출문을 통해 구출하는 경우 각 카에는 인접한 엘리베이터의 위치에 정지할 수 있는 수단이 있어야 함
 - 카 벽의 비상구출문의 거리가 0.35m를 초과하는 경우 손잡이(난간)이 있고 폭은 0.5m 이상이어야 하며, 2,500N 이상 견딜 수 있어야 함

⑤ 카 지붕 강도기준
 - 카 천정은 점검 및 유지관리 업무수행을 위한 인원을 지탱할 수 있도록 충분한 강도를 가져야 함
 - 0.3m×0.3m 면적의 어느 지점에나 최소 2,000N의 힘을 영구변형이 버텨야 함
 - 카 천정의 표면은 미끄러지지 않는 구조여야 함

⑥ 카 벽 비상구출문 강도기준
- 카 벽의 비상구출문 간의 거리가 0.35m를 초과한 경우
- 손잡이(난간)가 있고 폭이 0.5m 이하지만 비상구출문의 개구부에 들어가기에 충분한 공간이 있는 휴대용/이동식 다리 혹은 카 일체형으로 된 다리가 설치되어야 함
- 다리의 강도는 2,500N의 힘을 견딜 수 있도록 설계되어야 함

⑦ 보호난간 강도기준
- 난간의 강도는 1,000N의 힘으로 수평으로 가했을 때 50mm 이상의 변형이 없어야 함

### 2 로프의 제작기준

① 특징
- 로프 또는 체인 등의 가닥수 : 2가닥 이상
- 엘리베이터에 사용되는 매다는 장치 : 로프, 벨트 또는 체인

② 공칭직경
- 주로프의 **공칭 직경 : 8mm 이상**
- 주로프의 공칭직경 6mm가 허용되는 경우 : 구동기가 승강로에 위치, 정격속도가 1.75m/s 이하
- 주로프는 일반적으로 **3가닥 이상**으로 하며 **안전율은 12 이상**이 되도록 함
- 권상도르래 풀리 또는 드럼과 현수로프의 **공칭직경의 비는 40이상**, 주택용의 경우 30이상

③ 로프의 권상 조건
- 정격하중의 **125% 적재 시** 승강장 바닥 높이에서 미끄러지지 않고 정지해야 함
- 비어있는 카 또는 정격하중의 카가 비상제동 하는 경우 행정거리가 줄어든 완충기를 포함하여 완충기의 설계된 속도 이하로 확실하게 감속되야 함

④ 보상수단
- 정격속도가 3m/s 이하 : 체인, 로프 또는 벨트와 같은 수단 설치
- 정격속도가 3m/s 초과 : 보상 로프 설치
- 정격속도가 3.5m/s 초과 : 튀어오름방지장치 추가
- 정격속도가 1.75m/s 초과 : 순환하는 부근에서 안내봉 등에 의해 안내되야 함

### 3 도르래

① 도르래의 제작기준
- 도르래 로프 홈의 언더컷 목적 : 마찰계수 향상
- 현수 도르레와 현수로프의 공칭직경의 비 : **40 이상**

② 도르래·풀리 및 스프로킷의 보호 수단
- 보호수단(Nip Guard) : 로프·체인이 도르래, 풀리, 스프로킷에 들어가거나 나오는 구역에 대한 우발적인 접근을 막는 최소한의 장치

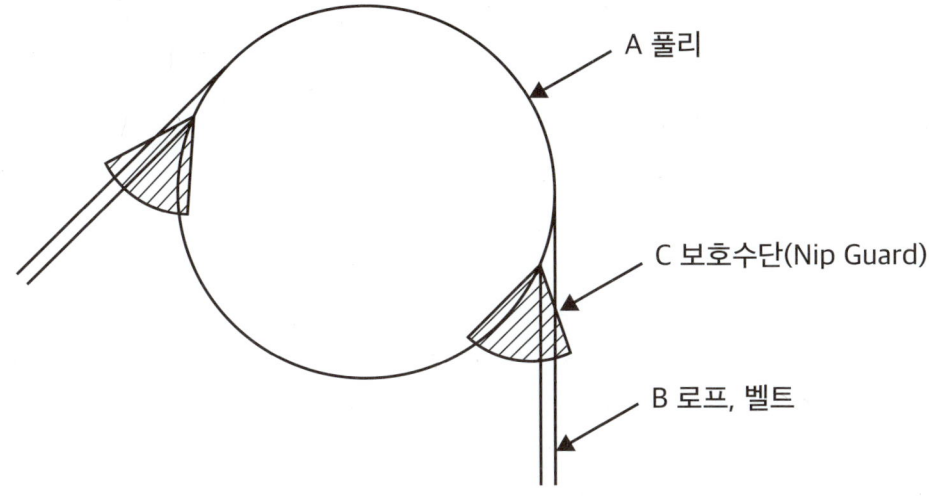

- 로프 고정장치 : 도르래/풀리의 수평축 아래에 60° 이상의 감김 각도로 감겨야하며, 총감김 각도가 120° 이상인 경우에는 하나 이상의 중간 고정장치를 추가해야함

<로프 고정장치 사용 예>

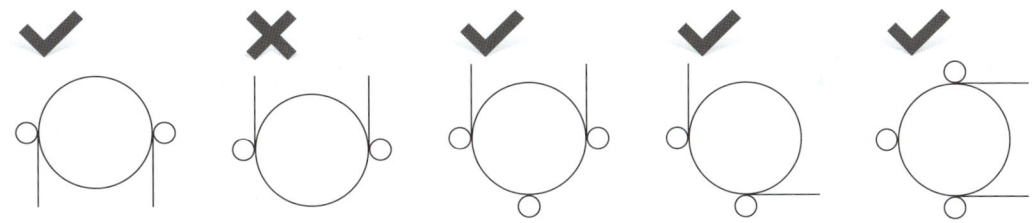

### 4 레일의 제작기준

① 소재 : 압연강
  - 부식으로부터 보호되어야함
② 부과되는 하중 및 힘에 견디도록 설계되어야함
③ 정상주행·적재·하역·추락방지장치 작동 시의 하중조건을 고려하여 설계되어야 함
④ T형 주행안내 레일의 최대 허용 휨량
  - 추락방지장치가 있는 경우 : 양방향으로 5mm 이내
  - 추락방지장치가 없는 경우 : 양방향으로 10mm 이내

## 5 허용응력 및 안전율

① **허용응력** : 안전상 허용할 수 있는 최대 응력

② 허용응력 식

$$\sigma perm = \frac{Rm}{St}$$

- $\sigma perm$ = 허용 응력(N/mm²), Rm = 인장강도(극한강도)(N/mm²), St = 안전율
- **허용응력 = 인장강도 ÷ 안전율**
- **안전율 = 인장강도 ÷ 허용응력**
- 인장강도 = 허용응력 × 안전율

③ 안전율
- 3가닥 이상의 로프(벨트)에 의해 구동되는 권상 구동 엘리베이터 : 12 이상
- 3가닥 이상의 6mm 이상 8mm 미만의 로프에 의해 구동되는 권상 구동 엘리베이터 : 16 이상
- 2가닥 이상의 로프(벨트)에 의해 구동되는 권상 구동 엘리베이터 : 16 이상
- 로프가 있는 드럼 구동 및 유압식 엘리베이터 : 12 이상
- 체인에 의해 구동되는 엘리베이터 : 10 이상

## 6 승강로, 카, 도어, 지지보, 기계실

① 승강로
- 카, 균형추 또는 평형추가 주행하는 공간
- 벽이 있는 경우 : 벽 내부 공간
- 벽이 없는 경우 : 움직일 수 있는 부품으로부터 수평거리가 1.5m 이내인 공간

② 승강로에 설치 가능한 설비

(기계실·기계류 공간·풀리실 외부에 있으며, 운행에 지장을 주지 않는다는 전제하에)
- 엘리베이터를 위한 냉·난방설비
- 카 내 영상정보처리기기의 전선 등 관련 설비
- 화재감지기 본체, 비상용 스피커 및 가스계 소화설비
- 스프링클러 관련 설비
- 피트 침수 대비 배수 관련 설비

③ 승강로 내 작업구역 크기
- 작업구역 간 이동 통로의 유효 높이 : **1.8m 이상**
- 깊이 : 0.7m 이상
- 폭 : 제어반 폭이 0.5m 미만인 경우 0.5m, 제어반 폭이 0.5m 이상인 경우 : 제어반 폭 만큼
- 움직이는 부품의 점검·유지관리 업무 구역 : 0.5m × 0.6m 이상
- 보호되지 않은 회전부품 유효 수직거리 : 위로 0.3m 이상

④ 피트(pit)
- 카가 운행되는 최하층 승강장 하부에 있는 승강로의 부분
- 피트 깊이 2.5m 초과 : 피트 출입문으로 진출입
- 피트 깊이 2.5m 이하 : 피트 출입문, 승강로 내부 사다리로 진출입

⑤ 출입문, 비상문, 점검문
- 기계실, 승강로 및 피트 출입문 : **높이 1.8m 이상, 폭 0.7m 이상**
  (주택용 엘리베이터의 경우 기계실 출입문 : 폭 0.6m 이상, 높이 0.6m 이상 가능)
- 풀리실 출입문 : 높이 1.4m 이상, 폭 0.6m 이상
- 비상문 : 높이 1.8m 이상, 폭 0.5m 이상
- 점검문 : 높이 0.5m 이하, 폭 0.5m 이하

⑥ **조도**
- 카 지붕에서 1m 수직 위 : **50 lx**
- 피트 바닥에서 1m 수직 위 : **50 lx**
- 승강로 그 외의 장소 : 20 lx
- 기계실 작업공간의 바닥 면 : **200 lx**
- 기계실 작업공간 간 이동 공간의 바닥 면 : 50 lx
- 정전시 비상전원공급장치 : **5 lx**

⑦ 카 출입구 높이
- 승강장문 및 카문의 출입구 유효 높이 : **2m 이상**
- 주택용 엘리베이터의 출입구 유효 높이 : 1.8m 이상
- 2대 이상 승강기가 같은 승강로에 있을 때 인접한 카에서 구출 시도할 경우 카 사이 수평거리 : **1m 이하**

⑧ 비상구출문
- 카 천장 비상구출문 유효 개구부의 크기 : **0.4m × 0.5m 이상 (가능하다면 0.5m × 0.7m가 바람직함)**
- 카 내부에서 열쇠를 사용해야 열 수 있지만 카 외부에서는 열쇠 없이 간단한 조작으로 열 수 있음
- 카 외부 방향으로 열림
- 하나의 승강로에 2대 이상의 엘리베이터가 있는 경우, 카 벽에 비상구출문을 설치할 수 있음. 카 간의 수평거리는 **1m**를 초과할 수 없음

⑨ 문짝 사이 틈새
- 승강장문 및 카 문이 닫혀 있을 때, 문짝 간 틈새 또는 문짝과 문틀 사이 틈새 : **6mm** 이내 (마모시 10mm 이내)
- 수직 개폐식 승강장문 및 카 문의 경우 : **10mm** 까지 허용 (마모시 14mm 까지 허용)

⑩ 손끼임방지장치
- 자동 작동식 수평 개폐식 문에는 손끼임 방지장치가 설치되어야 함.
- 문짝간 틈새 또는 문짝과 문틀 사이 틈새 5mm 이내, 유리문의 경우 4mm 이내 또는 손가락 끼임 감지수단

⑪ 카문 문턱, 승강장문 문턱 사이 거리
- 카문의 문턱과 승강장문의 문턱 사이의 수평 거리 : **35mm 이하**
- 카문의 앞 부분과 승강장문 사이의 수평 거리 : **0.12m 이하**

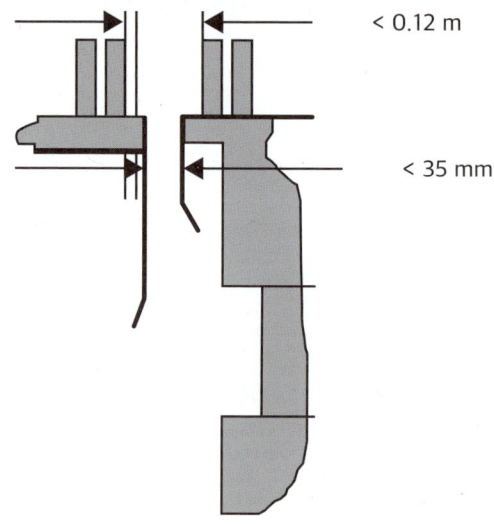

- 출입문(카문, 승강장문) 사이의 수평틈새 : **0.15m 이하** (사람이 출입문 사이에 갇히지 않도록)

## 7 안전장치 및 전기적인 회로

① 과속조절기(조속기)
- 작동조건 : 정격속도의 **115% 이상**의 속도에서 작동
- 홈 형태 : 경화구조 또는 언더컷 홈, 회전방향 표시가 있음.
- 과속조절기 로프 안전율 : 8 이상
- 설치 조건 : 유지보수 및 점검을 위해 접근 가능한 공간에 설치되어야함. 승강로에 설치된 경우에도 점검문 등을 통해 접근 가능해야함.

② 추락방지장치
- 카의 추락방지안전장치 선정

| 정격속도 | 0.63m/s 이하 | 0.8m/s 이하 | 1m/s 초과 |
|---|---|---|---|
| 추락방지장치 | 즉시 작동형 | 즉시 작동형<br>(유압식 엘리베이터 적용) | 점차 작동형 |

- 균형추 또는 평형추의 추락방지안전장치 선정

| 정격속도 | 1m/s 이하 | 1m/s 초과 |
|---|---|---|
| 추락방지장치 | 즉시 작동형 | 점차 작동형 |

- 여러 개의 추락방지안전장치가 설치된 경우 **점차 작동형 적용**

③ 완충기
- 카 및 균형추의 주행로 하부 끝에 완충기 설치
- 카 및 균형추 또는 평형추에 완충기가 고정된 경우 피트 바닥에 받침대가 바닥에서 300mm 높이 이상으로 설치되어야 함
- 에너지 축적형 완충기 : 선형 또는 비선형 특성을 가지며, 엘리베이터의 정격속도가 1m/s 이하인 경우에만 사용 (우레탄, 스프링 완충기)
- 에너지 분산형 완충기 : 엘리베이터 정격속도와 상관없이 사용될 수 있음 (유압식 완충기)

④ 파이널리미트 스위치
- 엘리베이터 최상층 및 최하층 근처에 작동하도록 설치
- 완충기 또는 램이 완충장치에 충돌하기 전에 작동되고 카 또는 램이 완충기에 접촉한 경우에도 지속적으로 감지되어야 함
- 권상 및 포지티브 구동방식 : 주행로 상부 및 하부 설치
- 유압식 구동방식 : 주행로 상부 설치

## 2. 유압식 엘리베이터

### 1 허용응력, 안전율, 체인, 플런저

① 로프 및 체인 안전율
- 로프 : 12 이상
- 체인 : 10 이상

② 실린더 및 램의 안전율
- 전부하 압력의 2.3배를 계산하여 내력에서 1.7 이상의 안전율

③ 잭 압축하중/인장하중 안전율
- 압축하중 안전율 : 잭이 완전히 펼쳐진 위치에서, 전부하 압력의 1.4배를 계산하여 잭의 좌굴에 대해 2 이상의 안전율
- 인장하중 안전율 : 전부하 압력의 1.4배를 계산하여 내력에서 2이상의 안전율
  * 전부하 : 정해진 조건하에서 어떤 회로에 걸릴 수 있도록 설계된 최대의 부하
  * 좌굴 : 축 방향에 압력을 받는 기둥이나 판이 어떤 한계를 넘으면 휘어지는 현상

④ 단단한 배관 안전율
- 단단한 배관의 연결부는 전부하 압력의 2.3배를 계산하여 내력에서 1.7 이상의 안전율

⑤ 가요성 호스 연결장치 안전율
- 가요성 호스 : 실린더와 체크밸브 또는 하강밸브 사이에 위치
- 전부하 압력 및 파열 압력과 관련하여 안전율이 8 이상
- 가요성 호스 연결장치는 전 부하 압력의 **5배의 압력**을 손상 없이 견뎌야 함

## 2 파워유닛, 밸브, 상부틈, 압력배관

① 파워유닛
- 파워유닛이 있는 공간 및 피트 : 누유에 의해 유체가 외부로 빠져나가지 않도록 확실하게 나눠져 있어야 하고, 유체의 용량을 확인해서 충분히 수용할 수 있는 크기 이상이어야 함
- 파워유닛 점검 시 **스톱밸브**를 사용하면 불필요한 작동유의 유출을 방지할 수 있음
- 파워유닛 구성요소 : 모터, 펌프, 밸브, 등

② 릴리프밸브(=세이프티밸브/안전밸브)
- 유체를 배출함으로써 미리 **설정된 값 이하로 압력을 제한**하는 밸브
- 펌프와 체크밸브 사이의 회로에 연결
- 밸브가 열리면 작동유는 탱크로 되돌려 보내져야 함
- 전 부하압력이 **1.4배**를 초과하지 않는 동안에 작동을 개시하며 전 부하압력이 **1.7배**를 초과하지 않도록 함

③ 체크밸브
- **한 방향으로만** 유체를 흐르게 하는 밸브
- 펌프와 차단밸브 사이의 회로에 설치
- 공급압력이 최소 작동 압력 아래로 떨어질 때 정격하중을 실은 카를 어떤 위치에서든지 유지할 수 있어야 함
- 잭에서 발생하는 유압 및 1개 이상의 유도 압축 스프링이나 중력에 의해 닫혀야 함

④ 하강밸브 (=하강 제어밸브)
- 전기적으로 개방 상태로 유지되어야 함
- 잭에서 발생하는 유압 및 **밸브 당 1개** 이상의 안내된 압축 스프링에 의해 닫혀야 함

⑤ 럽처밸브
- 럽처밸브는 하강하는 카를 정지시키고 유지할 수 있도록 설계
- 적용속도 : 하강하는 정격속도 + 0.3m/s 이전
- 평균감속도 : 0.2 ~ 1gn 사이
- 최대감속도 : 2.5gn 값 0.04초 이내
- 카 지붕이나 피트에서 조정 및 점검할 수 있도록 접근이 가능해야 함

- 실린더와의 연결 : 실린더와 일체형, 플랜지에 설치, 용접 또는 나사체결, 실린더에 나사체결 연결되어야 함. 압축이음, 플레어 이음은 허용 안 됨
- 병렬로 작동하는 여러 개의 잭이 있는 엘리베이터에는 1개의 럽처밸브가 공용으로 사용될 수 있음

⑥ 스톱밸브 (=차단밸브)
- 실린더의 기름이 **파워유닛으로 역류**하는 것을 막을 수 있음
- 모든 방향의 유체 흐름을 허용하거나 차단할 수 있는 양방향 수동밸브
- 실린더에 체크밸브와 하강밸브를 연결하는 회로에 설치
- 차단밸브는 구동기의 다른 밸브와 가까이 있어야 함

⑦ 압력배관
- 압력에 영향을 받는 배관 및 이음 부속품은 사용되는 작동유에 적합해야 함
- 고정, 비틀림, 진동으로 인한 비정상적인 응력을 고려하여 설계 및 설치돼야 함
- 기계적인 손상에 대한 보호가 가능해야 함
- 배관 및 이음 부속품은 점검이 가능하도록 접근 가능한 곳으로 배치돼야 함

### 3 기계실 및 안전장치

① 기계실 크기
- 작업구역의 유효 높이 : **2.1m 이상**
- 유효 수평면적(깊이) : 0.7m 이상
- 유효 수평면적(폭) : 제어반 폭이 0.5m 미만인 경우 0.5m, 제어반 폭이 0.5m 이상인 경우 제어반 폭
- 움직이는 부품의 점검 및 유지관리 업무 작업구역 크기 : 0.5m×0.6m 이상

② 기계실 안전사항
- 보호되지 않은 회전부품 위로 유효 수직거리 : 0.3m 이상
- 안내표지 및 설명서는 각 기계실마다 구비해야 함
- 작업공간이 비상운전을 위한 장소에 적절하게 확보돼야 함
- 기계실 바닥에 0.5m를 초과하는 단차가 있는 경우 : 고정된 사다리 또는 보호난간이 있는 계단이나 발판 필요

## 3. 에스컬레이터

### 1 강도기준 및 구조

① 강도기준
- 에스컬레이터, 무빙워크의 모든 부품은 패널이나 벽으로 둘러싸여야 함(디딤판, 손잡이 제외)
- 외부패널의 강도 : 2,500mm$^2$의 원형 혹은 정사각형 면적에서 수직으로 250N의 힘을 견뎌야 함
- 외부패널의 고정강도 : 보호벽(패널) 자중의 2배 이상 견딜 것

- 디딤판의 강도 : 6,000N/m² 에 상응하는 하중을 견딜 것
- 난간의 강도 : 1m 길이의 난간에 600N의 수평력과 730N의 수직력을 동시에 견딜 것
- 스커트 : 2,500mm² 의 원형 혹은 정사각형 면적에서 수직으로 1,500N의 집중하중을 가할 때 휨량은 4mm 이하여야 함 (영구변형은 발생하지 않아야 함)

② 에스컬레이터 구조
- 에스컬레이터의 경사도 : **30°**를 초과하지 않아야 함 (층고가 6m 이하이고, 공칭속도가 0.5m/s 이하인 경우 35°까지 증가시킬 수 있음)
- 무빙워크의 경사도 : **12°** 이하
- 에스컬레이터 공칭속도 : **0.75m/s** 이하 (경사도 30° 이하), **0.5m/s 이하** (경사도 30° 초과 35° 이하)
- 무빙워크 공칭속도 : **0.75m/s** 이하
- 디딤판 윗면은 수평으로 설치
- 디딤판 디딤면 주행방향 길이 : 400mm 이상, 폭 560mm 이상
- 발판사이 높이 : 215mm 이하
- 디딤판 상호간 틈새 : 6mm 이하

③ 에스컬레이터의 스텝구동장치에 대한 점검사항
- 링크 및 핀의 마모상태
- 구동체인의 늘어짐 상태
- 스프로켓의 이의 마모상태

## 2 허용응력 및 **안전율**

① 구동부품의 안전율
- 모든 구동부품은 무한 피로수명에 의해 설계돼야 함
- 모든 구동부품(구동체인, 핸드레일 구동체인)의 안전율 : 5이상

② 디딤판체인의 안전율
- 각 체인의 절단에 대한 안전율 : 5이상

③ 벨트의 안전율
- 벨트 구동 무빙워크의 안전율 : 최악의 조건으로 계산하여 5이상

④ 트러스 및 빔의 안전율
- 골조구조물(트러스)와 빔의 안전율 : 5이상

## 3 적재하중 및 안전장치

① 구동체인 안전장치 : 구동체인이 늘어나거나 절단되었을 경우 아래로 미끄러지는 것을 방지하는 안전장치

② 스커트가드 안전장치 : 에스컬레이터의 스커트 가드판과 스텝 사이에 인체의 일부나 옷, 신발 등이 끼었을 때 에스컬레이터를 정지시키는 안전장치

③ 과속 감지 장치 : 속도가 공칭 속도의 1.2배를 초과하기 전에 과속을 감지할 수 있는 장치

④ 운행방향 역전 감지 장치 : 에스컬레이터와 경사형 무빙워크의 의도되지 않은 역전을 즉시 감지할 수 있는 장치

⑤ 보조 브레이크의 미작동 감지 장치 : 에스컬레이터 또는 경사형 무빙워크 기동 후 보조 브레이크의 미작 동을 감지할 수 있는 장치

⑥ 디딤판체인 절단 또는 늘어짐 감지장치 : 디딤판을 직접 구동하는 부품의 파손 또는 과도한 늘어짐을 감지할 수 있는 장치

⑦ 인장장치 : 구동장치와 인장장치 사이의 거리가 20mm를 초과하는 의도되지 않은 연장 또는 감소 움직임을 감지하기 위한 장치

⑧ 콤 끼임 감지장치 : 디딤판과 콤(Comb)이 맞물리는 지점에 물체가 끼었을 때 승강을 자동적으로 정지시키는 장치

⑨ 핸드레일 인입구 끼임 감지장치(인레트 스위치) : 에스컬레이터의 핸드레일이 난간 아래로 되돌아 들어가는 구멍에 설치되는 안전스위치

⑩ 스텝/팔레트 처짐 감지장치 : 스텝 또는 팔레트의 어느 부분이 처져서 콤과 맞물림이 더 이상 보장되지 않는 경우 사용되는 안전장치

⑪ 스텝 또는 팔레트 누락 감지장치 : 누락된 스텝/팔레트는 콤으로부터 틈새가 나타나기 전에 감지되어야 하고 에스컬레이터/무빙워크는 정지되어야함

⑫ 브레이크의 미작동 감지장치 : 에스컬레이터/무빙워크의 운행 시작 후 브레이크의 미작동을 감지하는 장치가 제공

⑬ 핸드레일 속도 편차 감지장치 : **허용오차 - 0% ~ + 2%, 5초~15초 내**에 디딤 판에 대해 **±15% 이상**의 손잡이 속도 편차가 발생하는 경우 에스컬레이터/무빙워크 정지

⑭ 점검용 덮개 열림 감지 : 점검용 덮개 열림을 감지하는 장치. 점검용 덮개는 전용열쇠 또는 도구에 의해서만 열려야함.

⑮ **비상정지장치** : 비상상황시 에스컬레이터/무빙워크를 정지시키기 위한 장치. 각 승강장 근처에 눈에 띄고 쉽게 접근 할 수 있는 위치에 있어야함. 비상정지장지 사이의 거리는 에스컬레이터 30m 이하, 무빙워크 40m 이하로 설치

# chapter 2. 승강기 검사기준

• 출제 TIP!
"~에서 행하는 검사가 아닌 것은?" 같은 문제가 나와요.

| 장소별 검사 내용 한눈에 보기 | |
|---|---|
| 1. 기계실에서 행하는 검사 | 1. 기계실의 구조 및 설비<br>2. 수전반, 주개폐기, 제어반, 배선<br>3. 전동기, 브레이크, 구동기, 과속조절기<br>4. 추락방지안전장치, 유압 파워유닛<br>5. 압력배관 및 안전밸브<br>6. 하중시험 |
| 2. 카내에서 행하는 검사 | 1. 카와 승강로 벽과의 수평거리<br>2. 도어스위치 및 각종 부착물<br>3. 통화장치 및 비상등 조도<br>4. 비상운전 기능 |
| 3. 카상부에서 행하는 검사 | 1. 카지붕의 피난공간 및 틈새와 비상구출문<br>2. 카 도어스위치 및 도어개폐상태<br>3. 안전스위치, 주로프 및 과속조절기로프<br>4. 상부 리미트 스위치류<br>5. 레일 및 도어 인터록<br>6. 승강로의 돌출물 등 |
| 4. 피트 내에서 행하는 검사 | 1. 누수 및 청결상태<br>2. 하부 리미트 스위치류<br>3. 완충기<br>4. 완충기와 카 및 균형추의 거리<br>5. 이동 케이블<br>6. 과속조절기 로프 인장 상태<br>7. 피트의 피난공간 및 틈새 |
| 5. 승강장에서 행하는 검사 | 1. 승강장 문의 잠김 상태<br>2. 문 닫힘 안전장치의 작동상태<br>3. 승강장 위치표시기<br>4. 호출버튼<br>5. 파킹스위치<br>6. 에이프런<br>7. 소방구조용 엘리베이터의 표지<br>8. 호출장치 |

## 1. 기계실에서 행하는 검사

### 1 기계실의 구조 및 설비

① 기계실 내의 기계류
- 기계실에 엘리베이터 용도 이외의 것이 없는지 확인
- 기계실 작업공간이 적합한지 확인 (유효 높이 2.1m 이상, 움직이는 부품 점검 시 0.5m×0.6m 이상의 작업구역)
- 기계실 출입문이 적합한지 확인 (높이 1.8m 이상, 폭 0.7m 이상)
- 기계실 바닥의 개구부에 물체가 승강로 내부로 물체가 떨어지지 않도록 하는 수단이 있는지 확인
- 기계실의 환기가 적합한지 확인
- 조명이 적합한지 확인 (기계실 작업공간의 바닥 면 200 lx, 이동 공간의 바닥 면 50 lx)
- 콘센트가 1개 이상 있는지 확인
- 양중용 지지대 및 고리에 허용 하중이 표시되어 있는지 확인

### 2 수전반, 주개폐기, 제어반, 배선

① 주 개폐기
- 주 개폐기 차단 시 엘리베이터의 움직임이 방지되는지 확인
- 주 개폐기에 신속하게 접근할 수 있고, 여러 대의 엘리베이터가 있는 경우 쉽게 식별되는지 확인

② 전기배선
- 이동케이블을 포함한 전기배선에 늘어짐 및 손상 등이 없는지 확인
- 바이패스 장치가 식별 가능하고, 작동상태가 명확히 표시되는지 확인

### 3 전동기, 브레이크, 구동기, 과속조절기

① 권상/제동
- 무부하의 정격속도로 상승운행 중 비상정지 시켜 로프와 도르래간 과도한 미끄러짐 없이 정지되는지 확인
- 권상도르래의 언더컷 잔여량이 1mm 이상, 주 로프 가닥끼리의 높이차가 2mm 이하인지 확인

② 카 측 과속조절기
- 과속조절기의 전기안전장치 작동 시 엘리베이터가 정지하는지 확인
- 과속조절기가 조정 가능한 경우, 봉인되어 있는지 확인
- 로프의 마모 및 파단이 적합한지 확인

③ 안전표시
- 표시 및 주의사항 등이 적합하게 식별/부착되어 있는지 확인
- 보호조치가 필요 없는 매끄럽고 둥근 부품(권상도르래, 수동핸들, 브레이크 드럼 등)의 경우 부분적으로 노란색 페인트칠이 되어 있는지 확인

### 4 추락방지안전장치, 유압 파워유닛

① 카 추락방지안전장치
- 과속조절기 작동 시 추락방지안전장치가 작동되고, 하강방향으로 움직이는 카를 정지시키는지 확인
- 추락방지안전장치 작동 시 카의 수평도가 5%를 초과하지 않는지 확인
- 추락방지안전장치 작동 시 전기안전장치가 작동하는지 확인

② 균형추 또는 평형추의 추락방지안전장치
- 과속조절기 작동 시 균형추 또는 평형추의 추락방지장치가 작동하고, 균형추 또는 평형추가 정지하는지 확인

### 5 압력배관 및 안전밸브

① 유압시스템의 점검
- 릴리프 밸브가 전 부하 압력의 140%를 초과하지 않는 범위 내에서 작동되는지 확인
- 로프 또는 체인이 늘어지기 전에 더 이상 하강하지 않도록 자동으로 정지하는지 확인
- 유압유의 온도감지장치가 작동하는지 확인
- 럽처밸브 또는 유량제한기가 설치되어 있는 경우, 누유 등이 없는지 확인
- 전 부하 압력의 200%를 유압시스템에 5분 동안 가해지는 경우, 압력의 강하 및 누유 확인
- 전 부하 압력의 200% 시험 후 유압 시스템의 무결성이 유지되는지 확인
- 카가 과속으로 하강할 때 럽처밸브 또는 유량제한장치 정격하중의 카를 정지시키는지 확인

### 6 하중시험

① 추락방지안전장치 하중시험
- 권상구동식 즉시 작동형 : 정격하중과 정격속도
- 압구동식 즉시 작동형 : 125%의 하중과 정격속도
- 권상구동식 점차 작동형 : 125%의 정격하중과 정격속도
- 포지티브 구동식 및 유압구동식(화물용 제외) 점차 작동형 : 100%의 하중과 정격속도
- 유압구동식 화물용 점차 작동형 : 125%의 정격하중과 정격속도

② 전기식 엘리베이터 정기검사 하중시험 : 무부하 상태에서 이루어짐

③ 정원 = $\dfrac{정격하중}{75}$ (승강기 정원 기준 1명당 **75kg**)

④ 정격하중 및 최대 카 유효 면적

| 정격하중, 무게 (kg) | 최대 카 유효 면적 (m²) | 정격하중, 무게 (kg) | 최대 카 유효 면적 (m²) |
|---|---|---|---|
| 100[가] | 0.37 | 900 | 2.20 |
| 180[나] | 0.58 | 975 | 2.35 |
| 225 | 0.70 | 1,000 | 2.40 |
| 300 | 0.90 | 1,050 | 2.50 |
| 375 | 1.10 | 1,125 | 2.65 |
| 400 | 1.17 | 1,200 | 2.80 |
| 450 | 1.30 | 1,250 | 2.90 |
| 525 | 1.45 | 1,275 | 2.95 |
| 600 | 1.60 | 1,350 | 3.10 |
| 630 | 1.66 | 1,425 | 3.25 |
| 675 | 1.75 | 1,500 | 3.40 |
| 750 | 1.90 | 1,600 | 3.56 |
| 800 | 2.00 | 2,000 | 4.20 |
| 825 | 2.05 | 2,500[다] | 5.00 |

비고
1. 정격하중 100[가] kg은 1인승 엘리베이터의 최소 무게
2. 정격하중 180[나] kg은 2인승 엘리베이터의 최소 무게
3. 정격하중이 2,500[다] kg을 초과한 경우, 100kg 추가 마다 0.16m²의 면적을 더한다.
4. 수치 사이의 중간 하중에 대한 면적은 보간법으로 계산한다.

## 2. 카내에서 행하는 검사

### 1 카와 승강로 벽과의 수평거리
① 보호난간
- 카 지붕의 바깥쪽 가장자리에서 승강로 벽까지의 수평거리가 0.3m를 초과하는 경우 보호난간이 있어야 함
- 보호난간 안쪽 가장자리와 승강로 벽 사이의 수평거리가 0.5m 이하인 경우, 보호난간 높이 0.7m
- 보호난간 안쪽 가장자리와 승강로 벽 사이의 수평거리가 0.5m 초과한 경우 보호난간 높이 1.1m

### 2 도어스위치 및 각종 부착물
① 도어장치
- 움직임에 걸림이 없는가를 확인
- 속도는 적당한가를 확인
- 동작 중 소음은 없는지를 확인

② 승강기 표준 부착물의 관리
- 승강기 제원이 명기된 명판
- 승강기 고유번호판
- 검사유효기간이 명기된 승강기 검사 합격 증명서
- 이용자가 준수하여야 하는 안전수칙

### 3 통화장치 및 비상등 조도
① 비상연락장치(인터폰)
- 비상통화장치가 카 내에서 시설물 내 및 유지관리업체 등으로 통화가 가능하고, 표시등이 점등되는지 확인
- 해당 유지관리업체와의 직접통화 장치를 설치하여 카 내에 갇힌 승객이 외부와 쉽게 연락할 수 있도록 해야 함

② 비상등 조도
- 카의 조명이 적합한지 확인 (조명 : 100lx 이상 비추는 조명 2개 이상 병렬설치)
- 카의 비상등이 적합한지 확인 (비상등 : 5lx로 1시간 이상 공급)

### 4 비상운전 기능
① 비상운전 및 작동시험을 위한 장치
- 비상운전 및 작동시험을 위한 패널에서 감시장치 또는 표시장치의 작동상태가 적합한지 확인
- 영구적으로 설치된 조명이 비상운전 및 작동시험을 위한 장치에서 조도가 200lx 이상인지 확인
- 비상운전 수단이 작동되는지 확인

- 고장처리 및 승객구출 설명서 등이 비치되어 있는지 확인
- 자동구출운전장치가 작동하는지 확인

## 3. 카상부에서 행하는 검사

### 1 카지붕의 피난공간 및 틈새와 비상구출문

① 카 내 또는 카 상부의 작업공간
- 통제되지 않은 카의 움직임을 보호하기 위한 기계적인 장치가 작동하는지 확인
- 기계적인 장치가 작동위치에 있을 때 안전하게 승강로 밖으로 나올 수 있는지 확인
- 점검문(전기적 스위치가 포함)이 카의 벽에 있는 경우 적합한지 확인
- 카 벽에 설치된 점검문을 열고 카 내부에서 카를 움직일 필요가 있는 경우, 점검운전 조작반이 작동되는지 확인

② 카 상부
- 점검운전 조작반, 정지장치 및 콘센트가 카 상부에 있는지 확인
- 카 지붕의 점검운전 스위치가 작동 시 정상운전제어, 도어작동 제어가 무효화 되는지 확인
- 카 지붕의 비상등이 적합한지 확인
- 카 지붕의 보호수단 및 보호난간이 견고하게 고정되어 있는지 확인

### 2 카 도어스위치 및 도어개폐상태

① 문닫힘안전장치
- 문닫힘안전장치는 카도어와 승강도어 사이에 위치
- 사람이나 물건이 도어 사이에 끼이게 되면 장치가 작동하는지 확인
- 장치를 작동시키면 즉시 도어의 닫힘동작이 멈추는지 확인
- 닫힘동작이 멈춘 후 즉시 열림동작에 의하여 도어가 열리는지 확인

### 3 안전스위치, 주로프 및 과속조절기로프

① 카 내 도어 열림버튼
- 닫히는 중에 있거나 닫혀있는 도어를 강제로 열어 주는 안전스위치
- 엘리베이터가 정지해 있는 경우에는 언제든지 도어를 열수 있는지 확인
- 도어가 닫히는 도중 닫힘동작이 즉시 멈추고, 열림동작으로 즉시 반전되는지 확인
- 엘리베이터가 주행 중일 때는 버튼을 눌러도 도어가 열리지 않는지 확인
- 도어 열림 구간이 아닌 위치에 정지한 경우에는 도어가 열리지 않는지 확인

② 로프
- 로프의 마모 및 파단이 적합한지 확인
- 로프(벨트)의 본수가 제원에 부합하는지 확인

② 로프 단말처리
- 로프의 끝부분이 고정되어 있는지 확인
- 로프 간 장력이 균등한지 확인

③ 체인
- 체인의 호칭번호가 제원에 부합하는지 확인
- 체인의 끝 부분이 지지대에 고정되어 있는지 확인
- 체인 간 장력이 균등한지 확인

### 4 상부 리미트 스위치류

① 파이널 리미트 스위치
- 권상 및 포지티브 구동식 엘리베이터 : 주행로의 최상부 및 최하부에서 작동하도록 설치
- 유압식 엘리베이터 : 주행로의 최상부에서만 작동하도록 설치

### 5 레일 및 도어 인터록

① 주행안내레일
- 레일의 브래킷과 같이 건축물에 고정하는 것은 건축물의 침하 또는 콘크리트의 수축으로 인한 영향을 보상할 수 있어야 함
- 주행안내 레일이 느슨해질 수 있는 부속품의 풀림은 방지되어야 함

### 6 승강로의 돌출물 등

① 승강로 내 작업공간
- 승강로의 환기가 적합한지 확인
- 조명이 적합한지 확인
- 양중용 지지대 및 고리에 허용 하중이 표시되어 있는지 확인

② 승강로 내 돌출물
- 승강로 내에 설치되는 돌출물은 안전상 지장이 없어야 함
- 승강로 내 0.15m 이상의 돌출물이 없어야 함
- 승강로 내 0.15m 이상의 돌출물이 있는 경우 경사진 면을 설치하여 사람이 서 있지 못하도록 해야 함

## 4. 피트 내에서 행하는 검사

### 1 누수 및 청결상태
① 누수
- 승강로 및 피트에 누수가 없고 청결상태가 유지되는지 확인
- 기계실·기계류 공간 및 풀리실에 누수가 없고 청결상태가 유지되는지 확인

### 2 하부 리미트 스위치류
① 안전접점 및 회로
- 파이널 리미트 스위치가 작동되는지 확인
- 완충기 행정을 감소하기 위한 전기적 강제감속 시스템이 있는 경우, 최상층 및 최하층에 도착하기 전에 감속되는지 확인
- 전기안전장치가 작동될 경우 카의 움직임이 방지되는지 확인

### 3 완충기
① 완충기
- 완충기가 확실하게 고정되고 충돌지점에 정확하게 정렬되는지 확인
- 완충기가 정상적으로 복귀(전기안전장치 포함)하면 엘리베이터가 정상운행 되는지 확인

② 완충기 받침대
- 완충기 받침대가 설치된 경우 완충기 충격 영역에 있는지 확인

### 4 완충기와 카 및 균형추의 거리
① 완충정지 성능
- 카가 최하층에 수평으로 정지되어 있는 경우에 카와 완충기의 거리에 완충기의 충격정도를 더한 수치는 균형추의 꼭대기틈새보다 작아야 함
- 카가 최상층에서 수평으로 정지되어 있을 때의 균형추와 완충기와의 거리 및 카가 최하층에서 수평으로 정지되어 있을 때의 카와 완충기와의 거리
- 카 또는 균형추가 완충기를 완전히 누르고 정지했을 때 카 또는 균형추의 부품은 다른 부분과 간섭이 발생하지 않아야 함
- 현수수단의 늘어짐으로 인해 균형추와 완충기 거리가 짧아져 상부 파이널 리미트 스위치 작동이 불가하지 않도록 주의해야 함

### 5 이동 케이블
① 이동케이블
- 카와 제어반이 신호를 주고받고 카에 전기를 공급하는 전선으로 만든 케이블
- 이동케이블은 제어반에서 승강로로 내려와 카와 연결되어 있음

- 이동케이블은 안전성이 입증되어야함
- 이동케이블에 표시되어야 하는 내용 : 제조·수입업자의 명, 부품안전인증표시, 부품안전인증번호, 모델명, 선심수, 단면적, 정격전압

### 6 과속조절기 로프 인장 상태
① 과속조절기 로프의 인장력
- 추락방지안전장치가 작동되는데 필요한 힘의 2배, 300N 중 큰 값 이상
- 과속조절기가 작동될 때 로프에 발생하는 인장력에 8 이상의 안전율

### 7 피트의 피난공간 및 틈새
① 피트 내 작업공간
- 구동기가 피트에 설치되고 피트에서 유지관리/점검이 수행되는 동안 통제되지 않은 움직임의 위험이 있는 경우 기계적인 장치가 작동하는지 확인
- 피트에 출입하는 문이 열렸을 때, 전기안전장치가 작동되는지 확인
- 엘리베이터의 정상운전으로의 복귀가 적합한지 확인
- 기계적인 장치가 작동된 경우, 안전하게 피트에서 밖으로 나올 수 있도록 수직틈새(0.5m)가 확보되는지 확인

② 틈새 및 여유거리
- 권상구동 엘리베이터의 균형추 및 평형추가 가장 낮은 위치(유압식 엘리베이터의 경우, 램이 가장 높은 위치)에 있을 때 카의 상부틈새가 적합한지 확인
- 권상구동 엘리베이터의 카가 가장 낮은 위치에 있을 때 균형추 및 평형추의 상부틈새가 적합한지 확인
- 간접 유압식 엘리베이터의 경우, 승강로 천장의 가장 낮은 부분과 램의 가장 높은 부분 사이의 거리가 0.1m 이상인지 확인
- 피난공간의 허용 가능 인원 및 자세 유형 표지가 카 지붕 및 피트에 부착되어 있는지 확인

## 5. 승강장에서 행하는 검사
### 1 승강장 문의 잠김 상태
① 승강장문
- 문짝 간 틈새나 문짝과 문틀 또는 문턱 사이의 틈새가 적합한지 확인
- 자동동력 작동식 문의 표면은 함몰되거나 돌출부분이 없는지 확인
- 어린이 손끼임방지 수단(틈새)이 적합한지 확인
- 카 문의 문턱과 승강장문의 문턱 사이의 수평 거리는 적합한지 확인한다.

## 2 문 닫힘 안전장치의 작동상태

① 승강장 문 및 카 문의 시험
- 문닫힘 안전장치가 작동 하는지 확인
- 카 내부의 열림 버튼이 작동하는지 확인
- 문의 틈새가 45mm (중앙 개폐식 문), 30mm (측면 개폐식 문)를 초과하지 않는지 확인
- 승강장 바닥의 조명이 50lx 이상인지 확인한다.
- 카가 잠금해제구간 밖에 있을 때, 승강장문이 100mm 열린 상태에서 자동으로 닫히고 잠기는지 확인
- 승강장문의 비상잠금해제가 비상잠금해제 삼각열쇠를 사용하여 외부에서 잠금해제 할 수 있는지 확인
- 비상잠금해제 삼각열쇠가 특수 도구로 간주되는 경우 해당 엘리베이터가 설치되어 있는 장소에 비치되어 있는지 확인
- 비상잠금해제 후, 승강장문 잠금장치는 잠금해제 상태로 유지되지 않는지 확인
- 카 문의 개방을 제한하기 위해 카 문의 열림이 50mm 이상 열리지 않는지 확인
- 각 승강장문의 닫힘을 입증하는 접점이 개방되면 잠금해제구간 밖의 카가 정지하고 움직이지 않는지 확인
- 승강장문의 닫힘 및 잠금 상태를 입증하는 장치가 적합한지 확인
- 카 문의 잠금장치가 적합한지 확인
- 카 문의 닫힘을 입증하는 전기안전장치가 적합한지 확인
- 수동개폐식 문의 경우, 카의 유무를 확인하는 "카 있음" 신호표시가 작동되는지, 투명 전망창이 있는 경우에는 파손이 없는지 확인

## 3 승강장 위치표시기

① 카 및 승강장 설비
- 지정된 피난 층에는 카 위치 표시기가 설치되어야 함
- 지정된 피난층에 카 위치 표시기의 작동상태가 적합한지 확인
- 피난 활동 통화시스템이 적합하게 작동되는지 확인
- 카 및 승강장 제어 및 관련 제어시스템은 열, 연기 및 습기의 영향으로부터 잘못된 신호가 등록되지 않아야 함

## 4 호출버튼

① 조작설비
- 호출버튼, 조작반 및 통화장치 등 조작설비가 작동하는지 확인
- 시각장애인 등이 감지할 수 있도록 조작반, 통화장치 등에 점자표시가 있는지 확인

- 호출버튼 또는 등록버튼에 의하여 카가 승강장문에 도착하면 10초 이상 열린 상태로 대기하는지 확인
② 승강장호출버튼 기능
- 카 내의 도어 열림 버튼과 동일한 역할을 함
- 엘리베이터의 운전방향과 동일한 방향의 호출버튼을 누르는 경우만 가능

## 5 파킹스위치

① 파킹운전
- 파킹스위치는 승강장 및 중앙관리실 또는 경비실 등에 설치되어 엘리베이터 운전의 휴지 조작과 재운행 조작이 가능해야함
- 파킹스위치를 "휴지" 상태로 작동시키면 카가 자동으로 지정된 층으로 움직이고 지정된 층에 도착하면 카의 정상운전 제어장치는 무효화되어야함

② 파킹스위치(휴지스위치)가 있는 경우의 운행휴지 및 재개
- 휴지 시키려면 휴지 스위치를 켬
- 자동으로 승강장의 모든 호출신호는 소거되고, 카 내의 행선신호만 서비스한 후 휴지층으로 돌아와서 문을 열고 조명을 끄고 운행을 중지
- 재개시키려면 휴지스위치를 끔

## 6 에이프런

① 에이프런
- 카 또는 승강장 출입구 문턱부터 아래로 평탄하게 내려진 수직 부분의 앞 보호판
- 에이프런이 견고하게 고정되어 있는지 확인
- 에이프런은 카 문턱 아래 방향으로 설치되어야 함
- 에이프런의 수직면은 아랫방향으로 연장되어야함
- 하단의 모서리 부분은 수평면에 대해 승강로 방향으로 **60°이상** 구부러져야 함
- 표면에 나사 등고정부 돌출부가 5mm를 초과하지 않고 2mm를 초과하는 경우 75°이상 모따기 되어있는지 확인

*모따기 : 모서리 또는 구석을 비스듬하게 깎는 것

## 7 소방구조용 엘리베이터의 표지

① 소방구조용 엘리베이터 제어 시스템
- 소방운전 스위치에 알림표지가 부착되어 있는지 확인
- 소방운전 스위치가 작동되는지 확인
- 1단계 및 2단계 조건 하에 모든 안전장치가 작동하는지 확인
- 소방운전 호출이 지연되지 않도록 경보음 및 기능이 작동하는지 확인
- 1단계 운전(우선 호출)이 수동 또는 자동으로 시작되는지 확인

- 1단계 운전이 적합한지 확인 할 사항
  - 카 내의 제어는 작동되지 않고 호출이 취소되는지
  - 문 열림 버튼과 비상통화 버튼의 작동이 적합한지
  - 소방 활동 통화시스템이 작동되는지
  - 비접촉 문닫힘안전장치가 무효화되는지
  - 소방관 접근 지정 층에 카가 도착하면 카 문과 승강장문이 열린 상태로 계속 유지되는지
  - 승강로와 기계실 조명이 자동점등 되는지
- 2단계 운전이 적합한지 확인 할 사항
  - 카 내의 운전 시 새로운 층 등록이 가능하고 미리 등록된 층이 취소되는지
  - 카 등록버튼 또는 문 닫힘 버튼을 지속적으로 누르면 문이 닫히고, 문이 완전히 닫히기 전에 버튼을 놓으면 문이 자동으로 다시 열리는지
  - 문 열림 버튼을 지속적으로 누르면 문이 열리고, 문이 완전히 열리기 전에 버튼을 놓으면 문이 자동으로 다시 닫히는지
  - 소방 활동 통화시스템이 작동되는지
  - 카 내 소방운전용 키 스위치가 설치된 경우, '0' 의 위치에서 제거되고 그 기능이 적합한지
- 소방구조용 엘리베이터가 2개의 출입구를 갖는 경우 확인 할 사항
  - 2개의 카 출입문이 있는 경우, 소방운전 시 출입문이 동시에 열리지 않는지
  - 카의 조작반이 카 문 출입구 근처에 각각 위치하고, 승강장의 방화구획된 로비와 소방관 접근 지정 층의 로비와 같은 측면에 위치한 소방구조용 카 조작반에 알림표지가 부착되어 있는지
  - 1단계 운전 시 일반용 조작반이 무효화되고, 2단계 시작과 동시에 소방구조용 조작반이 작동하는지

## 8 호출장치

① 피난용 엘리베이터 제어 시스템
  - 피난호출 스위치가 명확히 표시되고, 박스로 보호되어 있는지 확인
  - 피난호출 및 피난운전 작동 시 안전장치가 작동되는지 확인 (문닫힘안전장치는 제외)
  - 피난호출 작동 시 제어시스템이 적합한지 확인할 사항
    - 승강장 호출 및 카 내의 등록버튼이 작동되지 않고, 미리 등록된 호출이 취소되는지
    - 문 열림 버튼과 비상통화 버튼의 작동이 가능한지
    - 피난 층에 카가 도착하면 카 문 및 승강장문이 열린 상태로 유지되는지
    - 승강로와 기계실 조명이 자동으로 점등되는지
  - 피난운전 작동 시 적합한지 확인할 사항
    - 피난운전이 통제자에 의한 카 내 조작반에서만 운전되고 피난운전 스위치에 의해 작동되는지
    - 피난운전 스위치가 "해제" 위치에서만 제거되고, 그 기능이 적합한지
    - 피난운전으로 전환되면 카 내, 승강장 및 방재실에는 "피난운전 중" 표시가 명확히 나타나는지

- 피난 층에 도착 후 문 열림 대기시간이 15초 이상인지
- 피난운전 스위치가 "해제" 위치로 전환되면 자동으로 지정된 피난 층으로 복귀되는지
- 피난운전 운행이 중단된 경우, 각 층 승강장에 시각적, 청각적으로 안내되는지 확인

# Ⅳ. 기계/전기 기초 이론

## chapter 1. 승강기 재료의 역학적 성질에 관한 기초

### 1. 하중

**1 개념**
① 정의 : 물체에 작용하는 외부의 힘 또는 무게

**2 종류**
① 하중이 작용하는 방향에 따른 분류
  - 압축하중 : 축 방향으로 눌러서 수축하도록 하는 하중
  - **인장하중** : 축 방향으로 잡아당겨서 늘어나게 하려는 하중
  - **전단하중** : 축 방향으로 재료를 절단하도록 가하는 하중
② 하중이 물체에 작용하는 속도에 따른 분류
  - 정하중 : 시간적으로나 공간(장소)적으로도 변화 없이 정지한 하중
  - 동하중 : 동적으로 작용하는 하중 (반복하중, 교번하중, 충격하중)
③ 하중의 분포상태에 따른 분류
  - 집중하중 : 한 점에 집중해서 작용하는 하중
  - 분포하중 : 선이나 면에 분포해서 작용하는 하중

### 2. 응력(stress)

**1 개념**
① 정의 : 물체에 하중을 작용시켰을 때 물체 내부에 생기는 저항력

② 수식 : 응력 $(\sigma) = \dfrac{\text{하중 [kgf]}}{\text{단면적 [cm}^2\text{]}}$

③ 단위 : $kgf/cm^2$ (하중/단면적)

**2 종류**
① 인장응력 : 인장력에 의해 생기는 응력
② 압축응력 : 압축력에 의해 생기는 응력

③ 전단응력 : 전단력에 의해 생기는 응력

④ 최대허용응력 : 정해진 하중에서 재료에 허용되는 최대 응력

## 3. 변형률

### 1 개념

① 정의 : 변형량과 원래 치수와의 비

② 수식 : 변형률 $(\varepsilon) = \dfrac{\text{변형된 길이}}{\text{변형전 길이}}$

- 변형된 길이 = 변형률 × 변형전 길이

### 2 종류

• 출제 TIP! 다음중 변형률의 종류가 아닌 것은? 과 같은 문제가 나와요.)

① 가로 변형률

② 세로 변형률

③ 전단 변형률

④ 체적 변형률

## 4. 탄성계수

### 1 개념

① 정의 : 탄성을 가진 물질이 응력을 받았을 때 생기는 변형률의 정도를 나타낸 것

② 훅(후크 Hook) 의 법칙

- 물체에 힘을 가하여 변형시키는 경우, 힘이 어떤 크기를 넘지 않는 한 **응력과 변형률은 비례한다**는 법칙

- 수식 : 탄성계수 $(E) = \dfrac{\text{응력} (\sigma)}{\text{변형률} (\varepsilon)}$, 응력 $(\sigma)$ = 변형률 $(\varepsilon)$ × 탄성계수 $(E)$

- 탄성계수는 "Young 계수"라고도 함

<응력변형률 선도>

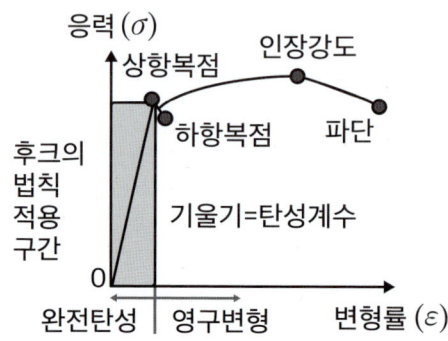

③ 포아송의 비 (푸아송의 비)
  - 재료에 생긴 가로변형과 세로변형과의 비
  - 수식 : 포아송 비 $(\nu) = \dfrac{\text{가로변형}\ (\varepsilon_x)}{\text{세로변형}\ (\varepsilon_y)}$

## 5. 안전율

### 1 개념
① 정의 : 외부 하중에 대해 어느 정도 견딜 수 있는지 수치로 나타낸 것
② 수식 : 안전율 $(S) = \dfrac{\text{파괴강도}\ (\sigma_u)}{\text{허용응력}\ (\sigma_a)}$
  - **허용응력** : 안전상 허용할 수 있는 최대 응력

## 6. 힘

### 1 개념
① 정의 : 물체에 작용하여 물체의 방향, 속도, 형태 등을 변형시키는 작용을 하는 것
② 뉴턴 1[N] : 물체에 작용하여 $1m/s^2$의 가속도 크기로 운동 상태를 변화시키는 힘의 크기
③ 킬로그램중 1[kgf] : 표준중력가속도하에서 1kg의 질량에 작용하는 중력의 크기
④ 줄의 법칙 : 1[J] = 0.239[cal], 1[cal] = 4.184[J]

## 7. 강재재료 및 빔

### 1 강재의 개념
① 정의 : 압연과 같은 것을 가공하여 만들어낸 강철.
② 특징
  - 내구성이 좋음
  - 경제적임
  - 불연성 소재
  - 용접성, 인성이 좋음
③ SS400
  - 일반 구조용 강재
  - 철강의 가장 기본이 되는 강재
  - 인장 강도는 $400N/mm^2$ 이상

## 2 보(빔 beam)의 개념

① 정의 : 윗부분의 무게를 지탱하는 수평 구조재

② 특징 : 수평으로 작용하는 휨 강도, 인장 강도가 커야 함

- 지점반력 : 보에 하중이 작용할 때 회전하거나 움직이지 않도록 지점에서 생기는 반력
- 굽힘 모멘트 : 물체의 지점에 대해 휘게 하는데 필요한 힘
- 전단력 : 재료 내의 서로 접근한 두 평행면에 크기는 같으나 반대 방향으로 작용하는 힘

# chapter 2. 승강기 주요 기계요소별 구조와 원리

## 1. 링크기구

### 1 개념

① 링크(Link) 기구 : 막대 형상의 핀을 연결하여 한 쪽을 움직이면 다른 한 쪽은 회전 운동을 할 수 있도록 만든 기구

② 구성
- 슬라이더 : 미끄럼운동 하는 링크
- 레버 : 요동운동 하는 링크
- 고정절 : 고정링크
- 크랭크 : 회전 운동하는 링크

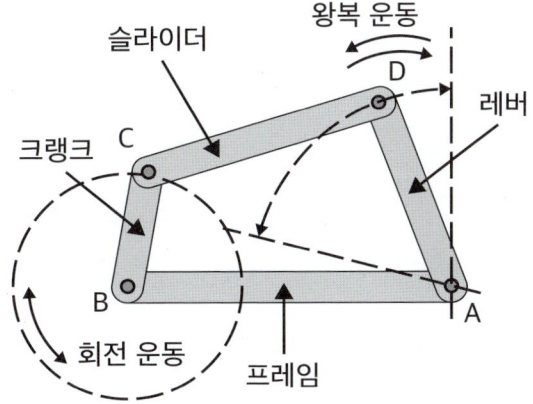

### 2 특징

① 마찰로 인한 동력의 손실이 적음
② 구조가 간단함
③ 운동의 전달이 확실함

## 2. 운동기구와 캠

### 1 개념

① 캠(Cam) : 회전운동을 직선운동, 왕복운동, 진동 등으로 변환하는 기구

② 종류
- 평면 캠 : 판 캠, 정면 캠, 직동 캠
- 입체 캠 : 원뿔 캠, 원통 캠, 구면 캠

## 3. 도르래(활차)장치

**1** 개념

① 도르래 : 바퀴에 끈이나 체인을 걸어 힘의 방향을 바꾸거나 힘의 크기를 줄이는 장치

② 종류

- 정활차 : $W = P$  힘의 방향을 바꿈

- 동활차 : $W = 2P$,  $P = \dfrac{1}{2}W$  절반(1/2)의 힘으로 하중을 듬

- 복활차 : $W = 2^n P$,  $P = \dfrac{1}{2^n}W$  (n:동활차수) 정활차와 동활차의 조합. 작은 힘으로 큰 하중을 들 수 있음

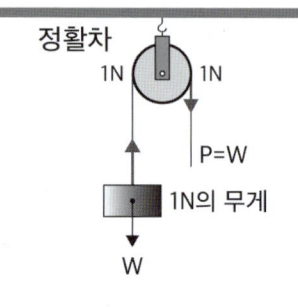
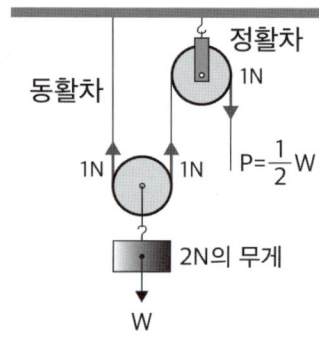
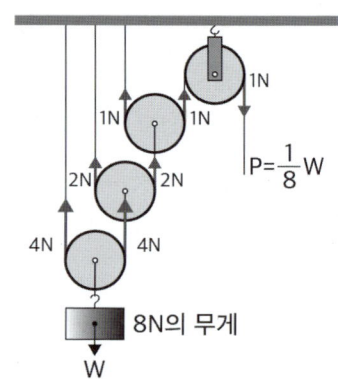

## 4. 치차 & 기어

**1** 치차 : 구동장치에 사용하는 이(齒)를 갖는 기계 요소

**2** 기어 : 둘 또는 그 이상의 축 간에 동력을 전달하는 장치

① 특징
- 동력 또는 회전운동의 전달이 확실함
- 마찰로 인한 동력의 손실이 적음
- 구조가 간단함
- 내구성이 좋아 수명이 깊

② 부분별 명칭

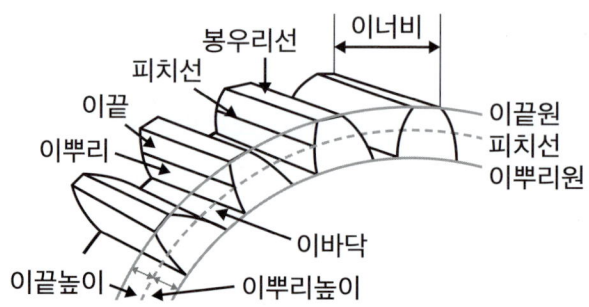

③ 종류

| 구분 | 종류 및 특징 |
|---|---|
| 2축이 평행한 경우 | 종류 : **헬리컬기어**, 더블헬리컬기어, 평기어, 랙과 피니언<br><br>[헬리컬기어]<br>• 이가 비스듬히 경사져있음<br>• 평기어보다 맞물림이 좋음<br>• 효율이 좋음<br>• 역구동이 쉬움<br>• 닿는 면적이 넓어 힘이 강함<br>• 가격이 비쌈 |
| 2축이 교차하는 (만나는) 경우 | 종류 : 베벨기어, 헬리컬베벨기어, 곡선베벨기어<br><br>[베벨기어]<br>• 교차하는 두 축 사이에 운동을 전달함 |
| 2축이 평행하지도 교차하지도 않는 경우 | 종류 : **웜기어**, 하이포이드기어<br><br>웜 → 웜 기어<br>[웜기어]<br>• 웜과 웜기어가 한 쌍으로 이루어짐<br>• 큰 감속비를 얻을 수 있음<br>• 효율이 낮음<br>• 역구동이 어려움<br>• 부하용량이 큼<br>  * 부하용량 : 전기기기의 온도상승, 최대 토크, 전류 등을 고려하여 안전하게 부하에 공급할 수 있는 최대 출력 |

④ 기어의 언더컷 : 이의 수가 적을 때 이의 간섭에 의해 이뿌리가 깎이는 현상
- 압력각을 크게하여 언더컷 현상을 방지함
- 접촉면적을 감소시킴

⑤ 백래시 : 기어가 맞물렸을 때 치면 사이에 생기는 틈
- 마모에 의해 생기며 소음, 진동을 발생시켜 기어의 수명을 저하시킴
- 백래시가 너무 적으면 면끼리 마찰이 커짐
- 백래시가 너무 크면 기어가 제대로 맞물리지 않아 파손되기 쉬움

## 5. 베어링

### 1 개념
① 베어링 : 회전하는 축을 지지하고 원활한 회전을 유지하도록 하는 것
② 특징
  - 축에 작용하는 하중을 적게 함
  - 축의 마찰저항을 적게 함
  * 저널 : 회전축에서 베어링과 접촉하고 있는 부분
③ 구비조건
  - 내구성이 크고 강도가 클 것
  - 열전도율이 높을 것
  - 가공이나 수리가 쉬울 것
  - 마찰 저항이 작을 것

### 2 종류
① 구름베어링
  - 볼이나 롤러를 베어링의 접촉면 사이에 넣은 것
  - 볼이나 롤러가 접촉하며 같이 회전하기 때문에 마찰저항이 작음
  - 장점 : 마찰이 적음, 회전속도가 고속임, 보수 점검이 쉬움
  - 단점 : 가격이 비쌈, 충격에 약함, 소음이 큼
② 미끄럼베어링
  - 표면을 평면 형태로 둘러싸고 있어 축과 면접촉을 하는 것
  - 장점 : 가격이 저렴함, 충격에 강함, 소음이 적음
  - 단점 : 마찰이 큼, 회전속도가 저속임, 윤활유 공급이 많이 필요함

<구름베어링>

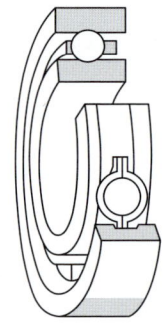

<미끄럼베어링>

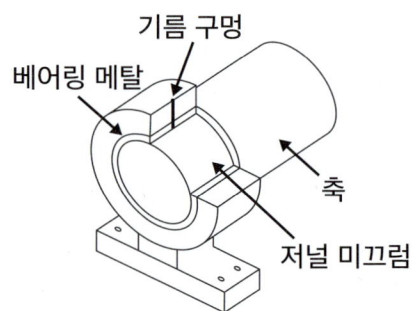

# chapter 3. 승강기 요소측정 및 시험

## 1. 측정기기 및 측정장비의 사용방법과 원리

**1 측정** · 출제 TIP! 측정요소와 측정기를 섞어서 출제하는 경우가 많아요.

① 기계요소
- 길이측정 : 버니어캘리퍼스, 마이크로미터 등
- 각도측정 : 사인바, 분도기 등
- 평면측정 : 직각자, 정반 등

② 전기요소
- 전압측정 : 전압계(볼트미터)
- 전류측정 : 전류계(암미터)
- 절연저항측정 : 절연저항계(메거)
- 접지저항측정 : 접지저항측정기(어스테스터)

**2 오차**

① 절대오차 : 측정한 결과 값과 실제 값 사이의 차이
② 계통오차 : 환경적 영향 또는 관측 오차 등으로 인해 발생하는 오차
- 계기오차 : 측정계기의 불완전성으로 생기는 오차
- 환경오차 : 온도 습도에 의한 오차
- 개인오차 : 개인이 가진 습관으로 인해 생기는 오차
③ 과실오차 : 눈금을 잘못 읽거나, 기록을 잘못해서 생기는 오차
④ 우연오차 : 다른 오차들을 보정해도 원인을 찾아내기 어려운 오차
  * 영점조정 : 장시간의 통전 등에 의한 스프링의 탄성피로에 생기는 오차를 보정하는 방법

## 2. 기계요소 계측 및 원리

**1 버니어캘리퍼스**

① 물체의 외경, 내경, 깊이 등 측정하는 기구

<버니어캘리퍼스>

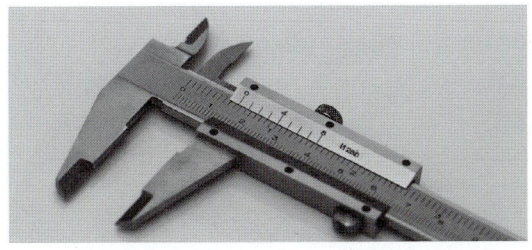

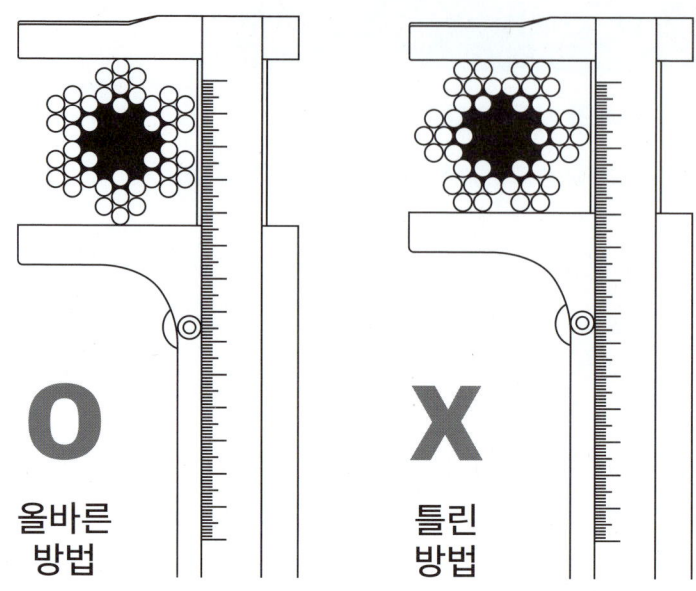

<버니어캘리퍼스 로프직경 측정방법>

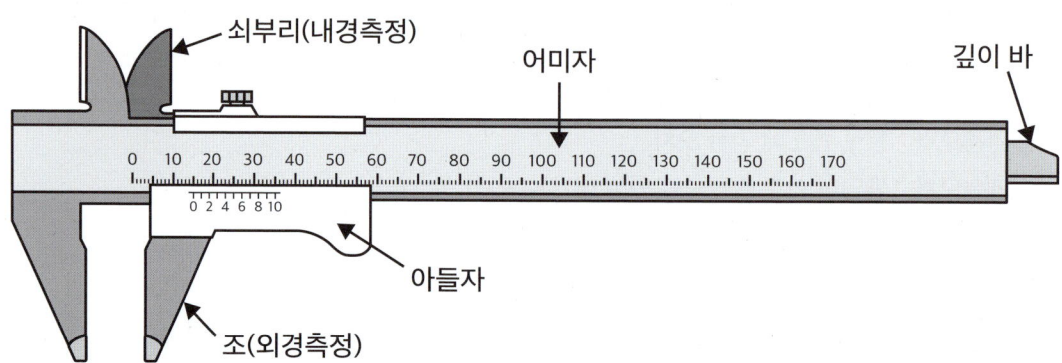

<버니어캘리퍼스의 구조>

## 2  버니어캘리퍼스 측정방법

① 아들자의 눈금 0에 인접하는 어미자의 눈금 읽기
② 어미자와 아들자의 눈금이 정확히 겹치는 곳의 아들자 눈금 읽기
③ 어미자의 눈금 + 아들자의 눈금 = 측정 값

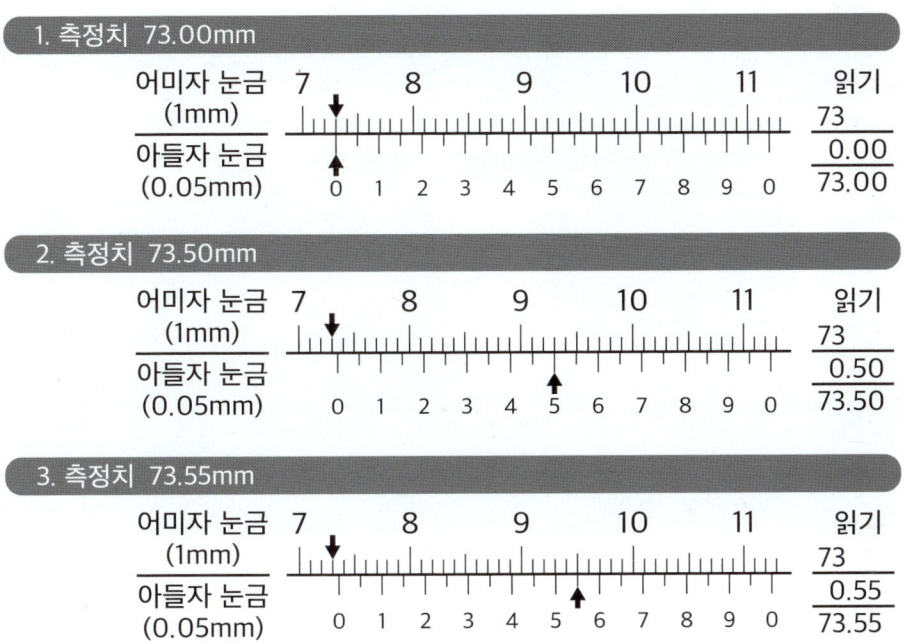

## 2 마이크로미터

① 물체의 외경, 내경, 깊이 두께 등을 마이크로미터 단위까지 측정가능
② 버니어캘리퍼스보다 정밀한 측정이 가능
③ 0.01mm 단위까지 측정 가능함

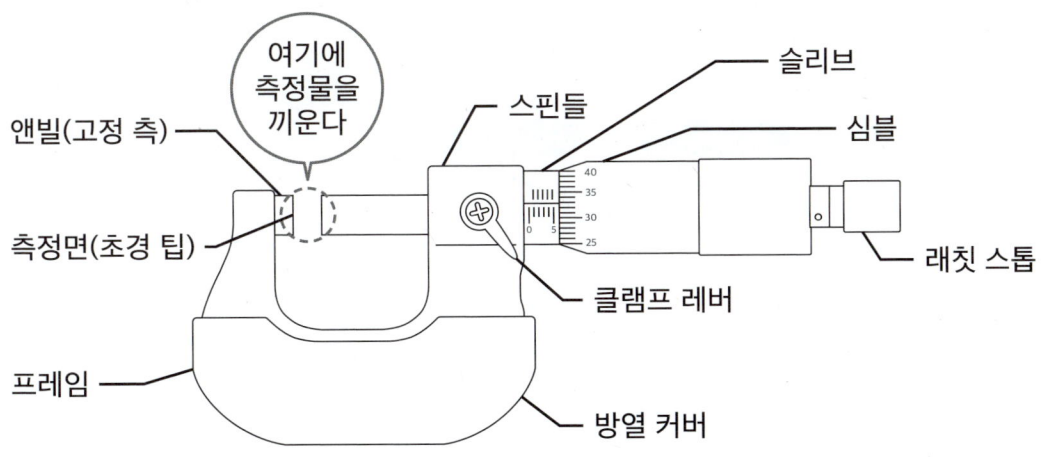

<마이크로미터>

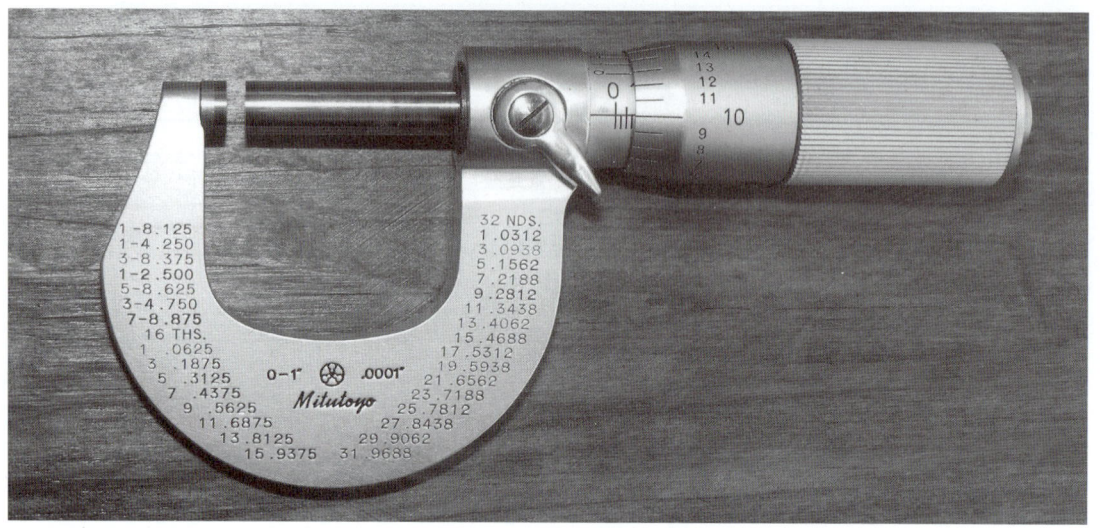

<마이크로미터 측정방법-1>

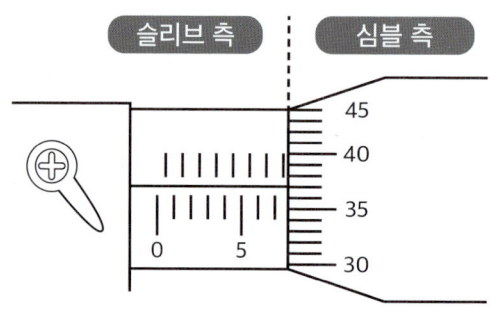

슬리브의 읽기 : 7.5
심블의 읽기 : .37

읽기 : 7.87(mm)

<마이크로미터 측정방법-2>

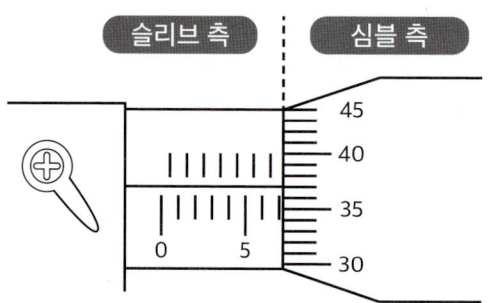

슬리브의 읽기 : 7
심블의 읽기 : .37

읽기 : 7.37(mm)

### 3 그 외
① 하이트 게이지 : 높이를 측정하기 위한 측정기
② 서피스 게이지 : 금긋기에 사용되는 측정기
③ 다이얼 게이지 : 회전체의 흔들림, 원통의 진원도, 일감의 평행도를 측정하는데 사용되는 측정기

## 3. 전기요소 계측 및 원리

### 1 전압계
① 전기회로에서 직류/교류 전압을 측정하는 기구
② 저항이 매우 크기 때문에 부하와 **병렬**로 연결함
③ 직류전압계는 (+)단자를 전위가 높은 쪽에 (-)단자를 전위가 낮은 쪽에 연결해야 함
④ 교류전압계는 극성에 상관없이 연결해도 측정이 가능함
⑤ 전압측정기구 : 볼트미터

### 2 전류계 후크온미터
① 전기회로에서 전류를 측정하는 기구
② 부하와 **직렬**로 연결함
③ 전류측정기구 : 암미터
③ 후크온미터(=훅온미터, 후크미터, 후크메타, 클램프메타) : 교류전류, 교류전압, 직류전압, 저항 등 측정가능

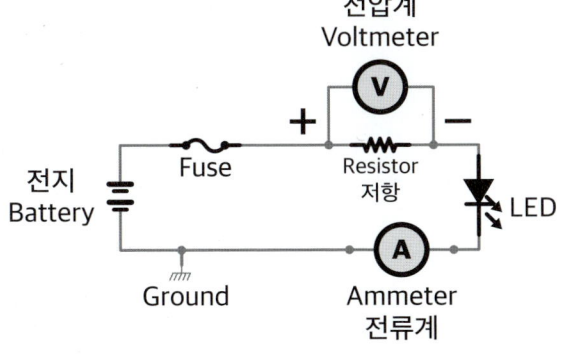

< 그림 63 전압계, 전류계 연결 회로도 >

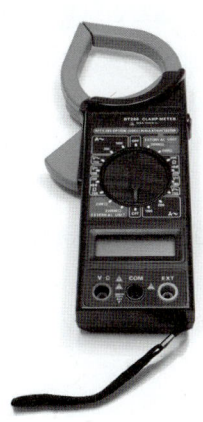

< 그림 64 후크온미터 >

### 3 절연저항계

① 전기회로나 배선 등의 절연상태를 조사하는 기구
② 전기기기의 충전부와 외함 사이의 저항
③ 고전압으로 고저항을 측정함
④ 절연저항계 : 메거
⑤ 전압에 따른 절연저항

- 출제 TIP!
  사용전압이 ~일 때 절연저항 값은? 과 같은 문제가 자주 나와요.

| 사용 전압 | | 절연저항 |
|---|---|---|
| 400V 미만 | 150V 이하 | 0.1MΩ |
| | 150V 초과 300V 이하 | 0.2MΩ |
| | 300V 초과 400V 미만 | 0.3MΩ |
| 400V 이상 | | 0.4MΩ |

### 4 접지저항계

① 접지된 도체와 대지 간의 저항을 측정하는 기구
② 접지저항측정기 : 어스테스터

### 5 배율기

① 전압계의 측정범위를 확대하여 측정하기 위한 저항기
② 전류계에 직렬로 접속함

### 6 분류기

① 전류의 측정범위를 확대하여 측정하기 위한 저항기
② 전류계에 병렬로 접속함

# chapter 4. 승강기 동력원의 기초전기

 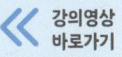

- TIP! 전부 완벽하게 이해하려 하지 말고 기출에 나온 것들 위주로 공식을 암기해 주는 게 좋아요.

## 1. 직류회로 및 교류회로

### 1 직류, 교류, 전하량

① 직류(DC) : 시간에 관계없이 전류의 세기와 방향이 일정한 전류

② 교류(AC) : 시간에 따라 크기와 방향이 주기적으로 변하는 전류

③ 전하량(Q) : 어떤 물체가 띠고 있는 전기의 양

### 2 전류, 전압

① 전류(I) : 전자가 이동하는 것, 단위 [A, 암페어]

$$I = \frac{Q}{t} \quad Q = I \times t$$ (I:전류, Q:전하량[C], t:시간)

② 전압(V) : 전기적인 위치 에너지(전위) 차이, 단위[V, 볼트]

$$V = \frac{W}{Q} \quad W = Q \times V$$ (V:전압, Q:전하량[C], W:전력량[J])

### 3 저항

① 저항(R) : 전류의 흐름을 방해하는 요소, 단위[Ω, 옴]

② $R = \rho \dfrac{l}{A} = \rho \dfrac{l}{\pi r^2} = \rho \dfrac{l}{\pi \dfrac{D^2}{4}}$ (A:단면적, r:반지름, D:지름, l:길이, $\rho$:고유저항)

- 전선의 길이를 고르게 2배로 늘리면 단면적은 1/2가 되고 저항은 처음의 4배가 됨

③ 옴의법칙

$$V = IR\,[V] \quad I = \frac{V}{R}\,[A] \quad R = \frac{V}{I}\,[\Omega]$$ (I:전류, R:저항, V:전압)

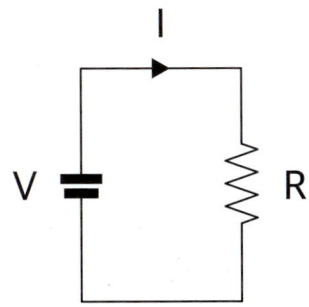

④ 저항의 직렬연결 : 전류는 일정하고 전압은 저항에 비례분배 됨

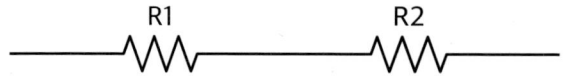

- $R = R_1 + R_2 + R_3 + \cdots$
- 같은 크기의 저항 n개가 직렬 연결될 때 저항 값   $R = nR_1$
- 전류의 값은 일정함   $I = I_1 = I_2 = I_3$
- 전압의 값은 총 저항에서 비례 분배됨   $V = V_1 + V_2 + V_3 + \cdots$

⑤ 저항의 병렬연결 : 전압은 일정하고 전류는 저항에 반비례 분배됨

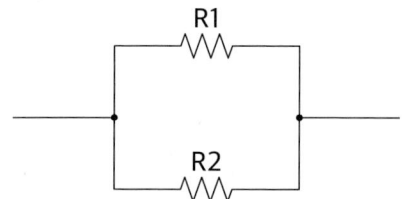

- $\dfrac{1}{R} = \dfrac{1}{R_1} + \dfrac{1}{R_2} + \dfrac{1}{R_3} + \cdots$
- $R = \dfrac{1}{\dfrac{1}{R_1} + \dfrac{1}{R_2} + \dfrac{1}{R_3} + \cdots}$
- 저항이 2개인 경우   $R = \dfrac{R_1 R_2}{R_1 + R_2}$
- 같은 크기의 저항 n개가 병렬 연결될 때 저항 값   $R = \dfrac{R_1}{n}$
- 전압의 값은 일정함   $V = V_1 = V_2 = V_3$
- 전류의 값은 총 저항에서 비례 분배됨   $I = I_1 + I_2 + I_3 + \cdots$

## 5 전력

① 전력(P) : 단위시간당 전기장치에 전달되는 전기 에너지, 단위 [W, 와트]

- $P = \dfrac{W}{t} = V \times I = I^2 \times R = \dfrac{V^2}{R}$
- 전력량(W) = P×t   W=Q×V   (V:전압, Q:전하량[C], W:전력량[J])

## 6 키르히호프의 법칙

① 제 1법칙(전류 법칙) : 들어온 전류량의 합과 나간 전류량의 합이 같음.
  - 회로망에서 임의의 접속점에 흘러 들어오고 흘러 나가는 전류의 대수합 = 0

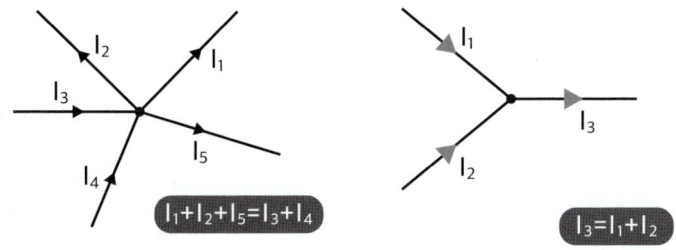

② 제 2법칙(전압 법칙) : 전압강하량은 저항을 지나기 전의 전압에서 저항을 지난 후의 전압을 뺀 값과 같음

<병렬회로의 전류분배>

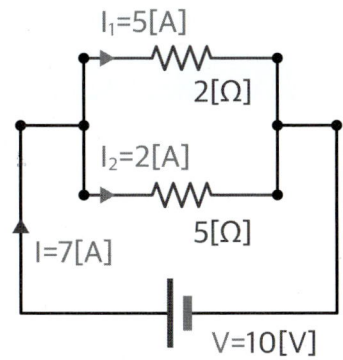

<직렬회로의 전압분배>

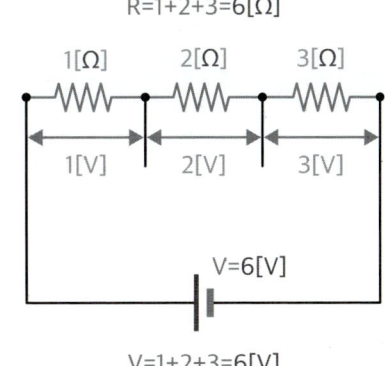

## 7 교류 표현

① 순시값 : 정현파 교류에서 시간의 변화에 따라 시시각각 다르게 나타나게 나타나는 값
  - 교류전류 : $i(t) = I_m \sin \omega t$
  - 교류전압 : $v(t) = V_m \sin \omega t$

② 평균값 : 한 주기의 평균값. 한 주기 동안의 면적을 주기로 나누어 구한 값

$$I_{av} = \frac{2}{\pi} I_m \fallingdotseq 0.637 I_m [A]$$

③ 실효값 : 저항이 같은 상황에서 직류와 교류를 흘렸을 때 발생하는 에너지가 같아지는 값

$$I_{rms} = \frac{I_m}{\sqrt{2}} \fallingdotseq 0.707 I_m [A]$$

## 8 RLC 회로와 임피던스(Z)

① RLC 회로 : 저항(R), 코일(L), 콘덴서(C)

② 임피던스(Z) : 단위 [Ω, 옴]

③ 기본교류회로
  - R(저항)만 있는 회로 : 전압과 전류의 위상이 동상
  - L(코일)만 있는 회로 : 전류가 전압보다 $\frac{\pi}{2}[\text{rad}]$ 만큼 늦음 (지상)
  - C(콘덴서)만 있는 회로 : 전류가 전압보다 $\frac{\pi}{2}[\text{rad}]$ 만큼 앞섬 (진상)

④ 유도성 리액턴스 : 코일에서 발생   $X_L = \omega L = 2\pi f L$

⑤ 용량성 리액턴스 : 콘덴서에서 발생   $X_C = \frac{1}{\omega C} = \frac{1}{2\pi f C}$,   $X_C = \frac{V}{I}$

* 지상 : 전압위상보다 늦은 전류위상, 진상 : 전압위상보다 앞선 전류위상, 동상 : 전압위상과 전류위상이 동일함

|  | R – L 직렬회로 | R – C 직렬회로 |
|---|---|---|
| 회로도 | R, L 직렬 교류회로 | R, C 직렬 교류회로 |
| 임피던스 | $Z = \sqrt{R^2 + X_L^2}$ | $Z = \sqrt{R^2 + X_C^2}$ |
| 역률 | $\cos\theta = \frac{R}{Z}$ | $\cos\theta = \frac{R}{Z}$ |

| | R – L – C 직렬회로 | | |
|---|---|---|---|
| 회로도 | 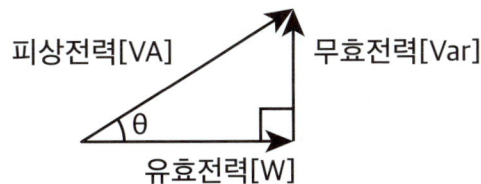 | | |
| | $X_L > X_C$ (유도성) | $X_L < X_C$ (용량성) | $X_L = X_C$ (직렬공진) |
| 임피던스 | $Z = \sqrt{R^2 + (X_L - X_C)^2}$ | $Z = \sqrt{R^2 + (X_C - X_L)^2}$ | $Z = R$<br>**임피던스 최소, 전류 최대** |
| 역률 | $\cos\theta = \dfrac{R}{Z}$ | $\cos\theta = \dfrac{R}{Z}$ | $\cos\theta = 1$ |

### 9 교류전력

① 피상전력  $P_a = VI[\text{VA}]$
 - 교류회로에서 전압, 전류의 실효값의 곱

② 유효전력  $P = VI\cos\theta[\text{W}]$
 - 실제로 전동기의 동력을 돌리는 일을 행하는 전력 (에너지원이 필요함)

③ 무효전력  $P_r = VI\sin\theta[\text{Var}]$
 - 실제로 어떤 일도 행하지 않는 전력 (에너지원이 필요하지 않음)

④ 역률 : $\cos\theta = \dfrac{P}{P_a}$
 - 피상전력에 대한 유효전력의 비율

**10** 3상 교류

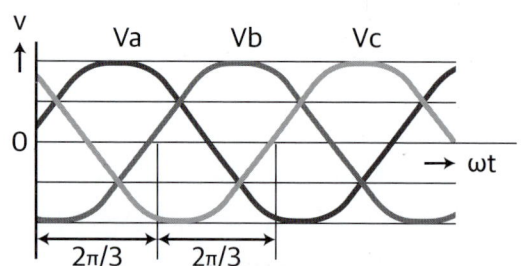
<코일에 발생되는 전압>

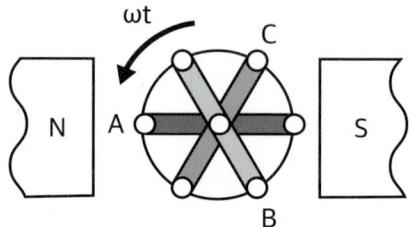
<코일의 배치>

① 3상 교류 : 크기와 주파수가 동일하고 위상이 $\dfrac{2\pi}{3}$ 만큼씩 다른 세 개의 파형

② Y결선
 - 선간전압 : $V_L = \sqrt{3}\, V_P$ 선간전압은 상전압보다 $\sqrt{3}$ 배 크고 위상이 30° 앞섬
 - 선간전류 $I_L = I_P$ 선전류는 상전류와 크기 및 위상이 같음

② △결선
 - 선간전압 : $V_L = V_P$ 선간전압은 상전압과 크기 및 위상이 같음
 - 선간전류 : $I_L = \sqrt{3}\, I_P$ 선간전류는 상전류보다 $\sqrt{3}$ 배 크고 위상이 30° 늦음

## 2. 정전기와 콘덴서

**1** 정전기

① 정의 : 정지해 있는 상태의 전기

② 쿨롱의 법칙 : 쿨롱이 정전기에서 발견한 법칙
 - 두 전하 간에 작용하는 힘의 크기는 두 전하의 곱에 비례하고 거리의 제곱에 반비례함
 - $F = k_e \dfrac{q_1 q_2}{r^2}$ ( $k_e$ : 쿨롱상수, $q_1, q_2$ : 전하량, $r$ : 거리)

③ 전하 : 물체가 띠고 있는 정전기의 양. 전류 = 전하의 흐름

④ 전위 : 전기적 위치 에너지

⑤ 전기력선
 - (+)전하에서 시작해서 (-)전하에서 끝남
 - 가우스의 정리 : Q[C]의 전하를 감싸는 폐표면의 통과하는 전기력선의 총수
 - $N = \dfrac{Q}{\varepsilon}$ ($\varepsilon$ : 유전율)
 - 전위가 높은 곳에서 낮은 곳으로 향함

- 전기력선은 서로 만나지도 교차하지도 중간에 끊어지지도 않음
- 전기장의 세기 와 전기력선의 밀도는 비례함
- 전기력선의 접선방향이 전기장의 방향임

## 2 콘덴서

① 전자회로에서 전하를 모으는 장치

② 콘덴서 정전용량

- 콘덴서가 전하를 축적할 수 있는 능력을 나타내는 것
- 단위 패럿(기호 F)
- 정전용량 : $C = \dfrac{Q}{V}$, $V = \dfrac{Q}{C}$, $Q = CV$ (C:정전용량, Q:전하량, V:전압)
- 평행판 콘덴서의 정전용량 : $C = \dfrac{\varepsilon A}{d}$ ($\varepsilon$:유전율, A:단면적, d:극판사이 거리)

· 평행판 콘덴서에서 판의 면적을 동일하게하고 극판 사이 거리를 두 배로 하면 정전용량은 1/2로 줄어듦

③ 콘덴서 합성 정전용량 계산법

- 직렬접속 : 전압은 분배되고, 전하량은 일정함

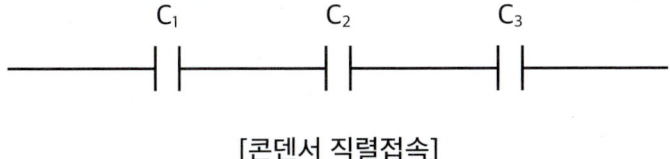

[콘덴서 직렬접속]

$$\dfrac{1}{C} = \dfrac{1}{C_1} + \dfrac{1}{C_2} + \dfrac{1}{C_3} + \cdots$$

$$C = \dfrac{C_1 C_2}{C_1 + C_2}$$

- 병렬접속 : 전압은 일정하고 전하량은 분배됨

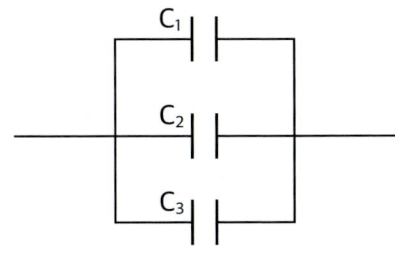

[콘덴서 병렬접속]

$$C = C_1 + C_2 + C_3 + \cdots$$

- 정전용량이 같은 두 개의 콘덴서를 병렬로 연결했을 때 합성용량은 직렬로 접속했을 때의 4배 임
- 정전용량이 같은 두 개의 콘덴서를 직렬로 연결했을 때 합성용량은 병렬로 접속했을 때의 1/4배 임

## 3. 자기회로

### 1 자기회로

① 자력선속이 흐르는 통로
② 자기력선 성질
- N극에서 S극으로 향함
- 자기력선은 교차하거나 갈라지지도 중간에 끊어지지도 않음
- N극과 S극은 분리할 수 없음
- 자기력선의 밀도는 자기장의 세기임
- 자기력선 수 : $\dfrac{m}{\mu}$개, 진공상태에서의 자기력선 수 : $\dfrac{m}{\mu_0}$개

③ 자기회로와 전기회로 비교

| 자기회로 | | 전기회로 | |
|---|---|---|---|
| 자속 | $\Phi$ [wb] | 전류 | I [A] |
| 기자력 | F [AT] | 전압 | V [V] |
| 자기저항 | R [AT/wb] | 저항 | R [$\Omega$] |
| 투자율 | $\mu$ [H/m] | 유전율 | $\varepsilon$ [F/m] |
| 자하 | m [Wb] | 전하 | Q [C] |
| 자속밀도 | $B = \mu H$ [wb/m$^2$] | 전속밀도 | $D = \varepsilon E$ [A/m$^2$] |
| 코일에 축적되는 에너지 | $W = \dfrac{1}{2}LI^2$ [J] | 콘덴서에 축적되는 에너지 | $W = \dfrac{1}{2}CV^2$ [J] |

④ 자기장의 세기

| | |
|---|---|
| 직선도선 주위의 자기장 세기 | $H = \dfrac{1}{2\pi r}$ [A/m] |
| 원형코일 중심점의 자기장 세기 | $H = \dfrac{NI}{2r}$ [AT/m] |
| 무한장 직선 솔레노이드 내부의 자기장 세기 | $H = \dfrac{NI}{l}$ [AT/m] |
| 환상솔레노이드의 자기장 세기 | $H = \dfrac{NI}{2\pi r} = \dfrac{NI}{l}$ [AT/m] |

## 4. 전자력과 전자유도

### 1 패러데이 전자 유도법칙

① 패러데이 법칙 : 자속의 변화에 따라 유도기전력이 생성됨
 - 크기는 코일의 권수와 코일을 관통하는 자속의 시간적인 변화율과의 곱에 비례함.
② 렌츠의 법칙 : 전자유도현상에 의한 유도기전력의 **방향**을 정한 법칙
 - 자속을 방해하는 방향으로 유도기전력이 형성됨
 - 코일에 전류가 흘러 그 말단에 역기전력을 일으킬 때의 전류의 방향과 유도기전력의 방향에 관계되는 법칙

$e = -N\dfrac{d\phi}{dt}$ (e : 유도기전력, N : 코일을 감은 권수, $\phi$ : 자석의 세기, t : 시간)

### 2 인덕턴스 (L)

① 코일 주변이나 내부를 통하는 자속의 변화를 방해하는 성질, 또는 그 정도. 단위 [H, 헨리]
② $\phi \propto I$ ($\phi$ : 자속, I : 전류) 도선에 전류를 많이 흘려주면 도선 주위에 생기는 자속이 증가
③ $N\phi \propto I$ (N : 코일을 감은 권수, $\phi$ : 자속, I : 전류)
④ $N\phi \propto LI$ (N : 코일을 감은 권수, $\phi$ : 자속, L : 인덕턴스, I : 전류)

$L = \dfrac{N\phi}{I}$

$e = N\dfrac{d\phi}{dt} = -L\dfrac{di}{dt}$ 패러데이 전자 유도법칙에서 $N \rightarrow L$, $\phi \rightarrow i$

- 자기인덕턴스 L[H]의 코일에 전류 I[A]를 흘렸을 때 축적되는 에너지

$W[J] = \dfrac{1}{2}LI^2 = \dfrac{1}{2}NI\phi$ [J]

### 3 앙페르의 오른 나사 법칙

① 전류의 방향과 자기장의 방향을 오른 나사에 대응시키는 법칙

### 4 플레밍의 법칙

① 왼손법칙(전동기 법칙) : 전류가 흐르는 도선이 자기장 속을 통과해 힘을 받을 때 힘의 방향에 관한 법칙

$F = BIl\sin\theta$ (B:자속밀도, I:전류, l:선길이)

② 오른손법칙(발전기 법칙) : 전자유도에 의해서 생기는 유도전류의 방향을 나타냄, 운동도체가 자기장내에서 기전력을 발생함

$e = Bvl\sin\theta$ (B:자속밀도, v:속도, l:도선길이)

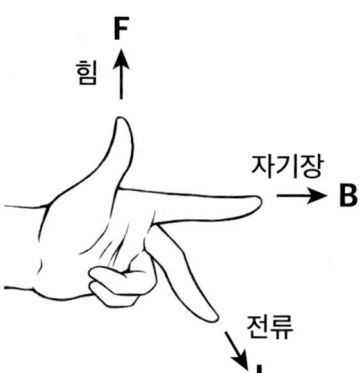

<플레밍의 왼손 법칙>

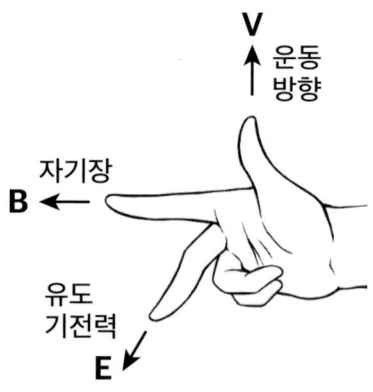

<플레밍의 오른손 법칙>

## 5. 전기보호기기

### 1 퓨즈
① 전류가 과도하게 흐르지 못하도록 자동적으로 차단하는 장치
② 과전류시 발생하는 열에 의해 퓨즈가 녹아서 끊어지기 때문에 재사용이 불가능함
③ 퓨즈는 비상시라도 정격용량에 적합한 것을 사용해야함

### 2 배선용차단기
① Molded Case Circuit Breaker (**약자 : MCCB**)
② 과전류시 전류의 이상을 감지하고 손상되기 전에 선로를 차단하는 장치
③ 차단기가 작동하기 때문에 재사용이 가능함
④ 전기 사고 방지에 중요한 역할을 하기 때문에 열과 전기에 대한 강도가 높은 소재를 사용해야함

### 3 단로기(약자 : DS)
① Disconnecting switch (약자 : DS)
② 무부하 상태에서 전기회로를 개폐하기 위한 장치
③ 전압만 걸려 있고 전류는 흐르지 않는 상태에서만 개폐할 수 있음

### 4 누전차단기
① 누전에 의한 감전위험을 방지는 장치
② 누전시 자동적으로 스위치를 열어 전류가 흐르는 것을 막아줌

# chapter 5. 승강기 구동 기계 기구 작동 및 원리

## 1. 직류전동기

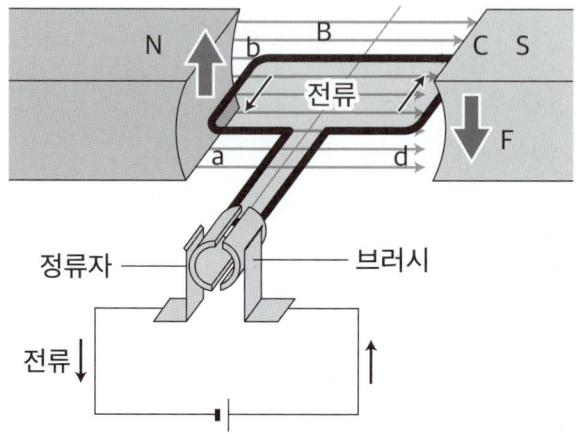

**1** **직류전동기 주요 3요소**

① 계자 : 자속을 만드는 부분

② 전기자 : 전력을 생성하는 부분

③ 정류자 : 교류를 직류로 바꿔주는 부분

**2** **역기전력 (직류발전기→기전력, 직류전동기→역기전력)**

$$E = \frac{pZ}{60a}\Phi n \ [V]$$

(E : 역기전력, p : 자극 수, Z : 도체 수, a : 병렬 회로 수, $\Phi$ : 자극당 자기력선속, n : 회전수)

- 자속과 회전수는 반비례 $\Phi \propto \dfrac{1}{n}$

- 역기전력과 자속은 비례 $E \propto \Phi$

- 역기전력과 분당회전수는 비례 $E \propto n$

**3** **직류전동기 종류**

① 직권 전동기

- 부하에 따라 속도가 심하게 변함

- 회전력이 부하전류의 제곱에 비례함

- 크레인, 전동차, 전기철도에 쓰임

② 분권 전동기
- **정속도 전동기**
- 부하에 따라 속도 변화 폭이 심하게 변함
- 전기자와 계자가 병렬로 구성
- 보극의 역할 : 정류를 양호하게 함

③ 타여자 전동기
- **정속도 전동기**
- 극성을 반대로 하면 회전방향이 반대가 됨

④ 가동복권 전동기
- 크레인, 엘리베이터, 공작기계, 공기 압축기 등에 쓰임

### 4 직류전동기 속도제어법

$$N \propto \frac{V - I_a R_a}{\Phi}$$

① 저항제어(R) : 전기자에 직렬저항 연결. 저항으로 인한 손실이 크기 때문에 잘 쓰이지 않음
② 전압제어(V) : 정토크 제어, 광범위한 속도 제어, 효율이 좋음. 워드 레오나드방식
③ 계자제어($\Phi$) : 자기력선속을 변화시킴. 제어방법이 간단함

### 5 직류전동기 변동률

① 속도변동률

$$\varepsilon[\%] = \frac{N_0 - N_n}{N_n} \times 100[\%] = \frac{무부하회전수 - 전부하회전수}{전부하회전수} \times 100[\%]$$

② 전압변동률

$$\varepsilon[\%] = \frac{V_0 - V_n}{V_n} \times 100[\%] = \frac{무부하전압 - 정격전압}{정격전압} \times 100[\%]$$

### 6 직류전동기 토크 측정

① 대형 직류전동기 : 전기동력계
② 소형 직류전동기 : 프로니 브레이크법, 와전류전동기

## 2. 유도전동기 (교류전동기)

### 1 개념
① 바깥쪽의 고정자와 안쪽의 회전자로 구성되어있는 교류전동기
② 회전자에 전류를 보내 회전력을 생기게 함

### 2 동기 속도($N_s$)

$N_s = \dfrac{120f}{p}[\text{rpm}]$ (f : 주파수, p : 극수)

① $N_s$와 p의 관계 : $N_s \propto \dfrac{1}{p}$

### 3 슬립(s)

$s = \dfrac{N_s - N}{N_s} = \dfrac{\text{동기속도} - \text{회전속도}}{\text{동기속도}} \times 100[\%]$

$N = (1-s)N_s$

① 유도전동기 동기속도로 회전 시 ($N = N_s$) $s = 0$

$s = \dfrac{N_s - N_s}{N_s} = 0$

② 유도전동기 정지 시 ($N = 0$) $s = 1$

$s = \dfrac{N_s - 0}{N_s} = 1$

③ 유도전동기 슬립의 범위 0 < s < 1
④ 유도발전기 슬립의 범위 s < 0
⑤ 유도제동기 슬립의 범위 s > 1

### 3 회전속도(N)

$N = (1-s)N_s = (1-s)\dfrac{120f}{p}[\text{rpm}]$ (f : 주파수, p : 극수)

### 4 유도전동기 속도제어방법
① 1차 주파수 제어법 : 주파수를 변화시켜 속도를 제어함. 인버터를 사용
② 2차 여자제어법 : 2차 여자전압을 제어하여 속도를 제어함
③ 2차 저항제어법 : 비례추이 원리로 저항값을 조정하여 속도를 제어함
④ 극수제어법 : 극수를 변화시켜 속도를 제어함

### 5 유도전동기 제동방법
① 발전 제동 : 직류여자전류를 통해 발전기를 작동시켜 제동시킴
② 역상 제동 : 역회전시켜 제동시킴 (**3상 유도전동기의 회전방향 바꾸는 방법** : 3상 전원 중 임의의 2상의 접속을 바꿈)
③ 회생 제동 : 전원전압보다 전력을 크게하여 발생전력을 전원측으로 반환하면서 제동시킴

### 6 단상유도전동기
① 3상 유도전동기에 비해 무겁고 효율이 좋지 않음. 주로 가정용이나 적은동력이 필요한 곳에 쓰임
② 기동토크 크기 :
   반발기동형 > 반발유도형 > 콘덴서기동형 > 영구콘덴서형 > 분상기동형 > 세이딩코일형
③ 단상유도전동기 종류
   - 반발기동형 : 정류자와 브러시를 이용하여 기동
   - 반발유도형 : 기동 토크는 반발기동형 보다 작지만 최대 토크는 큼
   - 콘덴서기동형 : **역률이 가장 좋음**. 가정용 세탁기, 선풍기 등에 쓰임
   - 영구콘센서형 : 콘덴서를 삽입한 채 운전
   - 분상기동형 : 역회전을 위해 보조권선의 극성을 반대로 함
   - 세이딩코일형 : 회전 방향을 바꿀 수 없음. 효율이 떨어지고 역률이 낮음

## 3. 동기전동기(교류전동기)

### 1 개념
① 항상 동일한 속도로 회전하는 전동기
② 3상 교류를 사용하는 전동기

### 2 동기속도

$$N_s = \frac{120f}{p}[\text{rpm}]$$ (f : 주파수, p : 극수)

ex) 50Hz, 6극의 3상 동기전동기의 동기속도 = $\frac{120 \times 50}{6} = 1000[\text{rpm}]$

# chapter 6. 승강기 제어 및 제어시스템의 원리 및 구성

## 1. 제어의 개념

### 1 제어

① 수동제어
   - 사람 손에 의해 이뤄지는 제어
② 자동제어
   - 기계나 컴퓨터에 의해 자동적으로 이뤄지는 제어

### 2 전달함수

① 전달함수 : 선형 특성을 갖는 대상의 최초 값과 다음 값의 관계를 나타내는 함수
② 블록선도 : 각 요소를 블록단위로 표현하여 입출력 관계를 나타내는 것

| | 직렬접속 | 병렬접속 | 피드백접속 |
|---|---|---|---|
| 전달함수 | $G(s) = G_1(s) \times G_2(s)$ | $G(s) = G(s) \pm G(s)$ | $G(s) = \dfrac{G(s)}{1 \mp G(s)H(s)}$ |
| 블록선도 | R(S) → G₁ → G₂ → C(S) | R(S) → G₁, G₂ → ± → C(S) | R(S) → ± → G(S) → C(S), H(S) 피드백 |

## 2. 제어계의 요소 및 구성

### 1 제어의 요소

① 제어량 : 제어 대상에 속하는 양
② 조작량 : 제어요소가 제어 대상에 주는 양. 변화시키는 양
③ 목표값 : 제어량이 값을 갖도록 외부에서 제어계에 주어지는 값
④ 제어명령 : 제어대상의 출력을 원하는 상태로 하기 위한 입력신호
⑤ 신호(기준입력) : 제어계를 동작시키는 기준
⑥ 외란 : 외부에서 가해지는 신호. 제어량 값을 변화시키는 요소

### 2 제어의 분류

① 제어량에 의한 분류
   - 프로세스제어 : 플랜트나 생산공정 등의 상태량을 제어 (유량, 온도, 압력 등)
   - 서보기구 : 기계적 변위를 제어 (물체의 자세, 위치, 방위 등)

- 자동조정 : 전기적, 기계적인 양을 제어 (전압, 전류, 주파수, 회전속도 등)
② 목표값 의한 분류
- 정치제어 : 목표값이 시간에 대해 변화하지 않는 제어 (프로세스제어, 자동조절제어)
- 추치제어 : 목표값이 시간에 대해 변화하는 제어 (추종제어, 프로그램제어, 비율제어)
③ 제어목적에 의한 분류
- 추종제어 : 목표의 변화를 추종시켜서 목표값을 변화시킴
- 프로그램제어 : 미리 정해진 프로그램에 따라 제어량을 변화시킴
- 비율제어 : 목표값이 다른 양과 일정한 비율관계로 변화시킴

## 3. 자동제어

### 1 개회로 제어시스템(개루프제어계)
① 출력과 관계없이 제어동작이 순차적으로 진행됨
② 특징 : 경제적, 구조가 간단함

### 2 폐회로 제어시스템(폐루프제어계) - 피드백 제어계(되먹임 제어)
① 출력신호를 입력신호로 되돌려 정확한 제어가 가능하도록 진행됨
② 특징 : 정확하지만 비용이 많이 듦, 구조가 복잡함. **입력과 출력을 비교하는 장치**가 꼭 필요함

## 4. 시퀀스제어

### 1 회로기호
① a접점 (NO : Nomally Open) : 열려있다가 누르면 닫힘 (바가 오른쪽 or 위)
② b접점 (NC : Nomally Close) : 닫혀있다가 누르면 열림 (바가 왼쪽 or 아래)

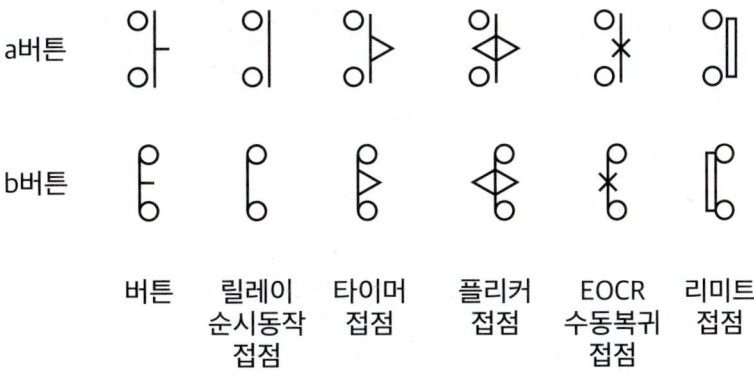

③ 타이머의 접점 (순시 : 바로, 한시 : 지연)
- 순시동작 순시복귀 : 전원 들어오면 바로 동작, 전원 차단되면 바로 복귀함 (릴레이 접점)
- 순시동작 한시복귀 : 전원 들어오면 바로동작, 차단되면 정해진 시간 후에 복귀
- 한시동작 순시복귀 : 전원 들어오면 정해진 시간만큼 지연 동작, 차단되면 바로 복귀
- 한시동작 한시복귀 : 전원 들어오면 정해진 시간만큼 지연 동작, 차단되면 지연 후 복귀
 (플리커 접점)

|  | 한시동작 순시복귀 접점 (On Delay) | | 순시동작 한시복귀접점 (Off Delay) | |
|---|---|---|---|---|
| a접점 | | | | |
| b접점 | | | | |

## 2 시퀀스회로 - 논리회로 - 진리표

• 출제 TIP! 시퀀스회로를 보고 논리회로를 찾아낼 수 있어야 해요.

|  | 시퀀스회로 | 논리회로 | 진리표 | | |
|---|---|---|---|---|---|
| AND | | $X = A \times B$<br>하나라도 거짓(논리 0)이<br>있으면 출력은 거짓(논리0) | 입력 | | 출력 |
| | | | A | B | X |
| | | | 0 | 0 | 0 |
| | | | 0 | 1 | 0 |
| | | | 1 | 0 | 0 |
| | | | 1 | 1 | 1 |
| OR | | $X = A + B$<br>하나라도 참(논리 1)이<br>있으면 출력은 참(논리1) | 입력 | | 출력 |
| | | | A | B | X |
| | | | 0 | 0 | 0 |
| | | | 0 | 1 | 1 |
| | | | 1 | 0 | 1 |
| | | | 1 | 1 | 1 |
| NOT | | $X = \overline{A}$<br>논리 반전, 인버터(Inverter)<br>1은 0으로, 0은 1로 | 입력 | | 출력 |
| | | | A | | X |
| | | | 0 | | 1 |
| | | | 1 | | 0 |

| | | | 입력 | | 출력 |
|---|---|---|---|---|---|
| NAND | (회로도) | $X = \overline{A} + \overline{B}$<br>AND의 부정<br>하나라도 거짓(논리 0)이 있으면 출력은 참(논리1) | A<br>0<br>0<br>1<br>1 | B<br>0<br>1<br>0<br>1 | X<br>1<br>1<br>1<br>0 |
| NOR | (회로도) | $X = \overline{A} \times \overline{B}$<br>OR의 부정<br>입·출력 모두 거짓(논리0)일 때 출력이 참(논리1) | A<br>0<br>0<br>1<br>1 | B<br>0<br>1<br>0<br>1 | X<br>1<br>0<br>0<br>0 |
| XOR | 입력과 출력이 서로 다를 때만 출력이 참 (논리1) | $X = \overline{A}B + A\overline{B}$ | A<br>0<br>0<br>1<br>1 | B<br>0<br>1<br>0<br>1 | X<br>0<br>1<br>1<br>0 |

### 3 불 대수

① 불 대수의 기본 정리
- $A + 0 = 0 + A = A$
- $A + 1 = 1 + A = 1$
- $A \cdot 0 = 0 \cdot A = 0$
- $A \cdot 1 = 1 \cdot A = A$
- $A + A = A$
- $A \cdot A = A$
- $A + \overline{A} = 1$
- $A \cdot \overline{A} = 0$
- $\overline{\overline{A}} = A$

② 불 대수의 정리
- 교환법칙 : $A + B = B + A$, $A \cdot B = B \cdot A$
- 결합법칙 : $(A + B) + C = A + (B + C)$, $(A \cdot B) \cdot C = A \cdot (B \cdot C)$
- 분배법칙 : $A(B + C) = AB + AC$, $A + BC = (A + B) \cdot (A + C)$
- 부정법칙 : $\overline{\overline{A}} = A$, $A + \overline{A} = 1$, $A \cdot \overline{A} = 0$

# 5. 전자회로

## 1 정류회로

① 교류전압을 직류전압으로 변환하는 회로

② 정류회로의 종류

- 반파정류회로 : 입력 기전력에 대해 절반의 전류만 출력될 수 있어 비경제적임

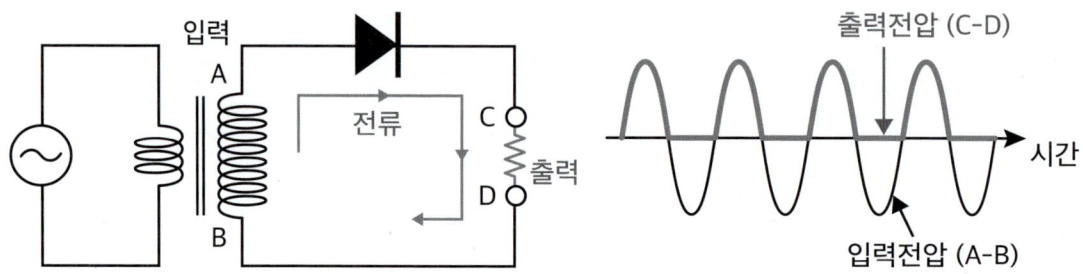

- 전파정류회로 : 반파정류회로를 보완하여 양방향의 입력 기전력을 모두 출력할 수 있음

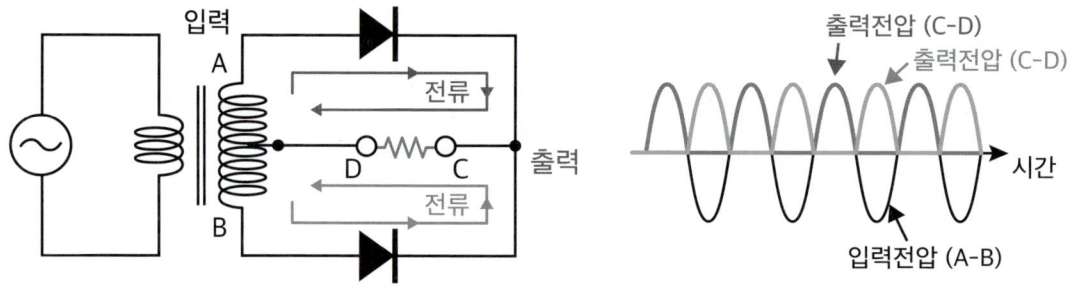

- 브리지정류회로 : 4개의 다이오드를 사용하여 전파정류회로보다 안정적임

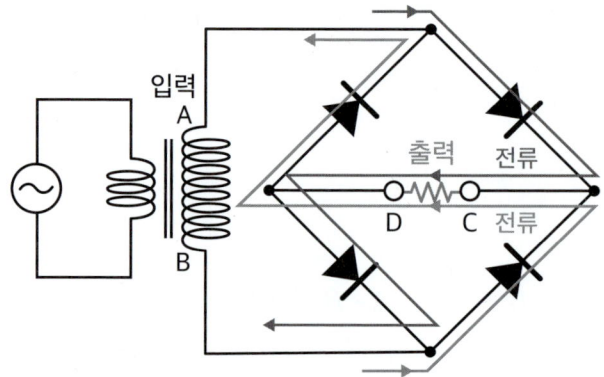

## 6. 반도체

### 1 반도체 성질
① 도체와 부도체 사이 중간에 속하는 물질
② 불순물이 섞이지 않은 순수한 상태에서는 부도체와 비슷한 성질을 보임
③ 불순물이 섞이거나 다른 조작에 의해 전기전도도가 늘어나기도 함

### 2 다이오드 종류 및 특성
① P형 반도체와 N형 반도체, 반도체와 금속을 접합시킬 때 전류가 한 쪽으로만 잘 흐르는 정류작용을 함
② 순방향 바이어스 상태 : P형 쪽에 (+), N형 쪽에 (-)
③ 다이오드 종류

| 명칭 | 기호 | 용도 |
|---|---|---|
| 일반 다이오드 | | 정류, 스위칭 검파용 |
| 제너 다이오드 | | 정 전압 다이오드 |
| 버랙터 다이오드 | | 가변용량 다이오드 |
| 터널 다이오드 | | 정전압 회로 |
| 발광 다이오드 | | 디스플레이 다이오드 |
| 포토 다이오드 | | 빛 센서 |
| 쇼트키 다이오드 | | 고주파 스위칭용 |

### 3 트랜지스터의 종류 및 특성

① 개념 : 3개 이상의 단자를 갖고 있는 반도체 소자
② 특징 : 작은 전압, 전력으로 동작시킬 수 있음, 부피가 작고 내구성이 좋음. 외부 온도에 민감하여 고온에서 동작이 고르지 못함
③ 종류
  - NPN 트랜지스터 : N형 반도체 사이에 P형 반도체를 넣음
  - PNP 트랜지스터 : P형 반도체 사이에 N형 반도체를 넣음.

### 4 전력제어용 소자

| 명칭 | DIAC | SCR | TRIAC | GTO | IGBT |
|---|---|---|---|---|---|
| 기호 | A1 ─▶◀─ A2 | A ─▶─ K, G | G, A1 ─▶◀─ A2 | G, A ─▶─ K | C ─ E, G |
| 특징 | 2개의 다이오드를 역방향으로 접속 | 소자의 도통제어 작용, 작고 충격에 강함 | 사이리스터 2개를 역병렬로 접속 | 높은 차단전압, 높은 스위칭 주파수 | BJT와 FET의 장점만을 모아 결합함 |

# [별첨] 자체점검기준

## 승강기 안전운행 및 관리에 관한 운영규정 [시행 2020. 12. 31.]
### 엘리베이터, 에스컬레이터 자체점검기준

## [별표 3] 자체점검기준(제13조 관련)

### 1. 엘리베이터 자체점검기준

※ 판정기준은 해당 엘리베이터의 제조업자 또는 수입업자가 제공하는 유지관리 매뉴얼 등 유지관리 관련 자료에서 규정하는 기준 및 행정안전부장관이 별도 고시하는 「승강기 안전기준」의 해당 기준에 따른다. 이 경우 제조업자 또는 수입업자가 제공하는 기준은 「승강기 안전기준」 이상이어야 한다.

| 점검항목 | 점검내용 | 점검방법 | 점검주기 (회/월) |
|---|---|---|---|
| 1.1 기계류 공간 | | | |
| 1.1.1 기계류 공간_일반사항 | | | |
| 1.1.1.1 주개폐기 | 설치 및 작동상태 | 육안 | 1/3 |
| 1.1.1.2 접근 | 피트 및 기계류 공간 등의 접근 | 육안 | 1/3 |
| 1.1.1.3 안전표시 | 기계류 공간 등의 안전표시 | 육안 | 1/6 |
| 1.1.1.4 오일쿨러 | 오일쿨러 설치 및 작동상태 | 육안 | 1/6 |
| 1.1.1.5 비상운전 및 작동시험을 위한 장치 | 가) 조명의 점등상태 및 조도 | 측정 | 1/3 |
| | 나) 기능 및 작동상태 | 시험 | 1/1 |
| | 다) 수동 비상운전수단의 설치 및 작동상태 | 시험 | 1/1 |
| | 라) 자동구출운전의 설치 및 작동상태 | 시험 | 1/1 |
| 1.1.1.6 통신 | 승강로(피트) 비상통화장치의 설치 및 작동상태 | 시험 | 1/1 |

| | | | |
|---|---|---|---|
| 1.1.1.7 환경 | 누수 및 청결상태 | 육안 | 1/3 |
| 1.1.1.8 감속기 | 가) 윤활유의 유량 및 노후상태 | 육안 | 1/3 |
| | 나) 감속기 및 관련 부품의 노후 및 작동상태 | 육안 | 1/1 |
| | 다) 이상 소음 및 진동 발생상태 | 육안 | 1/3 |
| 1.1.1.9 도르래 | 가) 도르래 및 관련 부품의 마모 및 노후상태 | 육안 | 1/1 |
| | 나) 도르래 홈의 마모상태 | 측정 | 1/3 |
| 1.1.1.10 베어링 | 가) 베어링 및 관련 부품의 노후·작동상태 | 육안 | 1/1 |
| | 나) 이상 소음 및 진동 발생상태 | 육안 | 1/3 |
| 1.1.1.11 전동기 | 가) 전동기 및 관련 부품의 노후·작동상태 | 육안 | 1/1 |
| | 나) 이상 소음 및 진동 발생상태 | 육안 | 1/3 |
| | 1.1.2 기계실 내의 기계류 | | |
| 1.1.2.1 기계실 내의 기계류 | 가) 용도 이외의 설비 비치 여부 | 육안 | 1/3 |
| | 나) 출입문의 설치 및 잠금상태 | 육안 | 1/3 |
| | 다) 바닥 개구부 낙하방지수단의 설치상태 | 육안 | 1/6 |
| | 라) 환기 상태 | 육안 | 1/3 |
| | 마) 조명 점등상태 및 조도 | 측정 | 1/3 |
| | 바) 콘센트의 설치상태 | 육안 | 1/3 |
| | 사) 양중용 지지대 및 고리에 허용하중 표시 상태 | 육안 | 1/6 |
| | 1.1.3 승강로 내의 기계류 | | |
| 1.1.3.1 승강로 내 작업공간 | 작업공간의 확보상태 | 육안 | 1/6 |

| | | | |
|---|---|---|---|
| 1.1.3.2 카 내 또는 카 상부 작업공간 | 가) 기계적인 장치의 설치 및 작동상태 | 시험 | 1/1 |
| | 나) 점검문의 설치 및 작동상태 | 시험 | 1/1 |
| 1.1.3.3 피트 내 작업공간 | 가) 기계적인 장치의 설치 및 작동상태 | 시험 | 1/1 |
| | 나) 피트 출입문의 경우, 전기안전장치 작동상태 | 시험 | 1/1 |
| | 다) 피트 탈출 수직틈새의 확보상태 | 측정 | 1/1 |
| 1.1.3.4 플랫폼 위의 작업공간 | 가) 플랫폼 전기안전장치의 설치 및 작동상태 | 시험 | 1/1 |
| | 나) 플랫폼 접근 점검문의 설치 및 작동상태 | 시험 | 1/1 |
| | 다) 점검운전 조작반의 설치 및 작동상태 | 시험 | 1/1 |
| | 라) 플랫폼에 최대 허용하중 표시상태 | 육안 | 1/6 |
| 1.1.3.5 승강로 외부 작업공간 | 가) 점검문의 설치 및 작동상태 | 시험 | 1/1 |
| | 나) 조명의 점등상태 및 조도 | 측정 | 1/3 |
| | 다) 양중용 지지대 및 고리에 허용하중 표시 상태 | 육안 | 1/6 |
| 1.1.4 승강로 외부의 기계류 공간 | 가) 엘리베이터와 관계없는 타 설비의 비치 여부 | 육안 | 1/6 |
| | 나) 출입문의 잠금 및 설치상태 | 육안 | 1/3 |
| | 다) 환기 상태 | 육안 | 1/6 |
| | 라) 조명의 점등상태 및 조도 | 시험 | 1/3 |
| | 마) 콘센트의 설치상태 | 육안 | 1/3 |
| | 1.1.5 풀리 공간 | | |
| 1.1.5.1 풀리실 | 가) 출입문의 잠금 및 작동상태 | 시험 | 1/3 |
| | 나) 바닥 개구부 낙하방지수단의 설치상태 | 육안 | 1/3 |
| | 다) 정지장치의 설치 및 작동상태 | 시험 | 1/1 |
| | 라) 조명의 점등상태 및 조도 | 측정 | 1/3 |
| | 마) 콘센트의 설치상태 | 육안 | 1/3 |

| | 1.2 승강로 | | |
|---|---|---|---|
| 1.2.1 피트 내 설비 | 가) 점검운전 조작반의 작동상태 | 시험 | 1/1 |
| | 나) 피트 내 정지장치의 설치 및 작동상태 | 시험 | 1/1 |
| | 다) 피트 점검운전스위치 작동 후 복귀상태 | 시험 | 1/3 |
| | 라) 튀어오름 방지장치의 설치 및 작동상태 | 시험 | 1/3 |
| | 마) 피트 내 누수 및 청결상태 | 육안 | 1/3 |
| 1.2.2 틈새 및 여유거리 | 가) 상부공간, 피난공간 확보상태 | 육안 | 1/6 |
| | 나) 하부공간, 피난공간 확보상태 | 육안 | 1/6 |
| | 다) 피난공간 자세 유형 표지 부착상태 | 육안 | 1/3 |
| | 1.2.3 완충기 | | |
| 1.2.3.1 카측 완충기 | 가) 고정 및 설치상태 | 육안 | 1/1 |
| | 나) 전기안전장치 작동상태 | 시험 | 1/1 |
| 1.2.3.2 균형추측 완충기 | 가) 고정 및 설치상태 | 육안 | 1/1 |
| | 나) 전기안전장치 작동상태 | 시험 | 1/1 |
| 1.2.4 완충기 받침대 | 완충기 받침대 고정 및 설치상태 | 육안 | 1/1 |
| 1.2.5 승강로 내의 보호 | 가) 밀폐식 승강로 개구부 등 설치상태 | 육안 | 1/3 |
| | 나) 균형추(평형추) 칸막이 설치상태 | 육안 | 1/3 |
| | 다) 피트 내 카간 칸막이 설치상태 | 육안 | 1/3 |
| | 라) 반-밀폐식 승강로 접근방지 및 보호수단 | 육안 | 1/3 |
| | 마) 승강로 환기 상태 | 육안 | 1/3 |
| | 바) 풀리의 로프 고정장치 설치상태 | 측정 | 1/6 |
| | 사) 도르래, 풀리 및 스프로킷의 보호 조치상태 | 육안 | 1/3 |

| | | | |
|---|---|---|---|
| 1.2.5 승강로 내의 보호 | 아) 균형추(평형추) 추락방지안전장치 작동상태 | 육안 | 1/3 |
| | 자) 타 설비 비치 여부 | 육안 | 1/6 |
| | 차) 출입문 · 비상문 및 점검문의 설치 및 작동상태 | 육안 | 1/1 |
| | 카) 편향 도르래 등의 추락방지안전장치 설치상태 | 육안 | 1/6 |
| 1.2.6 승강장문 | 가) 문짝과 문짝, 문틀 또는 문턱 사이의 틈새 | 측정 | 1/1 |
| | 나) 승강장문 유리 사용 시 손상상태 | 육안 | 1/3 |
| | 다) 어린이 손끼임방지 수단 설치상태 | 육안 | 1/1 |
| | 라) 승강장문 및 관련 부품의 설치 및 작동상태 | 육안 | 1/1 |
| 1.2.7 조명 및 콘센트 | 가) 승강로 내 조명의 점등상태 및 조도 | 측정 | 1/3 |
| | 나) 피트 콘센트 설치상태 | 육안 | 1/3 |
| 1.2.8 주행안내 레일 | 주행안내 레일의 고정 및 설치상태 | 육안 | 1/3 |
| 1.2.9 균형추 | 균형추의 고정 및 설치상태 | 육안 | 1/3 |
| 1.3 카, 점검운전 및 접근허용 | | | |
| 1.3.1 카 | 가) 유리가 사용된 카 벽의 손잡이 고정 설치상태 | 육안 | 1/3 |
| | 나) 카 내부의 표기상태 | 육안 | 1/3 |
| | 다) 비상통화장치의 작동상태 | 시험 | 1/1 |
| | 라) 조명의 점등상태 및 조도 | 측정 | 1/3 |
| | 마) 비상등 조도 및 작동상태 | 측정 | 1/1 |
| | 바) 과부하감지장치 설치 및 작동상태 | 시험 | 1/1 |
| | 사) 에이프런 고정 및 설치상태 | 육안 | 1/3 |
| | 아) 카 내 버튼의 설치 및 작동상태 | 시험 | 1/1 |
| | 자) 카 내 층 표시장치 등 작동상태 | 육안 | 1/1 |

| | | | |
|---|---|---|---|
| 1.3.2 카 상부 | 가) 점검운전 조작반, 정지장치 및 콘센트의 작동상태 | 시험 | 1/1 |
| | 나) 점검운전 제어시스템 작동상태 | 시험 | 1/1 |
| | 다) 비상등의 조도 및 작동상태 | 측정 | 1/1 |
| | 라) 보호난간의 고정상태 | 육안 | 1/3 |
| | 마) 청결상태 | 육안 | 1/3 |
| 1.3.3 카문 | 가) 문짝과 문짝, 문틀 또는 문턱 사이의 틈새 | 측정 | 1/1 |
| | 나) 어린이 손끼임방지 수단 설치상태 | 측정 | 1/1 |
| | 다) 카 문턱과 승강장 문턱사이의 거리 | 측정 | 1/3 |
| | 라) 문의 개폐방식이 조합된 경우 문간 틈새 | 측정 | 1/3 |
| | 마) 카문 및 관련 부품의 설치 및 작동상태 | 육안 | 1/1 |
| 1.3.4 승강장문 및 카문의 시험 | 가) 문닫힘안전장치의 설치 및 작동상태 | 시험 | 1/1 |
| | 나) 문 열림버튼의 작동상태 | 시험 | 1/1 |
| | 다) 문 벌어짐 틈새의 설치상태 | 시험 | 1/1 |
| | 라) 승강장 점등상태 및 조도 | 시험 | 1/1 |
| | 마) 승강장문 비상해제장치 작동상태 | 시험 | 1/1 |
| | 바) 승강장문 닫힘 확인장치 설치 및 작동상태 | 시험 | 1/1 |
| | 사) 승강장문 잠금장치 설치 및 작동상태 | 시험 | 1/1 |
| | 아) 카문 잠금장치 설치 및 작동상태 | 시험 | 1/1 |
| | 자) 카문 닫힘 확인장치 설치 및 작동상태 | 시험 | 1/1 |
| | 차) 수동개폐식 문의 "카 있음" 표시 | 육안 | 1/6 |
| 1.3.5 승강장 | 가) 승강장의 층 표시 상태 | 육안 | 1/1 |
| | 나) 승강장 호출버튼의 작동상태 | 시험 | 1/1 |

| | 1.4 매다는 장치, 보상수단, 제동 및 권상 | | |
|---|---|---|---|
| | 1.4.1 매다는 장치 | | |
| 1.4.1.1 로프(벨트) | 가) 로프(벨트)의 마모 및 파단상태 | 측정 | 1/3 |
| | 나) 로프(벨트) 단말부의 고정 및 설치상태 | 육안 | 1/3 |
| | 다) 로프(벨트) 간 장력 균등상태 | 시험 | 1/3 |
| 1.4.1.2 체인 | 가) 체인의 결합상태(핀, 링크 등) | 육안 | 1/3 |
| | 나) 체인 끝 부분의 지지대 고정상태 | 육안 | 1/3 |
| | 다) 체인 간 장력 균등상태 | 시험 | 1/3 |
| 1.4.2 이완감지 | 매다는 장치의 이완감지 작동상태 | 시험 | 1/1 |
| 1.4.3 보상수단 | 가) 보상수단의 고정 및 설치상태 | 육안 | 1/3 |
| | 나) 인장 또는 튀어오름 방지장치의 설치상태 | 육안 | 1/3 |
| 1.4.4 권상/제동 | 가) 권상도르래의 마모상태 | 측정 | 1/1 |
| | 나) 브레이크의 권상/제동 상태 | 시험 | 1/1 |
| | 다) 브레이크 및 관련 부품의 설치 및 작동상태 | 육안 | 1/1 |
| | 1.5 안전회로 | | |
| 1.5.1 안전접점 및 회로 | 가) 파이널 리미트 스위치의 설치 및 작동상태 | 시험 | 1/1 |
| | 나) 정지장치의 설치 및 작동상태 | 시험 | 1/1 |
| | 다) 강제감속장치의 설치 및 작동상태 | 시험 | 1/1 |
| | 라) 전기안전장치 작동상태 | 시험 | 1/1 |
| | 1.6 카 및 균형추의 추락방지안전장치와 과속에 대한 보호 | | |
| 1.6.1 카 추락방지 안전장치 | 가) 추락방지안전장치 설치 및 작동상태 | 시험 | 1/1 |
| | 나) 추락방지안전장치 작동 시 카의 수평도 | 측정 | 1/3 |
| | 다) 전기안전장치 설치 및 작동상태 | 시험 | 1/1 |

| | | | |
|---|---|---|---|
| 1.6.2 카 측 과속조절기 | 가) 과속조절기 전기안전장치 작동상태 | 시험 | 1/1 |
| | 나) 인장 풀리 설치상태 | 육안 | 1/1 |
| | 다) 로프 마모 및 파단상태 | 측정 | 1/3 |
| 1.6.3 균형추(평형추) 추락방지안전장치 | 균형추(평형추) 추락방지안전장치 설치 및 작동상태 | 시험 | 1/1 |
| 1.6.4 균형추/평형추 과속조절기 | 가) 과속조절기 전기안전장치 작동상태 | 시험 | 1/1 |
| | 나) 인장 풀리 설치상태 | 육안 | 1/1 |
| | 다) 로프 마모 및 파단상태 | 측정 | 1/3 |
| 1.6.5 멈춤 쇠 장치 | 가) 멈춤 쇠 장치 설치 및 작동상태 | 시험 | 1/1 |
| | 나) 멈춤 쇠 장치와 각 층의 지지대 설치상태 | 시험 | 1/1 |
| 1.6.6 전기적 크리핑 방지시스템 | 전기적 크리핑 방지시스템의 작동상태 | 시험 | 1/1 |
| 1.6.7 카의 상승과속방지장치 | 가) 상승과속방지장치 설치 및 작동상태 | 시험 | 1/1 |
| | 나) 상승과속방지장치 전기안전장치 작동상태 | 시험 | 1/1 |
| 1.6.8 카의 개문출발방지장치 | 가) 개문출발방지장치 설치 및 작동상태 | 시험 | 1/1 |
| | 나) 개문출발방지장치 전기안전장치 작동상태 | 시험 | 1/1 |
| **1.7 주행성능 측정** | | | |
| 1.7.1 일반적인 주행시험 | 가) 카의 주행 속도 | 측정 | 1/3 |
| | 나) 승강장에 정지 시 착상정확도 | 측정 | 1/1 |
| 1.7.2 유압시스템의 점검 | 가) 유압시스템 관련 밸브 설치 및 작동상태 | 시험 | 1/1 |
| | 나) 로프, 체인이완감지장치 설치 및 작동 상태 | 시험 | 1/1 |
| | 다) 유압유의 온도감지장치 작동상태 | 육안 | 1/1 |
| | 라) 유압탱크 설치상태 및 유량상태 | 육안 | 1/6 |

| | | | | |
|---|---|---|---|---|
| 1.7.2 유압시스템의 점검 | 마) 배관, 밸브 등의 이음/고정 및 부식/누유상태 | 육안 | 1/1 |
| | 바) 수동펌프 설치 및 작동상태 | 시험 | 1/1 |
| | 사) 소화설비 비치 및 표기상태 | 육안 | 1/6 |
| | 아) 잭 및 관련 부품의 설치 및 작동상태 | 시험 | 1/1 |
| **1.8 보호장치** | | | |
| 1.8.1 전동기의 보호 | 전동기 과열보호장치 작동상태 | 시험 | 1/3 |
| 1.8.2 전동기 구동시간 제한장치 | 전동기 구동시간 제한장치 작동상태 | 시험 | 1/3 |
| 1.8.3 조명 및 콘센트의 보호 | 조명 및 콘센트의 과전류 보호상태 | 시험 | 1/3 |
| **1.9 전기적 보호** | | | |
| 1.9.1 접지에 의한 절연저항 | 전동기 및 조명의 절연저항 | 측정 | 1/1 |
| 1.9.2 전기배선 | 가) 전기배선(이동케이블 등) 설치 및 손상상태 | 육안 | 1/3 |
| | 나) 모든 접지선의 연결상태 | 육안 | 1/3 |
| | 다) 카문 및 승강장문의 바이패스 기능 | 시험 | 1/3 |
| **1.10 장애인용 엘리베이터 추가요건** | | | |
| 1.10.1 승강장의 공간 | 승강장 문턱과 카 문턱 사이의 거리 | 측정 | 1/3 |
| 1.10.2 조작설비 | 가) 호출버튼, 조작반, 통화장치 등의 작동상태 | 시험 | 1/1 |
| | 나) 조작반, 통화장치 등에 점자표시 여부 | 육안 | 1/3 |
| 1.10.3 기타설비 | 가) 손잡이, 거울 등의 설치상태 | 육안 | 1/3 |
| | 나) 신호장치, 표시장치 등의 작동상태 | 시험 | 1/1 |
| | 다) 문열림 대기시간 | 측정 | 1/1 |
| | 라) 카내 및 승강장의 조명 점등상태 및 조도 | 측정 | 1/3 |

| | 1.11 소방구조용 엘리베이터 추가요건 | | |
|---|---|---|---|
| 1.11.1 건축물의 요건 | 모든 출입구마다 정지되는지 여부 | 시험 | 1/3 |
| 1.11.2 전기장치의 물에 대한 보호 | 피트 침수 방지수단 설치 및 작동상태 | 육안 | 1/3 |
| 1.11.3 소방관의 구출 | 가) 카 외부 구출수단 | 육안 | 1/3 |
| | 나) 자체 구출수단 | 육안 | 1/3 |
| 1.11.4 제어 시스템 | 가) 소방운전 스위치의 설치 및 작동상태 | 시험 | 1/3 |
| | 나) 소방운전 작동 시 안전장치 작동상태 | 시험 | 1/3 |
| | 다) 1단계, 2단계 소방운전 시 작동상태 | 시험 | 1/3 |
| | 라) 소방통화시스템의 작동상태 | 시험 | 1/3 |
| | 1.12 피난용 엘리베이터 추가요건 | | |
| 1.12.1 건축물의 요건 | 통제자의 직접 조작 여부 | 시험 | 1/3 |
| 1.12.2 전기장치의 물에 대한 보호 | 피트 침수 방지수단 설치 및 작동상태 | 육안 | 1/3 |
| 1.12.3 탑승자의 구출 | 가) 카 외부 구출수단 | 육안 | 1/3 |
| | 나) 자체 구출수단 | 육안 | 1/3 |
| 1.12.4 제어 시스템 | 가) 피난운전 스위치의 설치 및 작동상태 | 시험 | 1/3 |
| | 나) 피난운전 스위치 작동 시 엘리베이터 관련 설비의 작동상태 | 시험 | 1/3 |
| | 다) 피난통화시스템 작동상태 적합성 | 시험 | 1/3 |

## 3. 에스컬레이터(무빙워크) 자체점검기준

※ 판정기준은 해당 에스컬레이터(무빙워크)의 제조업자 또는 수입업자가 제공하는 유지관리 매뉴얼 등 유지관리 관련 자료에서 규정하는 기준 및 행정안전부장관이 별도 고시하는 「승강기 안전기준」의 해당 기준에 따른다. 이 경우 제조업자 또는 수입업자가 제공하는 기준은 「승강기 안전기준」 이상이어야 한다.

| 점검항목 | 점검내용 | 점검방법 | 점검주기(회/월) |
|---|---|---|---|
| 3.1 일반사항 | | | |
| 3.1.1 안전표시 | 사용표지판 및 안내문 등 표시상태 | 육안 | 1/3 |
| 3.1.2 수동핸들 지침 | 가) 수동핸들의 사용지침서 비치상태 | 육안 | 1/3 |
| | 나) 수동핸들의 운향방향 표시상태 | 육안 | 1/3 |
| 3.1.3 기계류 접근 출입문 안내 | 구동 및 순환장소 출입문 안내문구의 표시상태 | 육안 | 1/3 |
| 3.1.4 비상정지장치 표시 | 비상정지장치의 표시상태 | 육안 | 1/3 |
| 3.1.5 유지보수 및 점검 중 접근 방지 수단 | 유지보수 등을 위한 접근방지수단의 비치상태 | 육안 | 1/3 |
| 3.1.6 운행방향 표시 장치 | 운행방향 표시장치의 설치 및 작동상태 | 육안 | 1/1 |
| 3.2 주변장치 | | | |
| 3.2.1 접근금지 장치 | 접근금지 장치의 설치 및 고정상태 | 측정 | 1/3 |
| 3.2.2 미끄럼 방지장치 | 미끄럼 방지장치의 설치 및 고정상태 | 측정 | 1/3 |
| 3.2.3 인접한 손잡이 및 장애물로부터의 보호 | 가) 막는 조치 및 안전보호판 설치상태 | 측정 | 1/1 |
| | 나) 수직 디플렉터 설치상태 | 육안 | 1/1 |
| 3.2.4 승강장 공간 | 가) 출구 자유공간의 확보여부 | 측정 | 1/6 |
| | 나) 진입방지대, 고정 안내 울타리 등의 설치상태 | 측정 | 1/6 |

| | | | |
|---|---|---|---|
| 3.2.5 방화셔터 인근의 에스컬레이터 | 에스컬레이터와 방화셔터의 연동 작동상태 | 시험 | 1/6 |
| 3.2.6 연속되는 에스컬레이터 사이 공간 | 에스컬레이터/무빙워크 사이의 공간이 충분하지 않은 경우, 추가 비상정지장치의 작동상태 | 육안 | 1/3 |
| 3.2.7 손잡이 바깥쪽 건물난간 | 승강장 추락위험 예방조치의 설치 및 고정상태 | 측정 | 1/1 |
| 3.2.8 조명 | 가) 콤 교차점 바닥에서의 조도 | 육안 | 1/1 |
| | 나) 구동·순환 장소 및 기기 공간의 조명 점등상태 및 조도 | 측정 | 1/3 |
| **3.3 조명, 절연 및 접지** | | | |
| 3.3.1 조명 절연저항 | 조명 관련 절연저항값 | 측정 | 1/1 |
| 3.3.2 접지 연속성 | 가) 제어반 접지상태 | 육안 | 1/3 |
| | 나) 정전기 방지조치 | 육안 | 1/3 |
| **3.4 틈새** | | | |
| 3.4.1 디딤판 주행안내 | 주행안내 시스템의 설치상태 | 측정 | 1/1 |
| 3.4.2 디딤판 | 연속되는 2개의 스텝/팔레트의 틈새 | 측정 | 1/1 |
| | 디딤판과 스커트 각 측면의 틈새 | 측정 | 1/1 |
| | 트레드 홈의 설치상태 | 측정 | 1/1 |
| 3.4.3 손잡이 | 손잡이 측면과 가이드 측면 사이의 틈새 | 측정 | 1/3 |
| | 손잡이의 설치상태 | 측정 | 1/3 |
| **3.5 전기안전장치** | | | |
| 3.5.1 유지점검/보수용 정지스위치 | 구동 및 순환장소의 정지스위치 설치 및 작동상태 | 시험 | 1/1 |
| 3.5.2 승강장의 비상정지장치 | 정지스위치 설치상태 및 작동상태 | 시험 | 1/1 |

| | | | |
|---|---|---|---|
| 3.5.3 과부하 | 전류/온도 증가 시 전동기 전원차단 상태 | 시험 | 1/1 |
| 3.5.4 안전장치의 감지 | 과속 감지의 작동상태 | 시험 | 1/1 |
| | 의도되지 않은 운행방향 역전 감지의 작동상태 | 시험 | 1/1 |
| | 보조 브레이크 미-작동 감지의 작동상태 | 시험 | 1/1 |
| | 디딤판을 직접 구동하는 부품의 파손 또는 늘어짐 감지의 작동상태 | 시험 | 1/1 |
| | 디딤판 체인 인장장치의 움직임 감지의 작동상태 | 시험 | 1/1 |
| | 콤 끼임 감지의 작동상태 | 시험 | 1/1 |
| | 연속되는 에스컬레이터/무빙워크의 정지 감지의 작동상태 | 시험 | 1/1 |
| | 손잡이 인입구 끼임 감지의 작동상태 | 시험 | 1/1 |
| | 스텝/팔레트 처짐 감지의 작동상태 | 시험 | 1/1 |
| | 스텝/팔레트 누락 감지의 작동상태 | 시험 | 1/1 |
| | 주 브레이크 미-작동 감지의 작동상태 | 시험 | 1/1 |
| | 손잡이의 속도 편차 감지의 작동상태 | 시험 | 1/1 |
| | 점검용 덮개 열림 감지의 작동상태 | 시험 | 1/1 |
| | 수동핸들의 설치 감지의 작동상태 | 시험 | 1/1 |
| | 유지보수 정지장치 감지의 작동상태 | 시험 | 1/1 |
| | 점검운전 제어반에서 정지장치의 작동 감지 | 시험 | 1/1 |
| | 쇼핑 카트 및 수하물 카트 접근방지를 위한 이동식 진입방지대 감지장치의 작동상태 | 시험 | 1/1 |
| **3.6 운전장치** | | | |
| 3.6.1 점검운전 제어반 | 가) 작동 및 운행방향 표시상태 | 육안 | 1/3 |
| | 나) 이동케이블 연결 콘센트의 설치상태 | 육안 | 1/3 |

| | | | |
|---|---|---|---|
| 3.6.2 수동 기동운전 | 작동 및 운행방향 표시상태 | 시험 | 1/3 |
| 3.6.3 자동 기동운전<br>- 미리 정해진<br>방향으로 기동 | 가) 준비운전에 의한 자동 기동 작동상태 | 시험 | 1/1 |
| | 나) 시각 신호시스템(표시)의 작동상태 | 육안 | 1/1 |
| | 다) 반대방향 출입 감지의 작동상태 | 시험 | 1/1 |
| | 라) 승강장의 이용자를 감지하는 수단의 작동상태 | 육안 | 1/1 |
| **3.7 디딤판, 손잡이, 난간 및 주변보호** | | | |
| 3.7.1 디딤판 주행 | 디딤판과 구조 부품과의 간섭 여부 | 육안 | 1/1 |
| 3.7.2 손잡이 주행 | 손잡이와 구조 부품과의 간섭 여부 | 육안 | 1/1 |
| 3.7.3 끼임방지수단 | 스커트 디플렉터 설치상태 | 육안 | 1/3 |
| 3.7.4 추락방지수단 | 기어오름 방지장치 설치상태 | 육안 | 1/1 |
| | 접근금지 장치 설치상태 | 육안 | 1/1 |
| | 미끄럼 방지장치 설치상태 | 육안 | 1/1 |
| 3.7.5 쇼핑카트 | 진입방지를 위한 접근방지대 설치상태 | 육안 | 1/1 |
| 3.7.6 옥외용 추가요건 | 가) 지지설비의 부식 상태 | 육안 | 1/6 |
| | 나) 강수에 대한 보호조치 설치 및 작동상태 | 육안 | 1/6 |
| | 다) 난방시스템의 작동상태 | 육안 | 1/6 |
| | 라) 배수 및 정화시설의 작동상태 | 육안 | 1/6 |
| | 마) 야간조명의 작동상태 | 육안 | 1/6 |
| **3.8 주행성능 및 정지거리** | | | |
| 3.8.1 속도, 전류 및 정지거리 | 무부하 상태의 디딤판 및 손잡이의 속도 및 전류 정지거리의 적합성 | 시험 | 1/1 |
| 3.8.2 보조 브레이크 | 보조 브레이크의 설치 및 작동 상태 | 시험 | 1/1 |

# 4

# 승강기기능사
## 과년도 기출문제 [해설 포함]

# 15년 과년도 기출문제 1회

## 001

전기식 엘리베이터 기계실의 실온 범위는?
① 5 ~ 70℃   ② 5 ~ 60℃
③ 5 ~ 50℃   ④ 5 ~ 40℃

**해** ▶ 기계실 제어반은 온도에 민감하기 때문에 5~40℃를 유지해야함

## 002

교류 엘리베이터의 제어방식이 아닌 것은?
① 교류 1단 속도 제어방식
② 교류귀환 전압 제어방식
③ 가변전압 가변주파수(VVVF) 제어방식
④ 교류상환 속도 제어방식

**해** 교류엘리베이터의 종류
- 교류1단 속도제어 방식
- 교류2단 속도제어 방식
- 교류귀환 전압제어 방식
- 가변전압 가변주파수제어 방식 (VVVF)

## 003

전기식 엘리베이터에서 카 비상정지장치의 작동을 위한 조속기는 정격속도 몇 %이상의 속도에서 작동되어야 하는가?(단, 13년 개정 전 과속스위치는 1.3배 이하에서 작동)
① 220   ② 200   ③ 115   ④ 100

**해** 과속조절기 (조속기)
- 카가 운행시 정격속도를 초과할 경우 속도를 검출하여 전원을 차단하고 정지시킴
- 정격속도의 115% 이상이 되면 비상정지장치 작동을 위해 조속기가 작동됨

## 004

엘리베이터의 가이드레일에 대한 치수를 결정할 때 유의해야 할 사항이 아닌 것은?
① 안전장치가 작동할 때 레일에 걸리는 좌굴하중을 고려한다.
② 수평진동에 의한 레일의 휘어짐을 고려한다.
③ 케이지에 회전모멘트가 걸렸을 때 레일이 지지할 수 있는지 여부를 고려한다.
④ 레일에 이물질이 끼었을 때 배출을 고려한다.

**해** 가이드레일 치수 결정시 유의사항
- 비상정지장치 작동 시 레일에 발생하는 좌굴하중
- 수평진동에 의한 레일의 휘어짐
- 큰 하중 적재 시 회전모멘트가 걸리는데 이를 지지할 수 있는지

## 005

카가 최상층 및 최하층을 지나쳐 주행하는 것을 방지하는 것은?
① 리미트 스위치　② 균형추
③ 인터록 장치　④ 정지스위치

해 ▶ 리미트 스위치 : 승강기 운행 시 최상층이나 최하층을 지나쳐 충돌하는 것을 방지할 목적으로 설치됨

## 006

다음 중 승강기 도어시스템과 관계없는 부품은?
① 브레이스 로드　② 연동로프
③ 캠　④ 행거

해 브레이스 로드
- 일반적으로 카 틀에 설치함
- 하부 체대에 받는 힘의 3/8 정도가 기둥 또는 상부 체대에 분포됨

## 007

사람이 탑승하지 않으면서 적재용량 300kg 이하의 소형화물 운반에 적합하게 제작된 엘리베이터는?
① 덤웨이터
② 화물용 엘리베이터
③ 비상용 엘리베이터
④ 승객용 엘리베이터

해 덤웨이터
- 정격하중 300kg 이하
- 정격속도가 1m/s
- 바닥면적 1m² 이하
- 카 높이 1.2m 이하, 카 깊이 1m 이하
- 사람이 출입할 수 없는 소형 화물용 엘리베이터
- 서적이나 음식물 등과 같은 소형 화물의 운반에 적합하게 제작됨

## 008

승강기에 사용되는 전동기의 소요 동력을 결정하는 요소가 아닌 것은?
① 정격적재하중　② 정격속도
③ 종합효율　④ 건물길이

해 전동기의 소요동력
$$P = \frac{MVS}{6120\eta}[kW]$$
(M:정격하중(kg), V:정격속도, S:1-F(오버밸런스율%), $\eta$:종합효율)
▶ 건물길이는 전동기의 소요동력과 관련이 없음

## 009

유압 엘리베이터의 동력전달 방법에 따른 종류가 아닌 것은?
① 스크류식　　② 직접식
③ 간접식　　　④ 팬터그래프식

**해 유압식**
- 직접식 : 램 또는 실린더가 카에 직접 연결되어 운행하는 방식
- 간접식 : 램이나 실린더가 로프 또는 체인에 의해 카에 연결되어 운행하는 방식
- 팬더그래프식 : 유압피스톤으로 팬터그래프를 움직여 운행하는 방식

**스크류식**
- 균형추 없이 나사로 지지되어 상하 운행하는 방식

## 010

카의 실제 속도와 속도지령장치의 지령속도를 비교하여 사이리스터의 점호각을 바꿔 유도전동기의 속도를 제어하는 방식은?
① 사이리스터 레오나드 방식
② 교류귀환 전압제어방식
③ 가변전압 가변주파수 방식
④ 워드 레오나드 방식

**해 교류 귀환(궤환) 제어방식**
- 카의 실제 속도와 지령속도를 비교하여 사이리스터의 점호각을 바꾸어 유도전동기의 속도를 제어

**정지레오나드 방식**
- 전동발전기 대신 사이리스터로 구성된 정류기로 점호각을 제어하여 교류(AC)에서 직류(DC)로 전압을 변환하는 방식

## 011

유압 엘리베이터의 유압 파워유니트와 압력배관에 설치되며, 이것을 닫으면 실린더의 기름이 파워유니트로 역류되는 것을 방지하는 밸브는?
① 스톱 밸브　　② 럽쳐 밸브
③ 체크 밸브　　④ 릴리프 밸브

**해 스톱 밸브 (=차단밸브)**
- 유압파워유니트와 실린더 사이에 설치되는 수동 조작밸브
- 밸브를 닫으며 실린더의 기름이 파워유닛으로 역류하는 걸 막을 수 있음
- 불필요한 작동유의 유출을 방지 할 수 있음
- 승강기 유압장치 보수, 점검, 수리 시 사용됨

## 012

상승하던 에스컬레이터가 갑자기 하강방향으로 움직일 수 있는 상황을 방지하는 안전장치는?
① 스텝체인
② 핸드레일
③ 구동체인 안전장치
④ 스커트 가드 안전장치

**해 구동체인 안전장치**
- 구동체인이 절단되거나, 과하게 늘어나게 된 경우 발생하는 위험을 방지함
- 비상브레이크라고도 함
▶ 구동체인 절단 시 에스컬레이터 승객의 무게에 의해 하강방향으로 움직일 수 있음. 하강방향으로 움직일 시 구동체인 안전장치가 작동되어 기계적으로 브레이크를 동작시킴

## 013

승강장문의 유효 출입구 높이는 몇 m 이상이어야 하는가?(단, 자동차용 엘리베이터는 제외)

① 1  ② 1.5  ③ 2  ④ 2.5

**헤 유효 높이**
- 승강장문 및 카문의 출입구 유효 높이 : 2m 이상
- 주택용 엘리베이터의 출입구 유효 높이 : 1.8m 이상
- 승강로 내 작업구역 간 이동 통로의 유효 높이 : 1.8m 이상
- 기계실 작업구역의 유효 높이 : 2.1m 이상
- 기계실에서 보호되지 않은 회전부품 위로 유효 수직거리 : 0.3m 이상

## 014

와이어로프의 꼬는 방법 중 보통꼬임에 해당하는 것은?

① 스트랜드의 꼬는 방향과 로프의 꼬는 방향이 반대인 것
② 스트랜드의 꼬는 방향과 로프의 꼬는 방향이 같은 것
③ 스트랜드의 꼬는 방향과 로프의 꼬는 방향이 일정구간 같았다가 반대이었다가 하는 것
④ 스트랜드의 꼬는 방향과 로프의 꼬는 방향이 전체 길이의 반은 같고 반은 반대인 것

**헤 와이어로프 꼬는 방법**
- 보통꼬임 : 스트랜드의 꼬임방향과 로프의 꼬임 방향이 반대
- 랭꼬임 : 스트랜드의 꼬임방향과 로프의 꼬임 방향이 같음

## 015

승객용 엘리베이터에서 일반적으로 균형체인, 균형로프와 같은 보상수단을 설치해야 하는 정격속도의 범위는?

[법 개정 문제 - 내용 일부 수정]

① 3m/s 이하  ② 3m/s 초과
③ 3.5m/s 초과  ④ 1.75m/s 초과

**헤 보상수단**
- 정격속도가 3m/s 이하 : 체인, 로프 또는 벨트와 같은 수단 설치
- 정격속도가 3m/s 초과 : 보상 로프 설치
- 정격속도가 3.5m/s 초과 : 튀어오름방지 장치 추가
- 정격속도가 1.75m/s 초과 : 순환하는 부근에서 안내봉 등에 의해 안내되야 함

## 016

무빙워크의 경사도는 몇 도 이하 이어야 하는가?

① 30  ② 20  ③ 15  ④ 12

**헤 경사도**
- 에스컬레이터의 경사도 : 30° 이하 (층고가 6m 이하이고, 공칭속도가 0.5m/s 이하인 경우 35°까지 증가시킬 수 있음)
- 무빙워크의 경사도 : 12° 이하

## 017

다음 중 승강기 제동기의 구조에 해당되지 않는 것은?

① 브레이크 슈   ② 라이닝
③ 코일         ④ 워터슈트

**해** ▶ 제동기 구성요소 : 브레이크 드럼, 브레이크 슈, 스프링, 전자코일, 라이닝

## 018

수직순환식 주차장치를 승입방식에 따라 분류할 때 해당되지 않는 것은?

① 하부승입식   ② 중간승입식
③ 상부승입식   ④ 원형승입식

**해** 수직순환식 주차장치
- 주차구획(케이지)을 수직으로, 좌우로 순환시켜 차량을 주차하도록 설계한 주차장치
- 입출고 시간이 짧음
- 좁은 면적에 설치가 쉬움
- 사용방식이 간단함
- 주차기 이동 및 재설치가 가능함
- 자동차 입출고 출입구 위치에 따라 하부승입식, 중간승입식, 상부승입식으로 분류됨

## 019

다음 중 안전사고 발생 요인이 가장 높은 것은?

① 불안전한 상태와 행동   ② 개인의 개성
③ 환경과 유전           ④ 개인의 감정

**해** 재해의 직접원인
- 물적원인(불안정한 상태)
- 인적원인(불안정한 행동)

## 020

인체에 통전되는 전류가 더욱 증가되면 전류의 일부가 심장부분을 흐르게 된다. 이때 심장이 정상적인 맥동을 못하며 불규칙적으로 세동을 하게 되어 결국 혈액이 순환에 큰 장애를 일으키게 되는 현상(잔류)을 무엇이라 하는가?

① 심실세동전류   ② 고통한계전류
③ 가수전류      ④ 불수전류

**해** ▶ 심실세동전류 : 통전전류에 의해 심장에 흐르는 전류가 일정 값에 도달하면 심장이 경련을 일으키면서 정상적으로 맥이 뛰지 않게 되어 사망에 이르게 하는 전류

## 021

추락을 방지하기 위한 2종 안전대의 사용법은?

① U자걸이 전용
② 1개걸이 전용
③ 1개걸이, U자걸이 겸용
④ 2개걸이 전용

**해** 안전대
- 높이 또는 깊이 2m이상의 추락할 위험이 있는 장소에서 하는 작업
- 1종 안전대 : U자걸이 전용
- 2종 안전대 : 1개걸이 전용
- 3종 안전대 : 1개걸이, U자걸이 겸용
- 4종 안전대 : 안전블록
- 5종 안전대 : 추락방지대

| 017 | 018 | 019 | 020 | 021 | 022 | 023 | 024 | 025 |
|---|---|---|---|---|---|---|---|---|
| ④ | ④ | ① | ① | ② | ① | ④ | ④ | ① |

## 022

**설비재해의 물적 원인에 속하지 않는 것은?**

① 교육적 결함(안전교육의 결함. 표준작업 방법의 결여 등)
② 설비나 시설에 위험이 있는 것(방호 불충분 등)
③ 환경의 불량(정리정돈 불량, 조명 불량 등)
④ 작업복, 보호구의 불량

**해 재해의 직접원인**
- 물적원인(불안정한 상태) : 안전방호장치 결함, 물체 자체 결함, 물체의 보관 및 작업환경 결함, 생산공정의 결함, 보호구 및 복장의 결함, 작업환경의 결함
- 인적원인(불안정한 행동) : 안전작업에 대한 지식 결여, 보호구 및 복장의 결함, 위험한 장소의 접근, 위험한 상태로 조작
▶ 교육적 결함은 재해의 간접원인에 해당됨

## 023

**감전 사고로 의식불명이 되었던 환자가 물을 요구할 때의 방법으로 적당한 것은?**

① 냉수를 주도록 한다.
② 온수를 주도록 한다.
③ 설탕물을 주도록 한다.
④ 물을 천에 묻혀 입술에 적시어만 준다.

**해 감전사고시 대처방법**
- 전원 스위치를 내린 후 환자를 떼어 내야함
- 전기공급이 차단되지 않은 상태에서 직접 떼어낼 경우 함께 감전될 가능성이 있기 때문에 절연물을 이용해서 떼어 내야함
- 의식, 호흡, 맥박을 체크함
- 호흡이 없다면 심폐소생술을 실시하고 신속히 병원으로 옮겨야함
- 감전사고로 의식불명 상태인 자에게 물을 줄 땐 천에 물을 묻혀 입술만 적셔줘야 함

## 024

**전기(로프)식 엘리베이터의 안전장치와 거리가 먼 것은?**

① 비상정지장치　② 조속기
③ 도어인터록　　④ 스커드 가드

**해** ▶ 스커트 가드는 에스컬레이터의 안전장치임

## 025

**승강기 자체점검의 결과 결함이 있는 경우 조치가 옳은 것은?**

① 즉시 보수하고, 보수가 끝날 때까지 운행을 중지
② 주의 표지 부착 후 운행
③ 점검결과를 기록하고 운행
④ 제한적으로 운행하고 보수

**해** ▶ 자체점검 결과 결함 발생 시 즉시 보수해야함. 보수가 끝날 때까지 해당 승강기의 운행을 중지해야함.

## 026

에스컬레이터의 이동용 손잡이에 대한 안전점검 사항이 아닌 것은?

① 균열 및 파손 등의 유무
② 손잡이의 안전마크 유무
③ 디딤판과의 속도차 유지 여부
④ 손잡이가 드나드는 구멍의 보호장치 유무

**해** 핸드레일 안전점검 사항
- 균열 및 파손 여부
- 디딤판 속도차 여부 : 핸드레일과 디딤판의 속도 차이는 -0%에서 +2% 이내이어야 하며 핸드레일이 디딤판 보다 느려서는 안 됨(2%의 허용오차는 핸드레일이 디딤판보다 빠른 경우에만 인정됨)
- 손잡이 입구에는 손가락 및 손의 끼임을 방지하는 보호장치가 설치되어야 함

## 027

작업 감독자의 직무에 관한 사항이 아닌 것은?

① 작업감독 지시
② 사고보고서 작성
③ 작업자 지도 및 교육 실시
④ 산업재해시 보상금 기준 작성

**해** ▶ 작업 감독자의 직무와 산재 보상금 기준 작성은 거리가 멂

## 028

산업재해 중에서 다음에 해당하는 경우를 재해형태별로 분류하면 무엇인가?

> 전기접촉이나 방전에 의해 사람이 충격을 받은 경우

① 감전  ② 전도
③ 추락  ④ 화재

**해** 재해발생형태
- 감전 : 사람이 전기와 접촉하여 충격을 받는 경우
- 전도 : 사람이 넘어지거나 미끄러지는 경우
- 추락 : 사람이 건축물, 사다리, 기계, 계단 등에서 떨어지는 경우

## 029

전기식 엘리베이터의 카내 환기시설에 관한 내용 중 틀린 것은?

① 구멍이 없는 문이 설치된 카에는 카의 위·아랫부분에 환기구를 설치한다.
② 구멍이 없는 문이 설치된 카에는 반드시 카의 윗부분에만 환기구를 설치한다.
③ 카의 윗부분에 위치한 자연 환기구의 유효면적은 카의 허용면적의 1% 이상이어야 한다.
④ 카의 아랫부분에 위치한 자연환기구의 유효면적은 카의 허용면적의 1% 이상이어야 한다.

**해** ▶ 구멍이 없는 문이 설치된 카에는 카의 위·아랫부분에 자연 환기구가 있어야 함. 자연 환기구의 유효면적은 카의 허용면적의 1% 이상이어야 함

## 030

엘리베이터 전동기에 요구되는 특성으로 옳지 않은 것은?
① 충분한 제동력을 가져야 한다.
② 운전상태가 정숙하고 고진동이어야 한다.
③ 카의 정격속도를 만족하는 회전특성을 가져야 한다.
④ 높은 기종빈도에 의한 발열에 대응하여야 한다.

해 ▶ 전동기는 운전상태가 정숙하고 저진동이어야 함

## 031

급유가 필요하지 않은 곳은?
① 호이스트 로프(hoist rope)
② 조속기(governor) 로프
③ 가이드 레일(guide rail)
④ 웜 기어(worm gear)

해 ▶ 과속조절기(조속기)는 승강기 제동 시 미끄러짐이 발생하면 안 되기 때문에 급유가 필요하지 않음

## 032

로프식(전기식) 엘리베이터용 조속기의 점검사항이 아닌 것은?
① 진동소음상태  ② 베어링 마모상태
③ 캣치 작동상태  ④ 라이닝 마모상태

해 ▶ 라이닝은 조속기가 아닌 제동기의 구성요소임

## 033

유압식 엘리베이터에서 고장수리 할 때 가장 먼저 차단해야 할 밸브는?
① 체크 밸브   ② 스톱 밸브
③ 복합 밸브   ④ 다운 밸브

해 **스톱 밸브 (=차단밸브)**
- 유압파워유니트와 실린더 사이에 설치되는 수동 조작밸브
- 밸브를 닫으며 실린더의 기름이 파워유닛으로 역류하는 걸 막을 수 있음.
- 불필요한 작동유의 유출을 방지 할 수 있음.
- 승강기 유압장치 보수, 점검, 수리 시 사용됨.
- 실린더에 체크밸브와 하강밸브를 연결하는 회로에 설치되어야 함
- 엘리베이터 구동기의 다른 밸브와 가까이 위치되어야 함

## 034

엘리베이터에서 와이어로프를 사용하여 카의 상승과 하강을 전동기를 이용한 동력장치는?

① 권상기　　② 조속기
③ 완충기　　④ 제어반

**해) 권상기**
- 와이어로프를 이용하여 카를 상승·하강 시킬 수 있도록 동력을 제공함
- 구성요소 : 제동기, 감속기, 메인시브(주 도르래), 전동기

## 035

3상 유도전동기에 전류가 전혀 흐르지 않을 때의 고장 원인으로 볼 수 있는 것은?

① 1차측 전선 또는 접속선 중 한선이 단선되었다.
② 1차측 전선 또는 접속선 중 2선 또는 3선이 단선되었다.
③ 1차측 또는 2차측 전선이 접지되었다.
④ 전자접촉기의 접점이 한 개 마모되었다.

**해)** ▶ 1차측 전선에서 2~3선이 단선 될 경우 3상 회전자기장이 발생하지 않아 유도전동기에 전류가 흐르지 않음

## 036

장애인용 엘리베이터의 경우 호출버튼에 의하여 카가 정지하면 몇 초 이상 문이 열린 채로 대기하여야 하는가?

① 8초 이상　　② 10초 이상
③ 12초 이상　　④ 15초 이상

**해)** ▶ 호출버튼 또는 등록버튼에 의하여 카가 정지하면 10초 이상 문이 열린 채로 대기해야 함

## 037

카 도어록이 설치되어 사람의 힘으로 열 수 없는 경우나 화물용 엘리베이터의 경우를 제외하고 엘리베이터의 카 문틀 또는 카 문의 닫히는 모서리와 승강로 내측간의 거리는 일반적인 경우 그 기준을 몇 m 이하로 하도록 하고 있는가?

[법 개정 문제 - 내용 일부 수정]

① 0.8m　　② 0.1m
③ 0.12m　　④ 0.15m

**해)** ▶ 승강로 내측과 카 문턱, 카 문틀 또는 카 문의 닫히는 모서리 사이의 수평거리는 승강로 전체 높이에 걸쳐 0.15m 이하여야함

## 038

승강기의 트랙션비를 설명한 것 중 옳지 않은 것은?

① 카 측 로프가 매달고 있는 중량과 균형추 측 로프가 매달고 잇는 중량의 비율
② 트랙션비를 낮게 선택해도 로프의 수명과는 전혀 관계가 없다.
③ 카측과 균형추측에 매달리는 중량의 차를 적게 하면 권상기의 전동기의 전동기 출력을 적게 할 수 있다.
④ 트랙션비는 1.0 이상의 값이 된다.

**해** 트랙션비(마찰비)
- 카 쪽 로프에 매달린 중량과 균형추 쪽 로프에 매달린 중량의 비
- 카 측 중량 = 카의 하중 + 적재하중 + 로프 하중
- 균형추 측 중량 = 균형추 중량(카 자체하중 + L x F)
- 전부하 트랙션비 = 카 측 중량 / 균형추 측 중량
▶ 트랙션의 비는 로프의 수명과 관련이 있음

## 039

무빙워크 이용자의 주의표시를 위한 표시판 또는 표지 내에 표시되는 내용이 아닌 것은?

① 손잡이를 꼭 잡으세요
② 카트는 탑재하지 마세요
③ 걷거나 뛰지 마세요
④ 안전선 안에 서 주세요

**해**

## 040

공칭속도 0.5m/s 무부하 상태의 에스컬레이터 및 하강방향으로 움직이는 제동부하 상태의 에스컬레이터의 정지거리는?

① 0.1m에서 1.0m 사이
② 0.2m에서 1.0m 사이
③ 0.3m에서 1.3m 사이
④ 0.4m에서 1.5m 사이

**해** 에스컬레이터 정지거리

| 공칭속도 | 정지거리 |
| --- | --- |
| 0.50m/s | 0.20m에서 1.00m 사이 |
| 0.65m/s | 0.30m에서 1.30m 사이 |
| 0.75m/s | 0.40m에서 1.50m 사이 |

## 041

과부하감지장치에 대한 설명으로 틀린 것은?
① 과부하감지장치가 작동하는 경우 경보음이 울려야한다.
② 엘리베이터 주행 중에는 과부하감지장치의 작동이 무효화되어서는 안된다.
③ 과부하감지장치가 작동한 경우에는 출입문의 닫힘을 저지하여야 한다.
④ 과부하감지장치는 초과하중이 해소되기 전까지 작동하여야 한다.

**해** ▶ 과부하 감지장치 (overload switch)
- 카 내에 정격 적재하중 초과시 경보를 울리고 도어가 닫히지 않음
- 정격하중의 10%를 초과하지 않아야함
- 초과하중이 해소되기 전까지 계속 유지되어야함
- 오동작을 방지하기 위해 주행 중에는 무효화 되어야함

## 042

유압식 엘리베이터에서 착상 정밀도는 일반적으로 몇 mm 이내에서 작동상태가 양호하여야 하는가? [법 개정 문제 - 내용 일부 수정]
① 5  ② 8  ③ 10  ④ 15

**해** ▶ 착상 정밀도
- 아파트 등 일반적으로 ±10㎜
- 재 착상의 정확도는 ±20㎜로 유지

## 043

로프식(전기식)엘리베이터에 있어서 기계실 내의 조명, 환기상태 점검 시에 운전을 중지하고 긴급수리를 해야 하는 경우는?
① 천정, 창 등에 우수가 침입하여 기기에 악영향을 미칠 염려가 있는 경우
② 실내에 엘리베이터 관계이외의 물건이 있는 경우
③ 조도, 환기가 부족한 경우
④ 실온 0℃이하 또는 40℃이상인 경우

**해** ▶ 기계실 누수 시 감전 및 제어반 등 전기설비의 고장을 막기 위해 운전을 중지하고 긴급수리를 해야 함

## 044

전자접촉기 등의 조작회로를 접지하였을 경우, 당해 전자접촉기 등이 폐로될 염려가 있는 것의 접속방법으로 옳은 것은?
① 코일과 접지측 전선 사이에 반드시 개폐기가 있을 것
② 코일의 일단을 접지측 전선에 접속 할 것
③ 코일의 일단을 접지하지 않는 쪽의 전선에 접속할 것
④ 코일과 접지측 전선사이에 반드시 퓨즈를 설치할 것

**해** ▶ 전자접촉기가 폐로될 염려가 있을 경우 코일과 접지측 전선 사이에는 개폐기가 없어야하며, 코일의 한쪽 끝을 접지측 전선에 접속해야함

## 045

T형 레일의 13K 레일 높이는 몇 mm인가?
① 35   ② 40   ③ 56   ④ 62

**해** 가이드레일 규격

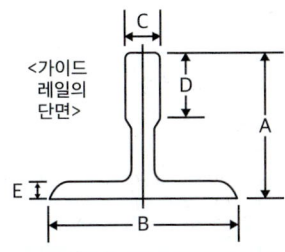

| 공칭<br>[mm] | 8<br>[Kg] | 13<br>[Kg] | 18<br>[Kg] | 24<br>[Kg] | 30<br>[Kg] |
|---|---|---|---|---|---|
| A | 56 | 62 | 89 | 89 | 108 |
| B | 78 | 89 | 114 | 127 | 140 |
| C | 10 | 16 | 16 | 16 | 19 |
| D | 26 | 32 | 38 | 50 | 51 |

## 046

스텝과 스커트 사이에 끼임의 위험을 최소화 하기위한 장치는?
① 콤              ② 뉴얼
③ 스커트         ④ 스커트 디플렉터

**해** ▶ 스커트 디플렉터(안전브러쉬) : 스텝과 스커트 사이에 끼임의 위험을 최소화하기 위한 장치

## 047

전동기를 동력원으로 많이 사용하는데 그 이유가 될 수 없는 것은?
① 안전도가 비교적 높다.
② 제어조작이 비교적 쉽다.
③ 소손사고가 발생하지 않는다.
④ 부하에 알맞은 것을 쉽게 선택할 수 있다.

**해** ▶ 전동기는 전기적·기계적으로 소손사고가 발생함

## 048

일감의 평행도, 원통의 진원도, 회전제의 흔들림 정도 등을 측정할 때 사용하는 측정기기는?
① 버니어캘리퍼스     ② 하이트게이지
③ 마이크로미터       ④ 다이얼게이지

**해** 측정기기의 종류
- 버니어캘리퍼스 : 물체의 외경, 내경, 깊이 등을 측정하는 기기
- 하이트게이지 : 높이를 측정하는 기기
- 마이크로미터 : 물체의 외경, 내경, 깊이, 두께 등을 마이크로미터 단위까지 측정 가능한 기기
- 다이얼게이지 : 평면의 요철, 회전체 축 중심의 흔들림 등 오차를 검사하는데 사용하는 측정기기

## 049

정전용량이 같은 두 개의 콘덴서를 병렬로 접속하였을 때의 합성용량은 직렬로 접속하였을 때의 몇 배인가?

① 2 ② 4 ③ 1/2 ④ 1/4

**해** **콘덴서 합성 정전용량**

- 직렬접속 : $\dfrac{1}{C} = \dfrac{1}{C_1} + \dfrac{1}{C_2}$
- 병렬접속 : $C = C_1 + C_2$
- 정전용량이 같은 두 개의 콘덴서를 병렬로 연결했을 때 합성용량은 직렬로 접속했을 때의 4배 임
- 정전용량이 같은 두 개의 콘덴서를 직렬로 연결했을 때 합성용량은 병렬로 접속했을 때의 1/4배 임

## 050

유도전동기의 동기속도가 $n_s$, 회전수가 $n$이라면 슬립(s)은?

① $\dfrac{n_s - n}{n} \times 100$

② $\dfrac{n_s - n}{n_s} \times 100$

③ $\dfrac{n_s}{n_s - n} \times 100$

④ $\dfrac{n_s}{n_s + n} \times 100$

**해** **유도전동기 슬립(s)**

$s = \dfrac{N_S - N}{N_S} = \dfrac{동기속도 - 회전속도}{동기속도} \times 100 [\%]$

- 유도전동기 동기속도로 회전 시
  $(N = N_s)$  $s = 0$
- 유도전동기 정지 시
  $(N = 0)$  $s = 1$

▶ 유도전동기 정지 시 슬립이 1임

## 051

그림과 같은 지침형(아나로그형) 계기로 측정하기에 가장 알맞은 것은? (단, R은 지침의 0점을 조절하기위한 가변저항이다.)

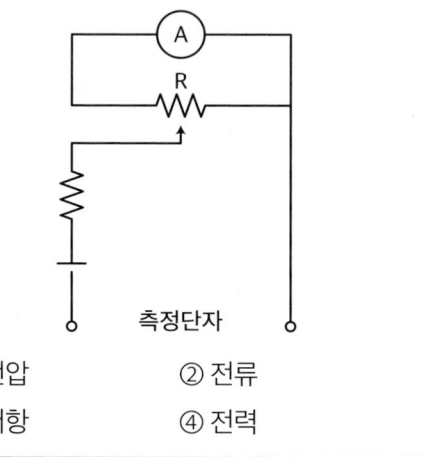

① 전압 ② 전류
③ 저항 ④ 전력

**해** ▶ 아날로그형 계기로 저항을 측정하는 것임

## 052

물체에 외력을 가해서 변형을 일으킬 때 탄성한계 내에서 변형의 크기는 외력에 대해 어떻게 나타나는가?

① 탄성한계 내에서 변형의 크기는 외력에 대하여 반비례 한다.
② 탄성한계 내에서 변형의 크기는 외력에 대하여 비례한다.
③ 탄성한계 내에서 변형의 크기는 외력과 무관한다.
④ 탄성한계 내에서 변형의 크기는 일정한다.

**해** **훅(후크 Hook)의 법칙**

- 물체에 힘을 가하여 변형시키는 경우, 힘이 어떤 크기를 넘지 않는 한 응력과 변형률은 비례한다는 법칙

## 053

권수 N의 코일에 I(A)의 전류가 흘러 권선 1회의 코일에서 자속 $\phi$(Wb)가 생겼다면 자기 인덕턴스(L)는 몇 H인가?

① $L = \dfrac{\phi I}{N}$

② $L = IN\phi$

③ $L = \dfrac{N\phi}{I}$

④ $L = \dfrac{IN}{\phi}$

해 **인덕턴스 (L)**
- 코일 주변이나 내부를 통하는 자속의 변화를 방해하는 성질, 또는 그 정도. 단위 [H, 헨리]

$L = \dfrac{N\phi}{I}$ (N : 코일을 감은 권수, $\phi$ : 자속, L : 인덕턴스, I : 전류)

## 054

직류 분권전동기에서 보극의 역할은?
① 회전수를 일정하게 한다.
② 기동토크를 증가 시킨다.
③ 정류를 양호하게 한다.
④ 회전력을 증가시킨다.

해 **분권 전동기**
- 정속도 전동기
- 부하에 따라 속도 변화 폭이 심하게 변함
- 전기자와 계자가 병렬로 구성
- 보극의 역할 : 정류를 양호하게 함

## 055

다음 강도 중 상대적으로 값이 가장 작은 것은?
① 파괴강도  ② 극한강도
③ 항복응력  ④ 허용응력

해 **허용응력 및 안전율**
- 허용응력 식 : $\sigma perm = \dfrac{Rm}{St}$

($\sigma perm$ : 허용 응력, Rm : 인장강도, St : 안전율)
▶ 허용응력은 안전율을 고려한 값이기 때문에 상대적으로 값이 작음

## 056

저항이 50Ω인 도체에 100V의 전압을 가할 때 그 도체에 흐르는 전류는 몇 A 인가?
① 2  ② 4  ③ 8  ④ 10

해 $I = \dfrac{V}{R} = \dfrac{100[\text{V}]}{50[\Omega]} = 2[\text{A}]$

## 057

A, B 는 입력, X를 출력이라 할 때 OR회로의 논리식은?

① $\overline{A} = X$
② $A \cdot B = X$
③ $A + B = X$
④ $\overline{A \cdot B} = X$

**해** OR회로
- A, B가 병렬이므로 OR회로에 해당함.
- 논리식 : $X = A + B$
- 하나라도 참(논리1)이 있으면 출력은 참 (논리1)

| 입력 | | 출력 |
|---|---|---|
| A | B | X |
| 0 | 0 | 0 |
| 0 | 1 | 1 |
| 1 | 0 | 1 |
| 1 | 1 | 1 |

## 058

엘리베이터의 권상기 시브 직경이 500mm이고 주와이어로프 직경이 12mm이며, 1:1 로핑방식을 사용하고 있다면 권상기 시브의 회전속도가 1분당 약 56회일 경우 엘리베이터 운행속도는 약 몇 m/min가 되겠는가?

① 45  ② 60  ③ 90  ④ 120

**해** 시브 직경, 회전속도에 따른 운행속도 계산
$V = \pi D n$
(V : 속도, D : 원지름, n : 초당회전수)
원지름 = 시브 직경 + 주와이어로프 직경
[mm/min] = 90.03[m/min]

## 059

시퀀스 회로에서 일종의 기억회로라고 할 수 있는 것은?

① AND회로   ② OR회로
③ NOT회로   ④ 자기유지회로

**해**

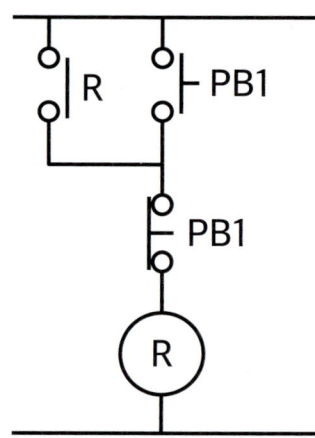

**자기유지회로**
- 입력신호가 주어지거나 혹은 릴레이가 동작상태로 바뀌었을 때, 이를 기억해서 릴레이 동작을 계속하는 회로
- 복귀 입력신호를 주어야 동작이 복귀함

## 060

그림과 같은 활차장치 옳은 설명은?(단, 그 활차의 직경은 같다.)

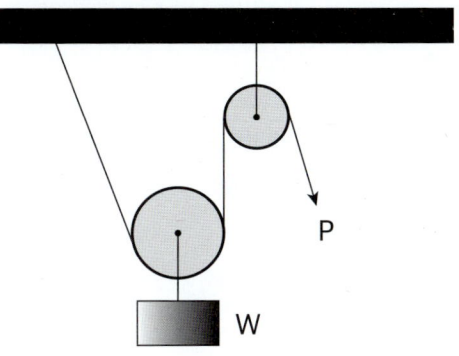

① 힘의 크기는 W=P이고, W의 속도는 P속도의 1/2이다.
② 힘의 크기는 W=P이고, W의 속도는 P속도의 1/4이다.
③ 힘의 크기는 W=2P이고, W의 속도는 P 속도의 1/2이다.
④ 힘의 크기는 W=2P이고, W의 속도는 P 속도의 1/4이다.

**해** 도르래 활차 종류
- 정활차 : $W = P$ 힘의 방향을 바꿈
- 동활차 : $W = 2P$, $P = \frac{1}{2}W$
  절반(1/2)의 힘으로 하중을 듦
- 복활차 : $W = 2^n P$, $P = \frac{1}{2^n}W$
  (n : 동활차수)

▶ 그림은 동활차장치임

# 15년 과년도 기출문제 2회

### 001

카의 문을 열고 닫는 도어머신에서 성능상 요구되는 조건이 아닌 것은?

① 작동이 원활하고 정숙하여야 한다.
② 카 상부에 설치하기 위하여 소형이며 가벼워야 한다.
③ 어떠한 경우라도 수동조작에 의하여 카 도어가 열려서는 안된다.
④ 작동 회수가 승강기 기동 회수의 2배이므로 보수가 쉬워야 한다.

**해** 도어머신에 요구되는 성능
- 보수가 쉽고 작고 가벼울 것
- 가격이 저렴할 것
- 작동이 원활하고 조용할 것
- 작동 횟수가 많기 때문에 내구성이 좋을 것
▶ 비상시에는 수동 조작에 의해 카 도어가 열려야함

### 002

다음 중 에스컬레이터의 종류를 수송 능력 별로 구분한 형태로 옳은 것은?

① 1200형과 900형
② 1200형과 800형
③ 900형과 800형
④ 800형과 600형

**해** 에스컬레이터 수송인원
- 난간폭에 의한 분류
  - 800형 : 시간당 6000명
  - 1200형 : 시간당 9000명

**스텝폭/공칭속도에 의한 분류**

| 스텝·팔레트 폭 [m] | 공칭속도 | | |
|---|---|---|---|
| | 0.5m/s | 0.65m/s | 0.75m/s |
| 0.6m | 3,600명/h | 4,400명/h | 4,900명/h |
| 0.8m | 4,800명/h | 5,900명/h | 6,600명/h |
| 1m | 6,000명/h | 7,300명/h | 8,200명/h |

001 ③  002 ②  003 ①  004 ③  005 ①  006 ②

## 003

승강장 도어가 닫혀 있지 않으면 엘리베이터 운전이 불가능 하도록 하는 것은?

① 승강장 도어스위치
② 승강장 도어행거
③ 승강장 도어인터록
④ 도어슈

**해 도어 인터록**
- 도어 락(lock)과 도어 스위치로 이루어져 있음
  · 도어 락 : 전용키를 사용하지 않으면 열리지 않도록 함
  · 도어 스위치 : 도어가 닫히지 않으면 운전이 불가능 하도록 함
- 도어 닫힘 시 도어 락이 걸린 후 도어 스위치가 들어감.
- 도어 오픈 시 도어 스위치가 끊어진 후 도어 락이 열림

## 004

유압장치의 보수, 점검 또는 수리 등을 할 때에 사용되는 것은?

① 안전밸브   ② 유량제어밸브
③ 스톱밸브   ④ 필터

**해 스톱 밸브 (=차단밸브)**
- 유압파워유니트와 실린더 사이에 설치되는 수동 조작밸브
- 밸브를 닫으며 실린더의 기름이 파워유닛으로 역류하는 걸 막을 수 있음
- 불필요한 작동유의 유출을 방지 할 수 있음
- 승강기 유압장치 보수, 점검, 수리 시 사용됨

## 005

로프식 엘리베이터에서 도르래의 구조와 특징에 대한 설명으로 틀린 것은?

① 직경은 주로프의 50배 이상으로 하여야 한다.
② 주로프가 벗겨질 우려가 있는 경우에는 로프이탈방지장치를 설치하여야 한다.
③ 도르래 홈의 형상에 따라 마찰계수의 크기는 U홈 <언더커트홈 <V홈의 순이다.
④ 마찰계수는 도르래 홈의 형상에 따라 다르다.

**해** ▶ 권상도르래·풀리 또는 드럼과 현수로프의 공칭직경의 비는 40이상, 주택용의 경우 30이상

## 006

단식자동방식(single automatic)에 관한 설명 중 맞는 것은?

① 같은 방향의 호출은 등록된 순서에 따라 응답하면서 운행한다.
② 승강장 버튼은 오름, 내림 공용이다.
③ 주로 승객용에 사용된다.
④ 1개 호출에 의한 운행 중 다른 호출 방향이 같으면 응답한다.

**해 단식 자동식**
- 가장 먼저 누른 호출버튼에만 응답함
- 운전이 완료되기 전까지는 다른 호출에 응답하지 않음
- 화물용, 자동차용 등에 적합
▶ 승강장 버튼은 상향, 하향 구분 없이 하나로 사용함

## 007

**VVVF 제어란?**
① 전압을 변환시킨다.
② 주파수를 변환시킨다.
③ 전압과 주파수를 변환시킨다.
④ 전압과 주파수를 일정하게 유지시킨다.

**해 VVVF 제어방식**
- 가변전압 가변주파수 제어, 인버터 제어라고도 불림
- 교류 1단, 2단 속도제어 방식보다 소비 전력이 적다.
- 저속, 중속, 고속 관계없이 광범위한 속도 제어에 이용됨
- 워드 레오나드 방식에 비해 유지보수가 용이함
▶ VVVF 제어는 전압과 주파수를 변환시킴

## 008

**승강장의 문이 열린 상태에서 모든 제약이 해제되면 자동적으로 닫히게 하여 문의 개방상태에서 생기는 2차 재해를 방지하는 문의 안전장치는?**
① 시그널 컨트롤   ② 도어 컨트롤
③ 도어 클로저     ④ 도어 인터록

**해 도어클로저**
- 카가 승강장에 없을 때 승강장의 문이 자동으로 닫히게 하는 안전장치
- 도어클로저의 검사는 카 위에서 행함

## 009

**카가 어떤 원인으로 최하층을 통과하여 피트에 도달했을 때 카에 충격을 완화시켜 주는 장치는?**
① 완충기        ② 비상정지장치
③ 조속기        ④ 리미트 스위치

**해**
① 완충기 : 카가 어떤 원인에 의해 최하층을 지나 피트에 도달했을 때 충격을 완화시켜줌
② 비상정지장치 : 카가 급격하게 하강할 때 레일을 죄어서 카를 잡아줌
③ 과속조절기 (조속기) : 카가 운행시 정격속도를 초과할 경우 속도를 검출하여 전원을 차단하고 정지시킴
④ 리미트 스위치 : 승강기 운행 시 최상층이나 최하층을 지나쳐 충돌하는 것을 방지할 목적으로 설치됨
▶ 카가 최하층을 통과 했을 때 충격을 완화시켜주는 것은 완충기임

## 010

**카 문턱 끝과 승강로 벽과의 간격으로 알맞은 것은?** [법 개정 문제 - 내용 일부 수정]
① 11.5cm 이하    ② 15cm 이하
③ 17.5cm 이하    ④ 20cm 이하

**해** ▶ 승강로 내측과 카 문턱, 카 문틀 또는 카문의 닫히는 모서리 사이의 수평거리는 승강로 전체 높이에 걸쳐 0.15m 이하이어야 함

## 011

엘리베이터에 한국산업표준에 알맞은 유리를 사용할 경우 다음 중 적합한 것은?

[법 개정 문제 - 내용 일부 수정]

① 망유리  ② 강화유리
③ 접합유리  ④ 감광유리

**해** **엘리베이터 사용 유리판의 기준**
- 엘리베이터에 사용되는 유리는 KS L 2004에 적합한 접합유리만 사용가능 함
- 유리판 및 그 고정설비의 강도(0.3m × 0.3m 면적에 1,000N)에서 영구변형이 없도록 시공되어야 함
- 강화유리, 복층유리, 망유리는 엘리베이터에 사용 불가능 함
- 카 벽에 사용되는 평면 유리판에는 강화 접합유리, 접합유리가 있음

## 012

가이드 레일의 역할에 대한 설명 중 틀린 것은?

① 카와 균형추를 승강로 평면 내에서 일정 궤도상에 위치를 규제한다.
② 일반적으로 가이드 레일은 H형이 가장 많이 사용된다.
③ 카의 자중이나 화물에 의한 카의 기울어짐을 방지한다.
④ 비상 멈춤이 작동할 때의 수직하중을 유지한다.

**해** ▶ 가이드 레일은 T형이 가장 많이 사용 됨

## 013

에스컬레이터에 관한 설명 중 틀린 것은?

[법 개정 문제 - 내용 일부 수정]

① 1200형 에스컬레이터의 1시간당 수송인원은 9000명이다.
② 정격속도는 0.5m/s 이하로 되어 있다.
③ 승강 양정(길이)로 고양정은 10m 이상이다.
④ 경사도는 수평으로 25도 이내이어야 한다.

**해** ▶ 에스컬레이터의 경사도 : 30°를 초과하지 않아야함 (층고가 6m 이하이고, 공칭속도가 0.5m/s 이하인 경우 35°까지 증가시킬 수 있음)

## 014

전동 덤웨이터와 구조적으로 가장 유사한 것은?
① 수평보행기  ② 엘리베이터
③ 에스컬레이터  ④ 간이 리프트

**해** ▶ 간이 리프트 : 소형 화물을 이송하는 장치로 덤웨이터와 유사함

## 015

유압식 엘리베이터의 특징으로 틀린 것은?
① 기계실을 승강로와 떨어져 설치할 수 있다.
② 플런져에 스톱퍼가 설치되어 있기 때문에 오버헤드가 작다.
③ 적재량이 크고 승강행정이 짧은 경우에 유압식이 적당하다.
④ 소비전력이 비교적 작다.

**해** **유압식 엘리베이터의 특징**
- 유압식 엘리베이터 작동유의 온도 범위 : 5℃~60℃ 사이
- 장점 : 기계실의 배치가 자유롭고 승강로 상부에 여유가 없어도 됨
- 단점 : 균형추를 사용하지 않아 전동기의 전력소비가 크고 실린더를 사용하여 운행되기 때문에 행정거리와 속도에 제한이 있음

## 016

과부하 감지장치의 용도는?
① 속도 제어용    ② 과하중 경보용
③ 속도 변환용    ④ 종점 확인용

**해** **과부하 감지장치 (overload switch)**
- 카 내에 정격 적재하중 초과시 경보를 울리고 도어가 닫히지 않음
- 정격하중의 10%를 초과하지 않아야함
- 초과하중이 해소되기 전까지 계속 유지되어야함
- 오동작을 방지하기 위해 주행 중에는 무효화 되어야함
▶ 과부하 감지장치는 과하중 경보용 안전장치임

## 017

중속 엘리베이터의 속도는 몇 m/s인가?
[법 개정 문제 - 내용 일부 수정]
① 0.3m/s ~ 0.75m/s
② 0.75m/s ~ 1m/s
③ 1m/s ~ 4m/s
④ 4m/s ~ 6m/s

**해** **속도에 따른 승강기 분류**
- 저속 엘리베이터 : 0.75m/s 이하
- 중속 엘리베이터 : 1~4m/s
- 고속 엘리베이터 : 4~6m/s
- 초고속 엘리베이터 : 6m/s 이상

## 018

승강기의 "조속기" 란?
① 카의 속도를 검출하는 장치이다.
② 비상정지장치를 뜻한다.
③ 균형추의 속도를 검출한다.
④ 플런져를 뜻한다.

**해** **과속조절기 (조속기)**
- 카가 운행시 정격속도를 초과할 경우 속도를 검출하여 전원을 차단하고 정지시킴
- 정격속도의 115% 이상이 되면 비상정지장치 작동을 위해 조속기가 작동됨

## 019

안전사고의 발생요인으로 볼 수 없는 것은?
① 피로감   ② 임금
③ 감정   ④ 날씨

해 ▶ 임금은 안전사고의 발생요인으로 볼 수 없음

## 020

작업의 특수성으로 인해 발생하는 직업병으로서 작업 조건에 의하지 않은 것은?
① 먼지   ② 유해 가스
③ 소음   ④ 작업 자세

해 ▶ 작업자세는 작업의 특수성으로 인해 생기는 직업병으로 볼 수 없음

## 021

승강기 설치·보수작업에서 발생되는 위험에 해당되지 않는 것은?
① 물리적 위험   ② 접촉적 위험
③ 화학적 위험   ④ 구조적 위험

해 **위험의 종류**
- 기계적 위험
  - 접촉점 위험 : 협착, 끼임 등
  - 물리적 위험 : 추락, 낙하
  - 구조적 위험 : 절단, 파괴
- 전기적 위험 : 감전, 전기설비 누전 등으로 인한 화재
- 화학적 위험 : 인화성 물질의 폭팔, 유독가스 질식
- 작업적 위험 : 고층 작업 중 추락하는 경우
▶ 승강기 설치·보수작업에서는 기계적 위험, 전기적 위험, 작업적 위험이 주로 발생함

## 022

안전사고의 통계를 보고 알 수 없는 것은?
① 사고의 경향
② 안전업무의 정도
③ 기업이윤
④ 안전사고 감소 목표 수준

해 ▶ 안전사고의 통계로 기업이윤을 알 수 없음

## 023

승강기 관리주체가 행하여야 할 사항으로 틀린 것은?

① 안전(운행)관리자를 선임하여야 한다.
② 승강기에 관한 전반적인 관리를 하여야 한다.
③ 안전(운행)관리자가 선임되면 관리주체는 별다른 관리를 할 필요가 없다.
④ 승강기의 유지보수에 대한 위임 용역 및 감독을 하여야 한다.

**해** **관리주체의 준수사항**
- 안전관리자 선임
- 책임보험 가입
- 자체점검 등록
- 정기 안전검사 받기
- 검사 합격증명서 관리
▶ 관리주체는 안전관리자 선임 외에 준수해야 할 법정 사항들이 있음

## 024

인체의 전기저항에 대한 것으로 피부저항은 피부에 땀이 나 있는 경우는 건조 시에 비해 피부저항이 어떻게 되는가?

① 2배 증가
② 4배 증가
③ 1/12~1/20 감소
④ 1/25~1/30 감소

**해** **인체의 전기저항**
- 건조한 피부의 전기저항 : 약 2500Ω
- 땀이 나있는 경우 전기저항 : 건조한 상태의 1/12~1/20 정도로 감소함
- 물에 젖어있는 경우 전기저항 : 건조한 상태의 1/25정도로 감소함

## 025

재해 조사의 요령으로 바람직한 방법이 아닌 것은?

① 재해 발생 직후에 행한다.
② 현장의 물리적 증거를 수집한다.
③ 재해 피해자로부터 상황을 듣는다.
④ 의견 충돌을 피하기 위하여 반드시 1인이 조사하도록 한다.

**해** **재해조사 요령**
- 재해 발생 직후에 실시함
- 현장의 물리적 증거를 수집함
- 재해 피해자로부터 상황을 들음
- 판단하기 어려운 특수재해의 경우 전문가에게 조사를 의뢰함
▶ 일반적으로 재해조사는 2인 이상으로 함

## 026

전기감전에 의하여 넘어진 사람에 대한 중요관찰사항과 거리가 먼 것은?

① 의식 상태
② 호흡 상태
③ 맥박 상태
④ 골절 상태

**해** ▶ 추락 시 중요 관찰사항 : 골절 상태

## 027

사업장에서 승강기의 조립 또는 해체작업을 할 때 조치하여야 할 사항과 거리가 먼 것은?

① 작업을 지휘하는 자를 선임하여 지휘자의 책임 하에 작업을 실시할 것
② 작업 할 구역에는 관계근로자외의 자의 출입을 금지시킬 것
③ 기상상태의 불안정으로 인하여 날씨가 몹시 나쁠 때에는 그 작업을 중지시킬 것
④ 사용자의 편의를 위하여 야간작업을 하도록 할 것

해 ▶ 야간작업 시 안전사고 발생 위험이 높아지기 때문에 승강기 조립/해체작업을 할 때 해당되는 조치 사항이 아님

## 028

재해원인의 분류에서 불안정한 상태(물적원인)가 아닌 것은?

① 안전방호장치의 결함
② 작업환경의 결함
③ 생산공정의 결함
④ 불안전한 자세 결함

해 **재해의 직접원인**
- 물적원인(불안정한 상태) : 안전방호장치 결함, 물체 자체 결함, 물체의 보관 및 작업환경 결함, 생산공정의 결함, 보호구 및 복장의 결함, 작업환경의 결함
- 인적원인(불안정한 행동) : 안전작업에 대한 지식 결여, 보호구 및 복장의 결함, 위험한 장소의 접근, 위험한 상태로 조작
▶ 불안전한 자세 결함은 인적원인(불안정한 행동)에 해당됨

## 029

간접식 유압엘리베이터의 특징이 아닌 것은?

① 실린더를 설치하기 위한 보호관이 필요하지 않다.
② 실린더 점검이 용이하다.
③ 비상정지장치가 필요하다.
④ 로프의 늘어짐과 작동유의 압축성 때문에 부하에 의한 카 바닥의 빠짐이 비교적 적다.

해 **직접식 유압 엘리베이터**
- 램 또는 실린더가 카 또는 슬링에 직접 연결되어 있는 형태
- 비상정지장치가 필요 없음
- 구조가 간단하며 승강로의 공간 면적이 작음
- 실린더를 설치하기 위해 보호관을 땅 속에 묻어야 해서 설치와 점검이 어려움

**간접식 유압 엘리베이터**
- 램 또는 실린더가 로프 또는 체인과 같은 현수수단에 의해 카 또는 슬링에 연결되어 있는 형태
- 비상정지장치가 필요함
- 승강로는 실린더를 수용할 부분만큼 면적이 더 커짐
- 실린더를 설치하기 위한 보호관이 필요 없음
- 실린더의 점검이 용이함

## 030

**승강기의 문(Door)에 관한 설명 중 틀린 것은?**

① 문 닫힘 도중에도 승강장의 버튼을 동작시키면 다시 열려야 한다.
② 문이 완전히 열린 후 최소 일정 시간 이상 유지되어야 한다.
③ 착상구역 이외의 위치에서는 카 내의 문 개방 버튼을 동작시켜도 절대로 개방되지 않아야 한다.
④ 문이 일정 시간 후 닫히지 않으면 그 상태를 계속 유지하여야 한다.

**해** **도어클로저**
- 카가 승강장에 없을 때 승강장의 문이 자동으로 닫히게 하는 안전장치
▶ 문이 일정시간 후 닫히지 않으면 도어 클로저에 의해 문이 닫혀야함

## 031

**로프식 엘리베이터의 카 틀에서 브레이스로드의 분담 하중은 대략 어느 정도 되는가?**

① 1/8  ② 3/8  ③ 1/3  ④ 1/16

**해** ▶ 일반적으로 카 틀에는 브레이스 로드를 설치하며, 이로 인해 하부 체대에 받는 힘의 3/8 정도가 기둥 또는 상부 체대에 분포됨

## 032

**승강장 도어 문턱과 카 문턱과의 수평거리는 몇 mm 이하여야 하는가?**

① 125  ② 120  ③ 50  ④ 35

**해** ▶ 카문의 문턱과 승강장문의 문턱 사이의 수평 거리 : 35mm 이하

## 033

**에스컬레이터의 디딤판과 스커트 가드와의 틈새는 양쪽 모두 합쳐서 최대 얼마이어야 하는가?**

① 5mm 이하   ② 7mm 이하
③ 9mm 이하   ④ 10mm 이하

**해** ▶ 디딤판(스텝)과 스커트가드 틈새는 각 측면에서 4mm 이하여야하며, 양 측면에서 측정된 틈새의 합은 7mm 이하이어야 함

## 034

조속기(GOVERNOR)의 작동상태를 잘못 설명한 것은?

① 카가 하강 과속하는 경우에는 일정 속도를 초과하기 전에 조속기 스위치가 동작해야 한다.
② 조속기의 캣치는 일단 동작하고 난 후 자동으로 복귀되어서는 안 된다.
③ 조속기의 스위치는 작동 후 자동 복귀된다.
④ 조속기 로프가 장력을 잃게 되면 전동기의 주회로를 차단시키는 경우도 있다.

**해** ▶ 과속조절기(조속기)는 정격속도의 115% 이상의 속도에서 작동되며 스위치 작동 후에는 수동으로 복귀시킴

## 035

다음 중 엘리베이터 감시반에 필요하지 않은 장치는?

① 현재 엘리베이터의 하중 표시장치
② 현재 엘리베이터의 운행방향 표시장치
③ 현재 엘리베이터의 위치 표시장치
④ 엘리베이터의 이상 유무 확인 표시장치

**해** ▶ 엘리베이터 감시반에는 운행방향, 위치, 이상 유무를 표시하며 하중은 표시하지 않음

## 036

조속기의 보수점검 등에 관한 사항과 거리가 먼 것은?

① 층간 정지 시, 수동으로 돌려 구출하기 위한 수동핸들의 작동검사 및 보수
② 볼트, 너트, 핀의 이완 유무
③ 조속기 시브와 로프 사이의 미끄럼 유무
④ 과속스위치 점검 및 작동

**해** ▶ 수동핸들은 비상운전 시 수동으로 카를 움직이는 비상용 기구류로 조속기와는 거리가 멂

## 037

비상용승강기는 화재발생시 화재 진압용으로 사용하기 위하여 고층빌딩에 많이 설치하고 있다. 비상용승강기에 반드시 갖추지 않아도 되는 조건은?

① 비상용 소화기
② 예비전원
③ 전용 승강장 이외의 부분과 방화구획
④ 비상운전 표시등

**해** ▶ 소방구조용 엘리베이터(비상용승강기)는 화재 등 비상 상황에서 소방관의 구조 활동에 용이하도록 설치된 승강기로 소화기 구비와는 무관함

## 038

정전 시 카 내부에 있는 비상통화장치의 작동 버튼에는 몇 lx 이상의 조도가 비춰져야 하는가? [법 개정 문제 - 내용 일부 수정]

① 100lx  ② 50lx  ③ 10lx  ④ 5lx

**해** 조명장치
- 카에는 자동으로 재충전되는 비상전원공급장치에 의해 5lx 이상의 조도로 1시간 동안 전원이 공급되는 비상등이 있어야 함
- 정상 조명전원이 차단되면 즉시 자동으로 점등되어야 함
- 비상등 조명 장소
  - 카 내부 및 카 지붕에 있는 비상통화장치의 작동 버튼
  - 카 바닥 위 1 m 지점의 카 중심부
  - 카 지붕 바닥 위 1 m 지점의 카 지붕 중심부

## 039

에스컬레이터 승강장의 주의표지판에 대한 설명 중 옳은 것은?

① 주의표지판은 충격을 흡수하는 재질로 만들어야 한다.
② 주의표지판은 영문으로 읽기 쉽게 표기되어야 한다.
③ 주의표지판의 크기는 80mm X 80mm 이하의 그림으로 표시되어야 한다.
④ 주의표지판의 바탕은 흰색, 도안은 흑색, 사선은 적색이다.

**해** 에스컬레이터 출입구 근처 안전 표시
- 표시판은 견고한 재질로 만들어야 함
- 승강장에서 잘 보이는 곳에 확실히 부착되어야 함
- 80mm×100mm 이상의 크기로 표시되어야 함
- 명확하게 읽을 수 있는 한글로 작성되어야 함
- 필요시 다른 언어 병행 표기는 가능하나 기본 표시는 반드시 한글이어야 함
- 주의 표시판 바탕은 흰색, 원 바탕은 황색, 도안은 흑색, 사선은 적색임

## 040

실린더를 검사하는 것 중 해당하지 않는 것은?

① 패킹으로부터 누유된 기름을 제거하는 장치
② 공기 또는 가스의 배출구
③ 더스트 와이퍼의 상태
④ 압력배관의 고무호스는 여유가 있는지의 상태

해 **실린더 구성**
- 더스트 와이퍼 : 플런저 표면에 있는 이물질이 실린더 내부로 유입되는 것을 차단함
- 패킹 : 플런저와 접동하면서 오일을 밀봉함
▶ 압력배관은 펌프의 출구~실린더 입구까지의 배관임

## 041

가이드 레일의 보수 점검 항목이 아닌 것은?

① 브래킷 취부의 앵커 볼트 이완상태
② 레일 및 브래킷의 오염상태
③ 레일의 급유상태
④ 레일길이의 신축상태

해 ▶ 가이드 레일 길이의 신축상태는 점검 항목이 아님

## 042

보수 기술자의 올바른 자세로 볼 수 없는 것은?

① 신속, 정확 및 예의 바르게 보수 처리한다.
② 보수를 할 때는 안전기준보다는 경험을 우선시한다.
③ 항상 배우는 자세로 기술향상에 적극노력한다.
④ 안전에 유의하면서 작업하고 항상 건강에 유의한다.

해 ▶ 보수 시 안전기준을 우선으로 해야 함

## 043

조속기로프의 공칭직경은 몇 mm 이상이어야 하는가?

① 5　　② 6　　③ 7　　④ 8

해 ▶ 조속기 로프의 공칭 직경 : 6mm 이상

## 044

유압잭의 부품이 아닌 것은?

① 사이렌서　　② 플런저
③ 패킹　　　  ④ 더스트 와이퍼

해 **유압잭**
- 유압을 이용하여 중량물을 들어 올리는 기계
- 플런저, 실린더, 패킹, 더스트 와이퍼 등으로 구성됨
▶ 사일렌서는 압력맥동을 흡수하여 진동, 소음을 감소시키는 장치임

## 045

전기식 엘리베이터에서 자체점검주기가 가장 긴 것은? [법 개정 문제]
① 권상기의 감속기어  ② 권상기 베어링
③ 수동조작핸들  ④ 고정도르래

**해 엘리베이터 자체점검 기준**

| 점검내용 | 점검방법 | 점검주기 (회/월) |
|---|---|---|
| 감속기 윤활유의 유량 및 노후상태 | 육안 | 1/3 |
| 감속기 및 관련 부품의 노후 및 작동상태 | 육안 | 1/1 |
| 감속기 이상 소음 및 진동 발생상태 | 육안 | 1/3 |
| 베어링 및 관련 부품의 노후·작동상태 | 육안 | 1/1 |
| 베어링 이상 소음 및 진동 발생상태 | 육안 | 1/3 |
| 수동 비상운전수단의 설치 및 작동상태 | 시험 | 1/1 |
| 권상도르래의 마모상태 | 측정 | 1/1 |

## 046

정격속도 1m/s를 초과하는 엘리베이터에 사용되는 비상정지장치의 종류는?
[법 개정 문제 - 내용 일부 수정]
① 점차작동형  ② 즉시작동형
③ 디스크작동형  ④ 플라이볼작동형

**해 정격속도 별 비상정지장치**

| 정격속도 | 1m/s 이하 | 1m/s 초과 |
|---|---|---|
| 추락방지장치 | 즉시 작동형 | 점차 작동형 |

## 047

운동을 전달하는 장치로 옳은 것은?
① 절이 왕복하는 것을 레버라 한다.
② 절이 요동하는 것을 슬라이더라 한다.
③ 절이 회전하는 것을 크랭크라 한다.
④ 절이 진동하는 것을 캠이라 한다.

**해 링크의 구성**
- 레버 : 요동운동 하는 링크
- 슬라이더 : 미끄럼운동 하는 링크
- 크랭크 : 회전운동 하는 링크
- 고정절 : 고정링크

## 048

헬리컬 기어의 설명으로 적절하지 않은 것은?
① 진동과 소음이 크고 운전이 정숙하지 않다.
② 회전시에 축압이 생긴다.
③ 스퍼기어보다 가공이 힘들다.
④ 이의 물림이 좋고 연속적으로 접촉한다.

**해 헬리컬기어**
- 순차적으로 기어가 맞물리기 때문에 부드럽고 조용함
- 닿는 면적이 넓어 힘이 강함
- 가격이 비쌈

## 049

평행판 콘덴서에 있어서 콘덴서의 정전용량은 판 사이의 거리와 어떤 관계인가?
① 반비례       ② 비례
③ 불변         ④ 2배

**해 콘덴서**
평행판 콘덴서의 정전용량 : $C = \dfrac{\varepsilon A}{d}$

($\varepsilon$ : 유전율, A : 단면적, d : 극판사이 거리)
▶ 콘덴서 정전용량은 극판사이 거리와 반비례함

## 050

복활차에서 하중W인 물체를 올리기 위해 필요한 힘(P)은?(단, n은 동활차의 수이다.)
① $P = W + 2^n$    ② $P = W - 2^n$
③ $P = W \times 2^n$    ④ $P = W/2^n$

**해 도르래 활차 종류**
- 정활차 : $W = P$  힘의 방향을 바꿈
- 동활차 : $W = 2P$,    $P = \dfrac{1}{2}W$
  절반(1/2)의 힘으로 하중을 듦
- 복활차 : $W = 2^n P$,   $P = \dfrac{1}{2^n}W$
  (n : 동활차수)

## 051

유도 전동기의 동기 속도는 무엇에 의하여 정하여 지는가?
① 전원의 주파수와 전동기의 극수
② 전력과 저항
③ 전원의 주파수와 전압
④ 전동기의 극수와 전류

**해 동기 속도($N_s$)**
$N_s = \dfrac{120f}{p}$ [rpm]  (f : 주파수, p : 극수)

## 052

반지름 r(m), 권수 N의 원형 코일에 I(A)의 전류가 흐를 때 원형 코일 중심전의 자기장의 세기(AT/m)는?

① $\dfrac{NI}{r}$   ② $\dfrac{NI}{2r}$

③ $\dfrac{NI}{2\pi r}$   ④ $\dfrac{NI}{4\pi r}$

**해** 원형코일 중심점의 자기장 세기

$$H = \dfrac{NI}{2r}\,[\text{AT}/\text{m}]$$

## 053

유도전동기에서 슬립이 1이란 전동기의 어느 상태인가?
① 유도 제동기의 역할을 한다.
② 유도 전동기가 전부하 운전 상태이다.
③ 유도 전동기가 정지 상태이다.
④ 유도 전동기가 동기속도로 회전한다.

**해** 유도전동기 슬립(s)

$$s = \dfrac{N_s - N}{N_s} = \dfrac{\text{동기속도} - \text{회전속도}}{\text{동기속도}} \times 100\,[\%]$$

- 유도전동기 동기속도로 회전 시
  $(N = N_s) \quad s = 0$
- 유도전동기 정지 시
  $(N = 0) \quad s = 1$

▶ 유도전동기 정지 시 슬립이 1임

## 054

물체에 하중이 작용할 때, 그 재료 내부에 생기는 저항력을 내력이라 하고 단위면적당 내력의 크기를 응력이라 하는데 이 응력을 나타내는 식은?

① 단면적/하중   ② 하중/단면적
③ 단면적×하중   ④ 하중－단면적

**해** 응력(stress)
- 단위면적 당 하중
- 응력 $(\sigma) = \dfrac{\text{하중}\,[\text{kgf}]}{\text{단면적}\,[\text{cm}^2]}$
- 단위 $\text{kg}/\text{cm}^2$

## 055

유도전동기의 속도제어방법이 아닌 것은?
① 전원 전압을 변화시키는 방법
② 극수를 변화시키는 방법
③ 주파수를 변화시키는 방법
④ 계자저항을 변화시키는 방법

**해** 유도전동기 속도제어방법
- 1차 주파수 제어법 : 주파수를 변화시켜 속도를 제어함. 인버터를 사용
- 2차 여자제어법 : 2차 여자전압을 제어하여 속도를 제어함
- 2차 저항제어법 : 비례추이 원리로 저항값을 조정하여 속도를 제어함
- 극수제어법 : 극수를 변화시켜 속도를 제어함

▶ 계자제어법은 직류전동기 속도제어법임

## 056

다음 중 교류전동기는?
① 분권전동기     ② 타여자전동기
③ 유도전동기     ④ 차동복권전동기

**해** 직류전동기 종류
- 직권 전동기
- 분권 전동기
- 타여자 전동기
- 가동복권 전동기

교류전동기 종류
- 유도전동기
- 동기전동기

## 057

자동제어계의 상태를 교란시키는 외적인 신호는?
① 제어량     ② 외란
③ 목표량     ④ 피드백신호

**해** 제어의 요소
- 제어량 : 제어 대상에 속하는 양
- 조작량 : 제어요소가 제어 대상에 주는 양. 변화시키는 양
- 목표값 : 제어량이 값을 갖도록 외부에서 제어계에 주어지는 값
- 제어대상 : 시스템에서 제어의 대상이 되는 것
- 외란 : 외부에서 가해지는 신호. 제어량 값을 변화시키는 요소

## 058

50μF의 콘덴서에 200V, 60Hz의 교류 전압을 인가했을 때, 흐르는 전류(A)는?
① 약 2.56     ② 약 3.77
③ 약 4.56     ④ 약 5.28

**해** 용량성 리액턴스

$$X_C = \frac{1}{wC} = \frac{1}{2\pi fC}$$

$$X_C = \frac{V}{I}$$ 이므로

$$I = \frac{V}{X_C} = \frac{V}{\frac{1}{2\pi fC}} = 2\pi fCV$$

$2 \times 3.14 \times 60 \times 50 \times 10^{-6} \times 200 = 3.768$

## 059

영(Young)율이 커지면 어떠한 특성을 보이는가?
① 안전하다.     ② 위험하다.
③ 늘어나기 쉽다.  ④ 늘어나기 어렵다.

**해** 영(Young)율
물체의 늘어짐 정도와 변형되는 정도를 나타내는 탄성률
▶ 영율이 커질수록 늘어나기 어려움

## 060

와이어 로프의 사용 하중이 5000kgf이고, 파괴하중이 25000kgf일 때 안전율은?
① 2.5     ② 5.0     ③ 0.2     ④ 0.5

**해** 허용응력 및 안전율
- 허용응력 식 : $\sigma perm = \frac{Rm}{St}$

  ($\sigma perm$ : 허용 응력, Rm : 인장강도, St : 안전율)

- 안전율 = $\frac{인장강도(극한강도)}{허용응력} = \frac{25000}{5000} = 5$

# 15년 과년도 기출문제 4회

### 001

에스컬레이터의 핸드레일(Hand Rail)의 속도는 어떻게 하고 있는가?
[법 개정 문제 - 내용 일부 수정]

① 0.5m/s 이하로 하고 있다.
② 0.75m/s 이하로 하고 있다.
③ 발판(step)속도의 2/3 정도로 하고 있다.
④ 발판(step)속도와 같게 하고 있다.

해 **손잡이(핸드레일)**
- 에스컬레이터 또는 무빙워크를 사용하는 동안 손으로 잡을 수 있는 전동식 이동 레일
- 디딤판과 같은 방향, 속도로 움직임 (속도 0%에서 +2%의 허용오차)
- 손잡이는 운행방향의 반대편에서 450N의 힘으로 당겨도 정지되지 않아야 함

### 002

유압식 승강기의 종류를 분류할 때 적합하지 않은 것은?
① 직접식   ② 간접식
③ 팬터그래프식   ④ 밸브식

해 **유압식**
- 직접식 : 램 또는 실린더가 카에 직접 연결되어 운행하는 방식
- 간접식 : 램이나 실린더가 로프 또는 체인에 의해 카에 연결되어 운행하는 방식
- 팬더그래프식 : 유압피스톤으로 팬터그래프를 움직여 운행하는 방식

### 003

다음 중 엘리베이터 도어용 부품과 거리가 먼 것은?
① 행거롤러   ② 업스러스트롤러
③ 도어레일   ④ 가이드롤러

해 ▶ 가이드슈(가이드롤러)는 카 또는 균형추를 레일에 안내하기 위한 장치이기 때문에 도어용 부품과는 관련이 없음

### 004

균형로프(Compensating Rope)의 역할로 적합한 것은?
① 카의 낙하를 방지한다.
② 균형추의 이탈을 방지한다.
③ 주로프와 이동케이블의 이동으로 변화된 하중을 보상한다.
④ 주로프가 열화되지 않도록 한다.

해 **균형체인(균형로프)**
- 카와 균형추에 연결되어 무게 불균형을 보상함
- 승강로가 긴 경우 로프를 사용함 (균형로프)
- 카의 위치 변화에 따라 주로프의 무게 차가 생겨 카와 균형추의 무게불균형 변동이 크게 되었을 때 이를 보상하는 역할을 함

## 005

교류 2단속도 제어에 관한 설명으로 틀린 것은?

① 기동시 저속권선 사용
② 주행시 고속권선 사용
③ 감속시 저속권선 사용
④ 착상시 저속권선 사용

해 ▶ 교류2단 제어방식 : 고속권선으로 기동/주행, 저속권선으로 감속/착상하여 속도를 제어하는 방식

## 006

주차구획을 평면상에 배치하여 운반기의 왕복 이동에 의하여 주차를 행하는 방식은?

① 평면 왕복식   ② 다층 순환식
③ 승강기식     ④ 수평 순환식

해 입체주차설비
- 평면왕복 : 주차구획이 여러층으로 배치되어있음. 각층간 리프트의 승강으로 운행되며, 운반기(카트)의 평면 왕복작동으로 운반됨.
- 다층순환식 : 주차구획을 여러 층으로 된 공간에 위, 아래, 수평으로 주차구획을 이동하여 자동차가 운반됨.
- 승강기식 : 주차 구획이 여러 층으로 배치되어있으며 케이지를 통해 차량이 상하로 운반됨.
- 수평순환식 : 주차구획을 2열 혹은 그 이상으로 배치하여 수평으로 순환 이동시키는 주차장치

## 007

승객용 엘리베이터의 적재하중 및 최대정원을 계산할 때 1인당 하중의 기준은 몇 kg 인가? [법 개정 문제 - 내용 일부 수정]

① 63   ② 65   ③ 67   ④ 75

해 승강기 최대 정원

$$정원 = \frac{정격하중}{75}$$

(승강기 정원 기준 1명당 75kg)

## 008

가변 전압 가변 주파수(VVVF) 제어방식에 관한 설명 중 틀린 것은?

① 고속의 승강기까지 적용 가능하다.
② 저속의 승강기에만 적용하여야 한다.
③ 직류 전동기와 동등한 제어 특성을 낼 수 있다.
④ 유도 전동기의 전압과 주파수를 변환시킨다.

해 VVVF 제어방식
- 가변전압 가변주파수 제어, 인버터 제어라고도 불림
- 교류 1단, 2단 속도제어 방식보다 소비 전력이 적다.
- 저속, 중속, 고속 관계없이 광범위한 속도 제어에 이용됨
- 워드 레오나드 방식에 비해 유지보수가 용이함

## 009

레일의 규격호칭은 소재 1m 길이 당 중량을 라운드 번호로 하여 레일에 붙여 쓰고 있다. 일반적으로 쓰이고 있는 T형 레일의 공칭이 아닌 것은?

① 8K레일　　② 13K레일
③ 16K레일　④ 24K레일

**해** 가이드레일
- 규격 : 8K, 13K, 18K, 24K, 30K
- K는 kg을 의미하며 숫자는 1m당 대략적인 무게를 나타냄
- 레일의 표준길이 : 5m

## 010

엘리베이터 기계실에 관한 설명으로 틀린 것은?　　　　　　　　　[법 개정 문제]

① 기계실이 정상부에 위치한 경우 꼭대기 틈새의 높이는 2m 이상의 높이를 두어야 한다.
② 기계실의 크기는 승강로 수평투영면적의 2배 이상으로 하는 것이 적합하다.
③ 기계실의 위치는 반드시 정상부에 위치하지 않아도 된다.
④ 기계실이 있는 경우 기계실의 크기는 승강로의 크기와 같아야 한다.

**해** 기계실 안전사항
- 보호되지 않은 회전부품 위로 유효 수직거리 : 0.3m 이상

기계실 크기
- 작업구역의 유효 높이 : 2.1m 이상
- 유효 수평면적(깊이) : 0.7m 이상
- 유효 수평면적(폭) : 제어반 폭이 0.5m 미만인 경우 0.5m, 제어반 폭이 0.5m 이상인 경우 제어반 폭
- 움직이는 부품의 점검 및 유지관리 업무 작업구역 크기 : 0.5m × 0.6m 이상

## 011

유압 엘리베이터의 압력 릴리프 밸브는 압력을 전부하압력의 몇 % 까지 제한하도록 맞추어 조절해야 하는가?

① 115　② 125　③ 140　④ 150

**해** 릴리프밸브
- 유체를 배출함으로써 미리 설정된 값 이하로 압력을 제한
- 펌프와 체크밸브 사이의 회로에 연결
- 밸브가 열리면 작동유는 탱크로 되돌려 보내져야함
- 전 부하 압력의 140%까지 제한하도록 맞추어 조절되어야함

## 012

승강기에 사용하는 가이드 레일 1본의 길이는 몇 m로 정하고 있는가?

① 1　② 3　③ 5　④ 7

**해** ▶ 가이드레일의 표준길이 : 5m

## 013

기계실의 작업구역에서 유효 높이는 몇 m 이상으로 하여야 하는가?
[법 개정 문제 - 내용 일부 수정]

① 1.8　② 2.1　③ 2.5　④ 3

**해** ▶ 기계실 작업구역의 유효 높이 : 2.1m 이상

## 014

정지로 작동시키면 승강기의 버튼등록이 정지되고 자동으로 지정 층에 도착하여 운행이 정지 되는 것은?
① 리미트 스위치  ② 슬로다운 스위치
③ 파킹 스위치    ④ 피트 정지 스위치

**해 파킹스위치(휴지스위치)**
승강기를 사용하지 않을 경우 파킹스위치를 켜면 자동으로 승강장의 모든 호출신호는 사라지고, 카 내의 행선신호만 서비스한 후 기준층으로 돌아와서 운행이 중지됨

## 015

엘리베이터 완충기에 대한 설명으로 적합하지 않는 것은?
① 정격속도 1m/s이하의 엘리베이터에 스프링 완충기를 사용하였다.
② 정격속도 1m/s초과의 엘리베이터에 유입완충기를 사용하였다.
③ 유입완충기의 플런저 복귀시험은 완전히 압축한 상태에서 완전 복귀할 때까지의 시간은 120초 이하이다.
④ 유입 완충기에서 최소적용중량은 카 자중 + 적재하중으로 한다.

**해** ▶ 완충기 최소적용중량 : 카 자중+75[kgf]
완충기 최대적용중량 : 카 자중+적재하중[kgf]

## 016

에스컬레이터의 역회전 방지장치가 아닌 것은?
① 구동체인 안전장치  ② 기계 브레이크
③ 조속기             ④ 스커드 가드

**해 스커트가드 안전장치**
에스컬레이터의 스커트 가드판과 스텝 사이에 인체의 일부나 옷, 신발 등이 끼었을 때 에스컬레이터를 정지시키는 안전장치
▶ 에스컬레이터 역회전 방지장치 : 구동체인 안전장치, 과속조절기(조속기), 기계 브레이크 등

## 017

로프이탈방지장치를 설치하는 목적으로 부적절한 것은?
① 급제동시 진동에 의해 주로프가 벗겨질 우려가 있는 경우
② 지진의 진동에 의해 주로프가 벗겨질 우려가 있는 경우
③ 기타의 진동에 의해 주로프가 벗겨질 우려가 있는 경우
④ 주로프의 파단으로 이탈할 경우

**해** ▶ 로프이탈방지장치 : 승강기 급제동 시 진동에 의해 주로프가 벗겨질 경우를 대비하여 설치

## 018

평면의 디딤판을 동력으로 오르내리게 한 것으로, 경사도가 12°이하로 설계된 것은?
① 에스컬레이터  ② 무빙워크
③ 경사형 리프트  ④ 덤웨이터

해 ▶ 무빙워크의 경사도 12° 이하

## 019

카내에 승객이 갇혔을 때의 조치할 내용 중 부적절한 것은?
① 우선 인터폰을 통해 승객을 안심시킨다.
② 카의 위치를 확인한다.
③ 층 중간에 정지하여 구출이 어려운 경우에는 기계실에서 정지층에 위치하도록 권상기를 수동으로 조작한다.
④ 반드시 카 상부의 비상구출구를 통해서 구출한다.

해 ▶ 카 상부 뿐 아니라 카 벽에도 비상구출구가 있기 때문에 반드시 카 상부를 통해서만 구출할 필요는 없음

## 020

높은 열로 전선의 피복이 연소되는 것을 방지하기 위해 사용되는 재료는?
① 고무  ② 석면  ③ 종이  ④ PVC

해 ▶ 석면은 절연성, 내연성을 지닌 재료로 불에 타지 않기 때문에 전선의 피복이 연소되는 것을 방지하기 위한 목적으로 사용됨
ex) 실리콘석면전선

## 021

승강기 안전점검에서 신설·변경 또는 고장수리 등 작업을 한 후에 실시하는 것은?
① 사전점검  ② 특별점검
③ 수시점검  ④ 정기점검

해 **안전점검 종류**
- 정기점검 : 일정 기간을 정해두고 정기적으로 실시하는 점검
- 수시점검 : 일상점검이라고도 하며 작업 전·중·후에 수시로 하는 점검
- 특별점검 : 기계·기구의 신설·변경 또는 고장수리 작업 후에 실시하는 점검
- 임시점검 : 기계설비에 이상 발견 시 실시하는 점검

## 022

작업표준의 목적이 아닌 것은?
① 작업의 효율화  ② 위험요인의 제거
③ 손실요인의 제거  ④ 재해책임의 추궁

해 ▶ 재해의 책임을 추궁하는 것은 작업표준의 목적이 아님

## 023

감전의 위험이 있는 장소의 전기를 차단하여 수선, 점검 등의 작업을 할 때에는 작업 중 스위치에 어떤 장치를 하여야 하는가?
① 접지장치  ② 복개장치
③ 시건장치  ④ 통전장치

해 ▶ 감전 위험이 있는 설비에는 잠금장치와 같은 시건장치를 설치하여 위험을 예방해야함

## 024

방호장치에 대하여 근로자가 준수할 사항이 아닌 것은?

① 방호장치에 이상이 있을 때 근로자가 즉시 수리한다.
② 방호장치를 해체하고자 할 경우에는 사업주의 허가를 받아 해체한다.
③ 방호장치의 해체 사유가 소멸된 때에는 지체없이 원상으로 회복시킨다.
④ 방호장치의 기능이 상실된 것을 발견하면 지체없이 사업주에게 신고한다.

**해 방호장치**
- 방호장치를 해체하고자 할 시 사업주의 허가를 받아야 함
- 방호장치의 해체 사유가 소멸될 시 즉시 원상으로 회복시켜야함
- 방호장치 기능이 상실될 경우 즉시 사업주에게 신고해야함
- 사업주는 방호장치의 결함이 발견된 경우 반드시 정비한 후에 근로자가 사용하도록 해야 함
- 사업주는 결함에 대한 정비가 완료될 때까지 해당 기계의 사용을 금지하여야 함
▶ 방호장치 이상이 있을 시 즉시 사업주에게 신고해야하며, 근로자가 직접 수리하면 안 됨

## 025

전류의 흐름을 안전하게 하기 위하여 전선의 굵기는 가장 적당한 것으로 선정하여 사용하여야 한다. 전선의 굵기를 결정하는 요인으로 다음 중 거리가 가장 먼 것은?

① 전압 강하    ② 허용 전류
③ 기계적 강도   ④ 외부 온도

**해 전선의 굵기 선정 3요소**
- 허용전류
- 전압강하
- 기계적 강도

## 026

승강기 관리주체의 의무사항이 아닌 것은?
① 승강기 완성검사를 받아야 한다.
② 자체점검을 받아야한다.
③ 승강기의 안전에 관한 일상관리를 하여야한다.
④ 승강기의 안전에 관한 보수를 하여야한다.

**해** ▶ 완성검사(설치검사)는 승강기 설치를 끝낸 후 실시하는 검사로 승강기 제조·수입 업자가 받는 검사임

## 027

재해원인의 분석방법 중 개별적 원인 분석은?
① 각각의 재해원인을 규명하면서 하나하나 분석하는 것이다.
② 사고의 유형, 기인물 등을 분류하여 큰 순서대로 도표화하는 것이다.
③ 특성과 요인관계를 도표로 하여 물고기 모양으로 세분화 하는 것이다.
④ 월별 재해 발생수를 그래프화 하여 관리선을 선정하여 관리하는 것이다.

**해** 재해 원인의 분석방법
- 개별적 원인분석
  - 개개의 재해요인을 상세하게 분석하고 규명하여 근본적인 해결법을 찾음
  - 재해요인은 분석하는 과정에서 문제점을 발견할 가능성이 있음
  - 재해발생 건수가 적은 중소 사업장에 적용함
- 통계적 원인분석
  - 개별적 원인분석 자료들을 활용하여 각 재해별 상호관계와 분포상태를 분석함
  - 빈번히 발생하는 재해 요인들을 발견할 수 있음
  - 원인 요소들을 토대로 재해 예방, 방지에 활용 할 수 있음

## 028

합리적인 사고의 발견방법으로 타당하지 않은 것은?
① 육감진단    ② 예측진단
③ 장비진단    ④ 육안진단

**해** ▶ 육감진단은 합리적인 사고의 발견 방법과 거리가 멂

## 029

피트에서 하는 검사가 아닌 것은?
① 완충기의 설치상태
② 하부 화이널리미트 스위치류 설치상태
③ 균형로프 및 부착부 설치상태
④ 비상구출구 설치상태

**해** 피트 내에서 행하는 검사
- 누수 및 청결상태
- 하부 리미트 스위치류
- 완충기
- 완충기와 카 및 균형추의 거리
- 이동 케이블
- 과속조절기 로프 인장 상태
- 피트의 피난공간 및 틈새
▶ 비상구출구 설치상태는 카 상부에서 행하는 검사임

## 030

전기식 엘리베이터 자체점검 항목 중 점검주기가 가장 긴 것은? [법 개정 문제]

① 권상기 감속기어의 윤활유(Oil) 누설유무 확인
② 비상정지장치 스위치의 기능상실 유무 확인
③ 승장버튼의 손상 유무 확인
④ 이동케이블의 손상 유무 확인

**해 엘리베이터 자체점검 기준**

| 점검내용 | 점검방법 | 점검주기 (회/월) |
|---|---|---|
| 감속기 윤활유의 유량 및 노후상태 | 육안 | 1/3 |
| 추락방지안전장치 설치 및 작동상태 | 시험 | 1/1 |
| 승강장 호출버튼의 작동상태 | 시험 | 1/1 |
| 전기배선(이동케이블 등) 설치 및 손상상태 | 육안 | 1/3 |

## 031

다음 중 조속기의 형태가 아닌 것은?
① 롤 세이프티(Roll Safety)형
② 디스크(Disk)형
③ 플라이 볼(Fly Ball)형
④ 카(Car)형

**해 과속조절기(조속기)종류**
- 롤 세이프티형 (마찰정지형) : 저속 엘리베이터에 주로 사용됨
- 플라이볼형 : 고속엘리베이터에 주로 사용됨
- 디스크형 : 중저속 엘리베이터에 주로 사용됨

## 032

다음 중 에스컬레이터의 일반구조에 대한 설명으로 틀린 것은?
[법 개정 문제 - 내용 일부 수정]

① 일반적으로 경사도는 30도 이하로 하여야 한다.
② 핸드레일의 속도가 디딤바닥과 동일한 속도를 유지하도록 한다.
③ 디딤바닥의 정격속도는 0.5m/s 초과하여야 한다.
④ 물건이 에스컬레이터의 각 부분에 끼이거나 부딪치는 일이 없도록 안전한 구조이어야 한다.

**해 에스컬레이터의 공칭속도**
- 경사도 30° 이하 : 0.75m/s 이하
- 경사도 30° 초과 35° 이하 : 0.5m/s 이하

## 033

T형 가이드레일의 규격은 마무리 가공 전 소재의 ( )m 당 중량을 반올림한 정수에 'K 레일'을 붙여서 호칭한다. 빈 칸에 맞는 것은?
① 1  ② 2  ③ 3  ④ 4

**해 가이드레일**
- 규격 : 8K, 13K, 18K, 24K, 30K
- K는 kg을 의미하며 숫자는 1m당 대략적인 무게를 나타냄
- 레일의 표준길이 : 5m

## 034

로프식 엘리베이터에서 도르래의 직경은 로프 직경의 몇 배 이상으로 하여야 하는가?
① 25  ② 30  ③ 35  ④ 40

해 ▶ 권상도르래·풀리 또는 드럼과 현수로프의 공칭직경의 비는 40이상, 주택용의 경우 30이상

## 035

승강기에 설치할 방호장치가 아닌 것은?
① 가이드 레일  ② 출입문 인터록
③ 조속기  ④ 파이널 리미트 스위치

해 ▶ 방호장치 : 위험기계·기구의 위험장소 또는 부위에 근로자가 통상적인 방법으로는 접근하지 못하도록 하는 제한조치.
가이드 레일은 카의 기울어짐을 방지하는 장치이며 방호장치에 해당하지 않음

## 036

카 및 승강장 문의 유효 출입구의 높이(m)얼마 이상이어야 하는가?
① 1.8  ② 1.9  ③ 2.0  ④ 2.1

해 **유효 높이**
- 승강장문 및 카 문의 출입구 유효 높이 : 2m 이상
- 주택용 엘리베이터의 출입구 유효 높이 : 1.8m 이상
- 승강로 내 작업구역 간 이동 통로의 유효 높이 : 1.8m 이상
- 기계실 작업구역의 유효 높이 : 2.1m 이상

## 037

레일을 싸고 있는 모양의 클램프와 레일 사이에 강체와 가까이 롤러를 물려서 정지시키는 비상정지장치의 종류는?
① 즉시 작동형 비상정지장치
② 플랙시블 가이드 클램프형 비상정지자치
③ 플랙시블 웨지 클램프형 비상정지장치
④ 점차 작동형 비상정지장치

해 **추락방지안전장치 (비상정지장치) 종류**
- 즉시 작동형 비상정지장치 : 레일을 싸고 있는 모양의 클램프와 레일 사이에 강체와 롤러를 물려서 정지시킴
  • 슬랙로프 세이프티 : 즉시 작동형 비상정지장치 중 하나
- 점차 작동형 비상정지장치
  • F.G.C (플렉시블 가이드 클램프) : 레일을 죄는 힘이 동작에서 정지까지 일정함. 구조가 간단하고 복구가 쉬움
  • F.W.C (플렉시블 웨지 클램프) : 레일을 죄는 힘이 초반에는 약하나 점점 강해진 후 일정해짐. 구조가 복잡하여 거의 사용되지 않음

## 038

승객용 엘리베이터에서 자동으로 동력에 의해 문을 닫는 방식에서의 문닫힘 안전장치의 기준에 부적합한 것은?

① 문닫힘 동작 시 사람 또는 물건이 끼일 때 문이 반전하여 열려야 한다.
② 문닫힘안전장치 연결전선이 끊어지면 문이 반전하여 닫혀야 한다.
③ 문닫힘안전장치의 종류에는 세이프티슈, 광전장치, 초음파장치 등이 있다.
④ 문닫힘안전장치는 카 문이나 승강장 문에 설치되어야 한다.

해 ▶ 사람 또는 물건이 끼이거나, 문닫힘안전장치 연결전선이 끊어지면 문이 반전하여 열려야 함

## 039

기계식 주차장치에 있어서 자동차 중량의 전륜 및 후륜에 대한 배분 비는?

① 6:4  ② 5:5  ③ 7:3  ④ 4:6

해 ▶ 자동차 중량의 전륜, 후륜에 대한 배분 비는 6:4로 함. 단, 단면에는 큰 쪽의 중량이 집중하중으로 작용하는 것으로 가정하여 계산함

## 040

승강기의 파이널 리미트 스위치(FINAL LIMIT SWITCH)의 요건 중 틀린 것은?

① 반드시 기계적으로 조작되는 것이어야 한다.
② 작동 캠(CAM)은 금속으로 만든 것이어야 한다.
③ 이 스위치가 동작하게 되면 권상전동기 및 브레이크 전원이 차단되어야 한다.
④ 이 스위치는 카가 승강로의 완충기에 충돌된 후에 작동되어야 한다.

해 ▶ 파이널리미트 스위치는 완충기에 카가 충돌되기 전에 작동되어야 함

# 041

승강기의 주로프 로핑(ROPING)방법에서 로프의 장력은 부하측(카 및 균형추) 중력의 1/2로 되며, 부하측의 속도가 로프 속도의 1/2이 되는 로핑 방법은 어느 것인가?

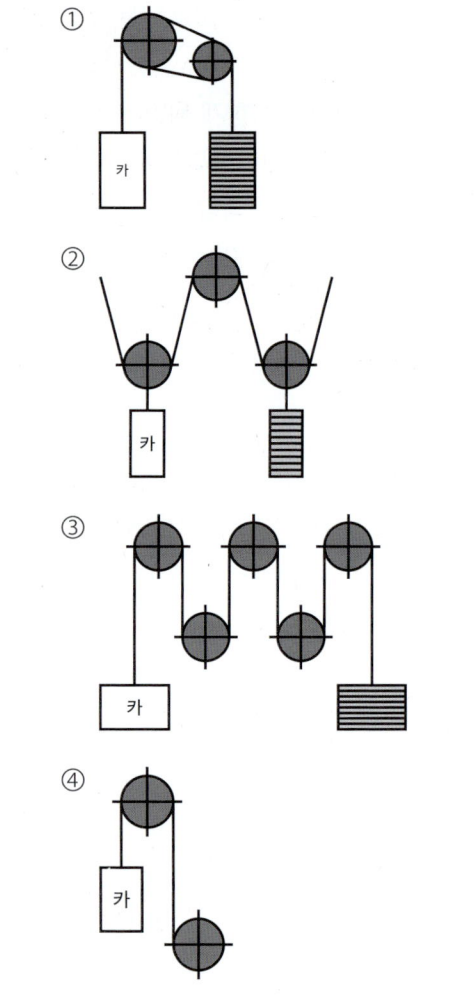

해 ▶ ① 1:1 로핑　② 2:1 로핑
　　③ 3:1 로핑　④ 1:1 로핑 (권동식)

# 042

엘리베이터의 트랙션 머신에서 시브풀리의 홈마모상태를 표시하는 길이 H는 몇 mm이하로 하는가?

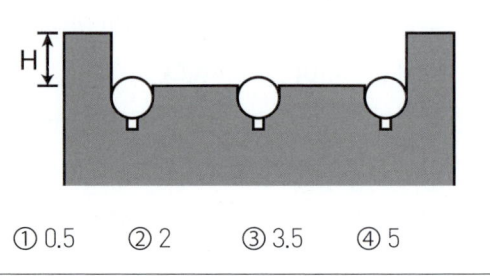

① 0.5　② 2　③ 3.5　④ 5

해 ▶ 권상기 도르래 홈 마모상태 표시는 2mm 이하로 함

# 043

전기식 엘리베이터 자체점검 중 카 위에서 하는 점검항목장치가 아닌 것은?

① 비상구출구
② 도어 잠금 및 잠금 해제 장치
③ 카 위 안전스위치
④ 문닫힘 안전장치

해 **카 상부에서 행하는 검사**
- 카지붕의 피난공간 및 틈새와 비상구출문
- 카 도어스위치 및 도어개폐상태
- 안전스위치, 주로프 및 과속조절기로프
- 상부 리미트 스위치류
- 레일 및 도어 인터록
- 승강로의 돌출물 등
▶ 문닫힘 안전장치는 카 내에서 행하는 검사임

## 044

유압식 승강기의 특징으로 틀린 것은?
① 기계실의 배치가 자유롭다.
② 실린더를 사용하기 때문에 행정거리와 속도에 한계가 있다.
③ 과부하방지가 불가능하다.
④ 균형추를 사용하지 않기 때문에 모터의 출력과 소비전력이 크다.

**해** ▶ 유압식 엘리베이터의 과부하방지장치 : 릴리프 밸브
전 부하 압력의 140%에 도달하면 밸브를 열어 작동유를 탱크로 되돌려 보내 압력을 조절함

## 045

에스컬레이터(무빙워크 포함) 자체점검 중 구동가 및 순환 공간에서 하는 점검에서 B(요주의)로 하여야 할 것이 아닌 것은?
[법 개정 문제]
① 전기안전장치의 기능을 상실한 것
② 운전, 유지보수 및 점검에 필요한 설비 이외의 것이 있는 것
③ 상부 덮개와 바닥면과의 이음부분에 현저한 차이가 있는 것
④ 구동기 고정 볼트 등의 상태가 불량한 것

**해** 승강기 검사 및 관리에 관한 운용요령 [시행 2017. 7. 26.] 별표 서식 "자체점검 항목 및 방법" 내에 B로 하여야 할 것, C로 하여야 할 것이 구분되어 있었으나, 승강기 안전운행 및 관리에 관한 운영규정 [시행 2020. 12. 31.]으로 개정됨에 따라 자체점검 기준이 바뀜

## 046

유압승강기에 사용되는 안전밸브의 설명으로 옳은 것은?
① 승강기의 속도를 자동으로 조절하는 역할을 한다.
② 압력배관이 파열되었을 때 작동하여 카의 낙하를 방지한다.
③ 카가 최상층으로 상승할 때 더 이상 상승하지 못하게 하는 안전장치이다.
④ 작동유의 압력이 정격압력이상이 되었을 때 작동하여 압력이 상승하지 않도록 한다.

**해** ▶ 유압식 엘리베이터에서 릴리프 밸브는 압력이 전 부하 압력의 140%에 도달하면 밸브를 열어 작동유를 탱크로 되돌려 보내 압력을 조절함

## 047

변형율이 가장 큰 것은?
① 비례한도  ② 인장 최대하중
③ 탄성한도  ④ 항복점

**해** ▶ 변형률이란 변형량과 원래 치수와의 비로써 비례한도, 탄성한도, 항복점보다 최대 인장하중의 변형도가 큼

## 048

어떤 백열전등에 100V의 전압을 가하면 0.2A의 전류가 흐른다. 이 전등의 소비전력은 몇 W인가?(단, 부하의 역률은 1이다.)

① 10  ② 20  ③ 30  ④ 40

**해** 전력
P=V×I (P:전력, V:전압, I:전류)
P=100×0.2=20[W]

## 049

"회로망에서 임의의 접속점에 흘러 들어오고 흘러 나가는 전류의 대수합은 0이다."라는 법칙은?

① 키르히호프의 법칙  ② 가우스의 법칙
③ 줄의 법칙  ④ 쿨롱의 법칙

**해** 키르히호프의 제 1법칙(전류 법칙)
들어온 전류량의 합과 나간 전류량의 합이 같음.

## 050

유도전동기의 속도를 변화시키는 방법이 아닌 것은?

① 슬립 s 를 변화시킨다.
② 극수 P 를 변화시킨다.
③ 주파수 f 를 변화시킨다.
④ 용량을 변화시킨다.

**해** 유도전동기 회전 속도(N)

$$N = (1-s)N_s = (1-s)\frac{120f}{p}[rpm]$$

(s:슬립, f:주파수, p:극수)
▶ 유도전동기의 속도에 영향을 미치는 것은 슬립, 극수, 주파수임

## 051

다음 중 OR회로의 설명으로 옳은 것은?
① 입력신호가 모두 "0"이면 출력신호에 "1"이 됨
② 입력신호가 모두 "0"이면 출력신호에 "0"이 됨
③ 입력신호가 "1"과 "0"이면 출력신호에 "0"이 됨
④ 입력신호가 "0"과 "1"이면 출력신호에 "0"이 됨

**해** OR회로
- A, B가 병렬이므로 OR회로에 해당함.
- 논리식 : $X = A + B$
- 하나라도 참(논리1)이 있으면 출력은 참(논리1)

| 입력 | | 출력 |
|---|---|---|
| A | B | X |
| 0 | 0 | 0 |
| 0 | 1 | 1 |
| 1 | 0 | 1 |
| 1 | 1 | 1 |

048 ②  049 ①  050 ④  051 ②  052 ③  053 ④  054 ②  055 ③

## 052

유도전동기에서 슬립이 1이란 전동기의 어느 상태인가?
① 유도 제동기의 역할을 한다.
② 유도 전동기가 전부하 운전 상태이다.
③ 유도 전동기가 정지 상태이다.
④ 유도 전동기가 동기속도로 회전한다.

**해** 유도전동기 슬립(s)

$$s = \frac{N_s - N}{N_s}$$

$$= \frac{\text{동기속도} - \text{회전속도}}{\text{동기속도}} \times 100\,[\%]$$

- 유도전동기 동기속도로 회전 시
  $(N = N_s) \quad s = 0$
- 유도전동기 정지 시
  $(N = 0) \quad s = 1$

## 053

주전원이 380V인 엘리베이터에서 110V전원을 사용하고자 강압 트랜스를 사용하던 중 트랜스가 소손되었다. 원인 규명을 위해 회로시험기를 사용하여 전압을 확인하고자 할 경우 회로시험기의 전압 측정범위선택스위치의 최초선택위치로 옳은 것은?
① 회로시험기의 110V미만
② 회로시험기의 110V이상 220V미만
③ 회로시험기의 220V이상 380V미만
④ 회로시험기의 가장 큰 범위

**해** ▶ 회로시험기의 가장 큰 범위를 최초로 선택한 후 점점 좁혀나가는 것이 안전함

## 054

진공 중에서 m(Wb)의 자극으로부터 나오는 총 자력선의 수는 어떻게 표현되는가?
① $\dfrac{m}{4\pi\mu_0}$    ② $\dfrac{m}{\mu_0}$
③ $\mu_0 m$    ④ $\mu_0 m^2$

**해** ▶ 자기력선 수 : $\dfrac{m}{\mu}$ 개,

진공상태에서의 자기력선 수 : $\dfrac{m}{\mu_0}$ 개

## 055

대형 직류전동기의 토크를 측정하는데 가장 적당한 방법은?
① 와전류전동기    ② 프로니 브레이크법
③ 전기동력계    ④ 반환부하법

**해** 직류전동기 토크 측정
- 대형 직류전동기 : 전기동력계
- 소형 직류전동기 : 프로니 브레이크법, 와전류전동기

## 056

웜기어의 특징에 관한 설명으로 틀린 것은?
① 가격이 비싸다.
② 부하용량이 작다.
③ 소음이 적다.
④ 큰 감속비를 얻는다.

**해 웜기어**
- 큰 감속비를 얻을 수 있으나 기어의 효율이 낮음
- 웜기어는 부하용량이 큼
  * 부하용량 : 전기기기의 온도상승, 최대 토크, 전류 등을 고려하여 안전하게 부하에 공급할 수 있는 최대 출력

## 057

다음 설명 중 링크의 특징이 아닌 것은?
① 경쾌한 운동과 동력의 마찰손실이 크다.
② 제작이 용이하다.
③ 전동이 매우 확실하다.
④ 복잡한 운동을 간단한 장치로 할 수 있다.

**해 링크의 특징**
- 마찰로 인한 동력의 손실이 적음
- 구조가 간단함
- 운동의 전달이 확실함

## 058

다음 중 전압계에 대한 설명으로 옳은 것은?
① 부하와 병렬로 연결한다.
② 부하와 직렬로 연결한다.
③ 전압계는 극성이 없다.
④ 교류 전압계에는 극성이 있다.

**해** ▶ 전압계는 부하와 병렬로, 전류계는 부하와 직렬로 연결함

## 059

재료에 하중이 작용하면 재료를 구성하는 원자사이에서 위치의 변화가 일어나고, 그 내부에 응력이 생기며, 외적으로는 변형이 나타난다. 이 변형량과 원치수와의 비를 변형률이라 하는데, 변형률의 종류가 아닌 것은?
① 세로 변형률   ② 가로 변형률
③ 전단 변형률   ④ 중량 변형률

**해 변형률 종류**
- 가로 변형률
- 세로 변형률
- 전단 변형률
- 체적 변형률

## 060

2진수 001101과 100101을 더하면 합은 얼마인가?

① 101010  ② 110010
③ 011010  ④ 110100

해  
```
    001101
+)  100101
    ------
    110010
```

# 15년 과년도 기출문제 5회

## 001

조속기의 설명에 관한 사항으로 틀린 것은?
① 조속기로프의 공칭 직경은 8mm 이상이어야 한다.
② 조속기는 조속기 용도로 설계된 와이어 로프에 의해 구동되어야 한다.
③ 조속기에는 비상정지장치의 작동과 일치하는 회전방향이 표시되어야 한다.
④ 조속기로프 풀리의 피치 직경과 조속기 로프의 공칭 직경 사이의 비는 30 이상이어야 한다.

해 ▶ 조속기 로프의 공칭 직경은 6mm 이상임

## 002

전기식 엘리베이터 기계실의 구조에서 구동기의 회전부품 위로 몇 m 이상의 유효수직 거리가 있어야 하는가?
① 0.2  ② 0.3  ③ 0.4  ④ 0.5

해 **기계실 안전사항**
  - 보호되지 않은 회전부품 위로 유효 수직 거리 : 0.3m 이상

**기계실 크기**
  - 작업구역의 유효 높이 : 2.1m 이상
  - 유효 수평면적(깊이) : 0.7m 이상
  - 유효 수평면적(폭) : 제어반 폭이 0.5m 미만인 경우 0.5m, 제어반 폭이 0.5m 이상인 경우 제어반 폭
  - 움직이는 부품의 점검 및 유지관리 업무 작업구역 크기 : 0.5m × 0.6m 이상

## 003

균형추의 중량을 결정하는 계산식은? (단, 여기서 L은 정격하중, F는 오버밸런스율이다.)
① 균형추의 중량 = 카 자체하중 + (L * F)
② 균형추의 중량 = 카 자체하중 × (L * F)
③ 균형추의 중량 = 카 자체하중 + (L + F)
④ 균형추의 중량 = 카 자체하중 + (L − F)

해 ▶ 균형추의 중량 = 카 자체하중 + L x F
  (L : 정격하중, F : 오버밸런스율)

## 004

승강기가 최하층을 통과했을 때 주전원을 차단시켜 승강기를 정지시키는 것은?
① 완충기
② 조속기
③ 비상정지장치
④ 파이널 리미트 스위치

해 **파이널 리미트 스위치 (final limit switch)**
  - 리미트 스위치 고장일 때를 대비하는 안전장치
  - 승강기가 최상층이나 최하층을 지나쳐 통과했을 때 전동기 및 브레이크 전원이 차단되어 승강기가 정지됨

## 005

엘리베이터의 정격속도 계산 시 무관한 항목은?

① 감속비  ② 편향도르래
③ 전동기 회전수  ④ 권상도르래 직경

**해** ▶ 정격속도 산출 시 권상도르래 직경, 감속비, 전동기 회전수가 고려됨

## 006

엘리베이터용 도어머신에 요구되는 성능이 아닌 것은?

① 가격이 저렴할 것
② 보수가 용이할 것
③ 작동이 원활하고 정숙할 것
④ 기동횟수가 많으므로 대형일 것

**해** 도어 머신 장치
- 전동기의 회전을 감속하고, 로프나 암을 구동하여 카 도어를 개폐시키는 장치
- 작동이 많이 되는 장치이기 때문에 내구성이 강하고, 보수가 쉬울 것
- 소형 경량이고 가격이 저렴할 것
- 작동이 원활하고 소음이 적을 것

## 007

여러 층으로 배치되어 있는 고정된 주차구획에 아래·위로 이동할 수 있는 운반기에 의하여 자동차를 자동으로 운반 이동하여 주차하도록 설계한 주차장치는?

① 2단식  ② 승강기식
③ 수직순환식  ④ 승강기슬라이드식

**해** 입체주차설비
- 2단식 주차장치 : 주차구획이 2층으로 배치되어있음. 위, 아래, 수평으로 주차구획을 이동하여 자동차가 운반됨
- 승강기식 주차장치 : 주차 구획이 여러 층으로 배치되어있으며 케이지를 통해 차량이 상하로 운반됨.
- 슬라이드식 주차장치 : 승강기식 주차장치와 같은 형식으로 운행되지만, 슬라이드식의 승강기는 승강이동하는 동시에 수평이동이 가능함
- 수직순환식 주차장치 : 주차구획(케이지)을 수직으로, 좌우로 순환시켜 차량을 주차하도록 설계한 주차장치

## 008

다음 중 도어 시스템의 종류가 아닌 것은?

① 2짝문 상하열기방식
② 2짝문 가로열기(2S)방식
③ 2짝문 중앙열기(CO)방식
④ 가로열기와 상하열기 겸용방식

**해** 개폐방식별 도어시스템의 종류
- CO (Center open) : 중앙 개폐방식 (중앙 열기)
- SO (Side open) : 측면 개폐방식 (가로 열기)
- 상승 개폐 (Up) : 위로 열리는 방식. 주차/화물용, 차량용 등에 사용됨
- 상하 개폐 (Vertical) : 위 아래로 열리는 방식, 덤웨이터 등에 사용됨

## 009

전기식 엘리베이터의 속도에 의한 분류방식 중 고속엘리베이터의 기준은?

① 2m/s 이상  ② 2m/s 초과
③ 3m/s 이상  ④ 4m/s 초과

**해** 속도에 따른 분류
- 저속 엘리베이터 : 0.75m/s 이하
- 중속 엘리베이터 : 1~4m/s
- 고속 엘리베이터 : 4~6m/s
- 초고속 엘리베이터 : 6m/s 이상

## 010

에스컬레이터의 구동체인이 규정치 이상으로 늘어났을 때 일어나는 현상은?

① 안전레버가 작동하여 브레이크가 작동하지 않는다.
② 안전레버가 작동하여 하강은 되나 상승은 되지 않는다.
③ 안전레버가 작동하여 안전회로 차단으로 구동되지 않는다.
④ 안전레버가 작동하여 무부하시는 구동되나 부하시는 구동되지 않는다.

**해** ▶ 구동체인 안전장치 : 구동체인이 늘어나거나 절단되었을 경우 아래로 미끄러지는 것을 방지하는 안전장치. 동력이 차단되면서 정지됨

## 011

승강기 정밀안전 검사 시 과부하방지장치의 작동치는 정격 적재하중의 몇 %를 권장치로 하는가?

① 95~100  ② 105~110
③ 115~120  ④ 125~130

**해** 과부하 감지장치 (overload switch)
- 카 내에 정격 적재하중 초과시 경보를 울리고 도어가 닫히지 않음
- 정격하중의 10%를 초과하지 않아야함
- 초과하중이 해소되기 전까지 계속 유지되어야함
- 오동작을 방지하기 위해 주행 중에는 무효화 되어야함
▶ 작동치는 정격적재하중의 105~110%를 표준으로 함

## 012

사이리스터의 점호각을 바꿈으로써 회전수를 제어하는 것은?

① 궤환제어  ② 일단속도제어
③ 주파수변환제어  ④ 정지레오나드제어

**해** 교류 귀환(궤환) 제어방식
- 카의 실제 속도와 지령속도를 비교하여 사이리스터의 점호각을 바꾸어 유도전동기의 속도를 제어

**정지레오나드 방식**
- 전동발전기 대신 사이리스터로 구성된 정류기로 점호각을 제어하여 교류(AC)에서 직류(DC)로 전압을 변환하는 방식

## 013

와이어로프 가공방법 중 효과가 가장 우수한 것은?

① (소켓형)
② (팀블형)
③ (아이스플라이스형)
④ (클립형)

**해** 와이어로프 단말처리 종류

| 공칭 [mm] | 8 [Kg] | 30 [Kg] |
|---|---|---|
| 소켓 (Socket) | Open / Closed | 100% |
| 팀블 (Thimble) | | 24mm : 95%<br>26mm : 92.5% |
| 웨지 (Wedge) | | 75~90% |
| 아이스 플라이스 (Eye Splice) | | 6mm : 90%<br>9mm : 88%<br>12mm : 86%<br>18mm : 82% |
| 클립 (Clip) | | 75~80% |

▶ 소켓 다음으로 팀블형태의 단말처리가 가장 효율이 좋음

## 014

실린더에 이물질이 흡입되는 것을 방지하기 위하여 펌프의 흡입축에 부착하는 것은?
① 필터
② 싸이렌서
③ 스트레이너
④ 더스트와이퍼

**해** 기타 파워유닛설비(필터)
- 필터 : 유압장치에 이물질이 들어가는 것을 막기 위해 설치함
  - 스트레이너 : 펌프의 흡입측에 부착하는 것
  - 라인필터 : 배관 중간에 부착하는 것

## 015

직류 가변전압식 엘리베이터에서는 권상전동기에 직류 전원을 공급한다. 필요한 발전기 용량은 약 몇 kW 인가? (단, 권상전동기의 효율은 80%, 1시간 정격은 연속정격의 56%, 엘리베이터용 전동기의 출력은 20kW이다.)

① 11  ② 14  ③ 17  ④ 20

**해** 효율 = $\dfrac{출력전력}{입력전력} \times 100\,(\%)$

$80\,[\%] = \dfrac{20[\text{kW}]}{입력전력} \times 100\,[\%]$,

입력전력 = 25 [kW]

연속정격의 56%이므로 $25 \times 0.56 = 14\,[\text{kW}]$

## 016

교류엘리베이터의 제어방식이 아닌 것은?
① 교류일단 속도제어방식
② 교류귀환 전압제어방식
③ 워드레오나드방식
④ VVVF 제어방식

해 ▶ 워드레오나드방식은 직류엘리베이터의 제어방식임

## 017

카 비상정지장치의 작동을 위한 조속기는 정격속도의 몇 % 이상의 속도에서 작동해야 하는가?
① 105　　② 110
③ 115　　④ 120

해 ▶ 과속조절기(조속기) 작동조건 : 정격속도의 115% 이상의 속도에서 작동

## 018

간접식 유압엘리베이터의 특징으로 틀린 것은?
① 실린더의 점검이 용이하다.
② 비상정지장치가 필요하지 않다.
③ 실린더를 설치하기 위한 보호관이 필요하지 않다.
④ 승강로는 실린더를 수용할 부분만큼 더 커지게 된다.

해 **직접식 유압 엘리베이터**
- 램 또는 실린더가 카 또는 슬링에 직접 연결되어 있는 형태
- 비상정지장치가 필요 없음
- 구조가 간단하며 승강로의 공간 면적이 작음
- 실린더를 설치하기 위해 보호관을 땅 속에 묻어야 해서 설치와 점검이 어려움

**간접식 유압 엘리베이터**
- 램 또는 실린더가 로프 또는 체인과 같은 현수수단에 의해 카 또는 슬링에 연결되어 있는 형태
- 비상정지장치가 필요함
- 승강로는 실린더를 수용할 부분만큼 면적이 더 커짐
- 실린더를 설치하기 위한 보호관이 필요 없음
- 실린더의 점검이 용이함

## 019

전기기기의 외함 등이 절연이 나빠져서 전류가 누설되어도 감전사고의 위험이 적도록 하기위하여 어떤 조치를 하여야 하는가?

① 접지를 한다.
② 도금을 한다.
③ 퓨즈를 설치한다.
④ 영상변류기를 설치한다.

해 ▶ 접지 : 누전된 전기가 사람의 몸에 흐르지 않고 땅으로 흐르도록 전기 장비 혹은 전기회로의 한 부분을 도체를 이용해 땅과 연결하는 것

## 020

재해 누발자의 유형이 아닌 것은?

① 미숙성 누발자  ② 상황성 누발자
③ 습관성 누발자  ④ 자발성 누발자

해 **재해 누발자**
- 미숙성 누발자 : 작업이 미숙하거나, 작업환경에 익숙하지 않은자
- 상황성 누발자 : 어려운 작업 상황에 근심 걱정이 있어 재해를 유발하는자
- 습관성 누발자 : 과거 재해 경험에 의해 트라우마가 있어 재해를 일으키는자
- 소질성 누발자 : 부주의, 주의산만과 같은 타고난 소질에 의해 재해를 일으키는자

## 021

카 내에 갇힌 사람이 외부와 연락할 수 있는 장치는?

① 챠임벨  ② 인터폰
③ 리미트스위치  ④ 위치표시램프

해 **비상연락장치(인터폰)**
해당 유지관리업체와의 직접통화 장치를 설치하여 카 내에 갇힌 승객이 외부와 쉽게 연락할 수 있도록 해야 함

## 022

추락에 의한 위험방지 중 유의사항으로 틀린 것은?

① 승강로 내 작업 시에는 작업공구, 부품 등이 낙하하여 다른 사람을 해하지 않도록 할 것
② 카 상부 작업 시 중간층에는 균형추의 움직임에 주의하여 충돌하지 않도록 할 것
③ 카 상부 작업 시에는 신체가 카 상부 보호대를 넘지 않도록 하며 로프를 잡을 것
④ 승강장 도어 키를 사용하여 도어를 개방할 때에는 몸의 중심을 뒤에 두고 개방하여 반드시 카 유무를 확인하고 탑승할 것

해 ▶ 카 상부 작업 시 로프를 손으로 잡아서는 안됨

## 023

안전보호기구의 점검, 관리 및 사용방법으로 틀린 것은?
① 청결하고 습기가 없는 장소에 보관한다.
② 한번 사용한 것은 재사용을 하지 않도록 한다.
③ 보호구는 항상 세척하고 완전히 건조시켜 보관한다.
④ 적어도 한 달에 1회 이상 책임 있는 감독자가 점검한다.

해 ▶ 일회용성 보호구를 제외하고는 세척하여 완전히 건조시킨 후 재사용이 가능함

## 024

작업장에서 작업복을 착용하는 가장 큰 이유는?
① 방한
② 복장 통일
③ 작업능률 향상
④ 작업 중 위험 감소

해 ▶ 작업자의 위험을 감소시키기 위해 작업복을 착용함

## 025

재해원인 중 생리적인 원인은?
① 작업자의 피로
② 작업자의 무지
③ 안전장치의 고장
④ 안전장치 사용의 미숙

해 **재해의 간접원인**
- 관리적 원인 : 인원 배치 부적절성, 작업 지시 부적당, 안전관리 조직 결함 등
- 신체적(생리적) 원인 : 작업자의 피로, 작업자의 질병 등
- 기술적 원인 : 기계장치의 결함, 건출 설비의 기술적 결함 등
- 교육적 원인 : 안전교육 미실시, 작업자의 안전에 대한 미숙, 미경험 등
- 정신적 원인 : 작업자의 정신적 결함, 태도 불량 등

## 026

기계운전 시 기본안전수칙이 아닌 것은?
① 작업범위 이외의 기계는 허가 없이 사용한다.
② 방호장치는 유효 적절히 사용하며, 허가 없이 무단으로 떼어놓지 않는다.
③ 기계가 고장이 났을 때에는 정지, 고장표시를 반드시 기계에 부착한다.
④ 공동 작업을 할 경우 시동할 때에는 남에게 위험이 없도록 확실한 신호를 보내고 스위치를 넣는다.

해 ▶ 작업범위 이외의 기계라 할지라도 허가 없이 사용해서는 안 됨

## 027

승강기 보수 작업 시 승강기의 카와 건물의 벽 사이에 작업자가 끼인 재해의 발생 형태에 의한 분류는?

① 협착  ② 전도  ③ 방심  ④ 접촉

**해** 재해발생 형태
- 추락 : 사람이 건축물, 사다리, 기계, 계단 등에서 떨어지는 경우
- 협착 : 물체에 끼이거나 말려들어가는 경우
- 전도 : 사람이 넘어지거나 미끄러지는 경우
- 낙하 : 떨어지는 물건에 사람이 맞는 경우
- 충돌 : 사람이 물체와 부딪히는 경우
- 감전 : 사람이 전기와 접촉하여 충격을 받는 경우

## 028

감전 상태에 있는 사람을 구출할 때의 행위로 틀린 것은?

① 즉시 잡아당긴다.
② 전원 스위치를 내린다.
③ 절연물을 이용하여 떼어 낸다.
④ 변전실에 연락하여 전원을 끈다.

**해** ▶ 감전된 사람을 즉시 잡아당길 경우 함께 감전 될 위험이 있기 때문에 전원을 차단한 후에 떼어내거나, 전기가 흐르지 않는 물체를 이용해서 떼어 내야함

## 029

운행 중인 에스컬레이터가 어떤 요인에 의해 갑자기 정지하였다. 점검해야 할 에스컬레이터 안전장치로 틀린 것은?

① 승객검출장치
② 인레트 스위치
③ 스커트 가드 안전 스위치
④ 스텝체인 안전장치

**해** ▶ 에스컬레이터의 안전장치로는 구동체인 안전장치, 스커트가드 안전장치, 과속 감지 장치, 디딤판체인 절단/늘어짐 감지장치, 인장장치, 콤 끼임 감지장치, 핸드레일 인입구 끼임 감지장치 등이 있음

## 030

승강기 완성검사 시 에스컬레이터의 공칭속도가 0.5m/s인 경우 제동기의 정지거리는 몇 m 이어야 하는가?

① 0.20m에서 1.00m사이
② 0.30m에서 1.30m사이
③ 0.40m에서 1.50m사이
④ 0.55m에서 1.70m사이

**해** 에스컬레이터 정지거리

| 공칭속도 | 정지거리 |
|---|---|
| 0.50m/s | 0.2~1m |
| 0.65m/s | 0.3~1.3m |
| 0.75m/s | 0.4~1.5m |

## 031

로프식 승용승강기에 대한 사항 중 틀린 것은? [법 개정 문제 - 내용 일부 수정]

① 카 내에는 외부와 연락되는 통화장치가 있어야 한다.
② 카 내에는 용도, 적재하중(최대 정원) 및 비상시 조치 내용의 표찰이 있어야 한다.
③ 카 바닥 끝단과 승강로 벽사이의 거리는 0.15m 초과 하여야 한다.
④ 카 바닥은 수평이 유지되어야 한다.

해 ▶ 승강로 내측과 카 문턱, 카 문틀 또는 카 문의 닫히는 모서리 사이의 수평거리는 승강로 전체 높이에 걸쳐 0.15m 이하여야함

## 032

버니어캘리퍼스를 사용하여 와이어 로프의 직경 측정방법으로 알맞은 것은?

① ② ③ ④

해 ▶ 버니어캘리퍼스의 오른쪽 쇠부리가 아닌 왼쪽 조를 이용하여 측정해야하며, 로프의 직경을 잴 때는 스트랜드 외접원의 지름을 측정해야함

## 033

전기식엘리베이터 자체점검 항목 중 피트에서 완충기점검 항목 중 B로 하여야 할 것은? [법 개정 문제]

① 완충기의 부착이 불확실한 것
② 스프링식에서는 스프링이 손상되어 있는 것
③ 전기안전장치가 불량한 것
④ 유압식으로 유량부족의 것

해 승강기 검사 및 관리에 관한 운용요령 [시행 2017. 7. 26.] 별표 서식 "자체점검 항목 및 방법" 내에 B로 하여야 할 것, C로 하여야 할 것이 구분되어 있었으나, 승강기 안전운행 및 관리에 관한 운영규정 [시행 2020. 12. 31.]으로 개정됨에 따라 자체점검 기준이 바뀜

## 034

조속기 로프의 공칭 지름(mm)은 얼마 이상이어야 하는가?

① 6  ② 8  ③ 10  ④ 12

해 공칭직경
 - 로프의 공칭 직경 : 8mm이상
 - 로프의 공칭직경 6mm가 허용되는 경우 : 구동기가 승강로에 위치, 정격속도가 1.75m/s 이하
 - 조속기로프의 공칭 직경 : 6mm이상

031 ③  032 ②  033  034 ①  035 ③  036 ④  037 ①  038 ②

## 035

가이드 레일의 규격(호칭)에 해당되지 않는 것은?

① 8K  ② 13K  ③ 15K  ④ 18K

**해** 가이드레일
- 규격 : 8K, 13K, 18K, 24K, 30K
- K는 kg을 의미하며 숫자는 1m당 대략적인 무게를 나타냄
- 레일의 표준길이 : 5m

## 036

승강기 완성검사 시 전기식엘리베이터에서 기계실의 조도는 기기가 배치된 바닥면에서 몇 lx이상인가?

① 50  ② 100  ③ 150  ④ 200

**해** 조도
- 카 지붕에서 1m 수직 위 : 50 lx
- 피트 바닥에서 1m 수직 위 : 50 lx
- 승강로 그 외의 장소 : 20 lx
- 기계실 작업공간의 바닥 면 : 200 lx
- 기계실 작업공간 간 이동 공간의 바닥 면 : 50 lx
- 정전시 비상전원공급장치 : 5 lx

## 037

유압식 엘리베이터의 제어방식에서 펌프의 회전수를 소정의 상승속도에 상당하는 회전수로 제어하는 방식은?

① 가변전압가변주파수 제어
② 미터인회로 제어
③ 블리드오프회로 제어
④ 유량밸브 제어

**해** ▶ 가변전압 가변주파수제어 방식 (VVVF) : 인버터제어라고도하며, 전압과 주파수를 동시에 제어하는 방식. 회전수를 소정의 상승속도에 상당하는 회전수로 제어함

## 038

베어링(bearing)에 가압력을 주어 축에 삽입할 때 가장 올바른 방법은?

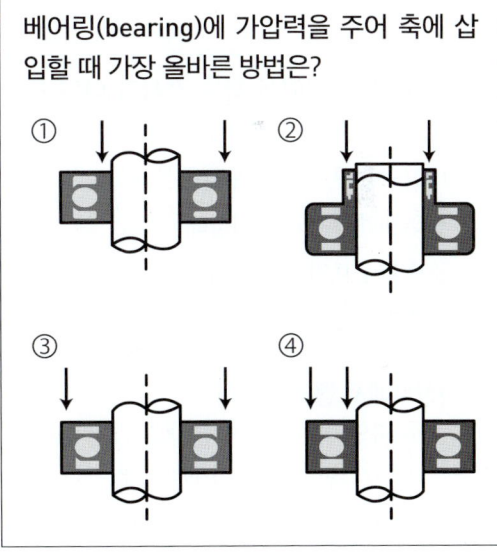

**해** ▶ 베어링 설치시 균등한 압력을 가하여 끼워 넣어야 함.

## 039

도어 시스템(열리는 방향)에서 S 로 표현되는 것은?
① 중앙열기 문  ② 가로열기 문
③ 외짝 문 상하열기  ④ 2짝 문 상하열기

**해** 개폐방식별 도어시스템의 종류
- CO (Center open) : 중앙 개폐방식 (중앙 열기), 2CO, 4CO
- SO (Side open) : 측면 개폐방식 (가로 열기), 1S, 2S ,3S
- 상승 개폐 (Up) : 위로 열리는 방식. 주차/화물용, 차량용 등에 사용됨
- 상하 개폐 (Vertical) : 위 아래로 열리는 방식, 덤웨이터 등에 사용됨

## 040

다음 중 카 상부에서 하는 검사가 아닌 것은?
① 비상구출구 스위치의 작동상태
② 도어개폐장치의 설치상태
③ 조속기로프의 설치상태
④ 조속기로프 인장장치의 작동상태

**해** 카상부에서 행하는 검사
- 카지붕의 피난공간 및 틈새와 비상구출문
- 카 도어스위치 및 도어개폐상태
- 안전스위치, 주로프 및 과속조절기로프
- 상부 리미트 스위치류
- 레일 및 도어 인터록
- 승강로의 돌출물 등
▶ 과속조절기 로프 인장상태는 피트 내에서 행하는 검사임

## 041

디스크형 조속기의 점검방법으로 틀린 것은?
① 로프잡이의 움직임은 원활하며 지점부에 발청이 없으며 급유상태가 양호한지 확인한다.
② 레버의 올바른 위치에 설정되어 있는지 확인한다.
③ 플라이 볼을 손으로 열어서 각 연결 레버의 움직임에 이상이 없는지 확인한다.
④ 시브홈의 마모를 확인한다.

**해** 조속기종류
- 롤 세이프티형 (마찰정지형) : 저속 엘리베이터에 주로 사용됨
- 플라이볼형 : 고속엘리베이터에 주로 사용됨.
- 디스크형 : 중저속 엘리베이터에 주로 사용됨
▶ 플라이볼은 플라이볼형 조속기에서 점검하는 것임

## 042

감속기의 기어 치수가 제대로 맞지 않을 때 일어나는 현상이 아닌 것은?
① 기어의 강도에 악 영향을 준다.
② 진동 발생의 주요 원인이 된다.
③ 카가 전도할 우려가 있다.
④ 로프의 마모가 현저히 크다.

**해** ▶ 치차는 구동장치에 사용하는 이(齒)를 갖는 기계요소로써 기어와 기어가 맞물려 돌아가는 형태이기 때문에 로프와는 관련이 없음

## 043

전기식 엘리베이터 자체점검 중 피트에서 하는 점검항목에서 과부하 감지장치에 대한 점검 주기(회/월)는?

① 1/1 ② 1/3 ③ 1/4 ④ 1/6

**해** 엘리베이터 자체점검 기준

| 점검내용 | 점검방법 | 점검주기(회/월) |
|---|---|---|
| 과부하감지장치 설치 및 작동상태 | 시험 | 1/1 |

## 044

도르래의 로프홈에 언더커트(Under Cut)를 하는 목적은?

① 로프의 중심 균형 ② 윤활 용이
③ 마찰계수 향상 ④ 도르래의 경량화

**해** ▶ 마찰력을 높이기 위해 언더컷 홈을 사용함

## 045

비상용 엘리베이터의 운행속도는 몇 m/s 이상으로 하여야 하는가?

[법 개정 문제 - 내용 일부 수정]

① 0.5 ② 0.75 ③ 1 ④ 1.5

**해** 교류엘리베이터의
▶ 소방구조용(비상용) 엘리베이터 : 운행속도 1m/s 이상

## 046

에스컬레이터의 스텝 폭이 1m이고 공칭속도가 0.5m/s인 경우 수송능력(명/h)은?

① 5000 ② 5500
③ 6000 ④ 6500

**해** 에스컬레이터 수송인원

| 스텝·팔레트 폭 [m] | 공칭속도 | | |
|---|---|---|---|
| | 0.5m/s | 0.65m/s | 0.75m/s |
| 0.6m | 3,600명/h | 4,400명/h | 4,900명/h |
| 0.8m | 4,800명/h | 5,900명/h | 6,600명/h |
| 1m | 6,000명/h | 7,300명/h | 8,200명/h |

## 047

유도전동기의 속도제어법이 아닌 것은?

① 2차 여자제어법
② 1차 계자제어법
③ 2차 저항제어법
④ 1차 주파수제어법

**해** 유도전동기 속도제어방법
- 1차 주파수 제어법 : 주파수를 변화시켜 속도를 제어함. 인버터를 사용
- 2차 여자제어법 : 2차 여자전압을 제어하여 속도를 제어함
- 2차 저항제어법 : 비례추이 원리로 저항값을 조정하여 속도를 제어함
- 극수제어법 : 극수를 변화시켜 속도를 제어함
▶ 계자제어법은 직류전동기 속도제어법임

## 048

그림과 같이 자기장 안에서 도선에 전류가 흐를 때, 도선에 작용하는 힘의 방향은? (단, 전선가운데 점 표시는 전류의 방향을 나타낸다.)

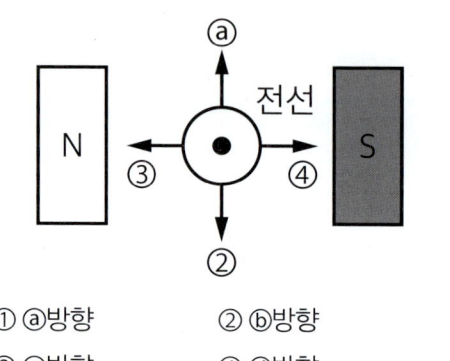

① ⓐ방향　　② ⓑ방향
③ ⓒ방향　　④ ⓓ방향

**해** 플레밍의 왼손법칙
- 전류가 흐르는 도선이 자기장 속을 통과해 힘을 받을 때 힘의 방향에 관한 법칙
- 힘의 방향은 위쪽 ⓐ을 향함

## 049

6극, 50Hz의 3상 유도전동기의 동기속도(rpm)는?

① 500　　② 1000
③ 1200　　④ 1800

**해** 유도전동기 동기 속도()

$N_S = \dfrac{120f}{p}$ [rpm] (f:주파수, p:극수)

$N_S = \dfrac{120 \times 50}{6} 1000$ [rpm]

## 050

다음 중 역률이 가장 좋은 단상 유도전동기로서 널리 사용되는 것은?

① 분상기동형　　② 반발기동형
③ 콘덴서기동형　　④ 셰이딩코일형

**해** 단상유도전동기
- 3상 유도전동기에 비해 무겁고 효율이 좋지 않음. 주로 가정용이나 적은동력이 필요한 곳에 쓰임
- 단상유도전동기 종류
  - 분상기동형 : 역회전을 위해 보조권선의 극성을 반대로 함
  - 반발기동형 : 정류자와 브러시를 이용하여 기동
  - 콘덴서기동형 : 역률이 가장 좋음. 가정용 세탁기, 선풍기 등에 쓰임
  - 세이딩코일형 : 회전 방향을 바꿀 수 없음. 효율이 떨어지고 역률이 낮음

## 051

Q(C)의 전하에서 나오는 전기력선의 총수는?

① $Q$　　② $\varepsilon Q$
③ $\dfrac{\varepsilon}{Q}$　　④ $\dfrac{Q}{\varepsilon}$

**해** 전기력선의 총수
Q[C]의 전하를 감싸는 폐표면의 통과하는 전기력선의 총수
$N = \dfrac{Q}{\varepsilon}$ (ε:유전율)

## 052

그림에서 지름 400mm의 바퀴가 원주방향으로 25kg의 힘을 받아 200rpm으로 회전하고 있다면, 이때 전달되는 동력은 몇 kg·m/sec 인가? (단, 마찰계수는 무시한다.)

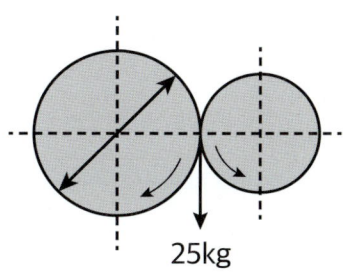

① 10.47　② 78.5　③ 104.7　④ 785

**해** 전달동력

$$P = Fr\frac{2\pi N}{60}$$

$$P = 25 \times 0.2 \times \frac{2 \times 3.14 \times 200}{60}$$

$$\fallingdotseq 104.7\,[kg\,m/s]$$

## 053

다음 중 다이오드의 순방향 바이어스 상태를 의미하는 것은?

① P형 쪽에 (-), N형 쪽에 (+) 전압을 연결한 상태
② P형 쪽에 (+), N형 쪽에 (-) 전압을 연결한 상태
③ P형 쪽에 (-), N형 쪽에 (-) 전압을 연결한 상태
④ P형 쪽에 (+), N형 쪽에 (+) 전압을 연결한 상태

**해** ▶ 순방향 바이어스 상태는 P쪽이 (+), N쪽이 (-)인 상태임

## 054

요소와 측정하는 측정기구의 연결로 틀린 것은?

① 길이 : 버니어캘리퍼스
② 전압 : 볼트미터
③ 전류 : 암미터
④ 접지저항 : 메거

**해** **기계요소 측정기기**
- 길이측정 : 버니어캘리퍼스, 마이크로미터 등
- 각도측정 : 사인바, 분도기 등
- 평면측정 : 직각자, 정반 등

**전기요소 측정기기**
- 전압측정 : 전압계(볼트미터)
- 전류측정 : 전류계(암미터)
- 절연저항측정 : 절연저항계(메거)
- 접지저항측정 : 접지저항측정기(어스테스터)
▶ 메거는 절연저항 측정기기임

## 055

교류 회로에서 전압과 전류의 위상이 동상인 회로는?

① 저항만의 조합회로
② 저항과 콘덴서의 조합회로
③ 저항과 코일의 조합회로
④ 콘덴서와 콘덴서만의 조합회로

**해** **기본교류회로**
- R(저항)만 있는 회로 : 전압과 전류의 위상이 동상
- L(코일)만 있는 회로 : 전류가 전압보다 $\frac{\pi}{2}[rad]$ 만큼 늦음 (지상)
- C(콘덴서)만 있는 회로 : 전류가 전압보다 $\frac{\pi}{2}[rad]$ 만큼 앞섬 (위상)

## 056

아래의 회로도와 같은 논리기호는?

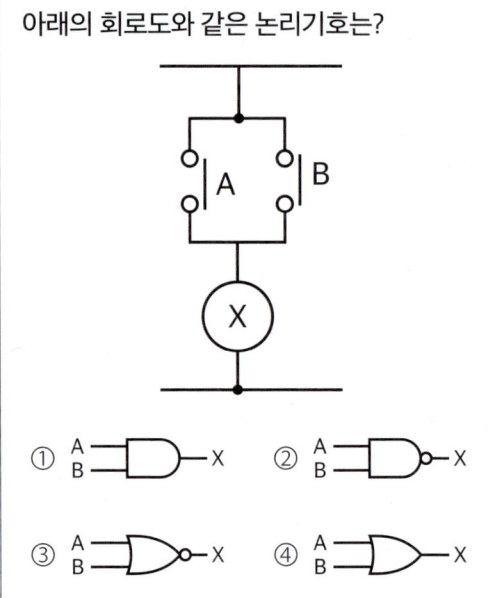

① A B ─⊐D─ X  ② A B ─⊐D∘─ X
③ A B ─⊐D∘─ X  ④ A B ─⊐D─ X

**해** OR회로
- A, B가 병렬이므로 OR회로에 해당함.
- 논리식 : $X = A + B$
- 하나라도 참(논리1)이 있으면 출력은 참(논리1)

▶ ①AND  ②NAND  ③NOR  ④OR

## 057

구름베어링의 특징에 관한 설명으로 틀린 것은?
① 고속회전이 가능하다
② 마찰저항이 작다.
③ 설치가 까다롭다.
④ 충격에 강하다.

**해** 구름베어링
- 볼이나 롤러를 베어링의 접촉면 사이에 넣은 것
- 볼이나 롤러가 접촉하며 같이 회전하기 때문에 마찰저항이 작음
- 장점 : 마찰이 적음, 회전속도가 고속임, 보수 점검이 쉬움
- 단점 : 가격이 비쌈, 충격에 약함, 소음이 큼

## 058

전선의 길이를 고르게 2배로 늘리면 단면적은 1/2로 된다. 이때의 저항은 처음의 몇 배가 되는가?
① 4배  ② 3배  ③ 2배  ④ 1.5배

**해** 저항(R)
- 전류의 흐름을 방해하는 요소, 단위[Ω, 옴]
- $R = \rho \dfrac{l}{A}$ (A:단면적, l:길이, $\rho$:고유저항)
▶ 전선의 길이를 고르게 2배로 늘리면 단면적은 1/2가 되고 저항은 처음의 4배가 됨

## 059

응력(stress)의 단위는?
① kcal/h　　② %
③ kgf/cm² 　④ kg·cm

**해** 응력(stress)
- 단위면적 당 하중
- 응력 $(\sigma) = \dfrac{\text{하중 [kgf]}}{\text{단면적 [cm}^2\text{]}}$
- 단위 kgf/cm²

## 060

동력을 수시로 이어주거나 끊어주는 데 사용할 수 있는 기계요소는?
① 클러치　　② 리벳
③ 키　　　　④ 체인

**해** 동력차단장치
- 원동기자체 또는 동력전달장치의 사용 도중에 동력을 차단하여 기계전체의 운전을 신속하게 정지시키는 장치
- 예) 스위치, 클러치, 벨트이동장치, 스톱밸브 등

# 16년 과년도 기출문제 1회

## 001

엘리베이터의 유압식 구동방식에 의한 분류로 틀린 것은?
① 직접식　② 간접식
③ 스크류식　④ 팬터그래프식

**해** 유압식
- 직접식 : 램 또는 실린더가 카에 직접 연결되어 운행하는 방식
- 간접식 : 램이나 실린더가 로프 또는 체인에 의해 카 에 연결되어 운행하는 방식
- 팬더그래프식 : 유압피스톤으로 팬터그래프를 움직여 운행하는 방식

스크류식
- 균형추 없이 나사로 지지되어 상하 운행하는 방식

## 002

권상도르래, 풀리 또는 드럼과 현수로프의 공칭 직경사이의 비는 스트랜드의 수와 관계없이 얼마 이상이어야 하는가?
① 10　② 20
③ 30　④ 40

**해** 공칭직경
- 로프의 공칭 직경 : 8mm 이상
- 로프의 공칭직경 6mm가 허용되는 경우 : 구동기가 승강로에 위치, 정격속도가 1.75m/s이하
- 권상도르래·풀리 또는 드럼과 현수로프의 공칭직경의 비는 40이상, 주택용의 경우 30 이상

## 003

가이드 레일의 사용목적으로 틀린 것은?
① 집중하중 작용 시 수평하중을 유지
② 비상정지장치 작동 시 수직하중을 유지
③ 카와 균형추의 승강로 평면내의 위치 규제
④ 카의 자중이나 화물에 의한 카의 기울어짐 방지

**해** 가이드레일의 목적
- 비상정지장치 작동이나 집중하중 발생 시 수직하중을 유지함
- 카와 균형추의 승강로 평면 내의 위치를 규제함
- 카의 자중이나 화물에 의한 기울어짐을 방지함

| 001 ③ | 002 ④ | 003 ① | 004 ④ | 005 ③ | 006 ④ |

## 004

아파트 등에서 주로 야간에 카내의 범죄활동 방지를 위해 설치하는 것은?

① 파킹스위치
② 슬로다운 스위치
③ 록다운 비상정지 장치
④ 각층 강제 정지운전 스위치

**해** **기타 안전장치**
- 파킹스위치(휴지스위치) : 승강기를 사용하지 않을 경우 파킹스위치를 켜면 자동으로 승강장의 모든 호출신호는 사라지고, 카내의 행선신호만 서비스한 후 기준층으로 돌아와서 운행이 중지됨
- 슬로다운 스위치 : 카가 최상층이나 최하층에서 정지하지 못했을 때 이를 감지하여 강제로 감속시켜 정지시키는 장치
- 록다운 비상정지 장치(튀어오름방지장치) : 와이어 로프나 균형추 등이 관성에 의해 튀어 오르지 못하도록 하는 장치
- 강제 각층 정지운전 스위치 : 아파트와 같은 공동주택에서 야간에 카 내 범죄활동을 방지하기 위해 사용. 층마다 정지 후 운행됨

## 005

레일의 규격을 나타낸 그림이다. 빈칸 ⓐ, ⓑ에 맞는 것은 몇 kg 인가?

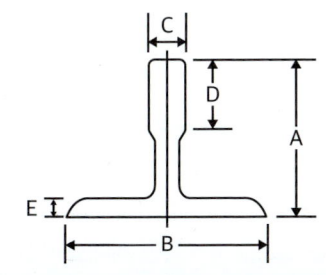

| 공칭[mm] | 8[Kg] | ⓐ | 18[Kg] | ⓑ | 30[Kg] |
|---|---|---|---|---|---|
| A | 56 | 62 | 89 | 89 | 108 |
| B | 78 | 89 | 114 | 127 | 140 |
| C | 10 | 16 | 16 | 16 | 19 |
| D | 26 | 32 | 38 | 50 | 51 |
| E | 6 | 7 | 8 | 12 | 13 |

① ⓐ 10, ⓑ 26
② ⓐ 12, ⓑ 22
③ ⓐ 13, ⓑ 24
④ ⓐ 15, ⓑ 27

**해** **가이드레일**
- 규격 : 8K, 13K, 18K, 24K, 30K

## 006

다음 중 주유를 해서는 안되는 부품은?

① 균형추
② 가이드슈
③ 가이드레일
④ 브레이크 라이닝

**해** ▶ 브레이크라이닝의 경우 브레이크 드럼의 회전을 멎게 하여 카를 감속/제동 시키는 것으로 기름칠 할 시 미끄러짐에 의해 사고로 이어질 수 있음

## 007

중앙 개폐방식의 승강장 도어를 나타내는 기호는?
① 2S　　② CO
③ UP　　④ SO

**해** 개폐방식별 도어시스템의 종류
- CO (Center open) : 중앙 개폐방식 (중앙 열기)
- SO (Side open) : 측면 개폐방식 (가로 열기)
- 상승 개폐 (Up) : 위로 열리는 방식. 주차/화물용, 차량용 등에 사용됨
- 상하 개폐 (Vertical) : 위 아래로 열리는 방식, 덤웨이터 등에 사용됨

## 008

압력맥동이 적고 소음이 적어서 유압식 엘리베이터에 주로 사용되는 펌프는?
① 기어 펌프　　② 베인 펌프
③ 스크류 펌프　④ 릴리프 펌프

**해** ▶ 스크루(Screw)식 펌프 : 진동(압력맥동)이 작고 소음이 작아 주로 쓰임

## 009

에스컬레이터의 역회전 방지장치로 틀린 것은?
① 조속기　　　② 스커트 가드
③ 기계 브레이크　④ 구동체인 안전장치

**해** 스커트가드 안전장치
에스컬레이터의 스커트 가드판과 스텝 사이에 인체의 일부나 옷, 신발 등이 끼었을 때 에스컬레이터를 정지시키는 안전장치
▶ 에스컬레이터 역회전 방지장치 : 구동체인 안전장치, 과속조절기(조속기), 기계 브레이크 등

## 010

엘리베이터 도어 사이에 끼이는 물체를 검출하기 위한 안전장치로 틀린 것은?
① 광전 장치　　② 도어클로저
③ 세이프티 슈　④ 초음파 장치

**해** 도어 안전장치
- 세이프티슈 : 사람이나 물체가 닿는 경우 도어가 열림
- 광전장치(세이프티레이) : 투광기와 수광기로 구성됨. 광선이 차단되면 도어가 열림
- 초음파장치 : 초음파로 사람이나 물체를 검출하여 도어가 열림

## 011

기계실을 승강로의 아래쪽에 설치하는 방식은?

① 정상부형 방식   ② 횡인 구동 방식
③ 베이스먼트 방식  ④ 사이드머신 방식

**해** 기계실 위치에 따른 분류
- 상부형 승강기 (정상부형) : 기계실이 승강로 꼭대기에 있음. 대부분의 승강기 형태
- 하부형 승강기 (베이스먼트) : 기계실이 승강로 아래쪽에 있음
- 측부형 승강기 (사이드 머신) : 기계실이 승강로 측면에 있음
- 기계실이 없는 승강기 (MRL) : 기계실이 없는 타입으로 설치 공간이 효율적이나 운행 시 세대 내 작동 소음이 전달 될 수 있음

## 012

기계식 주차설비를 할 때 승강기식인 경우 시브 또는 드럼의 직경은 와이어로프 직경의 몇 배 이상으로 하는가?

① 10   ② 15   ③ 20   ④ 30

**해** 주차장치에 사용하는 시브 또는 드럼의 직경

와이어로프가 시브 또는 드럼과 접하는 부분이
1/4 이하일 경우 : 와이어로프직경의 12배이상으로
1/4 초과일 경우 : 와이어로프직경의 20배이상으로
단, 승강기식주차장치·승강기슬라이드식주차장치·평면왕복식주차장치의 경우
- 승강구동용 : 와이어로프직경의 30배이상으로
- 수평이동용 : 와이어로프직경의 20배이상으로

**트랙션시브의 직경**
- 승강구동용 : 와이어로프직경의 40배이상으로
- 수평이동용 : 와이어로프직경의 30배이상으로

### 013

가장 먼저 누른 호출버튼에 응답하고 운전이 완료될 때까지 다른 호출에 응답하지 않는 운전방식은?

① 승합 전자동식
② 단식 자동방식
③ 카 스위치방식
④ 하강 승합 전자동식

**해 엘리베이터 운전조작방식**
단식 자동식 : 가장 먼저 누른 호출버튼에만 응답하고 운전이 완료되기 전까지는 다른 호출에 응답하지 않음

### 014

트랙션권상기의 특징으로 틀린 것은?

① 소요동력이 작다.
② 행정거리의 제한이 없다.
③ 주로프 및 도르래의 마모가 일어나지 않는다.
④ 권과(지나치게 감기는 현상)를 일으키지 않는다.

**해 트랙션식 권상기**
- 가장 기본적으로 사용되는 구동방식 (1:1 로핑)
- 와이어로프를 시브와 도르래에 걸어 한쪽에는 카를 매달고 반대쪽에는 균형추를 매달아 운행하는 방식
▶ 카를 승·하강 시키면서 로프나 도르래의 마모가 일어남

### 015

정지 레오나드 방식 엘리베이터의 내용으로 틀린 것은?

① 워드 레오나드 방식에 비하여 손실이 적다.
② 워드 레오나드 방식에 비하여 유지보수가 어렵다.
③ 사이리스터를 사용하여 교류를 직류로 변환한다.
④ 모터의 속도는 사이리스터의 점호각을 바꾸어 제어한다.

**해 직류엘리베이터**
- 워드레오나드 방식 : 발전기의 계자전류를 조정하여 발전기 전압을 임의로 연속적으로 변화시킴. 연속적이고 광범위하게 속도조절이 가능한 방식. 교류이단 속도제어에 비해 승차감이 좋음.
- 정지레오나드 방식 : 사이리스터를 통해 교류를 직류로 바꾸어 전동기 속도를 조정하는 방식
▶ 정지레오나드 방식은 워드레오나드 방식에 비해 손실이 적고 유지보수가 쉬움

### 016

작동유의 압력맥동을 흡수하여 진동, 소음을 감소시키는 것은?

① 펌프
② 필터
③ 사이렌서
④ 역류제지 밸브

**해** ▶ 사일렌서(Silencer) : 소음기의 일종으로 진동, 소음 흡수함

## 017

에스컬레이터 각 난간의 꼭대기에는 정상운행 조건하에서 스텝, 팔레트 또는 벨트의 실제 속도와 관련하여 동일방향으로 몇 %의 공차가 있는 속도로 움직이는 핸드레일이 설치되어야 하는가?

① 0 ~ 2
② 4 ~ 5
③ 7 ~ 9
④ 10 ~ 12

**해** 핸드레일 속도 편차 감지장치
- 허용오차 : 0% ~ 2%
- 5초~15초 내에 디딤 판에 대해 ±15% 이상의 손잡이 속도 편차가 발생하는 경우 에스컬레이터/무빙워크 정지

## 018

3상 유도전동기의 회전 방향을 바꾸는 방법으로 옳은 것은?

① 3상 전원의 주파수를 바꾼다.
② 3상 전원 중 1상을 단선시킨다.
③ 3상 전원 중 2상을 단락시킨다.
④ 3상 전원 중 임의의 2상의 접속을 바꾼다.

**해** 유도전동기 제동방법
- 발전 제동 : 직류여자전류를 통해 발전기를 작동시켜 제동시킴
- 역상 제동 : 역회전시켜 제동시킴 (3상 유도전동기의 회전방향 바꾸는 방법 : 3상 전원 중 임의의 2상의 접속을 바꿈)
- 회생 제동 : 전원전압보다 전력을 크게하여 발생전력을 전원측으로 반환하면서 제동시킴

## 019

화재 시 조치사항에 대한 설명 중 틀린 것은?

① 비상용 엘리베이터는 소화활동 등 목적에 맞게 동작시킨다.
② 빌딩 내에서 화재가 발생할 경우 반드시 엘리베이터를 이용해 비상탈출을 시켜야 한다.
③ 승강로에서의 화재 시 전선이나 레일의 윤활유가 탈 때 발생되는 매연에 질식되지 않도록 주의한다.
④ 기계실에서의 화재 시 카내의 승객과 연락을 취하면서 주전원 스위치를 차단한다.

**해** ▶ 화재시 승강기는 전원차단 되어 고립될 수 있을뿐더러 굴뚝효과에 의해 유독가스에 질식 될 우려가 있기 때문에 계단을 통해 비상탈출해야함

## 020

안전점검 체크 리스트 작성 시의 유의사항으로 가장 타당한 것은?

① 일정한 양식으로 작성할 필요가 없다.
② 사업장에 공통적인 내용으로 작성한다.
③ 중점도가 낮은 것부터 순서대로 작성한다.
④ 점검표의 내용은 이해하기 쉽도록 표현하고 구체적이어야 한다.

**해** ▶ 안전점검 체크 리스트는 각 사업장에 맞게 작성해야하며, 내용은 구체적이고 이해하기 쉬워야함

## 021

재해의 직접 원인 중 작업환경의 결함에 해당되는 것은?
① 위험장소 접근
② 작업순서의 잘못
③ 과다한 소음 발산
④ 기술적, 육체적 무리

해 ▶ 작업환경의 결함은 물적원인에 해당하며, 작업장에서의 과도한 소음은 작업환경의 결함임

## 022

추락방지를 위한 물적 측면의 안전대책과 관련이 없는 것은?
① 발판, 작업대 등은 파괴 및 동요되지 않도록 견고하고 안정된 구조이어야 한다.
② 안전교육훈련을 통해 작업자에게 추락의 위험을 인식시킴과 동시에 자율적 규제를 촉구한다.
③ 작업대와 통로는 미끄러지거나 발에 걸려 넘어지지 않게 평평하고 미끄럼 방지성이 뛰어난 것으로 한다.
④ 작업대와 통로 주변에는 난간이나 보호대를 설치해야 한다.

해 **재해의 직접원인**
- 물적원인(불안정한 상태) : 안전방호장치 결함, 물체 자체 결함, 물체의 보관 및 작업환경 결함, 생산공정의 결함, 보호구 및 복장의 결함, 작업환경의 결함
- 인적원인(불안정한 행동) : 안전작업에 대한 지식 결여, 보호구 및 복장의 결함, 위험한 장소의 접근, 위험한 상태로 조작
▶ 안전교육훈련은 인적 측면의 안전대책과 관련이 있음

## 023

산업재해의 발생원인 중 불안전한 행동이 많은 사고의 원인이 되고 있다. 이에 해당 되지 않는 것은?
① 위험장소 접근
② 작업 장소 불량
③ 안전장치 기능 제거
④ 복장 보호구 잘못 사용

해 ▶ 작업 장소 불량은 불안전한 행동(인적원인)보다는 불안전한 상태(물적원인)임

## 024

높은 곳에서 전기작업을 위한 사다리작업을 할 때 안전을 위하여 절대 사용해서는 안되는 사다리는?
① 니스(도료)를 칠한 사다리
② 셸락(shellac)을 칠한 사다리
③ 도전성 있는 금속제 사다리
④ 미끄럼 방지장치가 있는 사다리

해 ▶ 고소작업용 사다리는 절연성이 높아야 하고 미끄럼이 방지되어야 함. 전기작업시 감전위험이 있기 때문에 도전성이 있는 사다리는 사용하면 안 됨

## 025

전기 화재의 원인으로 직접적인 관계가 되지 않는 것은?
① 저항　　　② 누전
③ 단락　　　④ 과전류

**해** 전기 화재의 직접 원인
- 누전 : 전기가 새어나가는 현상
- 단락 : 2개 이상의 전선이 붙어 버리는 현상
- 과전류 : 과하게 전류가 흐르는 현상

## 026

안전점검의 목적에 해당되지 않는 것은?
① 합리적인 생산관리
② 생산 위주의 시설 가동
③ 결함이나 불안전 조건의 제거
④ 기계·설비의 본래 성능 유지

**해** ▶ 사용자의 안전을 보장하기 위한 안전점검에 생산 위주의 시설 가동은 포함되지 않음

## 027

전기식 엘리베이터의 자체점검항목이 아닌 것은?
① 브레이크　　② 스커트가드
③ 가이드레일　　④ 비상정지장치

**해** ▶ 스커트가드는 에스컬레이터의 점검요소에 해당됨

## 028

다음에서 일상점검의 중요성이 아닌 것은?
① 승강기 품질유지
② 승강기의 수명연장
③ 보수자의 편리도모
④ 승강기의 안전한 운행

**해** **수시점검**
일상점검이라고도 하며 작업 전·중·후에 수시로 하는 점검
▶ 일상점검은 보수자의 편리를 도모하는 것과는 거리가 멂

## 029

전동 덤웨이터의 안전장치에 대한 설명 중 옳은 것은?
① 도어 인터록 장치는 설치하지 않아도 된다.
② 승강로의 모든 출입구 문이 닫혀야만 카를 승강시킬 수 있다.
③ 출입구 문에 사람의 탑승금지 등의 주의사항은 부착하지 않아도 된다.
④ 로프는 일반 승강기와 같이 와이어로프 소켓을 이용한 체결을 하여야만 한다.

**해** ▶ 덤웨이터(소형화물용 엘리베이터)에도 인터록이 설치되어 있어야하며, 모든 문이 닫혔을 때 운행돼야함. 사람의 탑승 금지 등의 주의사항을 부착해야함

## 030

전기식 엘리베이터의 자체점검 중 피트에서 하는 점검항목장치가 아닌 것은?
① 완충기
② 측면 구출구
③ 하부 파이널 리미트 스위치
④ 조속기로프 및 기타의 당김 도르래

**해 피트 내에서 행하는 검사**
- 누수 및 청결상태
- 하부 리미트 스위치류
- 완충기
- 완충기와 카 및 균형추의 거리
- 이동 케이블
- 과속조절기 로프 인장 상태
- 피트의 피난공간 및 틈새
▶ 카 내에서 측면 구출구, 카 상부에서 비상구출구를 점검함

## 031

유압식 엘리베이터의 피트 내에서 점검을 실시할 때 주의해야 할 사항으로 틀린 것은?
① 피트 내 비상정지스위치를 작동 후 들어갈 것
② 피트 내 조명을 점등한 후 들어갈 것
③ 피트에 들어갈 때는 승강로 문을 닫을 것
④ 피트에 들어갈 때 기름에 미끄러지지 않도록 주의할 것

**해 피트 진입시 주의사항**
- E-STOP 비상정지 스위치 작동
- 조명 점등
- 누유 확인
- 피트 깊이 2.5m 초과 : 피트 출입문으로 진출입
- 피트 깊이 2.5m 이하 : 피트 출입문, 승강로 내부 사다리로 진출입
▶ 승강로 문을 닫게 되면 승강기가 운행될 수 있기 때문에 피트에 들어갈 때는 승강로 문을 닫으면 안 됨

## 032

전기식 엘리베이터의 경우 기계실에서 검사하는 항목과 관계없는 것은?

① 전동기
② 인터록장치
③ 권상기의 도르래
④ 권상기의 브레이크 라이닝

해 **기계실에서 행하는 검사**
- 기계실의 구조 및 설비
- 수전반, 주개폐기, 제어반, 배선
- 전동기, 브레이크, 구동기, 과속조절기
- 추락방지안전장치, 유압 파워유닛
- 압력배관 및 안전밸브
- 하중시험
▶ 인터록은 카 상부에서 검사함

## 033

승강로에 관한 설명 중 틀린 것은?

① 승강로는 안전한 벽 또는 울타리에 의하여 외부공간과 격리되어야 한다.
② 승강로는 화재시 승강로를 거쳐서 다른 층으로 연소 될 수 있도록 한다.
③ 엘리베이터에 필요한 배관 설비외의 설비는 승강로내에 설치하여서는 안 된다.
④ 승강로 피트 하부를 사무실이나 통로로 사용할 경우 균형추에 비상정지장치를 설치한다.

해 ▶ 화재시 승강로를 거쳐 다른 층으로 연소되지 않아야 함

## 034

승강기 완성검사 시 전기식 엘리베이터의 카문턱과 승강장문 문턱 사이의 수평거리는 몇 mm 이하이어야 하는가?

① 35    ② 45    ③ 55    ④ 65

해 ▶ 카 문턱과 승강장문 문턱사이의 수평거리는 35mm 이하

## 035

웜기어오일(Worm Gear Oil)에 관한 설명으로 틀린 것은?

① 매월 교체하여야 한다.
② 반드시 지정된 것만 사용한다.
③ 규정된 수준을 유지하여야 한다.
④ 웜기어가 분말이나 먼지로 혼탁해지면 교체한다.

해 ▶ 매월 교체할 필요는 없으며 분말이나 먼지로 혼탁해지면 교체함

## 036

에스컬레이터(무빙워크 포함)에서 1개월에 1회 점검하는 사항이 아닌 것은?

[법 개정 문제 - 내용 일부 수정]

① 디딤판과 스커트 각 측면의 틈새
② 주행안내 시스템의 설치상태
③ 정지스위치 설치상태 및 작동상태
④ 사용표지판 및 안내문 등 표시상태

**해** 에스컬레이터 자체점검 기준

| 점검내용 | 점검방법 | 점검주기 (회/월) |
|---|---|---|
| 디딤판과 스커트 각 측면의 틈새 | 측정 | 1/1 |
| 주행안내 시스템의 설치상태 | 측정 | 1/1 |
| 정지스위치 설치상태 및 작동상태 | 시험 | 1/1 |
| 사용표지판 및 안내문 등 표시상태 | 육안 | 1/3 |

## 037

기계실에 대한 설명으로 틀린 것은?
① 출입구 자물쇠의 잠금장치는 없어도 된다.
② 관리 및 검사에 지장이 없도록 조명 및 환기는 적절해야 한다.
③ 주로프, 조속기로프 등은 기계실 바닥의 관통부분과 접촉이 없어야 한다.
④ 권상기 및 제어반은 기둥 및 벽에서 보수 관리에 지장이 없어야 한다.

**해** ▶ 기계실 출입구는 자물쇠를 사용하여 관계자 외 외부인이 출입할 수 없도록 조치해야함

## 038

파워유니트를 보수·점검 또는 수리할 때 사용하면 불필요한 작동유의 유출을 방지할 수 있는 밸브는?

① 사이런스  ② 체크밸브
③ 스톱밸브  ④ 릴리프밸브

**해** **스톱 밸브 (=차단밸브)**
- 파워유니트와 실린더 사이에 설치되는 수동 조작밸브
- 밸브를 닫으며 실린더의 기름이 파워유닛으로 역류하는 걸 막을 수 있음
- 불필요한 작동유의 유출을 방지 할 수 있음
- 승강기 유압장치 보수, 점검, 수리 시 사용됨
- 실린더에 체크밸브와 하강밸브를 연결하는 회로에 설치되어아함
- 엘리베이터 구동기의 다른 밸브와 가까이 위치되어야 함

## 039

에스컬레이터의 경사도가 30°이하일 경우에 공칭 속도는?

① 0.75m/s 이하  ② 0.80m/s 이하
③ 0.85m/s 이하  ④ 0.90m/s 이하

**해** 에스컬레이터의 공칭속도
- 경사도 30° 이하 : 0.75m/s 이하
- 경사도 30° 초과 35°이하 : 0.5m/s 이하

**무빙워크의 공칭속도**
- 0.75m/s 이하

## 040

에스컬레이터(무빙워크 포함) 점검항목 및 방법 중 제어 패널, 캐비닛, 접촉기, 릴레이, 제어기판에서 "B로 하여야 할 것"에 해당하지 않는 것은? [법 개정 문제]

① 잠금 장치가 불량한 것
② 환경상태(먼지, 이물)가 불량한 것
③ 퓨즈 등에 규격외의 것이 사용되고 있는 것
④ 접촉기, 릴레이 - 접촉기 등의 소모가 현저한 것

**해** 승강기 검사 및 관리에 관한 운용요령 [시행 2017. 7. 26.] 별표 서식 "자체점검 항목 및 방법" 내에 B로 하여야 할 것, C로 하여야 할 것이 구분되어 있었으나, 승강기 안전운행 및 관리에 관한 운영규정 [시행 2020. 12. 31.]으로 개정됨에 따라 자체점검 기준이 바뀜

## 041

고속 엘리베이터에 많이 사용되는 조속기는?

① 점차 작동형 조속기
② 롤 세이프티형 조속기
③ 디스크형 조속기
④ 플라이 볼형 조속기

**해** 과속조절기(조속기)종류
- 롤 세이프티형 (마찰정지형) : 저속 엘리베이터에 주로 사용됨
- 플라이볼형 : 고속엘리베이터에 주로 사용됨
- 디스크형 : 중저속 엘리베이터에 주로 사용됨

## 042

에스컬레이터(무빙워크 포함)의 비상정지스위치 위치에 관한 설명으로 틀린 것은?

① 색상은 적색으로 하여야 한다.
② 상하 승강장의 잘 보이는 곳에 설치한다.
③ 버튼 또는 버튼 부근에는 "정지" 표시를 하여야 한다.
④ 장난 등에 의한 오조작 방지를 위하여 잠금장치를 설치하여야 한다.

**해** 비상정지 스위치
- 승강장 입구에 설치하며, 필요시 버튼을 눌러 운행을 정지시킴
- 눈에 띄고 쉽게 접근 가능할 수 있는 위치에 있어야 함
- 비상정지 스위치 간 간격은 30m 이하
▶ 비상정지스위치는 정상 운행 중 오동작 되는 것을 방지하기 위해보호 덮개가 설치되어 있어야함

## 043

와이어 로프의 구성요소가 아닌 것은?
① 소선            ② 심강
③ 킹크            ④ 스트랜드

**해** ▶ 와이어로프 구성요소 : 소선, 스트랜드, 심

## 044

카 상부에서 행하는 검사가 아닌 것은?
① 완충기 점검   ② 주로프 점검
③ 가이드 슈 점검   ④ 도어개폐장치 점검

**해** **카상부에서 행하는 검사**
- 카지붕의 피난공간 및 틈새와 비상구출문
- 카 도어스위치 및 도어개폐상태
- 안전스위치, 주로프 및 과속조절기로프
- 상부 리미트 스위치류
- 레일 및 도어 인터록
- 승강로의 돌출물 등
▶ 완충기는 피트에서 행하는 검사임

## 045

전기식 엘리베이터의 가이드 레일 설치에서 패킹(보강재)이 설치된 경우는?
① 가이드 레일이 짧게 설치되어 보강할 경우
② 가이드 레일 양 폭의 너비를 조정 작업할 경우
③ 레일브래킷의 간격이 필요이상 한계를 초과하여 레일의 뒷면에 강재를 붙여서 보강하는 경우
④ 레일브래킷의 간격이 필요이상 한계를 초과하여 레일의 앞면에 강재를 붙여서 보강하는 경우

**해** ▶ 가이들 레일 설치시 레일브래킷의 간격이 기준보다 이상으로 떨어져 있을 경우 레일의 뒷면에 강재를 붙여서 보강함

## 046

유압식 엘리베이터에 있어서 정상적인 작동을 위하여 유지하여야 할 오일의 온도 범위는?
① 5℃ ~ 60℃   ② 20℃ ~ 70℃
③ 30℃ ~ 80℃   ④ 40℃ ~ 90℃

**해** ▶ 유압식 엘리베이터 작동유의 온도 범위 : 5℃~60℃ 사이

## 047

직류전동기의 회전수를 일정하게 유지하기 위하여 전압을 변화시킬 때 전압은 어디에 해당되는가?
① 조작량   ② 제어량
③ 목표값   ④ 제어대상

**해** **제어의 요소**
- 제어량 : 제어 대상에 속하는 양
- 조작량 : 제어요소가 제어 대상에 주는 양. 변화시키는 양
- 목표값 : 제어량이 값을 갖도록 외부에서 제어계에 주어지는 값
- 제어대상 : 시스템에서 제어의 대상이 되는 것
▶ 변화시키는 양이 전압이기 때문에 조작량에 해당됨

## 048

직류발전기의 구조로서 3대 요소에 속하지 않는 것은?
① 계자 ② 보극
③ 전기자 ④ 정류자

**해** 직류기 주요 3요소
- 계자 : 자속을 만드는 부분
- 전기자 : 전력을 생성하는 부분
- 정류자 : 교류를 직류로 바꿔주는 부분

## 049

체크밸브(non-return valve)에 관한 설명 중 옳은 것은?
① 하강 시 유량을 제어하는 밸브이다.
② 오일의 압력을 일정하게 유지하는 밸브이다.
③ 오일의 방향이 한쪽방향으로만 흐르도록 하는 밸브이다.
④ 오일의 방향이 양방향으로 흐르는 것을 제어하는 밸브이다.

**해** 체크밸브 (역류방지밸브)
- 오일이 한쪽 방향으로만 흐르게 함
- 펌프와 차단밸브 사이의 회로에 설치되어야함
- 공급압력이 최소 작동 압력 아래로 떨어질 때 정격하중을 실은 카를 어떤 위치에서 유지할 수 있어야함
- 잭에서 발생하는 유압 및 1개 이상의 안내된 압축 스프링이나 중력에 의해 닫혀야함

## 050

높이 50mm 의 둥근 봉이 압축하중을 받아 0.004 의 변형률이 생겼다고 하면, 이 봉의 높이는 몇 mm 인가?
① 49.80 ② 49.90
③ 49.98 ④ 48.99

**해** 변형률 = $\dfrac{\text{변형된 길이}}{\text{변형전 길이}}$

$0.0004 = \dfrac{\text{변형된 길이}}{50}$,

변형된 길이 = 0.2[mm]

원래길이 50mm에서 변형된 길이 0.2mm를 뺀 49.8mm가 변형 후 길이임

## 051

기어의 언더컷에 관한 설명으로 틀린 것은?
① 이의 간섭현상이다.
② 접촉면적이 넓어진다.
③ 원활한 회전이 어렵다.
④ 압력각을 크게 하여 방지한다.

**해** 기어의 언더컷
- 이의 수가 적을 때 이의 간섭에 의해 이뿌리가 깎이는 현상
- 기어의 이 강도가 약해지면서 기어의 원활한 회전이 어려워짐
- 압력각을 크게하여 언더컷 현상을 방지함
- 접촉면적을 감소시킴

## 052

기계 부품 측정 시 각도를 측정할 수 있는 기기는?
① 사인바  ② 옵티컬플렛
③ 다이얼게이지  ④ 마이크로미터

**해** 기계요소 측정기기
- 길이측정 : 버니어캘리퍼스, 마이크로미터 등
- 각도측정 : 사인바, 분도기 등
- 평면측정 : 직각자, 정반 등

## 053

그림과 같은 논리기호의 논리식은?

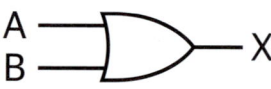

① $Y = \overline{A} + \overline{B}$
② $Y = \overline{A} \cdot \overline{B}$
③ $Y = A \cdot B$
④ $Y = A + B$

**해**

| | | |
|---|---|---|
| AND | | $X = A \times B$ |
| OR | | $X = A + B$ |
| NOT | | $X = \overline{A}$ |
| NAND | | $X = \overline{A} + \overline{B}$ |
| NOR | | $X = \overline{A} \times \overline{B}$ |
| XOR | | $X = \overline{A}B + A\overline{B}$ |

## 054

평행판 콘덴서에 있어서 판의 면적을 동일하게 하고 정전용량은 반으로 줄이려면 판 사이의 거리는 어떻게 하여야 하는가?
① 1/4로 줄인다.  ② 반으로 줄인다.
③ 2배로 늘린다.  ④ 4배로 늘린다.

**해** 콘덴서

평행판 콘덴서의 정전용량 : $C = \dfrac{\varepsilon A}{d}$

($\varepsilon$ : 유전율, A : 단면적, d : 극판사이 거리)

▶ 단면적이 일정할 때 정전용량을 1/2로 하려면 극판사이 거리는 2배가 되어야함

## 055

유도 전동기에서 동기속도 Ns와 극수 P와의 관계로 옳은 것은?
① $N_S \propto p$  ② $N_S \propto \dfrac{1}{p}$
③ $N_S \propto p^2$  ④ $N_S \propto \dfrac{1}{p^2}$

**해** 동기 속도($N_S$)

$N_S = \dfrac{120f}{p}$ [rpm] (f : 주파수, p : 극수)

- $N_S$와 p의 관계 : $N_S \propto \dfrac{1}{p}$

## 056

그림과 같은 회로의 역률은 약 얼마인가?

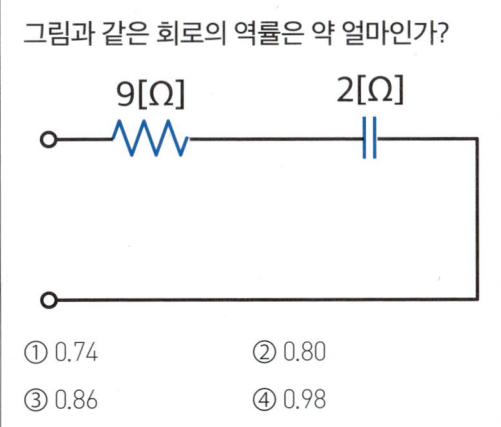

① 0.74      ② 0.80
③ 0.86      ④ 0.98

**해** RC회로(저항, 콘덴서) 에서의 역률

역률 : $\cos\theta = \dfrac{R}{Z}$

임피던스 : $Z = \sqrt{R^2 + X_C^2}$

$\cos\theta = \dfrac{R}{\sqrt{R^2 + X_C^2}} = \dfrac{9}{\sqrt{9^2 + 2^2}}$

$= \dfrac{9}{\sqrt{85}} \fallingdotseq 0.98$

## 057

전기기기에서 E종 절연의 최고 허용온도는 몇 ℃ 인가?

① 90    ② 105    ③ 120    ④ 130

**해** 절연 재료의 최고 허용 온도

| 절연재료 | Y | A | E | B | F | H |
|---|---|---|---|---|---|---|
| 최고허용 온도[℃] | 90 | 105 | 120 | 130 | 155 | 180 |

## 058

안전율의 정의로 옳은 것은?
① 허용응력/극한강도
② 극한강도/허용응력
③ 허용응력/탄성한도
④ 탄성한도/허용응력

**해** 허용응력 및 안전율

- 허용응력 식 : $\sigma perm = \dfrac{Rm}{St}$

($\sigma perm$ : 허용 응력, Rm : 인장강도, St : 안전율)

- 안전율 = $\dfrac{\text{인장강도(극한강도)}}{\text{허용응력}}$

## 059

정속도 전동기에 속하는 것은?
① 직권 전동기     ② 분권 전동기
③ 타여자 전동기    ④ 가동복권 전동기

**해** 직류전동기 종류
- 직권 전동기
  - 부하에 따라 속도가 심하게 변함
  - 회전력이 부하전류의 제곱에 비례함
  - 크레인, 전동차, 전기철도에 쓰임
- 분권 전동기
  - 정속도 전동기
  - 부하에 따라 속도 변화 폭이 심하게 변함
  - 전기자와 계자가 병렬로 구성
  - 보극의 역할 : 정류를 양호하게 함
- 타여자 전동기
  - 정속도 전동기
  - 극성을 반대로 하면 회전방향이 반대가됨
- 가동복권 전동기
  - 크레인, 엘리베이터, 공작기계, 공기 압축기 등에 쓰임
▶ 분권 전동기, 타여자 전동기 둘 다 정속도 전동기에 속함

## 060

측정계기의 오차의 원인으로서 장시간의 '통전 등에 의한 스프링의 탄성피로에 의하여 생기는 오차를 보정하는 방법으로 가장 알맞은 것은?

① 정전기 제거  ② 자기 가열
③ 저항 접속  ④ 영점 조정

해 ▶ 영점 조정을 통해 오차를 보정 할 수 있음

# 16년 과년도 기출문제 2회

## 001

엘리베이터용 트랙션식 권상기의 특징이 아닌 것은?
① 소요동력이 작다.
② 균형추가 필요 없다.
③ 행정거리에 제한이 없다.
④ 권과를 일으키지 않는다.

**해 권상식(트랙션식)**
- 가장 기본적으로 사용되는 구동방식 (1:1 로핑)
- 와이어로프를 시브와 도르래에 걸어 한쪽에는 카를 매달고 반대쪽에는 균형추를 매달아 운행하는 방식

**권동식**
- 균형추 대신 로프 끝을 권상기에 고정시켜 감아 올리거나 풀어내리며 운행하는 방식
▶ 균형추가 필요 없는 것은 권동식 권상기의 특징임

## 002

스텝 폭 0.8m, 공칭속도 0.75m/s 인 에스컬레이터로 수송할 수 있는 최대 인원의 수는 시간 당 몇 명인가?
① 3600
② 4800
③ 6000
④ 6600

**해 에스컬레이터 수송인원**

| 스텝·팔레트 폭 [m] | 공칭속도 | | |
|---|---|---|---|
| | 0.5m/s | 0.65m/s | 0.75m/s |
| 0.6m | 3,600명/h | 4,400명/h | 4,900명/h |
| 0.8m | 4,800명/h | 5,900명/h | 6,600명/h |
| 1m | 6,000명/h | 7,300명/h | 8,200명/h |

**수송능력별 분류 (난간폭에 의한 분류)**
- 800형 : 시간당 6000명
- 1200형 : 시간당 9000명

## 003

카가 최상층 및 최하층을 지나쳐 주행하는 것을 방지하는 것은?
① 균형추
② 정지 스위치
③ 인터록 장치
④ 리미트 스위치

**해 파이널 리미트 스위치**
- 엘리베이터 최상층 및 최하층 근처에 작동하도록 설치
- 완충기 또는 램이 완충장치에 충돌하기 전에 작동되고 카 또는 램이 완충기에 접촉한 경우에도 지속적으로 감지되어야 함

## 004

비상용 엘리베이터의 정전 시 예비전원의 기능에 대한 설명으로 옳은 것은?

① 30초 이내에 엘리베이터 운행에 필요한 전력용량을 자동적으로 발생하여 1시간 이상 작동하여야 한다.
② 40초 이내에 엘리베이터 운행에 필요한 전력용량을 자동적으로 발생하여 1시간 이상 작동하여야 한다.
③ 60초 이내에 엘리베이터 운행에 필요한 전력용량을 자동적으로 발생하여 2시간 이상 작동하여야 한다.
④ 90초 이내에 엘리베이터 운행에 필요한 전력용량을 자동적으로 발생하여 2시간 이상 작동하여야 한다.

**해 소방구조용(비상용) 엘리베이터**
정전시 보조전원공급장치에 의해 60초 이내 엘리베이터 운행에 필요한 전력을 자동으로 발생시켜야 하며 2시간 이상 운행이 가능해야 함.

## 005

주차구획이 3층 이상으로 배치되어 있고 출입구가 있는 층의 모든 주차구획을 주차장치 출입구로 사용할 수 있는 구조로서 그 주차 구획을 아래·위 또는 수평으로 이동하여 자동차를 주차하도록 설계한 주차장치는?

① 수평순환식
② 다층순환식
③ 다단식 주차장치
④ 승강기 슬라이드식

**해 다단식 주차장치**
- 주차구획이 3층 이상으로 배치되어있음. 위, 아래, 수평으로 주차구획을 이동하여 자동차가 운반됨.
- 특징 : 출입구가 있는 층의 모든 주차구획을 주차장치 출입구로 사용할 수 있음

## 006

도어 인터록에 관한 설명으로 옳은 것은?

① 도어 닫힘 시 도어 록이 걸린 후, 도어 스위치가 들어가야 한다.
② 카가 정지하지 않는 층은 도어 록이 없어도 된다.
③ 도어 록은 비상시 열기 쉽도록 일반공구로 사용 가능해야 한다.
④ 도어 개방 시 도어 록이 열리고, 도어 스위치가 끊어지는 구조이어야 한다.

**해 인터록 작동방식**
- 도어 닫힘 시 도어 락(Lock)이 걸린 후 도어 스위치가 들어감.
- 도어 오픈 시 도어 스위치가 끊어진 후 도어 락이 열림

## 007

승객이나 운전자의 마음을 편하게 해 주는 장치는?

① 통신장치
② 관제운전장치
③ 구출운전장치
④ B.G.M(Back Ground Music)장치

**해** BGM(Back Ground Music)
승강기 내에 안내방송이나 음악을 틀기 위한 장치

## 008

조속기로프의 공칭 직경은 몇 mm 이상이어야 하는가?

① 6   ② 8   ③ 10   ④ 12

**해** 공칭직경
- 로프의 공칭 직경 : 8mm 이상
- 로프의 공칭직경 6mm가 허용되는 경우 : 구동기가 승강로에 위치, 정격속도가 1.75 m/s 이하
- 조속기로프의 공칭 직경 : 6mm 이상

## 009

카 문턱과 승강장문 문턱 사이의 수평거리는 몇 mm 이하이어야 하는가?

① 12   ② 15   ③ 35   ④ 125

**해** ▶ 카 문의 문턱과 승강장문의 문턱 사이의 수평 거리 : 35mm 이하

## 010

기계실에서 이동을 위한 공간의 유효 높이는 바닥에서부터 천장의 빔 하부까지 측정하여 몇 m 이상이어야 하는가?

① 1.2   ② 1.8   ③ 2.0   ④ 2.5

**해** 기계실의 환경상태
- 기계실 작업구역의 유효 높이 : 2.1m 이상
- 움직이는 부품의 점검 및 유지관리가 필요한 곳에 0.5m × 0.6m 이상의 작업구역이 있어야함

기계실 출입문 등 제설비
- 작업구역 간 이동통로의 유효 높이 : 1.8m 이상 (바닥에서 천장의 가장 낮은 충돌점 사이)
- 기계실, 승강로 및 피트 출입문 : 높이 1.8m 이상, 폭 0.7m 이상

## 011

펌프의 출력에 대한 설명으로 옳은 것은?

① 압력과 토출량에 비례한다.
② 압력과 토출량에 반비례한다.
③ 압력에 비례하고, 토출량에 반비례한다.
④ 압력에 반비례하고, 토출량에 비례한다.

**해** 펌프의 요건
- 펌프의 토출량이 커지면 속도도 빨라짐
- 보통 스크루펌프가 사용됨
- 펌프의 출력은 압력과 토출량에 비례함
- 진동(압력맥동)과 소음이 작아야함

## 012

엘리베이터를 3~8대 병설하여 운행관리하며 1개의 승강장 부름에 대하여 1대의 카가 응답하고 교통수단의 변동에 대하여 변경되는 조작방식은?

① 군관리방식
② 단식 자동방식
③ 군승합 전자동식
④ 방향성 승합 전자동식

**해 엘리베이터 운전조작방식**
- 군 승합 전자동식 : 2-3대 승강기가 함께 있을 때 사용되는 조작방식. 한 개의 승강장 호출에 한 대의 카만 응답하는 방식.
- 군 관리 방식 : 3-8대 승강기가 함께 있을 때 사용되는 조작방식. 이용 상황에 따라 상호간 유기적으로 운전하는 방식.

## 013

교류 2단속도 제어에서 가장 많이 사용되는 속도비는?

① 2 : 1　② 4 : 1
③ 6 : 1　④ 8 : 1

**해 교류2단 제어방식**
- 고속권선으로 기동/주행, 저속권선으로 감속/착상하여 속도를 제어하는 방식
- 교류1단 제어방식에 비해 착상이 우수하며, 중속 승강기에 적합함
- 4 : 1 속도비가 교류 2단 제어방식에서 가장 많이 사용됨

## 014

일반적으로 사용되고 있는 승강기의 레일 중 13K, 18K, 24K 레일 폭의 규격에 대한 사항으로 옳은 것은?

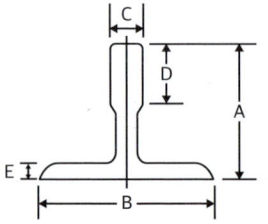

① 3종류 모두 같다.
② 3종류 모두 다르다.
③ 13K와 18K는 같고 24K는 다르다.
④ 18K와 24K는 같고 13K는 다르다.

**해 가이드레일 규격**

| 공칭 [mm] | 8 [Kg] | 13 [Kg] | 18 [Kg] | 24 [Kg] | 30 [Kg] |
|---|---|---|---|---|---|
| A | 56 | 62 | 89 | 89 | 108 |
| B | 78 | 89 | 114 | 127 | 140 |
| C | 10 | 16 | 16 | 16 | 19 |
| D | 26 | 32 | 38 | 50 | 51 |
| E | 6 | 7 | 8 | 12 | 13 |

▶ 13K, 18K, 24K의 레일 폭인 C의 값이 모두 같다.

## 015

엘리베이터의 속도가 규정치 이상이 되었을 때 작동하여 동력을 차단하고 비상정지를 작동시키는 기계장치는?

① 구동기　② 조속기
③ 완충기　④ 도어스위치

**해 과속조절기 (조속기)**
- 카가 운행시 정격속도를 초과할 경우 속도를 검출하여 전원을 차단하고 정지시킴
- 정격속도의 115% 이상이 되면 비상정지장치 작동을 위해 조속기가 작동됨

## 016

승객(공동주택)용 엘리베이터에 주로 사용되는 도르래 홈의 종류는?
① U홈　　② V홈
③ 실홈　　④ 언더컷트홈

**해** ▶ 승객용 엘리베이터에 주로 사용되는 도르래의 홈 : 언더컷홈

## 017

가요성 호스 및 실린더와 체크밸브 또는 하강밸브 사이의 가요성 호스 연결 장치는 전부하 압력의 몇 배의 압력을 손상 없이 견뎌야 하는가?
① 2　　② 3　　③ 4　　④ 5

**해** **가요성 호스 연결장치 안전율**
- 가요성 호스 : 실린더와 체크밸브 또는 하강밸브 사이에 위치
- 전부하 압력 및 파열 압력과 관련하여 안전율이 8 이상
- 가요성 호스 연결장치는 전 부하 압력의 5배의 압력을 손상 없이 견뎌야 함

## 018

에스컬레이터와 무빙워크의 일반적인 경사도는 각각 몇 도 이하 인가?
① 20°, 5°　　② 30°, 8°
③ 30°, 12°　　④ 45°, 20°

**해** **경사도**
- 에스컬레이터의 경사도 : 30° 이하 (층고가 6m 이하이고, 공칭속도가 0.5m/s 이하인 경우 35°까지 증가시킬 수 있음)
- 무빙워크의 경사도 : 12° 이하

## 019

파괴검사 방법이 아닌 것은?
① 인장 검사　　② 굽힘 검사
③ 육안 검사　　④ 경도 검사

**해** ▶ 육안검사는 비파괴검사방법에 해당됨

## 020

안전 작업모를 착용하는 주요 목적이 아닌 것은?
① 화상방지
② 감전의 방지
③ 종업원의 표시
④ 비산물로 인한 부상 방지

**해** ▶ 종업원임을 표시하기 위해 안전모를 착용하는 것이 아님
물체가 떨어지거나 날아올 위험 또는 근로자가 추락할 위험이 있는 작업에서 안전모를 착용함

## 021

전기재해의 직접적인 원인과 관련이 없는 것은?
① 회로 단락  ② 충전부 노출
③ 접속부 과열  ④ 접지판 매설

**해 감전사고 방지대책**
- 전기기기 사용 시 접지 할 것
  * 접지 : 누전된 전기가 사람의 몸에 흐르지 않고 땅으로 흐르도록 전기 장비 혹은 전기회로의 한 부분을 도체를 이용해 땅과 연결하는 것
▶ 접지판을 매설했다 해서 전기재해의 원인이 되지 않음

## 022

사용전압 380V의 전동기를 사용하는 경우 접지공사는? [법 개정 문제]
① 제1종 접지공사
② 제2종 접지공사
③ 제3종 접지공사
④ 특별 제3종 접지공사

**해** ▶ 2021년 한국전기설비(KEC) 규정의 접지 저항 기준 변경으로 출제 되지 않음

## 023

재해의 발생 과정에 영향을 미치는 것에 해당 되지 않는 것은?
① 개인의 성격적 결함
② 사회적 환경과 신체적 요소
③ 불안전한 행동과 불안전한 상태
④ 개인의 성별·직업 및 교육의 정도

**해 재해의 간접원인**
- 관리적 원인 : 인원 배치 부적절성, 작업 지시 부적당, 안전관리 조직 결함 등
- 신체적(생리적) 원인 : 작업자의 피로, 작업자의 질병 등
- 기술적 원인 : 기계장치의 결함, 건출 설비의 기술적 결함 등
- 교육적 원인 : 안전교육 미실시, 작업자의 안전에 대한 미숙, 미경험 등
- 정신적 원인 : 작업자의 정신적 결함, 태도 불량 등

## 024

승강기시설 안전관리법의 목적은 무엇인가?
① 승강기 이용자의 보호
② 승강기 이용자의 편리
③ 승강기 관리주체의 수익
④ 승강기 관리주체의 편리

**해 승강기 안전관리법의 목적**
승강기의 제조·수입 및 설치에 관한 사항과 승강기의 안전인증 및 안전관리에 관한 사항 등을 규정함으로써 승강기의 안전성을 확보하고, 승강기 이용자 등의 생명·신체 및 재산을 보호함을 목적으로 함

## 025

재해 조사의 목적으로 가장 거리가 먼 것은?
① 재해에 알맞은 시정책 강구
② 근로자의 복리후생을 위하여
③ 동종재해 및 유사재해 재발방지
④ 재해 구성요소를 조사, 분석, 검토하고 그 자료를 활용하기 위하여

해 ▶ 재해조사의 목적은 재해의 원인을 조사하고 결함을 규명하여 유사 재해의 발생을 막기 위함임

## 026

감전과 전기화상을 입을 위험이 있는 작업에서 구비해야 하는 것은?
① 보호구
② 구명구
③ 운동화
④ 구급용구

해 **보호구 종류**
안전모, 안전대, 안전화, 보안경, 보안면, 절연용 보호구 등

## 027

감전에 의한 위험대책 중 부적합한 것은?
① 일반인 이외에는 전기기계 및 기구에 접촉 금지
② 전선의 절연피복을 보호하기 위한 방호조치가 있어야 함
③ 이동전선의 상호 연결은 반드시 접속기구를 사용할 것
④ 배선의 연결부분 및 나선부분은 전기절연용 접착테이프로 테이핑 하여야 함

해 ▶ 일반인은 전기 기계 및 기구에 접촉하지 않아야 함

## 028

"엘리베이터 사고 속보"란 사고 발생 후 몇 시간 이내인가?
① 7시간
② 9시간
③ 18시간
④ 24시간

해 **국립중앙과학관 승강기운행관리규정 [시행 2018. 3. 23.]**
- 승강기사고 속보 : 사고가 발생한 때로부터 24시간 내
- 승강기사고 상보 : 사고가 발생한 때로부터 24시간 내

**승강기 중대사고**
- 신고 범위 : 승강기로 인한 사망, 1주 이상 입원, 3주 이상 진단
- 신고 주체 : 관리주체(유지관리업자 포함)
- 신고 시기 : 지체 없이
- 신고 불이행시 : 500만원 이하 과태료

## 029

에스컬레이터의 스커트 가드판과 스탭 사이에 인체의 일부나 옷, 신발 등이 끼었을 때 에스컬레이터를 정지시키는 안전장치는?

① 스텝체인 안전장치
② 구동체인 안전장치
③ 핸드레일 안전장치
④ 스커트 가드 안전장치

**해** **스커트가드 안전장치**
스커트가드와 스텝 측면의 틈새에 이물질이 끼이는 경우 이를 감지하여 에스컬레이터를 정지시키는 장치

## 030

유압장치의 보수 점검 및 수리 등을 할 때 사용되는 장치로서 이것을 닫으면 실린더의 기름이 파워유니트로 역류하는 것을 방지하는 장치는?

① 제지 밸브  ② 스톱 밸브
③ 안전 밸브  ④ 럽처 밸브

**해** **스톱 밸브 (=차단밸브)**
- 파워유니트와 실린더 사이에 설치되는 수동 조작밸브
- 밸브를 닫으며 실린더의 기름이 파워유닛으로 역류하는 걸 막을 수 있음
- 불필요한 작동유의 유출을 방지 할 수 있음
- 승강기 유압장치 보수, 점검, 수리 시 사용됨
- 실린더에 체크밸브와 하강밸브를 연결하는 회로에 설치되어야함
- 엘리베이터 구동기의 다른 밸브와 가까이 위치되어야 함

## 031

피트 정지 스위치의 설명으로 틀린 것은?

① 이 스위치가 작동하면 문이 반전하여 열리도록 하는 기능을 한다.
② 점검자나 검사자의 안전을 확보하기 위해서는 작업 중 카의 움직임을 방지하여야 한다.
③ 수동으로 조작되고 스위치가 열리면 전동기 및 브레이크에 전원 공급이 차단되어야 한다.
④ 보수 점검 및 검사를 위해 피트 내부로 "정지"위치로 두어야 한다.

**해** ▶ 스위치 작동시 문이 반전하여 열리는 장치는 도어 안전장치임

## 032

유압식 엘리베이터의 카 문턱에는 승강장 유효 출입구 전폭에 걸쳐 에이프런이 설치되어야한다. 수직면의 아랫부분은 수평면에 대해 몇 도 이상으로 아랫방향을 향하여 구부러져야 하는가?

① 15°  ② 30°  ③ 45°  ④ 60°

**해** **에이프런**
- 카 또는 승강장 출입구 문턱부터 아래7로 평탄하게 내려진 수직 부분의 앞 보호판
- 수직면 아랫부분은 수평면에 대해 60° 이상으로 아랫방향을 향해 구부러져야함

## 033

도어에 사람의 끼임을 방지하는 장치가 아닌 것은?

① 광전 장치  ② 세이프티 슈
③ 초음파 장치  ④ 도어 인터록

**해 도어 안전장치**
- 세이프티슈 : 사람이나 물체가 닿는 경우 도어가 열림
- 광전장치(세이프티레이) : 투광기와 수광기로 구성됨. 광선이 차단되면 도어가 열림
- 초음파장치 : 초음파로 사람이나 물체를 검출하여 도어가 열림

## 034

승강기 정밀안전 검사기준에서 전기식 엘리베이터 주로프의 끝 부분은 몇 가닥 마다 로프소켓에 바빗트 채움을 하거나 체결식 로프소켓을 사용하여 고정하여야 하는가?

① 1가닥  ② 2가닥
③ 3가닥  ④ 5가닥

**해** ▶ 주로프의 끝부분은 1가닥마다 로프소켓에 바빗트채움을 하거나 체결식 로프소켓을 사용하거나 클립고정을 해야함

## 035

정전으로 인하여 카가 층 중간에 정지될 경우 카를 안전하게 하강시키기 위하여 점검자가 주로 사용하는 밸브는?

① 체크 밸브
② 스톱 밸브
③ 릴리프 밸브
④ 하강용 유량제어 밸브

**해 방향 제어밸브 - 하강 제어밸브**
정전으로 층과 층 사이에 카가 정지했을 때 밸브를 열어 카를 안전하게 하강 시킬 수 있음

## 036

유압펌프에 관한 설명 중 틀린 것은?

① 압력맥동이 커야 한다.
② 진동과 소음이 작아야 한다.
③ 일반적으로 스크류 펌프가 사용된다.
④ 펌프의 토출량이 크면 속도도 커진다.

**해 펌프의 요건**
- 펌프의 토출량이 커지면 속도도 빨라짐
- 보통 스크루펌프가 사용됨
- 펌프의 출력은 압력과 토출량에 비례함
- 진동(압력맥동)과 소음이 작아야함

## 037

유압식 엘리베이터 자체점검 시 피트에서 하는 점검항목 장치가 아닌 것은?

① 체크밸브
② 램(플런저)
③ 이동케이블 및 부착부
④ 하부 파이널리미트 스위치

**해** 피트 내에서 행하는 검사
- 누수 및 청결상태
- 하부 리미트 스위치류
- 완충기
- 완충기와 카 및 균형추의 거리
- 이동 케이블
- 과속조절기 로프 인장 상태
- 피트의 피난공간 및 틈새
▶ 체크밸브는 기계실에서 검사함

## 038

전기식 엘리베이터 자체점검 시 기계실, 구동기 및 풀리 공간에서 하는 점검항목 장치가 아닌 것은?

① 조속기
② 권상기
③ 고정 도르래
④ 과부하 감지장치

**해** 기계실에서 행하는 검사
- 기계실의 구조 및 설비
- 수전반, 주개폐기, 제어반, 배선
- 전동기, 브레이크, 구동기, 과속조절기
- 추락방지안전장치, 유압 파워유닛
- 압력배관 및 안전밸브
- 하중시험
▶ 과부하 감지장치는 카 위 혹은 카 하부(피트)에서 검사함

## 039

승강장에서 스텝 뒤쪽 끝부분을 황색 등으로 표시하여 설치되는 것은?

① 스텝체인
② 테크보드
③ 데마케이션
④ 스커트 가드

**해** ▶ 데마케이션 : 디딤판 좌, 우, 전방에 표시된 황색의 주의 선

## 040

전기식 엘리베이터 자체점검 시 제어 패널, 캐비닛 접촉기, 릴레이 제어 기판에서 "B로 하여야할 것"이 아닌 것은? [법 개정 문제]

① 기판의 접촉이 불량한 것
② 발열, 진동 등이 현저한 것
③ 접촉기, 릴레이-접촉기 등의 손모가 현저한 것
④ 전기설비의 절연저항이 규정 값을 초과하는 것

**해** 승강기 검사 및 관리에 관한 운용요령 [시행 2017. 7. 26.] 별표 서식 "자체점검 항목 및 방법" 내에 B로 하여야 할 것, C로 하여야 할 것이 구분되어 있었으나, 승강기 안전운행 및 관리에 관한 운영규정 [시행 2020. 12. 31.]으로 개정됨에 따라 자체점검 기준이 바뀜

## 041

기계실에는 바닥 면에서 몇 lx 이상을 비출 수 있는 영구적으로 설치된 전기 조명이 있어야 하는가?

① 2  ② 50  ③ 100  ④ 200

**해** **기계실의 조명**
- 작업공간의 바닥 면 : 200 lx
- 작업공간 간 이동 공간의 바닥 면 : 50 lx

## 042

콤에 대한 설명으로 옳은 것은?

① 홈에 맞물리는 각 승강장의 갈래진 부분
② 전기안전장치로 구성된 전기적인 안전시스템의 부분
③ 에스컬레이터 또는 무빙워크를 둘러싸고 있는 외부 측 부분
④ 스텝, 팔레트 또는 벨트와 연결되는 난간의 수직 부분

**해** ▶ 콤 : 이물질 끼임을 감지해서 에스컬레이터를 정지시킴. 디딤판 홈에 맞물려있으며 빗 모양처럼 생겨 comb이라 불림

## 043

로프의 미끄러짐 현상을 줄이는 방법으로 틀린 것은?

① 권부각을 크게 한다.
② 카 자중을 가볍게 한다.
③ 가감속도를 완만하게 한다.
④ 균형체인이나 균형로프를 설치한다.

**해** **도르래의 마찰**
- 감속도가 클수록, 권부각(로프가 감기는 각도)이 작을수록, 마찰계수가 작을수록 잘 미끄러짐
- 감속도를 작게, 권부각을 크게, 마찰계수를 크게 하면 미끄러짐을 줄일 수 있음

## 044

균형체인과 균형로프의 점검사항이 아닌 것은?

① 이상소음이 있는지를 점검
② 이완상태가 있는지를 점검
③ 연결부위의 이상 마모가 있는지를 점검
④ 양쪽 끝단은 카의 양측에 균등하게 연결되어 있는지를 점검

**해** **균형체인(균형로프)**
- 카와 균형추에 연결되어 무게 불균형을 보상함
- 승강로가 긴 경우 로프를 사용함 (보상로프)
- 카의 위치 변화에 따라 주로프의 무게 차가 생겨 카와 균형추의 무게불균형 변동이 크게 되었을 때 이를 보상하는 역할을 함
▶ 양쪽 끝단이 카의 양측이 아닌 카와 균형추에 균등하게 연결되어있는지 확인

## 045

고장 및 정전 시 카 내의 승객을 구출하기 위해 카 천장에 설치된 비상구출문에 대한 설명으로 틀린 것은?

① 카 천장에 설치된 비상구출문은 카 내부 방향으로 열리지 않아야 한다.
② 카 내부에서는 열쇠를 사용하지 않으면 열 수 없는 구조이어야 한다.
③ 비상구출구의 크기는 0.3m x 0.3m 이상이어야 한다.
④ 카 천장에 설치된 비상구출문은 열쇠 등을 사용하지 않고 카 외부에서 간단한 조작으로 열 수 있어야 한다.

**해** ▶ **비상구출문**
- 카 천장 비상구출문 유효 개구부의 크기 : 0.4m×0.5m 이상 (여유가 된다면 0.5m× 0.7m가 바람직함)
- 카 내부에서 열쇠를 사용해야 열 수 있지만 카 외부에서는 열쇠 없이 간단한 조작으로 열 수 있음
- 카 외부 방향으로 열림

**카 지붕 강도기준**
- 카 천정은 점검 및 유지관리 업무수행을 위한 인원을 지탱할 수 있도록 충분한 강도를 가져야 함
- 0.3m×0.3m 면적의 어느 지점에나 최소 2,000N의 힘을 영구변형이 버텨야 함

## 046

자동차용 엘리베이터에서 운전자가 항상 전진방향으로 차량을 입·출고할 수 있도록 해주는 방향 전환장치는?

① 턴 테이블      ② 카 리프트
③ 차량 감지기    ④ 출차 주의등

**해** ▶ 턴 테이블 : 자동차용 엘리베이터에서 회전 공간이 마땅치 않을 때 차를 회전시켜 방향을 전환시켜주는 장치

## 047

한쌍의 기어를 맞물렸을 때 치면 사이에 생기는 틈새를 무엇이라 하는가?

① 백래시        ② 이사이
③ 이뿌리면      ④ 지름피치

**해** ▶ **백래시**
- 기어가 맞물렸을 때 치면 사이에 생기는 틈
- 백래시가 너무 적으면 면끼리 마찰이 커짐
- 백래시가 너무 크면 기어가 제대로 맞물리지 않아 파손되기 쉬움

## 048

변형량과 원래 치수와의 비를 변형률이라 하는데 다음 중 변형률의 종류가 아닌 것은?
① 가로 변형률　② 세로 변형률
③ 전단 변형률　④ 전체 변형률

**해** 변형률 ($\varepsilon$) = $\dfrac{\text{변형된 길이}}{\text{변형전 길이}}$

**변형률의 종류**
- 가로 변형률
- 세로 변형률
- 전단 변형률
- 체적 변형률

## 049

직류 전동기에서 전기자 반작용의 원인이 되는 것은?
① 계자 전류
② 전기자 전류
③ 와류손 전류
④ 히스테리시스손의 전류

**해** ▶ 전기자 반작용 : 전기자 전류에 의해 발생한 자속이 계자 자속에 영향을 미치는 현상

## 050

공작물을 제작할 때 공차 범위라고 하는 것은?
① 영점과 최대허용치수와의 차이
② 영점과 최소허용치수와의 차이
③ 오차가 전혀 없는 정확한 치수
④ 최대허용치수와 최소허용치수와의 차이

**해** ▶ 공차 : 최대치수와 최소치수의 차이

## 051

논리식 A(A+B)+B를 간단히 하면?
① 1　② A　③ A+B　④ A·B

**해 불 대수의 정리**
- A+0=0+A=A
- A+1=1+A=1
- A·0=0·A=0
- A·1=1·A=A
- A+A=A
- A·A=A
- 교환법칙 : A+B=B+A, A·B=B·A
- 결합법칙 : (A+B)+C=A+(B+C), (A·B)·C=A·(B·C)
- 분배법칙 : A(B+C)=AB+AC, A+B·C=(A+B)·(A+C)
- 부정법칙 : A=A, A+A=1, A·A=0

A(A+B)+B에서 분배법칙에 의해 A(A+B)=AA+AB가 됨
따라서 A(A+B)+B = AA+AB+B = A+AB+B = A(1+B)+B
1+B=1이므로 A+B로 정리될 수 있음

## 052

전압계의 측정범위를 7배로 하려 할 때 배율기의 저항은 전압계 내부저항의 몇 배로 하여야 하는가?

① 7  ② 6  ③ 5  ④ 4

**해** 배율기

$n = 1 + \dfrac{R}{r_v}$ (n:배율, R:배율기의 저항, $r_v$:전압계 내부저항)

$7 = 1 + \dfrac{R}{r_v}$ 배율기의 저항은 전압계 내부저항의 6배로 해야함

## 053

논리회로에 사용되는 인버터(inverter)란?

① OR회로  ② NOT회로
③ AND회로  ④ X-OR회로

**해** NOT회로
- $X = \overline{A}$
- 논리 반전, 인버터(Inverter)
- 1은 0으로, 0은 1로

## 054

물체에 하중을 작용시키면 물체 내부에 저항력이 생긴다. 이 때 생긴 단위면적에 대한 내부 저항력을 무엇이라 하는가?

① 보  ② 하중
③ 응력  ④ 안전율

**해** ▶ 응력 : 물체에 하중을 작용시켰을 때 물체 내부에 생기는 저항력

## 055

100V를 인가하여 전기량 30C을 이동시키는데 5초 걸렸다. 이때의 전력(kW)은?

① 0.3  ② 0.6  ③ 1.5  ④ 3

**해** $W = Q \times V$ (V:전압, Q:전하량[C], W:전력량[J])

$P = \dfrac{W}{t}$ (P:전력[W], W:전력량[J], t:시간)

$W = 30 \times 100$

$P = \dfrac{30 \times 100}{5} = 600[W] = 0.6[kW]$

## 056

다음 중 측정계기의 눈금이 균일하고, 구동 토크가 커서 감도가 좋으며 외부의 영향을 적게 받아 가장 많이 쓰이는 아날로그 계기 눈금의 구동방식은?

① 충전된 물체 사이에 작용하는 힘
② 두 전류에 의한 자기장 사이의 힘
③ 자기장내에 있는 철편에 작용하는 힘
④ 영구자석과 전류에 의한 자기장 사이의 힘

**해** ▶ 아날로그 방식의 측정계기는 영구자석과 전류에 의한 자기장 사이의 힘에 의해 회전력을 얻음. 따라서 강한 자석의 힘이 있는 것 근처에 멀티테스터기를 두면 고장날 수 있음

## 057

RLC직렬회로에서 최대전류가 흐르게 되는 조건은?

① $wL^2 - \dfrac{1}{wC} = 0$

② $wL^2 + \dfrac{1}{wC} = 0$

③ $wL - \dfrac{1}{wC} = 0$

④ $wL + \dfrac{1}{wC} = 0$

**해** RLC 직렬회로에서 $X_L = X_C$ 직렬공진 일 때 최소 임피던스, 최대 전류가 흐름

$(X_L = \omega L, \quad X_C = \dfrac{1}{\omega C})$

$\omega L = \dfrac{1}{\omega C}$

$\omega L - \dfrac{1}{\omega C} = 0$

## 058

직류발전기의 기본 구성요소에 속하지 않는 것은?

① 계자  ② 보극
③ 전기자  ④ 정류자

**해** 직류기 주요 3요소
- 계자 : 자속을 만드는 부분
- 전기자 : 전력을 생성하는 부분
- 정류자 : 교류를 직류로 바꿔주는 부분

## 059

3상 유도전동기를 역회전 동작시키고자할 때의 대책으로 옳은 것은?

① 퓨즈를 조사한다.
② 전동기를 교체한다.
③ 3선을 모두 바꾸어 결선한다.
④ 3선의 결선 중 임의의 2선을 바꾸어 결선한다.

**해** 유도전동기 제동방법
- 발전 제동 : 직류여자전류를 통해 발전기를 작동시켜 제동시킴
- 역상 제동 : 역회전시켜 제동시킴 (3상 유도전동기의 회전방향 바꾸는 방법 : 3상 전원 중 임의의 2상의 접속을 바꿈)
- 회생 제동 : 전원전압보다 전력을 크게하여 발생전력을 전원측으로 반환하면서 제동시킴

## 060

웜(Worm)기어의 특징이 아닌 것은?

① 효율이 좋다.
② 부하용량이 크다.
③ 소음과 진동이 적다.
④ 큰 감속비를 얻을 수 있다.

**해** 웜기어
- 큰 감속비를 얻을 수 있으나 기어의 효율이 낮음
- 웜기어는 부하용량이 큼
  * 부하용량 : 전기기기의 온도상승, 최대 토크, 전류 등을 고려하여 안전하게 부하에 공급할 수 있는 최대 출력

# 16년 과년도 기출문제 4회

### 001

유압식엘리베이터에서 T형 가이드레일이 사용되지 않는 엘리베이터의 구성품은?
① 카
② 도어
③ 유압실린더
④ 균형추(밸런싱웨이트)

**해 가이드레일 의 목적 및 역할**
- 비상정지장치 작동이나 집중하중 발생 시 수직하중을 유지함
- 카와 균형추의 승강로 평면 내의 위치 규제
- 카의 자중이나 화물에 의한 기울어짐 방지
▶ 가이드레일은 카, 균형추, 실린더와 관련되고 도어는 별개임

### 002

전기식엘리베이터에서 기계실 출입문의 크기는?
① 폭 0.7m 이상, 높이 1.8m 이상
② 폭 0.7m 이상, 높이 1.9m 이상
③ 폭 0.6m 이상, 높이 1.8m 이상
④ 폭 0.6m 이상, 높이 1.9m 이상

**해 기계실 출입문 등 제설비**
- 작업구역 간 이동통로의 유효 높이 1.8m 이상 (바닥에서 천장의 가장 낮은 충돌점 사이)
- 기계실, 승강로 및 피트 출입문: 높이 1.8m 이상, 폭 0.7m 이상
단, 주택용 엘리베이터의 경우 기계실 출입문은 폭 0.6m 이상, 높이 0.6m 이상으로 할 수 있음

## 003

엘리베이터의 도어머신에 요구되는 성능과 거리가 먼 것은?
① 보수가 용이할 것
② 가격이 저렴할 것
③ 직류 모터만 사용할 것
④ 작동이 원활하고 정숙할 것

해 **도어머신에 요구되는 성능**
- 보수가 쉽고 작고 가벼울 것
- 가격이 저렴할 것
- 작동이 원활하고 조용할 것
- 작동 횟수가 많기 때문에 내구성이 좋을 것

## 004

건물에 에스컬레이터를 배열할 때 고려할 사항으로 틀린 것은?
① 엘리베이터 가까운 곳에 설치한다.
② 바닥 점유 면적을 되도록 작게 한다.
③ 승객의 보행거리를 줄일 수 있도록 배열한다.
④ 건물의 지지보 등을 고려하여 하중을 균등하게 분산시킨다.

해 **에스컬레이터 배치/배열시 고려사항**
- 지지보, 기둥 등 하중이 균등하게 분산되는 곳에 배치할 것
- 엘리베이터와 정면, 현관의 중간 등 동선 중심에 배치할 것
- 바닥면적을 작게, 눈에 잘 띄는 곳에 배치할 것

## 005

교류 이단속도(AC-2)제어 승강기에서 카 바닥과 각 층의 바닥면이 일치되도록 정지시켜 주는 역할을 하는 장치는?
① 시브        ② 로프
③ 브레이크    ④ 전원 차단기

해 **교류2단 제어방식**
- 고속권선으로 기동, 주행 / 저속권선으로 감속, 착상
- 교류1단 제어방식에 비해 착상이 우수함. 중속 승강기에 적합
▶ 제동기에 의해 기계적 브레이크로 정지시킴

## 006

에스컬레이터의 안전장치에 해당되지 않는 것은?
① 스프링(spring) 완충기
② 인레트 스위치(inlet switch)
③ 스커트 가드(skirt guard) 안전 스위치
④ 스텝 체인 안전 스위치(step chain safety switch)

해 ▶ 스프링 완충기는 엘리베이터의 안전장치임

## 007

유압식 승강기의 밸브 작동 압력을 전 부하 압력의 140%까지 맞추어 조절해야 하는 밸브는?

① 체크밸브　② 스톱밸브
③ 릴리프밸브　④ 업(up)밸브

**해** **릴리프밸브**
- 유체를 배출함으로써 미리 설정된 값 이하로 압력을 제한
- 펌프와 체크밸브 사이의 회로에 연결
- 밸브가 열리면 작동유는 탱크로 되돌려 보내져야함
- 전 부하 압력의 140%까지 제한하도록 맞추어 조절되어야함

## 008

문 닫힘 안전장치의 종류로 틀린 것은?
① 도어 레일　② 광전 장치
③ 세이프티 슈　④ 초음파 장치

**해** **도어안전장치 종류**
- 세이프티슈 : 사람이나 물체가 닿는 경우 도어가 열림
- 광전장치(세이프티레이) : 광선이 차단되면 도어가 열림
- 초음파장치 : 초음파로 사람이나 물체를 검출하여 도어가 열림
▶ 도어 레일 : 도어 개폐시 도어 이탈, 흔들림 방지

## 009

군관리 방식에 대한 설명으로 틀린 것은?
① 특정 층의 혼잡 등을 자동적으로 판단한다.
② 카를 불필요한 동작 없이 합리적으로 운행 관리한다.
③ 교통수요의 변화에 따라 카의 운전 내용을 변화 시킨다.
④ 승강장 버튼의 부름에 대하여 항상 가장 가까운 카가 응답한다.

**해** **엘리베이터 운전조작방식**
- 단식 자동식 : 가장 먼저 누른 호출버튼에만 응답하고 운전이 완료되기 전까지는 다른 호출에 응답하지 않음
- 군 승합 전자동식 : 2-3대 승강기가 함께 있을 때 사용되는 조작방식. 한 개의 승강장 호출에 한 대의 카만 응답
- 군 관리 방식 : 3-8대 승강기가 함께 있을 때 사용되는 조작방식. 이용 상황에 따라 상호간 유기적으로 운전

## 010

기계실 바닥에 몇 m를 초과하는 단차가 있을 경우에는 보호난간이 있는 계단 또는 발판이 있어야 하는가?

① 0.3　② 0.4　③ 0.5　④ 0.6

**해** **엘리베이터 운전조작방식**
- 기계실 바닥에 0.5m를 초과하는 단차가 있는 경우 : 고정된 사다리 또는 보호난간이 있는 계단이나 발판 필요

## 011

다음 중 조속기의 종류에 해당되지 않는 것은?

① 웨지형 조속기
② 디스크형 조속기
③ 플라이 볼형 조속기
④ 롤 세이프티형 조속기

**해 조속기종류**
- 롤 세이프티형 (마찰정지형) : 저속 엘리베이터에 주로 사용됨
- 플라이볼형 : 고속엘리베이터에 주로 사용됨.
- 디스크형 : 중저속 엘리베이터에 주로 사용됨

## 012

엘리베이터용 전동기의 구비조건이 아닌 것은?

① 전력소비가 클 것
② 충분한 기동력을 갖출 것
③ 운전상태가 정숙하고 저진동일 것
④ 고기동 빈도에 의한 발열에 충분히 견딜 것

**해 전동기**
- 운행, 정지 빈도가 잦기 때문에 발열을 고려하여 설계해야함
- 정격속도에 맞게 회전속도 오차는 +5%~ -10% 사이여야 함
- 소음, 진동이 적어야 함
▶ 전력소비가 작아야 함

## 013

승강기의 안전에 관한 장치가 아닌 것은?

① 조속기(governor)
② 세이프티 블럭(safety block)
③ 용수철완충기(spring buffer)
④ 누름버튼스위치(push button switch)

**해** ▶ 누름버튼스위치는 안전장치가 아닌 입력장치임

## 014

가이드레일의 규격과 거리가 먼 것은?

① 레일의 표준길이는 5m로 한다.
② 레일의 표준길이는 단면으로 결정한다.
③ 일반적으로 공칭 8, 13, 18, 24 및 30K 레일을 쓴다.
④ 호칭은 소재의 1m 당의 중량을 라운드번호로 K레일을 붙인다.

**해 가이드레일**
- 규격 : 8K, 13K, 18K, 24K, 30K
- K는 kg을 의미하며 숫자는 1m당 대략적인 무게를 나타냄
- 레일의 표준길이 : 5m
▶ 레일의 표준길이는 잘랐을 때의 단면이 아닌 위에서 내려다보았을 때의 길이임

## 015

승강기의 카 내에 설치되어 있는 것의 조합으로 옳은 것은?

① 조작반, 이동 케이블, 급유기, 조속기
② 비상조명, 카 조작반, 인터폰, 카 위치표시기
③ 카 위치표시기, 수전반, 호출버튼, 비상정지장치
④ 수전반, 승강장 위치표시기, 비상스위치, 리미트 스위치

해 **카 내 점검사항**
- 카 도어스위치
- 문닫힘 안전장치
- 카 조작반 및 표시기
- 비상통화장치(인터폰)
- 정지스위치
- 정상조명 및 예비조명
- 측면구출구

## 016

엘리베이터 카에 부착되어 있는 안전장치가 아닌 것은?

① 조속기 스위치
② 카 도어 스위치
③ 비상정지 스위치
④ 세이프티 슈 스위치

해 ▶ 조속기 스위치는 조속기에 부착되어있음. 조속기는 기계실에 위치함

## 017

다음 장치 중에서 작동되어도 카의 운행에 관계없는 것은?

① 통화장치
② 조속기 캐치
③ 승강장 도어의 열림
④ 과부하 감지 스위치

해 ▶ 통화장치는 운행과 상관없이 작동 가능함

## 018

비상용 승강기에 대한 설명 중 틀린 것은?
[법 개정 문제 - 내용 일부 수정]

① 예비전원을 설치하여야 한다.
② 외부와 연락할 수 있는 전화를 설치하여야 한다.
③ 정전 시에는 예비전원으로 작동할 수 있어야 한다.
④ 승강기의 운행속도는 1.3m/s 이상으로 해야 한다.

해 **비상용 엘리베이터(소방구조용 엘리베이터)**
- 1층에 비상단추를 누르면 승강기 즉시 1층으로 이동됨
- 운행속도 1m/s 이상
- 소방관 접근 지정층에서 소방관이 조작하여 엘리베이터 문이 닫힌 이후부터 60초 이내에 가장 먼 층에 도착해야함.
- 높이 31m를 넘는 건축물에는 소방구조용 승강기를 설치해야함

## 019

사고 예방 대책 기본 원리 5단계 중 3E를 적용하는 단계는?
① 1단계  ② 2단계
③ 3단계  ④ 5단계

**해 사고방지 5단계**
1단계 : 안전관리조직
2단계 : 사실의 발견
3단계 : 원인분석과 평가
4단계 : 대책 선정
5단계 : 대책적용 (3E 적용)

**3E**
기술적 대책(Engineering : 안전설계)
교육적 대책(Education : 안전교육)
규제적 대책(Enforcement : 안전기준 설정)

## 020

승강기 안전관리자의 직무범위에 속하지 않는 것은?
① 보수계약에 관한 사항
② 비상열쇠 관리에 관한 사항
③ 구급체계의 구성 및 관리에 관한 사항
④ 운행관리규정의 작성 및 유지에 관한 사항

**해 안전관리자 직무범위**
- 승강기 운행 및 관리에 관한 규정 작성
- 승강기 사고 또는 고장 발생 대비 비상연락망의 작성 및 관리
- 유지관리업자에 대한 관리·감독
- 중대한 사고 및 중대한 고장의 통보
- 승강기 내에 갇힌 이용자의 신속한 구출을 위한 승강기 조작(승강기관리교육을 받은 경우만 해당)
- 피난용 엘리베이터의 운행(승강기관리교육을 받은 경우만 해당)
- 승강기 표준부착물 관리
- 승강기 비상열쇠 관리

## 021

저압 부하설비의 운전조작 수칙에 어긋나는 사항은?

① 퓨즈는 비상시라도 규격품을 사용하도록 한다.
② 정해진 책임자 이외에는 허가 없이 조작하지 않는다.
③ 개폐기는 땀이나 물에 젖은 손으로 조작하지 않도록 한다.
④ 개폐기의 조작은 왼손으로 하고 오른손은 만약의 사태에 대비한다.

해 ▶ 전류가 심장으로 흘렀을 때 더 위험 할 수 있기 때문에 가급적 왼손보다 오른손으로 조작하는 것이 안전함

## 022

재해 발생 시의 조치내용으로 볼 수 없는 것은?

① 안전교육 계획의 수립
② 재해원인 조사와 분석
③ 재해방지대책의 수립과 실시
④ 피해자를 구출하고 2차 재해방지

해 **재해발생시 긴급조치 순서**
긴급처리 → 재해조사 → 원인강구 → 대책수립 → 실시 → 평가
▶ 안전교육 계획은 재해 예방을 위한 조치임

## 023

관리주체가 승강기의 유지관리 시 유지관리자로 하여금 유지관리중임을 표시하도록 하는 안전 조치로 틀린 것은?

① 사용금지 표시
② 위험요소 및 주의사항
③ 작업자 성명 및 연락처
④ 유지관리 개소 및 소요시간

해 **승강기 유지관리시 표시해야할 것**
- 탑승 및 사용 금지 표지
- 점검 및 보수 소요시간
- 작업자 성명 및 연락처

## 024

전기에서는 위험성이 가장 큰 사고의 하나가 감전이다. 감전사고를 방지하기 위한 방법이 아닌 것은?

① 충전부 전체를 절연물로 차폐한다.
② 충전부를 덮은 금속체를 접지한다.
③ 가연물질과 전원부의 이격거리를 일정하게 유지 한다.
④ 자동차단기를 설치하여 선로를 차단할 수 있게 한다.

**해** **감전사고 방지방법**
- 전기기기 사용 시 접지 할 것
- 충전부 전체를 절연물로 가리고 노출되지 않게 할 것
- 누전차단기를 설치할 것
- 안전전압 이하의 전기기기를 사용할 것
- 유자격자 이외에 전기 기계 및 기구에 접촉하지 않을 것
- 전기기기 및 설비의 위험부에 위험표시를 할 것
- 땀이나 물에 젖은 손으로 전기기기를 조작하지 않을 것

## 025

재해의 직접 원인에 해당되는 것은?
① 물적 원인        ② 교육적 원인
③ 기술적 원인      ④ 작업관리상 원인

**해** **재해의 직접원인**
- 물적원인(불안정한 상태)
- 인적원인(불안정한 행동)

**재해의 간접원인**
- 관리적 원인
- 신체적(생리적) 원인
- 기술적 원인
- 교육적 원인
- 정신적 원인

## 026

안전점검 시의 유의사항으로 틀린 것은?
① 여러 가지의 점검방법을 병용하여 점검한다.
② 과거의 재해발생 부분은 고려할 필요 없이 점검한다.
③ 불량 부분이 발견되면 다른 동종의 설비도 점검한다.
④ 발견된 불량 부분은 원인을 조사하고 필요한 대책을 강구한다.

**해** ▶ 과거의 재해발생 부분은 그 원인이 배제되었는지 확인해야함

## 027

안전점검 중에서 5S 활동 생활화로 틀린 것은?
① 정리　　② 정돈
③ 청소　　④ 불결

해 5S 활동 생활화 (일본어의 영문표기)
- 정리 (SEIRI)
- 정돈 (SEIRON)
- 청소 (SEISO)
- 청결 (SEIKETSU)
- 습관화 (SHITSUKE)

## 028

재해의 간접 원인 중 관리적 원인에 속하지 않는 것은?
① 인원 배치 부적당
② 생산 방법 부적당
③ 작업 지시 부적당
④ 안전관리 조직 결함

해 ▶ 생산 방법 부적당은 기술적 원인에 해당됨

## 029

전기식 엘리베이터의 정기검사에서 하중시험은 어떤 상태로 이루어져야 하는가?
① 무부하
② 정격하중의 50%
③ 정격하중의 100%
④ 정격하중의 125%

해 ▶ 전기식 엘리베이터의 하중시험은 무부하 상태에서 이뤄져야함

## 030

전기식 엘리베이터의 과부하방지장치에 대한 설명으로 틀린 것은?
① 과부하방지장치의 작동치는 정격적 재하중의 110%를 초과하지 않아야 한다.
② 과부하방지장치의 작동상태는 초과하중이 해소되기까지 계속 유지되어야 한다.
③ 적재하중 초과 시 경보가 울리고 출입문의 닫힘이 자동적으로 제지되어야 한다.
④ 엘리베이터 주행 중에는 오동작을 방지하기 위해 과부하방지장치 작동은 유효화 되어 있어야 한다.

해 ▶ 오동작을 방지하기 위해 주행 중에는 무효화 되어야함

## 031

균형추를 구성하고 있는 구조재 및 연결재의 안전율은 균형추가 승강로의 꼭대기에 있고, 엘리베이터가 정지한 상태에서 얼마 이상으로 하는 것이 바람직한가?

① 3   ② 5   ③ 7   ④ 9

**해** ▶ 균형추를 구성하는 구조재와 연결재의 안전율은 균형추가 승강로의 꼭대기에 위치해 있고 엘리베이터가 정지하여 있는 상태에서 5이상으로 함

## 032

에스컬레이터의 스텝체인의 늘어남을 확인하는 방법으로 가장 적합한 것은?

① 구동체인을 점검한다.
② 롤러의 물림상태를 확인한다.
③ 라이저의 마모상태를 확인한다.
④ 스텝과 스텝간의 간격을 측정한다.

**해** **디딤판체인(스텝체인) 안전장치**
 - 디딤판체인이 과하게 늘어나서 스텝 사이에 틈이 생기는 것을 감지하여 정지시킴
 ▶ 스텝 사이 간격을 측정하여 스텝체인이 늘어남을 확인함

## 033

비상정지장치의 작동으로 카가 정지할 때까지 레일이 죄는 힘이 처음에는 약하게 그리고 하강함에 따라 강해지다가 얼마 후 일정한 값으로 도달하는 방식은?

① 슬랙로프 세이프티
② 순간식 비상정지장치
③ 플렉시블 가이드 방식
④ 플렉시블 웨지 클램프 방식

**해** **추락방지안전장치 (비상정지장치)**
 - 즉시 작동형 비상정지장치
   • 슬랙로프 세이프티 : 카 또는 균형추가 급격히 정지함
 - 점차 작동형 비상정지장치
   • F.G.C (플렉시블 가이드 클램프) : 레일을 죄는 힘이 동작에서 정지까지 일정함. 구조가 간단하고 복구가 쉬움
   • F.W.C (플렉시블 웨지 클램프) : 레일을 죄는 힘이 초반에는 약하나 점점 강해진 후 일정해짐. 구조가 복잡하여 거의 사용되지 않음

## 034

제어반에서 점검할 수 없는 것은?

① 결선단자의 조임상태
② 스위치접점 및 작동상태
③ 조속기 스위치의 작동상태
④ 전동기 제어회로의 절연상태

**해** ▶ 기계실 안에 제어반, 권상기, 과속조절기(조속기)가 있음. 과속조절기(조속기)는 기계실에서 행하는 검사임.

## 035

전기식엘리베이터에서 카 지붕에 표시되어야 할 정보가 아닌 것은?
① 최종점검일지 비치
② 정지장치에 "정지"라는 글자
③ 점검운전 버튼 또는 근처에 운행 방향 표시
④ 점검운전 스위치 또는 근처에 "정상" 및 "점검"이라는 글자

**해 카 지붕에 표시되어야 하는 정보**
- 정지 위치를 잘못 누르는 위험이 없도록 "정지"라는 글자가 있어야 함
- 점검운전 스위치 위 또는 근처에 "정상" 및 "점검"이라는 글자가 있어야 함
- 점검운전 버튼 위 또는 근처에 운행 방향이 표시되어야 함
- 보호난간에 주의표지 또는 경고가 있어야 함

## 036

조속기의 점검사항으로 틀린 것은?
① 소음의 유무
② 브러시 주변의 청소상태
③ 볼트 및 너트의 이완 유무
④ 조속기 로프와 클립 체결상태 양호 유무

**해** ▶ 조속기에는 브러시가 없음
에스컬레이터의 안전브러쉬 : 스텝과 스커트가드 사이 끼임을 방지하기 위한 것

## 037

승강기 정밀안전 검사 시 전기식 엘리베이터에서 권상기 도르래 홈의 언더컷의 잔여량은 몇 mm 미만일 때 도르래를 교체하여야 하는가?
① 1  ② 2  ③ 3  ④ 4

**해 권상/제동 검사 사항**
- 무부하의 정격속도로 상승운행 중 비상정지 시켜 로프와 도르래간 과도한 미끄러짐 없이 정지되는지 확인
- 권상도르래의 언더컷 잔여량이 1mm 이상, 주 로프 가닥끼리의 높이차가 2mm 이하인지 확인
▶ 언더컷 잔여량이 1mm 이상이어야 함으로 1mm 미만일 때 교체하여야 함

## 038

이동식 핸드레일은 운행 중에 전 구간에서 디딤판과 핸드레일의 동일 방향 속도 공차는 몇 % 인가?
① 0~2  ② 3~4
③ 5~6  ④ 7~8

**해 핸드레일 속도 편차 감지장치**
- 허용오차 : 0% ~ 2%
- 5초~15초 내에 디딤 판에 대해 ± 15% 이상의 손잡이 속도 편차가 발생하는 경우 에스컬레이터/무빙워크 정지

## 039

유압식 엘리베이터에서 실린더의 점검사항으로 틀린 것은?

① 스위치의 기능 상실여부
② 실린더 패킹에 누유여부
③ 실린더의 패킹의 녹 발생여부
④ 구성부품, 재료의 부착에 늘어짐 여부

**해** ▶ 비상정지장치 스위치 점검시 스위치의 기능 상실여부를 점검함

## 040

에스컬레이터의 스텝구동장치에 대한 점검사항이 아닌 것은?

① 링크 및 핀의 마모상태
② 핸드레일 가드 마모상태
③ 구동체인의 늘어짐 상태
④ 스프로켓의 이의 마모상태

**해** ▶ 핸드레일은 손잡이 부분으로 스텝구동장치와는 별개임

## 041

전기식엘리베이터의 기계실에 설치된 고정도르래의 점검내용이 아닌 것은?

① 이상음 발생여부
② 로프 홈의 마모상태
③ 브레이크 드럼 마모상태
④ 도르래의 원활한 회전여부

**해 제동기의 구성요소**
  - 브레이크 드럼, 브레이크 슈, 스프링, 전자코일, 라이닝
  ▶ 브레이크 드럼은 제동기의 요소 중 하나임

## 042

가이드레일 또는 브라켓의 보수점검사항이 아닌 것은?

① 가이드레일의 녹 제거
② 가이드레일의 요철제거
③ 가이드레일과 브라켓의 체결볼트 점검
④ 가이드레일 고정용 브라켓 간의 간격 조정

**해** ▶ 가이드레일은 설치 할 때부터 고정되어있기 때문에 보수점검시 간격 조정을 할 수 없음

## 043

엘리베이터에서 현수로프의 점검사항이 아닌 것은?
① 로프의 직경
② 로프의 마모 상태
③ 로프의 꼬임 방향
④ 로프의 변형 부식 유무

**해** ▶ 로프의 꼬임 방향은 설치 할 때부터 정해져있음

## 044

유압식엘리베이터의 점검 시 플런저 부위에서 특히 유의하여 점검하여야 할 사항은?
① 플런저의 토출량
② 플런저의 승강행정 오차
③ 제어밸브에서의 누유상태
④ 플런저 표면조도 및 작동유 누설 여부

**해** 플런저 점검시 유의할 것
- 플런저 표면 거칠기(표면조도)
- 작동유 누설

## 045

비상정지장치가 없는 균형추의 가이드레일 검사 시 최대 허용 휨의 양은 양방향으로 몇 mm인가?
① 5    ② 10    ③ 15    ④ 20

**해** T형 주행안내 레일의 최대 허용 휨량
- 추락방지장치가 있는 경우 : 양방향으로 5mm 이내
- 추락방지장치가 없는 경우 : 양방향으로 10mm 이내

## 046

전동기의 점검항목이 아닌 것은?
① 발열이 현저한 것
② 이상음이 있는 것
③ 라이닝의 마모가 현저한 것
④ 연속으로 운전하는데 지장이 생길 염려가 있는 것

**해** 제동기의 구성요소
- 브레이크 드럼, 브레이크 슈, 스프링, 전자코일, 라이닝
▶ 라이닝은 제동기의 요소 중 하나임

## 047

18-8 스테인리스강의 특징에 대한 설명 중 틀린 것은?

① 내식성이 뛰어난다.
② 녹이 잘 슬지 않는다.
③ 자성체의 성질을 갖는다.
④ 크롬 18%와 니켈 8%를 함유한다.

**해** 18-8 스테인리스강 특징
- 크롬 18%, 니켈 8% 함유
- 강도가 높으며 녹이 잘 슬지 않음
- 내식성(부식되거나 침식되지 않는 성질)이 강함
▶ 스테인리스강은 자성을 띄지 않음

## 048

기계요소 설계 시 일반 체결용에 주로 사용되는 나사는?

① 삼각나사   ② 사각나사
③ 톱니 나사   ④ 사다리꼴나사

**해** 나사의 종류
- 삼각나사 : 일반 기계 체결용
- 사각나사 : 프레스 등 큰 힘을 전달하는 것에 사용
- 톱니나사 : 힘이 한방향으로 작용하는 것에 사용
- 사다리꼴나사 : 사각나사의 대체품으로 주로 사용

## 049

직류기 권선법에서 전기자 내부 병렬회로수 a와 극수 p의 관계는? (단, 권선법은 중권이다.)

① a = 2          ② a = (1/2)P
③ a = p          ④ a = 2p

**해** 직류기 권선법
- 파권은 병렬회로수 a = 2
- 중권은 병렬회로수 a = p(극수)

## 050

다음 논리회로의 출력값 표는?

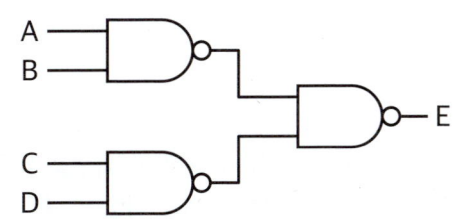

① $\overline{A \cdot B} + \overline{C \cdot D}$
② $A \cdot B + C \cdot D$
③ $A \cdot B \cdot C \cdot D$
④ $(A + B) \cdot (C + D)$

**해** NAND 회로의 논리식 : 입력 A,B 시 출력
$X = \overline{AB} = \overline{A} + \overline{B}$

A,B의 출력 = $\overline{AB}$
C,D의 출력 = $\overline{CD}$
출력
$E = \overline{\overline{AB} \cdot \overline{CD}} = \overline{\overline{AB}} + \overline{\overline{CD}} = AB + CD$

## 051

직류전동기에서 자속이 감소되면 회전수는 어떻게 되는가?
① 정지   ② 감소
③ 불변   ④ 상승

**해** $E = \dfrac{pZ}{60a}\Phi n\,[\text{V}]$

(E:역기전력, p:자극 수, Z:도체 수, a:병렬회로 수, ø:자극당 자기력선속, n:회전수)
- 자속과 회전수는 반비례
- 역기전력과 자속은 비례
- 역기전력과 분당회전수는 비례
▶ 자속이 감소되면 회전수는 반비례하여 상승함

## 052

회전하는 축을 지지하고 원활한 회전을 유지하도록 하며, 축에 작용하는 하중 및 축의 자중에 의한 마찰저항을 가능한 적게 하도록 하는 기계요소는?
① 클러치   ② 베어링
③ 커플링   ④ 스프링

**해** **베어링**
- 회전하는 축을 지지하고 원활한 회전을 유지하도록 하는 것
- 축에 작용하는 하중을 적게 함
- 축의 마찰저항을 적게 함

## 053

계측기와 관련된 문제, 환경적 영향 또는 관측 오차 등으로 인해 발생하는 오차는?
① 절대오차   ② 계통오차
③ 과실오차   ④ 우연오차

**해** **오차의 종류**
- 절대오차 : 측정한 결과 값과 실제 값 사이의 차이
- 계통오차 : 환경적 영향 또는 관측 오차 등으로 인해 발생하는 오차 (계기오차, 환경오차, 개인오차)
- 과실오차 : 눈금을 잘못 읽거나, 기록을 잘못해서 생기는 오차
- 우연오차 : 다른 오차들을 보정해도 원인을 찾아내기 어려운 오차

## 054

유도기전력의 크기는 코일의 권수와 코일을 관통하는 자속의 시간적인 변화율과의 곱에 비례한다는 법칙은 무엇인가?
① 패러데이의 전자유도 법칙
② 앙페르의 주회 적분의 법칙
③ 전자력에 관한 플레밍의 법칙
④ 유도 기전력에 관한 렌츠의 법칙

**해** **전자유도법칙**
- 패러데이 법칙 : 유도기전력의 크기는 코일의 권수와 코일을 관통하는 자속의 시간적인 변화율과의 곱에 비례함.
- 렌츠의 법칙 : 패러데이 법칙의 유도기전력에 방향을 정한 법칙

## 055

직류 전동기의 속도 제어 방법이 아닌 것은?

① 저항 제어법
② 계자 제어법
③ 주파수 제어법
④ 전기자 전압 제어법

**해 직류전동기 속도제어법**
- 저항제어(R) : 전기자에 직렬저항 연결. 저항으로 인한 손실이 크기 때문에 잘 쓰이지 않음
- 전압제어(V) : 정토크 제어, 광범위한 속도 제어, 효율이 좋음. 워드 레오나드방식
- 계자제어(∅) : 자기력선속을 변화시킴. 제어방법이 간단함.
- ▶ 주파수제어는 교류 전동기 속도 제어 방법

## 056

그림은 마이크로미터로 어떤 치수를 측정한 것이다. 치수는 약 몇 mm인가?

① 5.35  ② 5.85
③ 7.35  ④ 7.85

**해 마이크로미터 측정방법**
- 슬리브 읽기 : 7.5
- 심블 읽기 : 0.35
- 읽기 : 7.5 + 0.35 = 7.85

## 057

다음 중 응력을 가장 크게 받는 것은? (단, 다음 그림은 기둥의 단면 모양이며, 가해지는 하중 및 힘의 방향은 같다.)

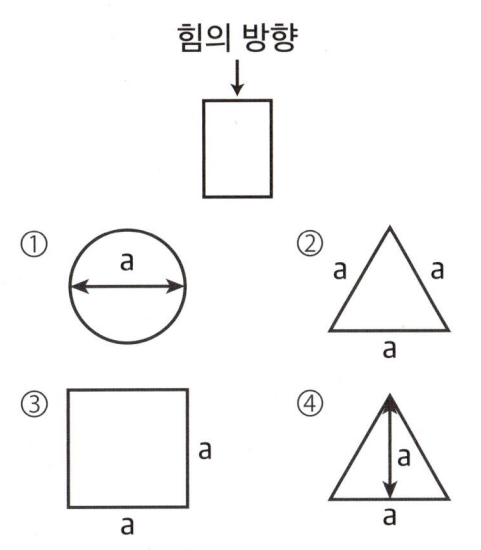

**해 응력 : 단위면적 당 하중**

$$응력\,(\sigma) = \frac{하중\,[kgf]}{단면적\,[cm^2]}$$

단면적 계산 (a = 2라 가정시)
① 원의 단면적 $\pi r^2$ = 3.14 × 1 × 1 = 3.14
② 삼각형의 단면적 밑변2, 높이 $\sqrt{3}$
  (삼각함수 이용) = $\sqrt{3}$
③ 사각형의 단면적 = 4
④ 삼각형의 단면적 = 2
▶ 단면적이 가장 작은 것이 응력을 가장 크게 받음

## 058

다음 그림과 같은 제어계의 전체 전달함수는? (단, H(s)=1이다.)

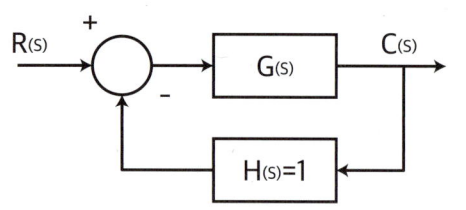

① $\dfrac{1}{G_{(S)}}$  ② $\dfrac{1}{1+G_{(S)}}$
③ $\dfrac{G_{(S)}}{1+G_{(S)}}$  ④ $\dfrac{G_{(S)}}{1-G_{(S)}}$

**해** 피드백 접속의 전달함수

$$G(s) = \frac{G(s)}{1 \mp G(s)H(s)}$$

## 059

인덕턴스가 5mH인 코일에 50Hz의 교류를 사용할 때 유도 리액턴스는 약 몇 Ω인가?

① 1.57  ② 2.50
③ 2.53  ④ 3.14

**해** 유도성리액턴스

$$X_L = \omega L = 2\pi f L$$

(f:주파수, L:인덕턴스)

유도성리액턴스
= 2 × 3.14 × 50 × 0.0005 = 1.57[Ω]

## 060

저항 100Ω의 전열기에 5A의 전류를 흘렸을 때 전력은 몇 W인가?

① 20  ② 100
③ 500  ④ 2500

**해** 전력

$$P = \frac{W}{t} = V \times I = I^2 \times R$$

(W:전력량, t:시간, V:전압, I:전류, R:저항)

$P = 5^2 \times 100 = 2500P$

# 5 승강기기능사
## 실기 25-27년도 출제기준

## 출제 기준 (실기)

| 직무분야 | 기계 | 중직무분야 | 기계장비설비, 설치 | 자격종목 | 승강기기능사 | 적용기간 | 2025. 01. 01 ~ 2027. 12. 31 |
|---|---|---|---|---|---|---|---|

○ 직무내용 : 숙련기능을 바탕으로 승강기를 설치 및 점검하는 직무이다.
○ 수행준거 : 1. 엘리베이터가 지정된 위치에 정확하게 설치될 수 있도록 형판을 설치하고 기계실 부품, 주행안내 레일을 설치할 수 있다.
2. 에스컬레이터 설치현장에 필요한 사항을 준비하여 트러스, 디딤판, 손잡이 등 기계적 부품과 전기적 부품을 설치하고 조정할 수 있다.
3. 엘리베이터가 고장 없이 원활히 동작 되도록 점검 계획을 수립하여 엘리베이터 각 부위를 점검할 수 있다.
4. 에스컬레이터가 고장 없이 원활히 동작 되도록 점검 계획을 수립하여 에스컬레이터 각 부위를 점검할 수 있다.
5. 승강기 설치와 정비에 관련된 작업 시 기계, 전기, 환경 안전에 대해 기준을 정하고 현장에 적용할 수 있다.
6. 엘리베이터가 정상적으로 작동할 수 있도록 기계실, 승강로, 카 상부에 해당하는 전기장치를 배선, 결선하고 시운전을 통해 정밀하게 조정할 수 있다.

| 검정방법 | 작업형 | 시험시간 | 3시간 30분 정도 |
|---|---|---|---|

Q. 승강기기능사 실기시험, 변경되나요?

A. 2025년도부터 실기시험 출제기준이 개정되었습니다. 그러나 다음의 세 가지 이유로 볼 때, "2026년도 실기시험도 기존과 동일한 형태(와이어로프 소켓 작업 및 제어회로 구성 작업)"로 진행될 가능성이 높습니다.

> **출제경향**
> - 필기시험의 내용은 고객만족 > 자료실의 출제기준을 참고바랍니다.
> - 작업형 실기시험은 와이어로프의 작업과 승강기의 운전제어회로를 구성합니다.

1) 큐넷(Q-Net) 출제경향 항목에 변동이 없음
2) 2025년도 실기시험이 기존 방식 그대로 시행됨
3) 큐넷 고객지원 > 공지사항 > 출제 관련 공지 미게시

또한 지급 물품에도 별다른 변화가 없으므로, 2026년도 실기시험 역시 기존 시험 방식이 유지될 가능성이 높습니다.
다만, 출제기준이 변경된 이상 언제든 시험 내용이 바뀔 수 있으므로, **수험신청 전 반드시 큐넷 공지사항을 확인해야 합니다.**
결론적으로, 출제경향 항목이 수정되지 않는 한 본 교재의 내용 그대로 연습하시면 충분히 대비 가능합니다.

# Ⅰ. 와이어로프 끝부분 처리작업

와이어로프 끝부분 처리작업 후 제출하고 통과 되면 제어회로 작업에 들어갑니다.
시험 중 수험자는 반드시 안전 수칙을 준수해야 하며, 작업 복장 상태, 안전 사항 등이 채점대상이 됩니다.

## chapter 1.  준비물

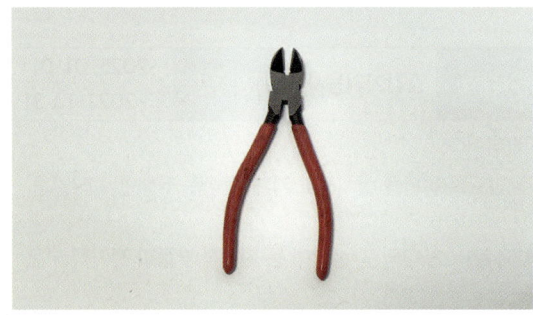
[니퍼]

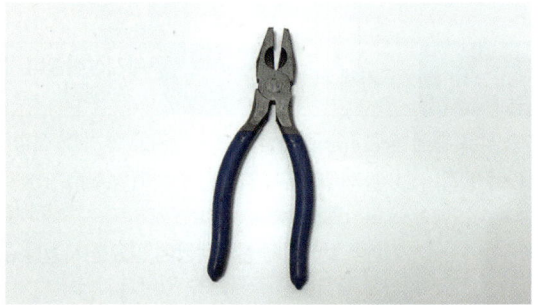
[펜치]

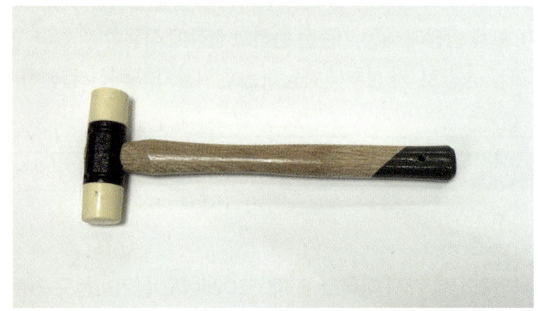
[고무망치 / 나무망치]

[줄자]

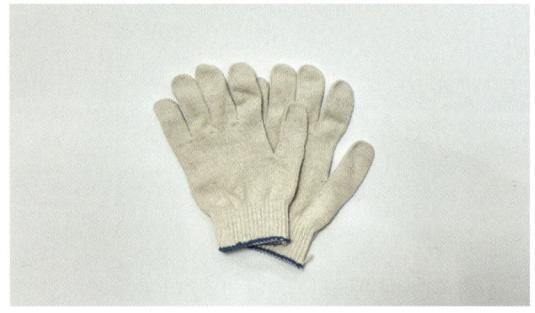
[장갑]

[절연테이프] *시험장 제공

***유의사항***

- 줄자는 자로 대체 가능합니다.
- 줄자에 미리 표기를 해두는 것은 부정행위로 간주됩니다.
- 망치는 쇠망치가 아닌 고무망치나 나무망치를 구비해야합니다. 니퍼나 펜치처럼 꼭 필요한 준비물은 아니나 시험장에서 로프가 소켓에 잘 들어가지 않을 때 사용 할 수 있습니다.

## chapter 2. 지급재료

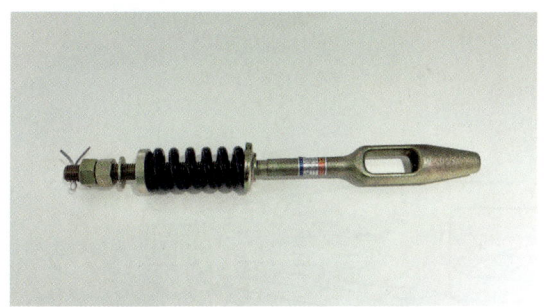

[와이어 소켓] 12mm 와이어로프용

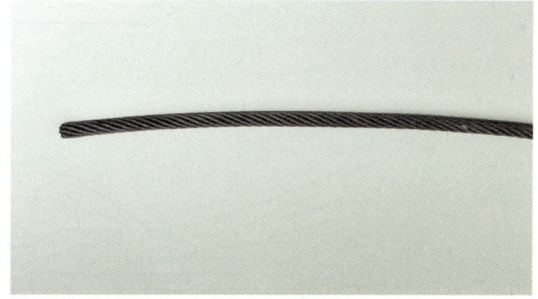

[와이어로프 1m] 12mm×8×19(s)

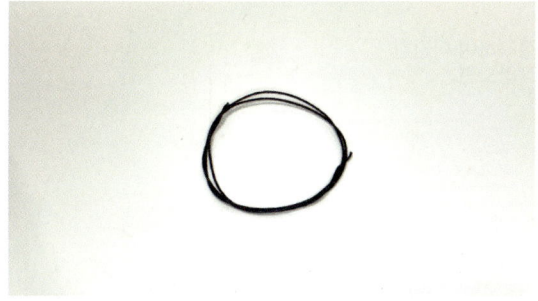

[바인드선 1m] 0.5mm

[절연테이프]

[견출지]

[스카치테이프]

# chapter 3. 작업과정

## 1. 와이어로프 작업도면

< 와이어로프 작업도면 >

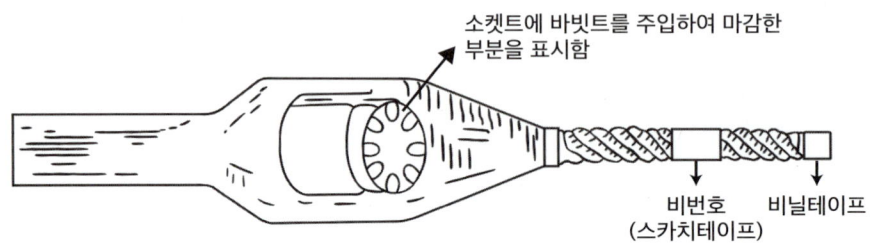

소켓에 바빗트를 주입하여 마감한 부분을 표시함

비번호 (스카치테이프)

비닐테이프

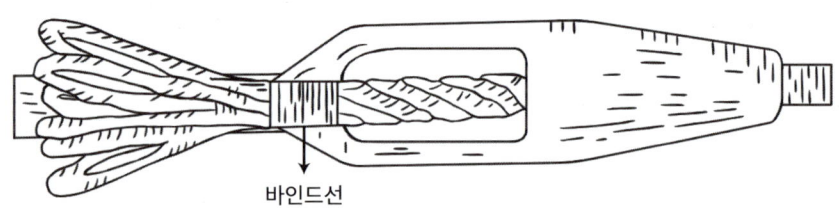

바인드선

스트랜드의 끝단을 절곡하여 마감한
와이어로프 작업도면

## 2. 와이어로프 작업 과정

### 1 바인드선 감기

① 주어진 와이어로프의 양 끝을 비교하여 스트랜드의 길이가 비교적 고르게 잘 다듬어진 면을 고릅니다.

* 왼쪽보다 오른쪽 끝의 스트랜드 길이가 더 고르기 때문에 오른쪽으로 작업을 합니다.

② 와이어로프 끝에서 11cm 정도 부분에 바인드선을 감아줍니다.

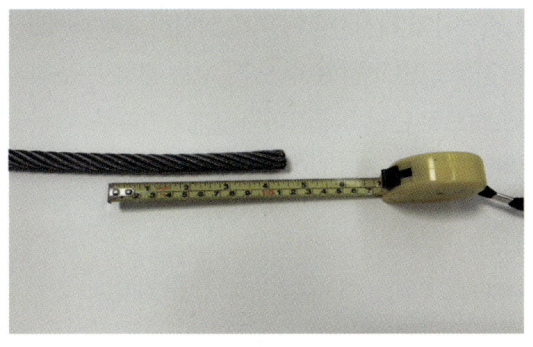

③ 바인드선 위에 절연테이프를 감아줍니다.

* 바인드선을 너무 많이 감거나 테이핑을 많이 할 경우 추후 로프를 소켓에 넣을 때 잘 안들어 갈 수 있으니 이 점에 유의하여 작업합니다.

④ 와이어로프 끝단에도 절연테이프를 감아줍니다.

Ⅰ. 와이어로프 끝부분 처리작업

**\*유의사항\***

- 시험장마다 감독관의 지시사항이 다를 수 있습니다. 감독관의 지시사항에 따라 작업하도록 하세요.
- 바인드선을 감고 절연테이프로 감싸지 못하게 하는 경우도 있고 감쌀 수 있게 하는 경우도 있습니다. 절연테이프를 사용하지 못하게 하는 경우에는 바인드선으로 단단하게 감아줍니다.

  시험지 요구사항 3) 와이어로프의 꼬임이 풀리지 않도록 바인드선을 도면과 같이 작업하시오. (단, 작업된 바인드선은 로프 소켓에 가려져 보이지 않아야 합니다.)

- 로프를 접은 쪽 반대편 끝부분에도 테이핑을 해야 합니다.

  시험지 요구사항 7) 와이어로프의 나머지 끝부분은 풀어지지 않도록 비닐 테이프로 감아서 처리하시오.

> **Q.** 유튜브 영상에서는 절연테이프를 감고 바인드선을 감던데 어떤 게 맞는 건가요?
>
> **A.** 실기시험에서 필자는 절연테이프를 감은 뒤 스트랜드를 접어 소켓에 넣기 전, 바인드선을 감아 고정한 후 소켓에 삽입하여 제출하였으며, 해당 방식으로 합격하였습니다.
> **바인드 작업을 생략하거나, 바인드선이 로프 소켓 외부로 노출되는 경우에는 \*\*오작(감점 또는 불합격 사유)\*\*으로 판단**될 수 있습니다. 따라서 바인드선은 반드시 소켓 내부에 가려지도록 처리해야 합니다.
>
> 절연테이프를 바인드 전·후 어느 시점에 감느냐는 합격 여부에 큰 영향을 미치지 않는 것으로 보이나, 감독관에 따라 바인드선 위에 절연테이프를 감지 못하게 하는 경우가 있기 때문에 시험 중에는 반드시 감독관의 지시사항을 우선적으로 따르는 것이 중요합니다.

### 2 스트랜드 풀기

① 와이어로프 끝부분을 펜치를 사용해서 시계방향으로 비틀어 풀어줍니다.

② 스트랜드를 한 가닥 씩 펴줍니다.

 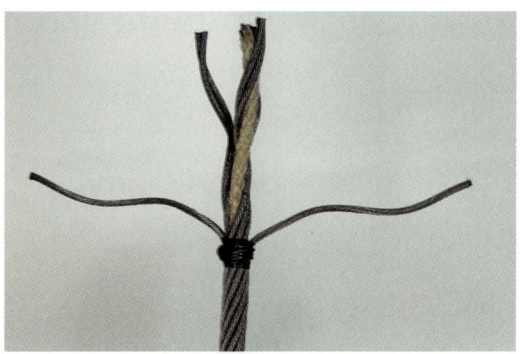

③ 8가닥 사이 간격이 서로 동일하게 만들어 줍니다.

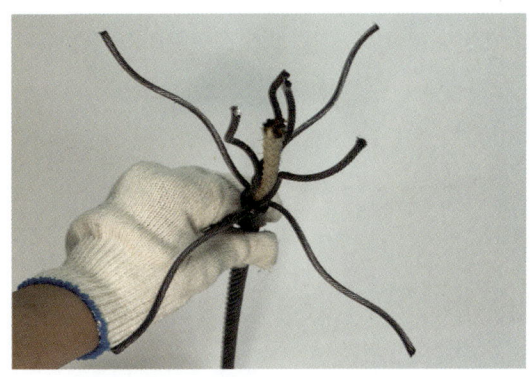 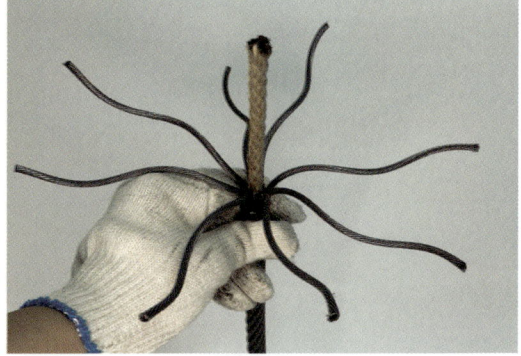

## 3 심강 제거

① 니퍼로 심강을 깊게 잘라줍니다.

* 한 번에 잘라지지 않으니 여러 번 나눠서 잘라줍니다.
* 심강을 바짝 자르지 않으면 국화꽃을 접고 나서 잘 오므려지지 않고 잎이 풀리는 경우가 생깁니다.

## 4 스트랜드 접기

① 펜치로 스트랜드 한 가닥 끝부분을 심강에 가깝게 구부려줍니다.

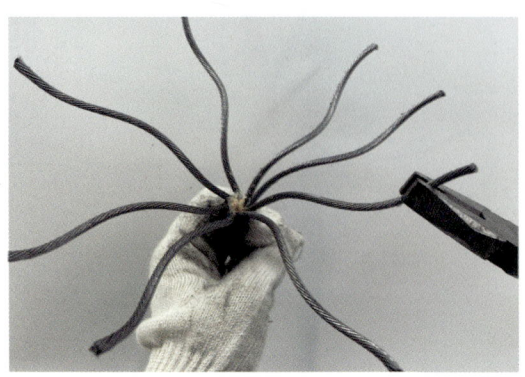 

② 펜치를 잡지 않은 손으로 구부려진 스트랜드를 잡고 펜치로 접힌 끝을 살짝 집어줍니다.

③ 스트랜드를 꼬아 걸어줍니다.

④ 8가닥 전부 동일하게 작업해줍니다.

\* 꼬임이 국화꽃 모양이 되게 작업해야합니다.
　시험지 요구사항 2) 와이어로프의 꼬임이 도면과 같이 국화꽃 모양으로 되게 작업하시오.

## 5 소켓에 넣기

① 소켓에 넣기 쉽게 잘 오므려줍니다.

② 로프의 끝부분을 소켓에 밀어 넣어줍니다.

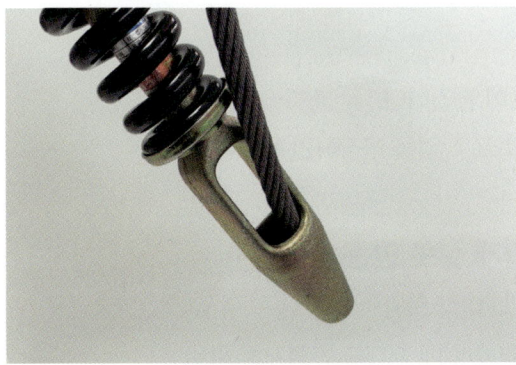
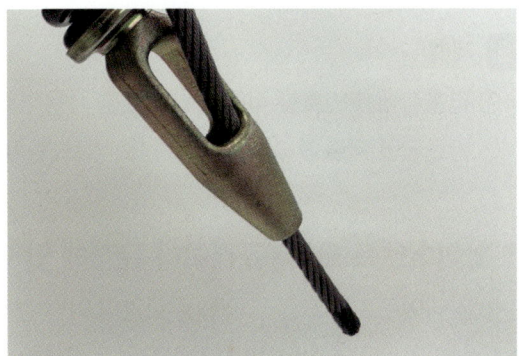

③ 국화꽃 모양이 풀어지지 않게 오므려서 소켓 안에 들어가게 합니다. 로프가 잘 들어가지 않을 경우 로프를 잡은 상태에서 소켓을 고무망치로 두들겨줍니다.

 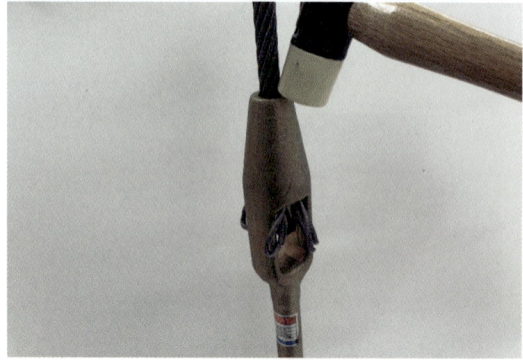

\* 망치를 사용하지 않더라도 로프를 아래로 향하게 한 후 한 쪽 발로 밟은 상태에서 소켓을 위로 잡아당기면 로프가 쉽게 들어갑니다.

④ 소켓입구에서 스트랜드가 살짝 튀어나오게 작업해줍니다.

\* 국화꽃모양이 소켓 입구보다 살짝 튀어나오게 작업해야합니다.
　시험지 요구사항 1) 와이어로프의 구부러진 부위가 로프 소켓의 입구(끝)보다 약간 튀어나오게 작업하시오.
\* 고무, 나무망치 외에 금속류의 공구는 사용하면 안 됩니다.

### 6 제출
① 견출지에 비번호를 적어서 테이프를 사용해 로프에 붙입니다.
② 완료되면 제출 후 감독관에게 검토 받은 후 제어회로 작업을 시작하면 됩니다.

## 3. 와이어로프 오작 (규격이나 규정에 맞지 않게 잘못 만든 경우)
① 와이어로프의 꼬임이 국화꽃 모양이 아닌 경우(1/3 이상 모양이 같지 않은 경우)
② 와이어로프의 절단, 양쪽 꼬임작업 등 지정된 작업 이외에 형태를 변형시킨 경우
③ 소켓 작업을 하지 않은 경우
④ 바인드 작업을 하지 않은 경우

# Ⅱ. 승강기 운전 제어회로

## chapter 1. 준비물

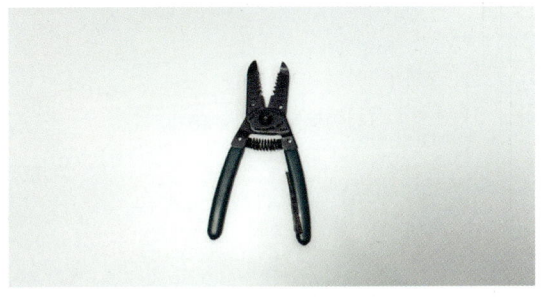

[와이어스트리퍼] 0.8~2.6mm

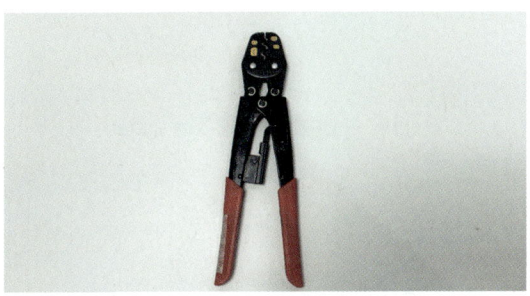

[터미널압착기] 0.5~5SQ

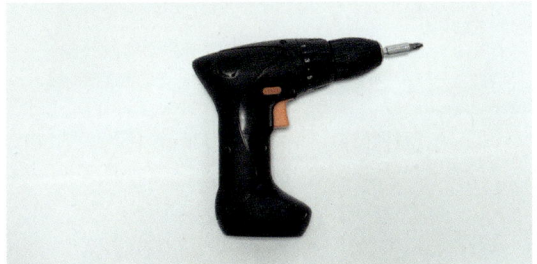

[전동드릴]

[드라이버]

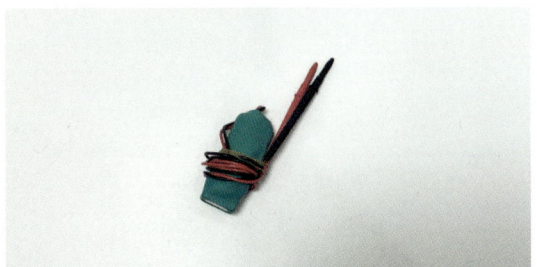

[멀티테스터]

[종이테이프]

[네임펜]

[형광펜]

# chapter 2. 지급재료

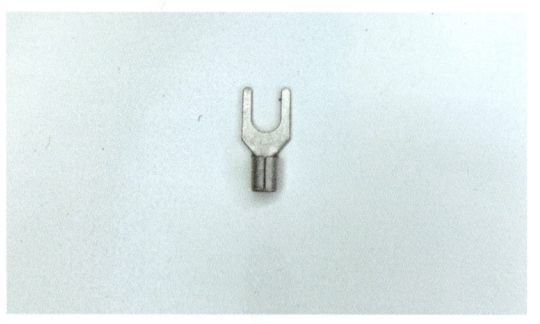

[Y형 압착단자] 2.5㎟ -4Y 40개

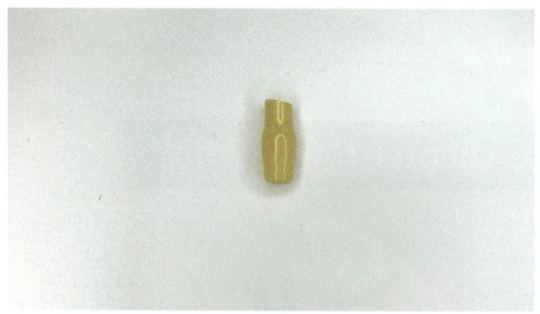

[절연튜브] 2.5㎟ 40개

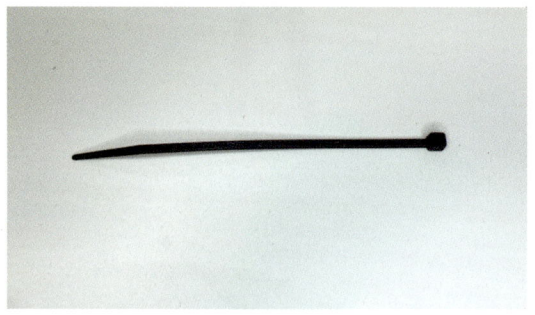

[케이블타이] 100mm 25개

[보통합판] 9×400×600mm 1장

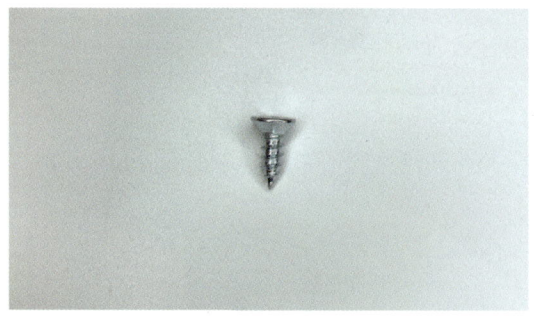

[나사못] 4×12 25개

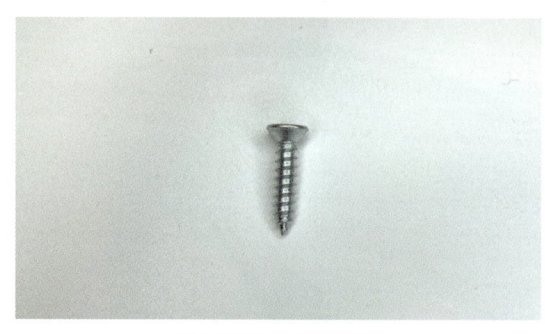

[나사못] 4×20 20개

[컨트롤 박스] 25ø, 3구 1개
[컨트롤 박스] 25ø, 2구 1개

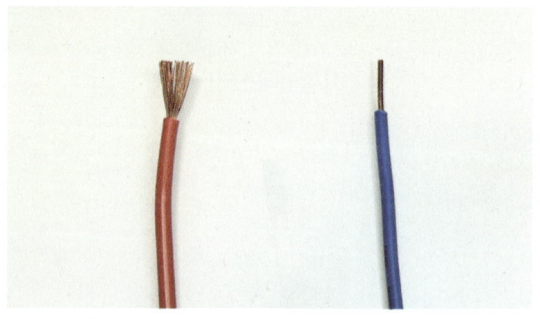

[비닐절연전선] 2.5㎟ (7/0.67),적색 5m
[비닐절연전선] 1.5㎟ (1/1.38),청색 14m

[푸시버튼 스위치] 25ø, 2개 적1, 녹1

[램프] 25ø, 220V 3개 적1, 황1, 녹1

[단자대] 3P 20A 2개

[12P 소켓] 12P 3개 - EOCR, MC

[8P 소켓] 8P 2개

[8P 소켓] 8P 2개

지급재료는 시험에 따라 일부 변경 될 수 있습니다.

# chapter 3. 제어회로 작업 과정

**\* 본격적으로 실기 공부를 하기 앞서 영상을 먼저 시청해주시기 바랍니다.**

어떤식으로 제어회로 작업이 진행되는지 강의 영상을 통해 확인해주세요. (전체 영상 60분 내외 소요)

| | | |
|---|---|---|
| 1. | 제어회로기구배치 | |
| 2. | 접점번호작성 | |
| 3. | 주회로연결 | |
| 4. | 보조회로연결 | |
| 5. | 벨테스터&마무리 | |

# chapter 4. 접점 표시법

## 1. 회로도

### 1 주회로, 보조회로

① 회로도에서 빨간색으로 표시한 부분이 주회로, 파란색으로 표시한 부분이 보조회로입니다.

② 주회로는 연선으로 작업하고, 보조회로는 단선으로 작업합니다.

[연선] [단선]

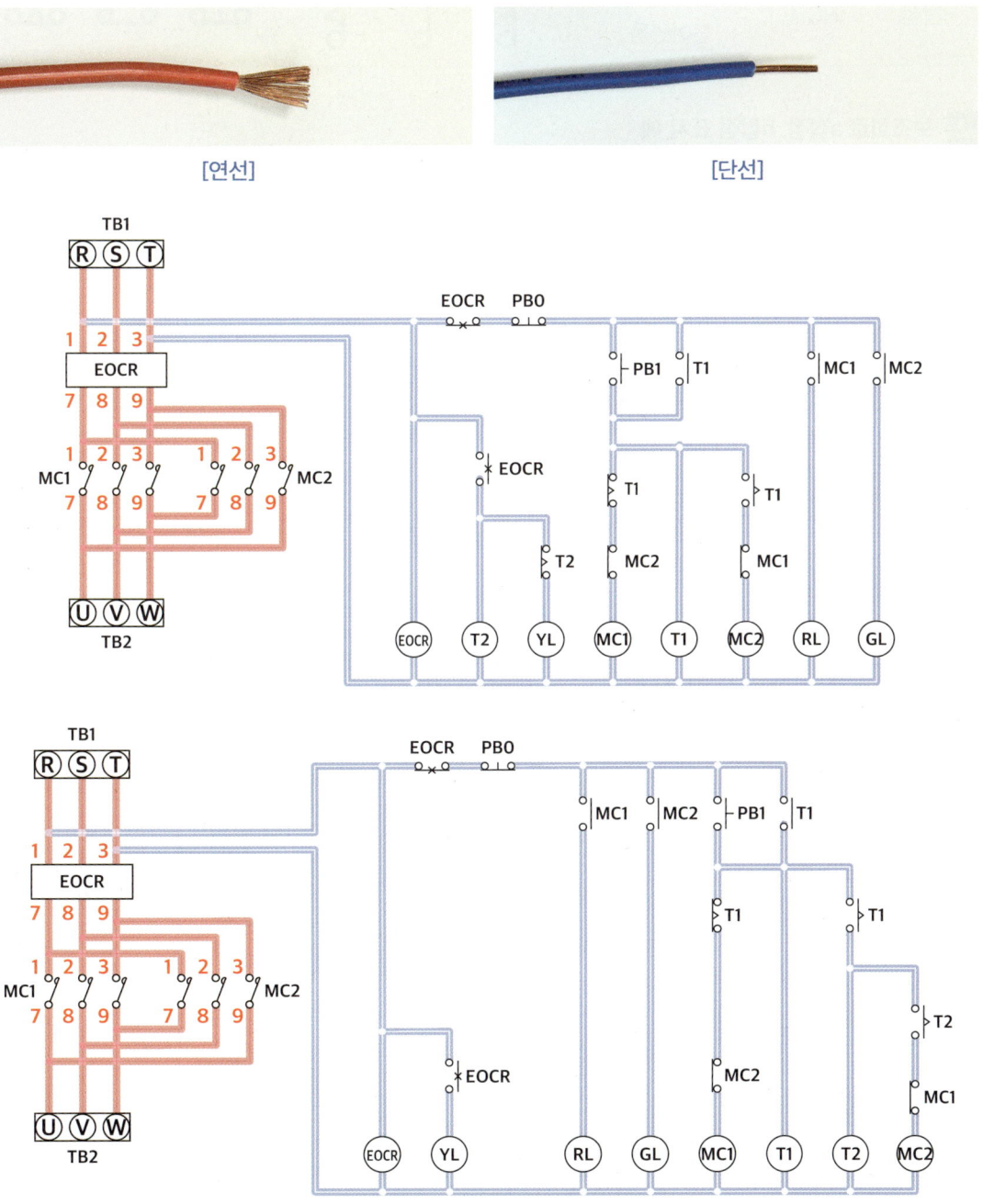

## 2. a접점, b접점 표시

### 1 접점에 따른 회로도 표시

| 접점 | | 바의 방향 | 세로 그리기 | 가로 그리기 |
|---|---|---|---|---|
| a접점 | NO | 오른쪽/위<br>떨어져있음 | | |
| b접점 | NC | 왼쪽/아래<br>붙어있음 | | |

### 2 보조회로 a접점, b접점 표시 예

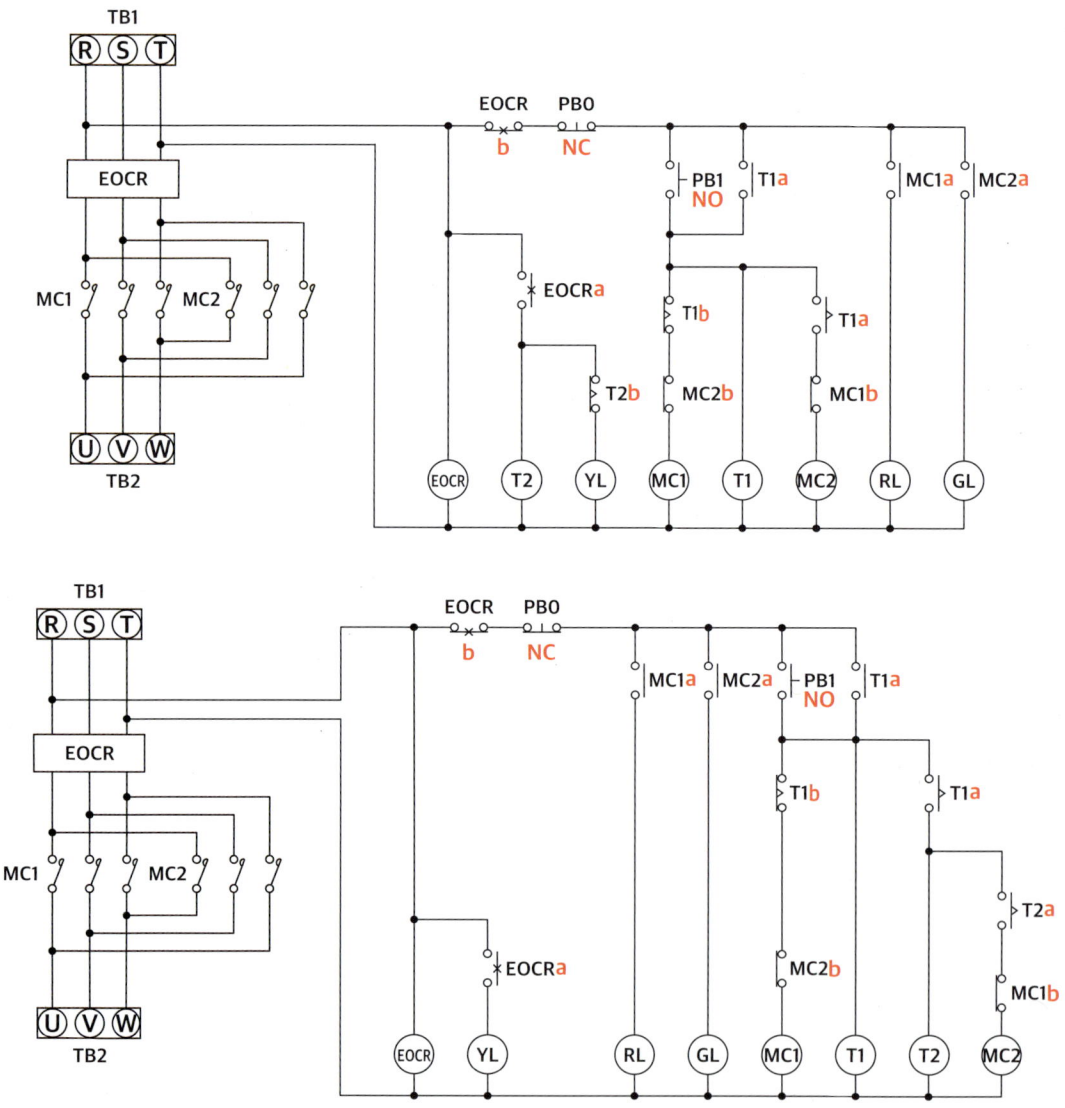

## 3. 접점번호 표시

### 1 접점 번호 구분

① 8핀, 12핀 접점 번호

|  | 8핀 | | | 12핀 | |
|---|---|---|---|---|---|
|  | 타이머 | 릴레이 | 플리커릴레이 | 전자식 과전류 계전기 | 전자 접촉기 |
|  | T | R = Ry = X | FR | EOCR | MC |
| 전원 | 2 - 7 | 2 - 7 | 2 - 7 | 6 - 12 | 6 - 12 |
| a접점 | 8 - 6<br>1 - 3 | 8 - 6<br>1 - 3 | 8 - 6 | 10 - 5 | 10 - 4 |
| b접점 | 8 - 5 | 8 - 5<br>1 - 4 | 8 - 5 | 10 - 4 | 11 - 5 |

② 8핀, 12핀 회로도 표시

|  | 8핀 | | | 12핀 | |
|---|---|---|---|---|---|
|  | 타이머 | 릴레이 | 플리커 릴레이 | 전자식 과전류 계전기 | 전자 접촉기 |
|  | T | R = Ry = X | FR | EOCR | MC |

**Q.** 접점번호 숫자 위아래를 바꿔서 사용해도 상관없나요? 예를 들어 MC(전자접촉기) a접점을 쓸 때 10-4로 적지 않고 4-10으로 적어도 되나요?

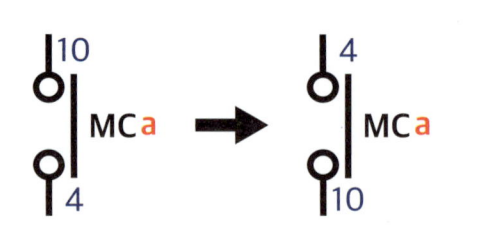

**A.** MC(전자접촉기) a접점의 경우 10-4로 결선하던, 4-10으로 결선하던 동작에 문제는 없었습니다. 하지만 타이머, 릴레이, **EOCR과 같이 공통접점이 있는 경우엔 반대로 사용하면 문제가 되기 때문에 유의**해야합니다. (p.346 참고)

③ 버튼, 램프 회로도 표시

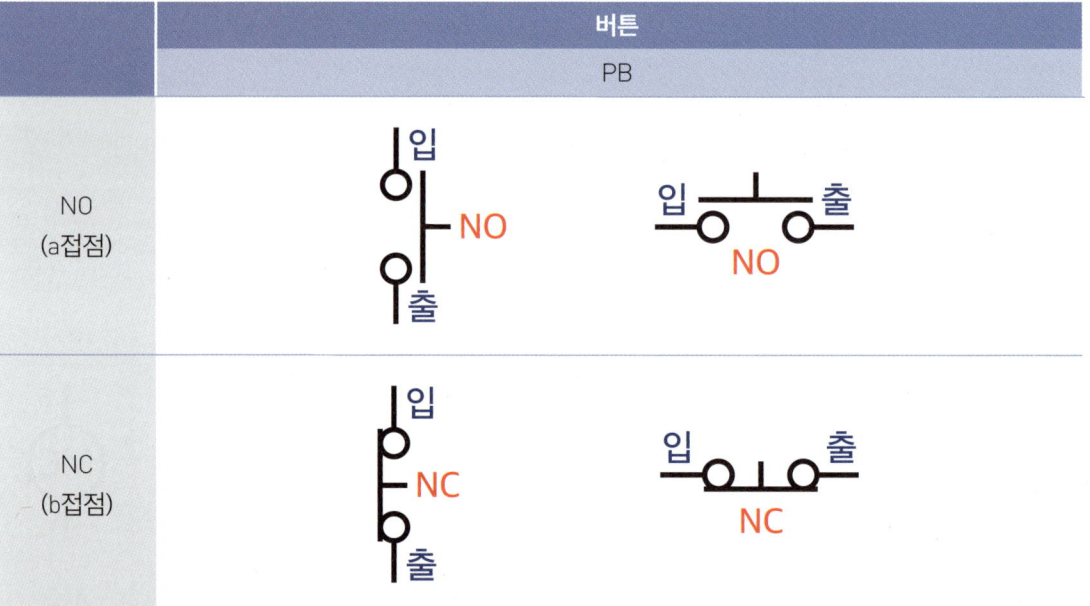

## 2 보조회로 접점번호

① 보조회로 접점번호 예시

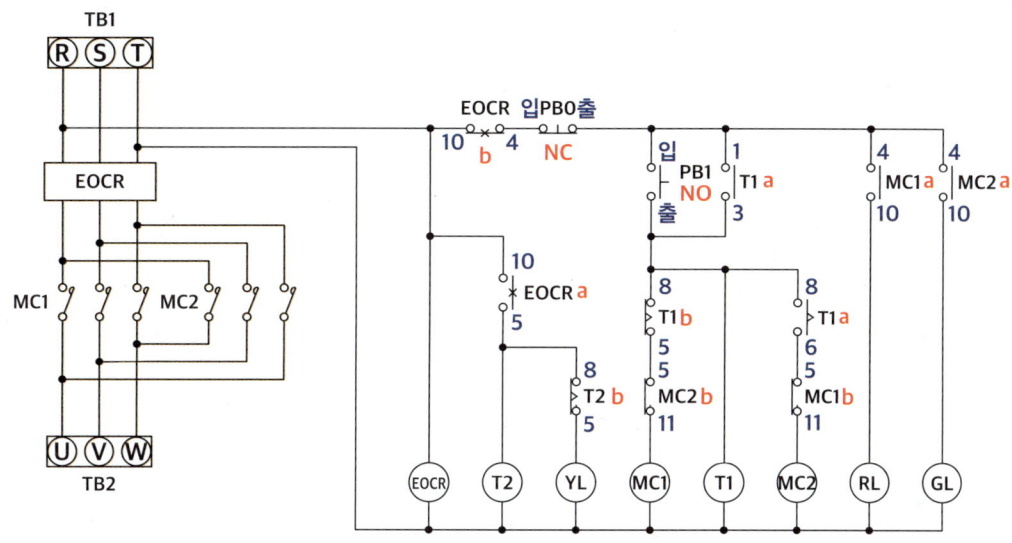

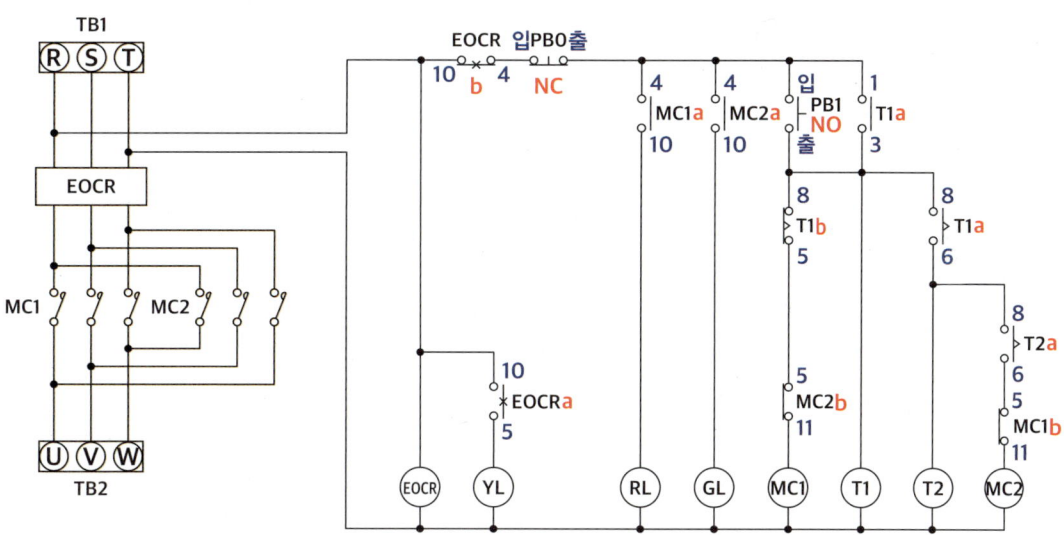

② 보조회로 전원 접점번호 예시

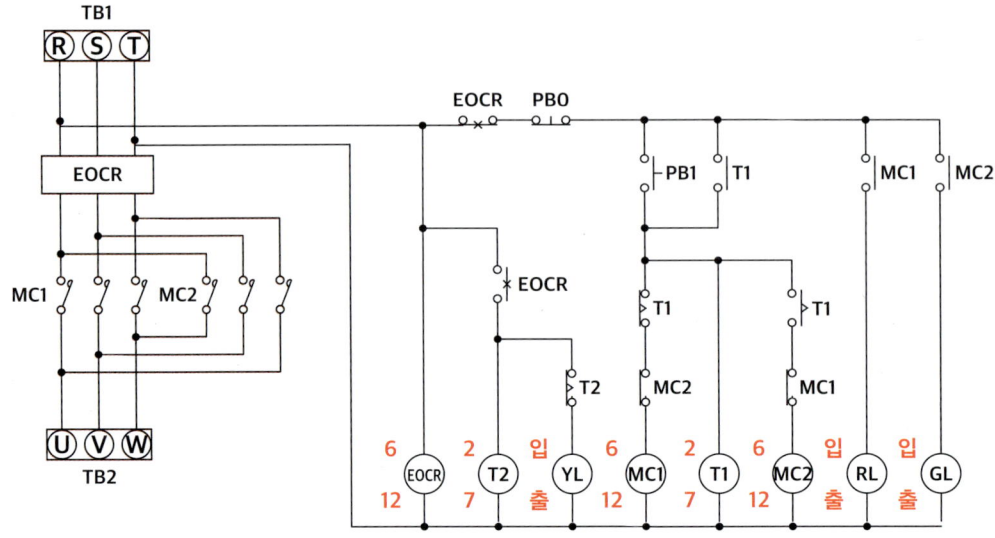

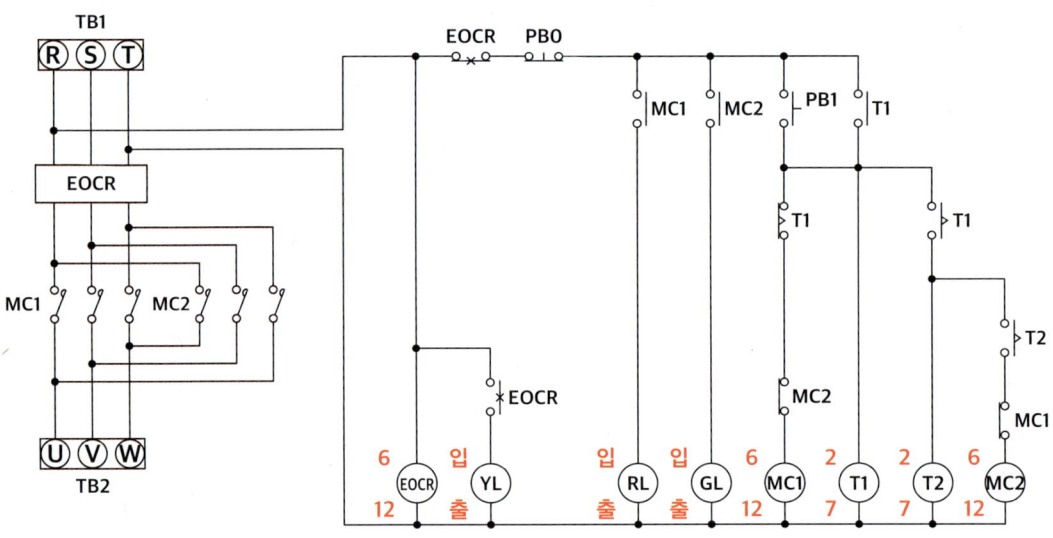

③ 타이머 접점번호 유의사항

**Q.** 타이머는 a접점이 두 개 인데 언제 1-3번을 쓰고 언제 8-6번을 쓰나요?

**A.** 바 위에 작은 삼각 표시가 없을 때 1-3번을 쓰고, 표시가 있을 때 8-6번을 씁니다.

| 타이머(T) | | | |
|---|---|---|---|
| 순시접점 | a접점 | 1 - 3 | |
| 한시접점 | | 8 - 6 | |
| | b접점 | 8 - 5 | |

- a접점 번호가 두 개인 이유는 순시접점, 한시접점으로 나눠지기 때문입니다.
- 한시접점에서는 a접점, b접점 둘 다 8번이 공통접점입니다. **8번이 공통되게 연결 될 수 있도록 접점 번호를 작성**해야합니다.

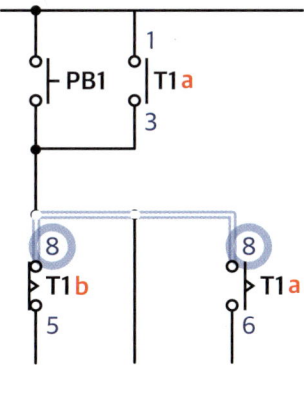

[바르게 작성 된 예]　　　　　　　[잘못 작성된 예]

④ 릴레이 접점번호 특이점

> **Q.** 릴레이는 a접점, b접점이 각각 두 개 인데 어떻게 쓰나요?
>
> **A.** 한 쪽에 1-3이나 1-4를 작성했다면 다른 한쪽에는 8-6이나 8-5를 작성해야 합니다. a접점, b접점이 연결됐다면 공통 접점인 1이나 8이 연결될 수 있게 작성해야 합니다.

| 릴레이(R = Ry = X) | | |
|---|---|---|
| a접점 | 8 - 6<br>1 - 3 | |
| b접점 | 8 - 5<br>1 - 4 | |

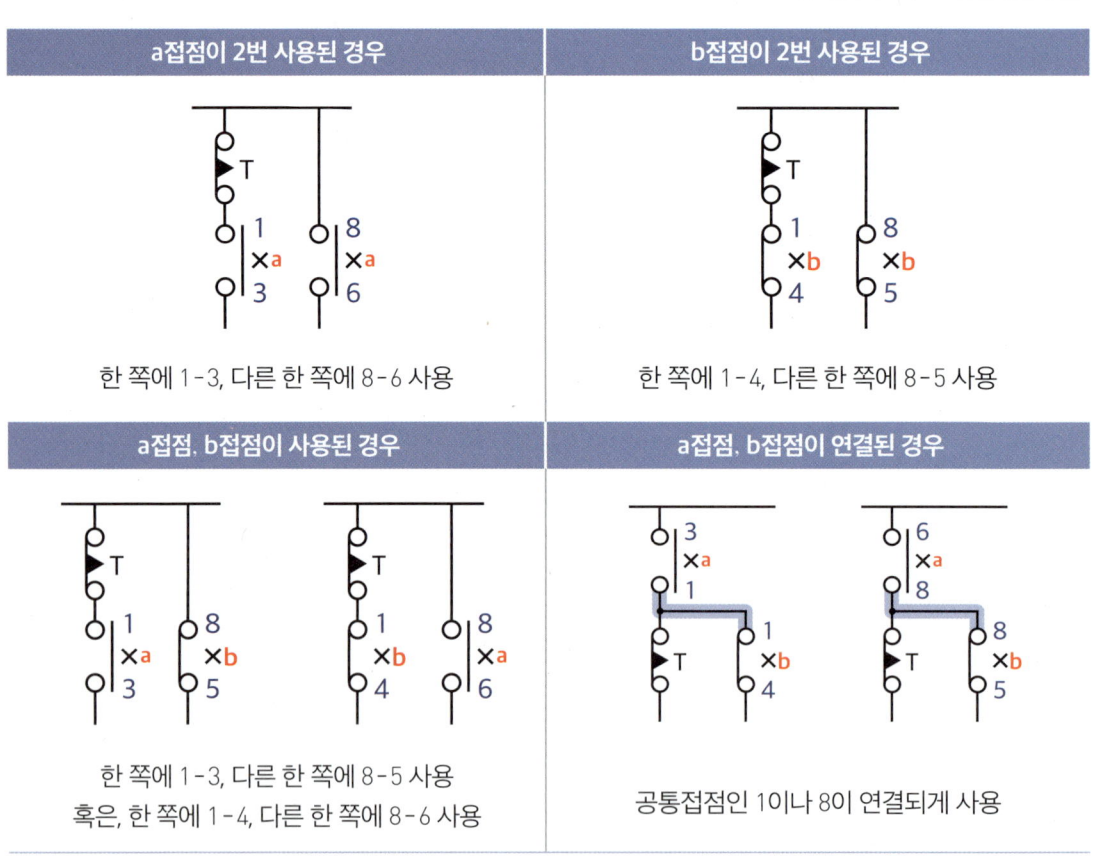

**a접점이 2번 사용된 경우**
한 쪽에 1-3, 다른 한 쪽에 8-6 사용

**b접점이 2번 사용된 경우**
한 쪽에 1-4, 다른 한 쪽에 8-5 사용

**a접점, b접점이 사용된 경우**
한 쪽에 1-3, 다른 한 쪽에 8-5 사용
혹은, 한 쪽에 1-4, 다른 한 쪽에 8-6 사용

**a접점, b접점이 연결된 경우**
공통접점인 1이나 8이 연결되게 사용

**Q.** 릴레이가 두 개 사용됐어요! a접점, b접점 어떻게 작성해야하나요?

**A.** 같은 릴레이를 한 세트라고 보고 위에서 정한 규칙대로 작성하면 됩니다.

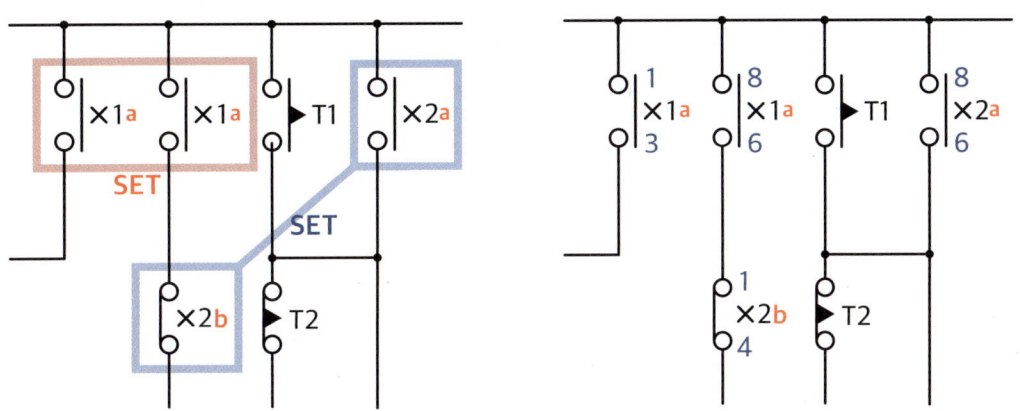

⑤ EOCR 회로도 변형

- 실기 TIP!

  간혹 EOCR의 회로도 배치에 변형을 주는 경우가 있어요. 당황하지 말고 a접점 b접점을 잘 구분해주면 됩니다.

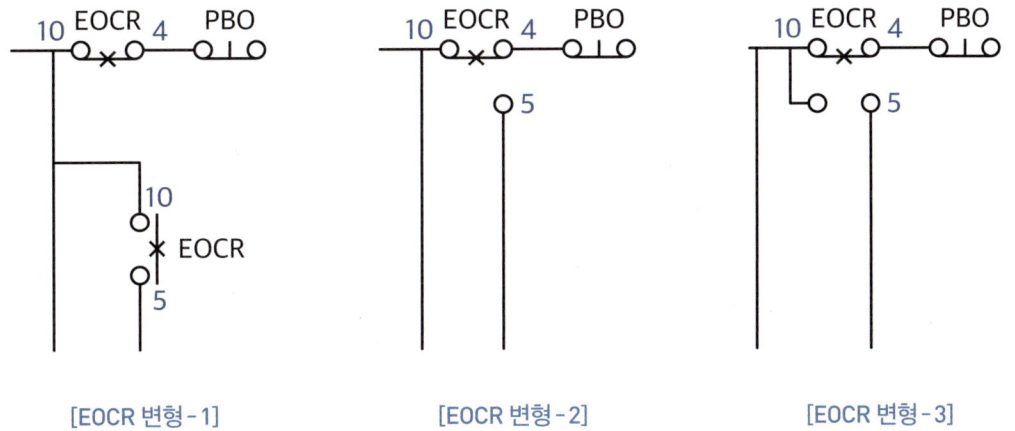

[EOCR 변형 - 1]　　　　[EOCR 변형 - 2]　　　　[EOCR 변형 - 3]

### 3 주회로 접점번호

① 주회로 접점번호 예시

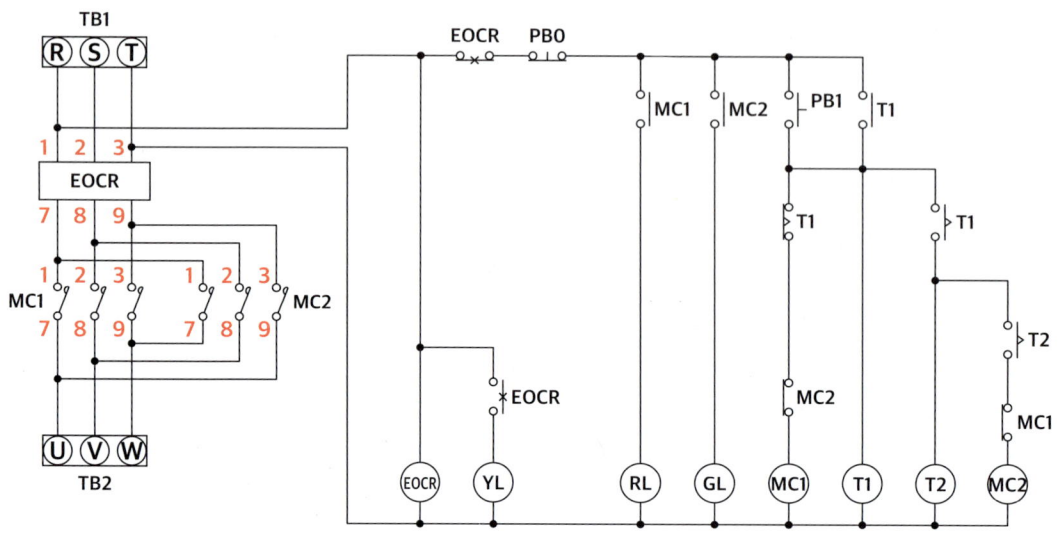

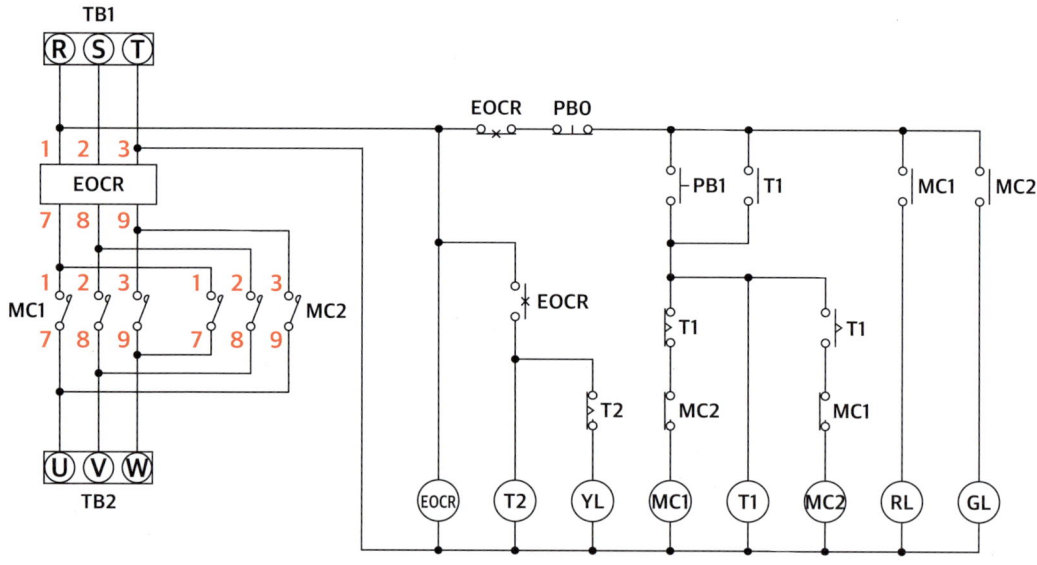

◆ **더 알아가기**

내부결선도로 알아가는 접점 이해

- 실기  TIP! 시험장에서 제공하는 시험지에 내부 결선도 및 구성도가 적혀있습니다.

<기구의 내부 결선도 및 구성도>

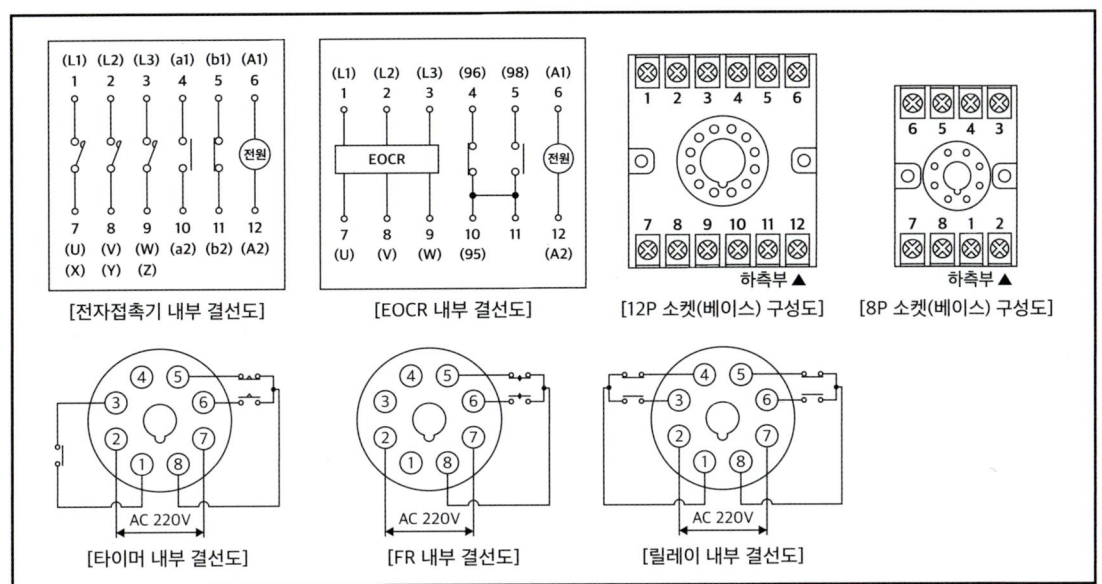

<시험지 샘플>

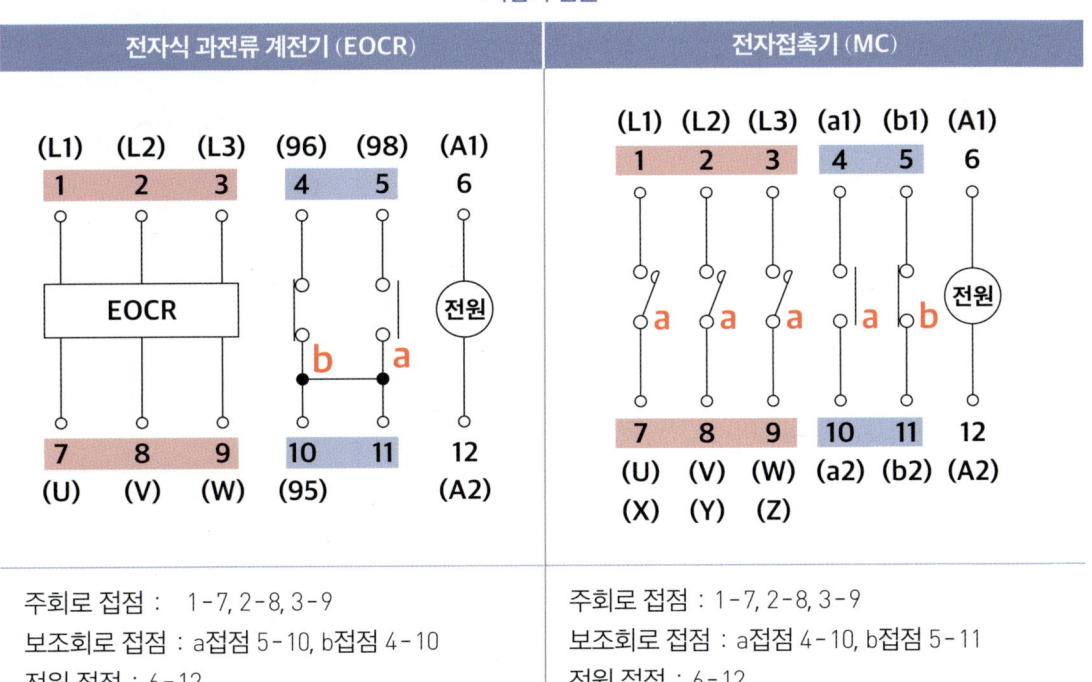

| 타이머 | 플리커릴레이 | 8핀 릴레이 |
|---|---|---|
| 보조회로 접점 :<br>a접점 1-3, 8-6<br>b접점 8-5<br>전원 접점 : 2-7 | 보조회로 접점 :<br>a접점 8-6<br>b접점 8-5<br>전원 접점 : 2-7 | 보조회로 접점 :<br>a접점 1-3, 8-6<br>b접점 1-4, 8-5<br>전원 접점 : 2-7 |

## 4. 소켓 번호

### 1 12P 소켓

① 전자식 과전류 계전기(**EOCR**), 전자접촉기(**MC**)는 12P 소켓을 사용합니다.
② 가운데 **홈이 아래를 향하게** 두고 작업해야합니다.
③ 각 핀 위에 숫자가 적혀있습니다.

### 2 8P 소켓 - 릴레이

**\*\*타이머, 릴레이, 플리커릴레이와 같은 8핀 소켓의 경우 실제 시험장에서는 기구의 구분 없이 제공됩니다. 시험장에서 제공되는 재료로 작업하시면 됩니다.\*\***

① 릴레이(**R, Ry, X**) 8P 소켓을 사용합니다.
② 타이머소켓보다 작습니다.
③ 가운데 **홈이 아래를 향하게** 두고 작업해야합니다.
④ 핀 위에 적혀있는 숫자가 뒤집어져 보이는 게 정상입니다.

### 3 8P 소켓 - 타이머, 플리커 릴레이

**타이머, 릴레이, 플리커릴레이와 같은 8핀 소켓의 경우 실제 시험장에서는 기구의 구분 없이 제공됩니다. 시험장에서 제공되는 재료로 작업하시면 됩니다.**

① 타이머(**T**), 플리커 릴레이(**FR**)는 8P 소켓을 사용합니다.
② 가운데 **홈이 아래를 향하게** 두고 작업해야합니다.

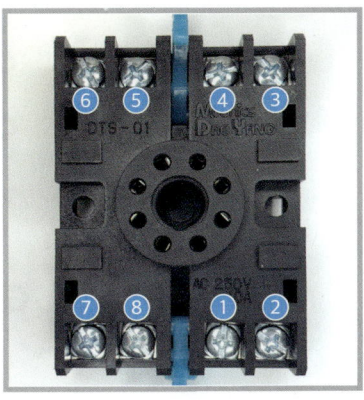

<소켓 크기 비교>

### 4 푸시버튼 스위치

① 표기 - PB0, PB1, PB2
② 버튼의 색은 시험지에 나타난 범례를 보면서 작업해야합니다.

시험지요구사항 8) 푸시버튼 스위치, 램프의 색상은 다음 기준으로 작업하시오.
※ 스위치 및 램프의 구성은 과제마다 다를 수 있습니다.

<범례 예시>

| 기구 | 색상 | 재료명 |
|---|---|---|
| PB0 | 녹색 | 푸시버튼 스위치 |
| PB1 | 적색 | 푸시버튼 스위치 |
| PB2 | 적색 | 푸시버튼 스위치 |
| GL | 녹색 | 램프 |
| RL | 적색 | 램프 |
| YL | 황색 | 램프 |

③ NO접점, NC접점의 차이

| | | |
|---|---|---|
| A접점(NO) | ○ ○ | 바가 떨어져 있음. 전류가 흐를 때 **버튼을 눌러야 소리가 남** |
| B접점(NC) | ○━○ | 바가 붙어 있음. 전류가 흐를 때 **버튼을 누르지 않아도 소리가 남** |

④ (구형버튼) 버튼 뒷면에 NO, NC가 적혀있습니다.

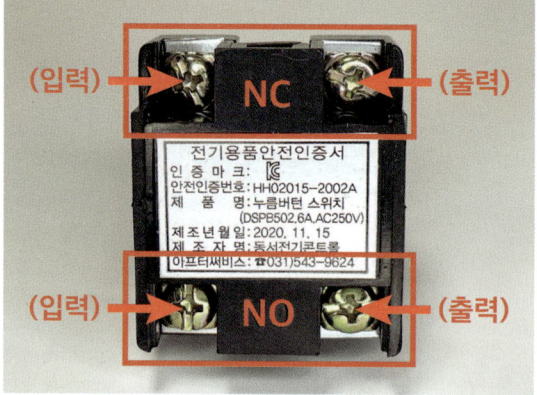

⑤ (신형버튼) 버튼 뒷면이 색으로 구분되어있습니다.

파랑색 - 버튼을 눌러야 소리가 남 - NO접점

빨강색 - 버튼을 누르지 않아도 소리가 남 - NC 접점

- 2025년도 1·2·3회차 실기시험에서는 재료 수급 문제로 인해 버튼 디자인이 일시적으로 구형에서 신형으로 변경되었습니다. 향후 시험에서도 신형 버튼이 그대로 사용될 가능성이 있으므로, 반드시 강의 영상을 참고하여 신형 버튼의 구조와 작동 방식을 숙지하시기 바랍니다.

*유튜브 강의 영상을 참고해주세요

## 5 램프

① 표기 - RL, YL, GL
② 램프의 색은 시험지에 나타난 범례를 보면서 작업해야합니다.
③ 램프 뒷면에 L1, L2가 표시되어있습니다.

# chapter 5. 실전문제

## 1. 실전문제1

### 1 타이머가 2개인 경우

① 시퀀스 회로도

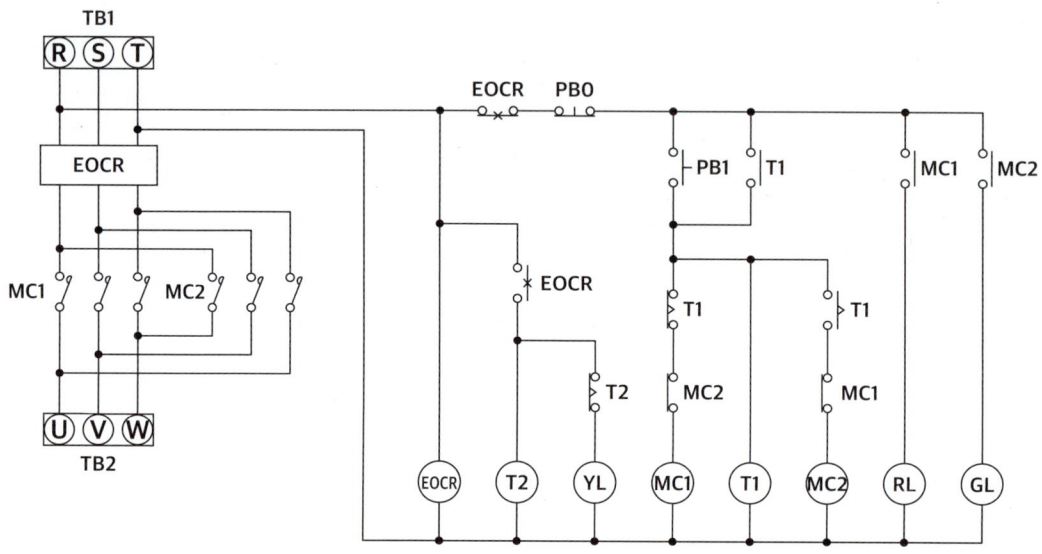

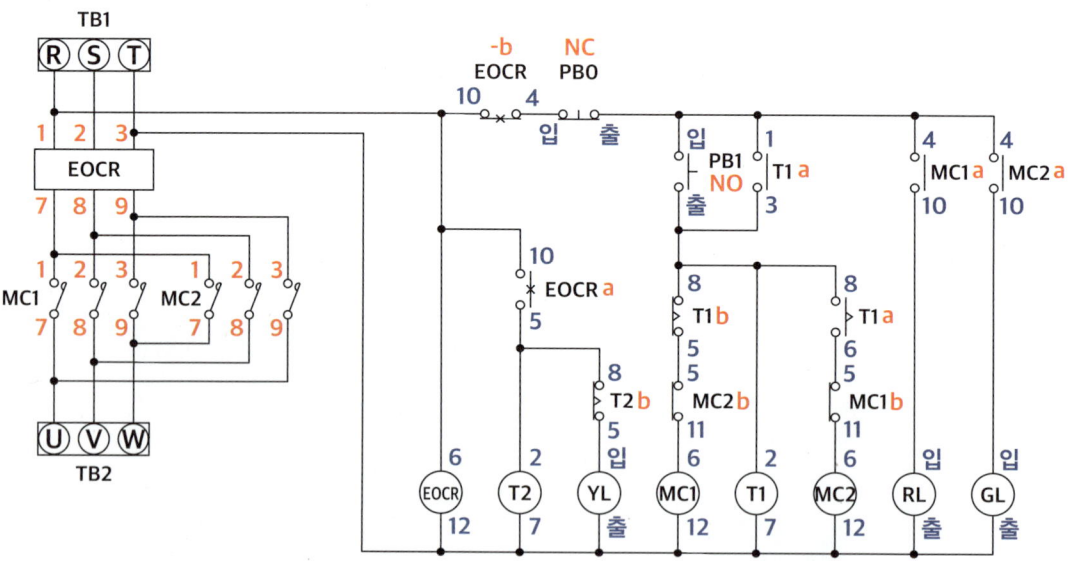

② 기구배치도

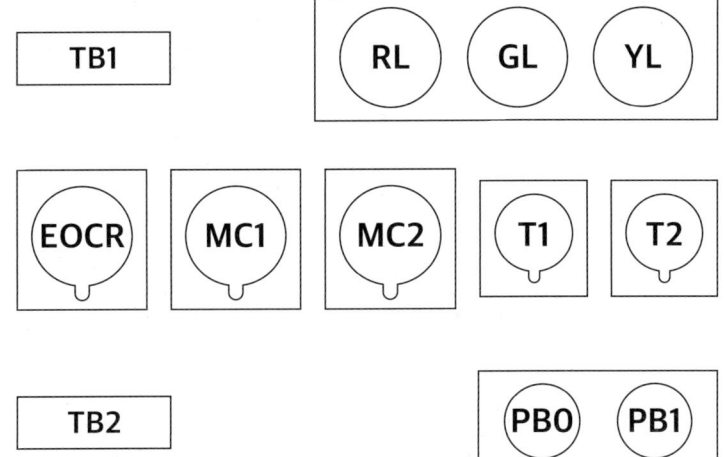

③ 기구 내부 결선도 및 구성도

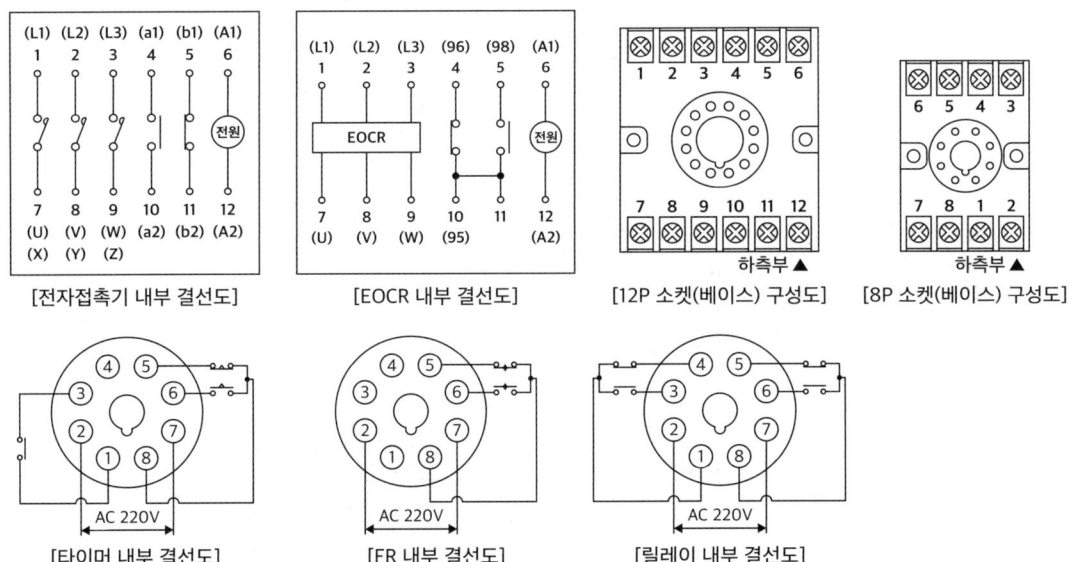

## 2. 실전문제2

### 1 타이머가 2개인 경우

① 시퀀스 회로도

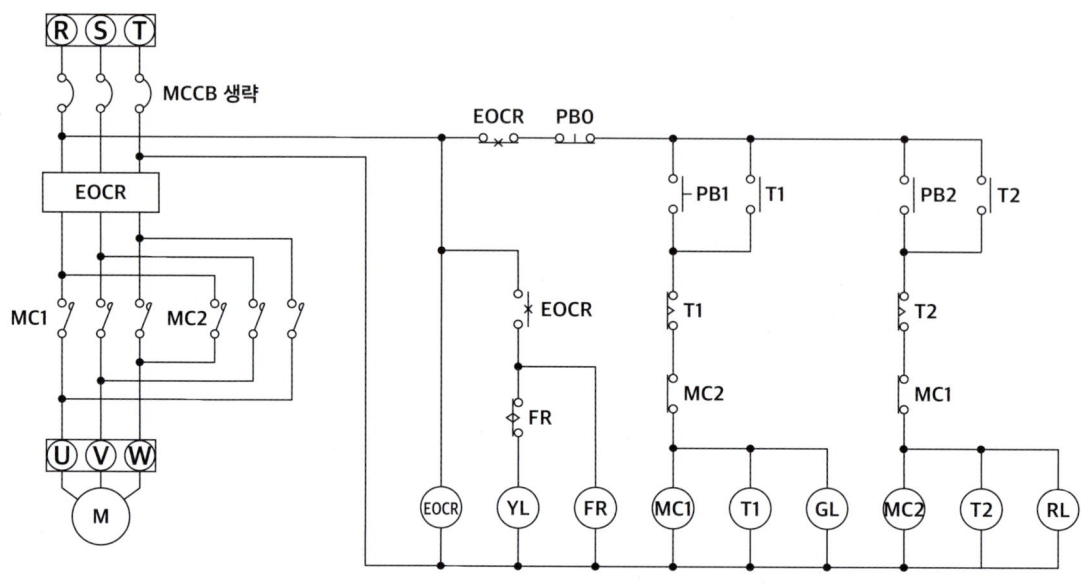

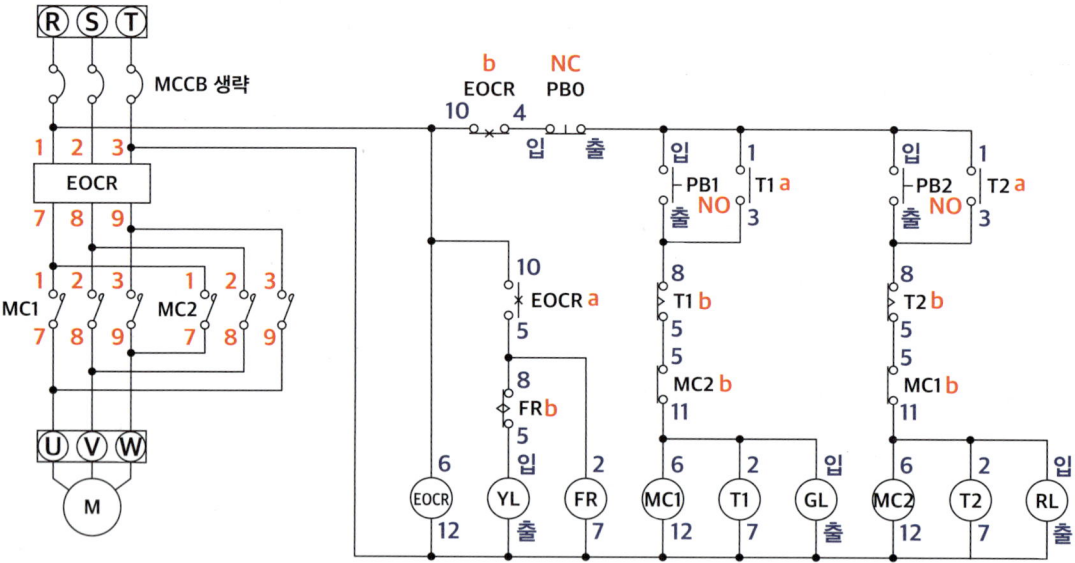

② 기구배치도

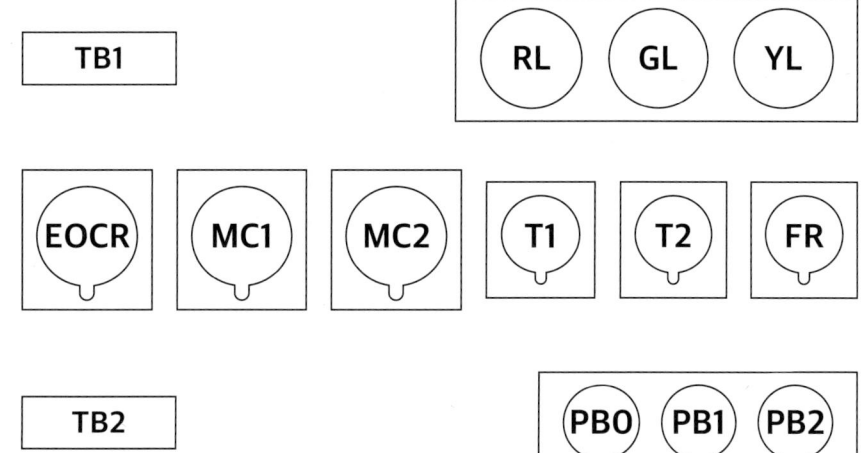

③ 기구 내부 결선도 및 구성도

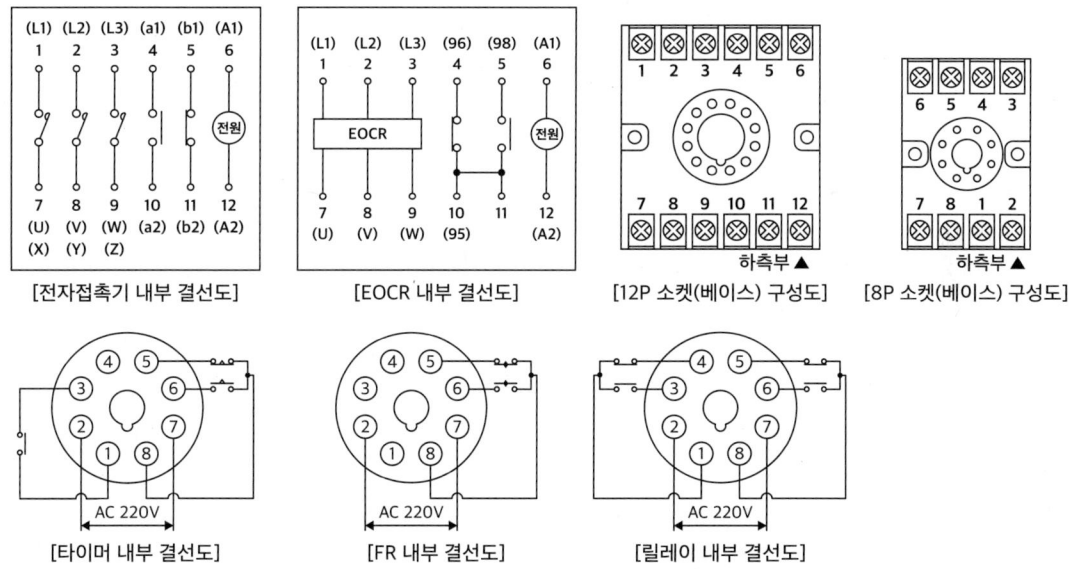

# 3. 실전문제3

## 1 단자대가 3개인 경우

① 시퀀스 회로도

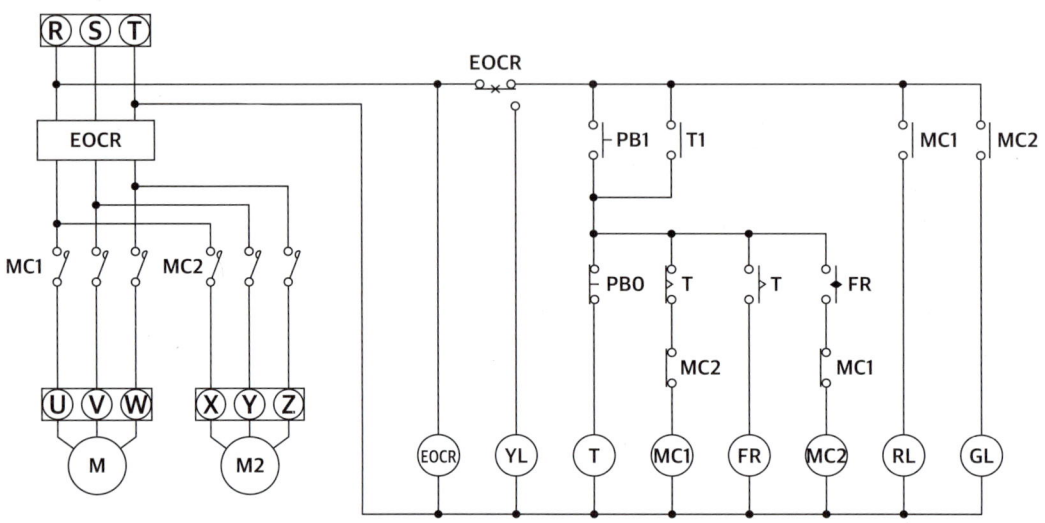

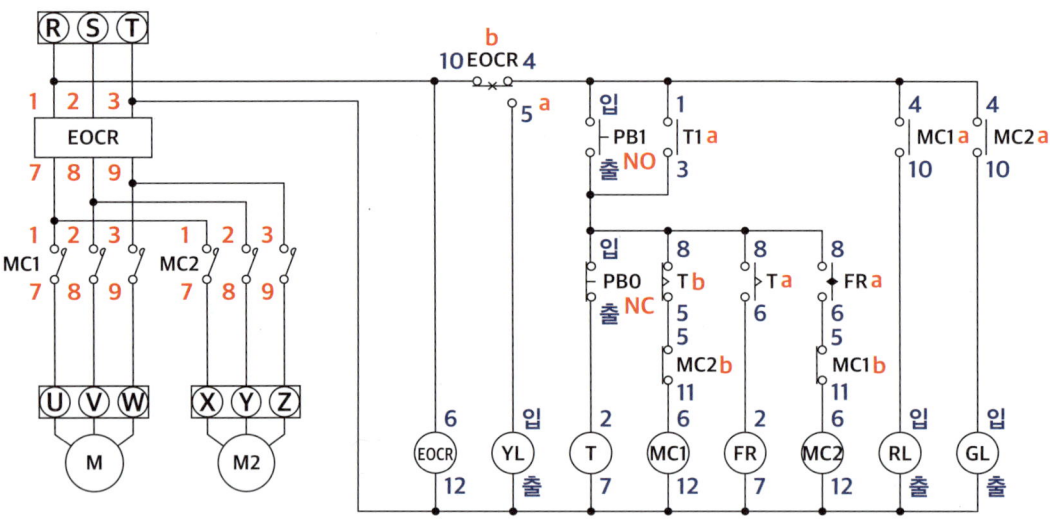

② 기구배치도

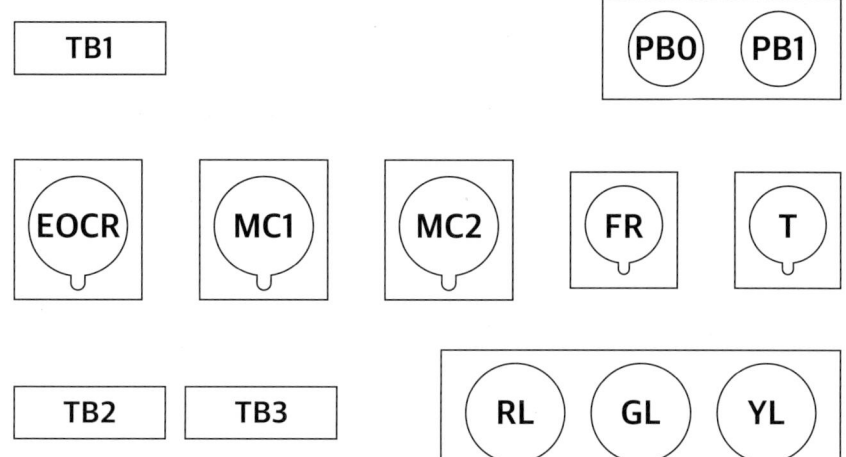

③ 기구 내부 결선도 및 구성도

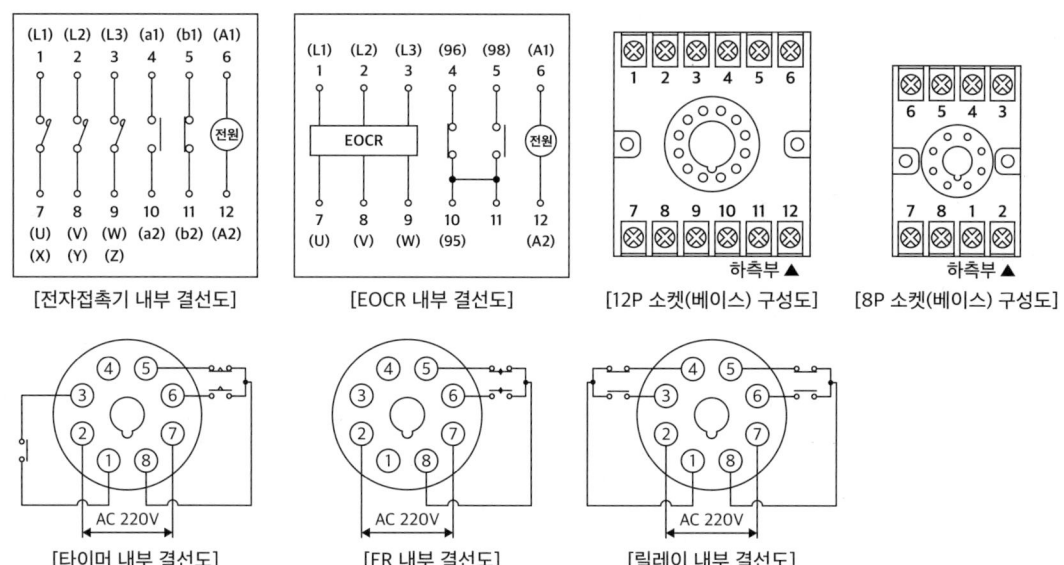

## 4. 실전문제4

### 1 릴레이가 2개인 경우

① 시퀀스 회로도

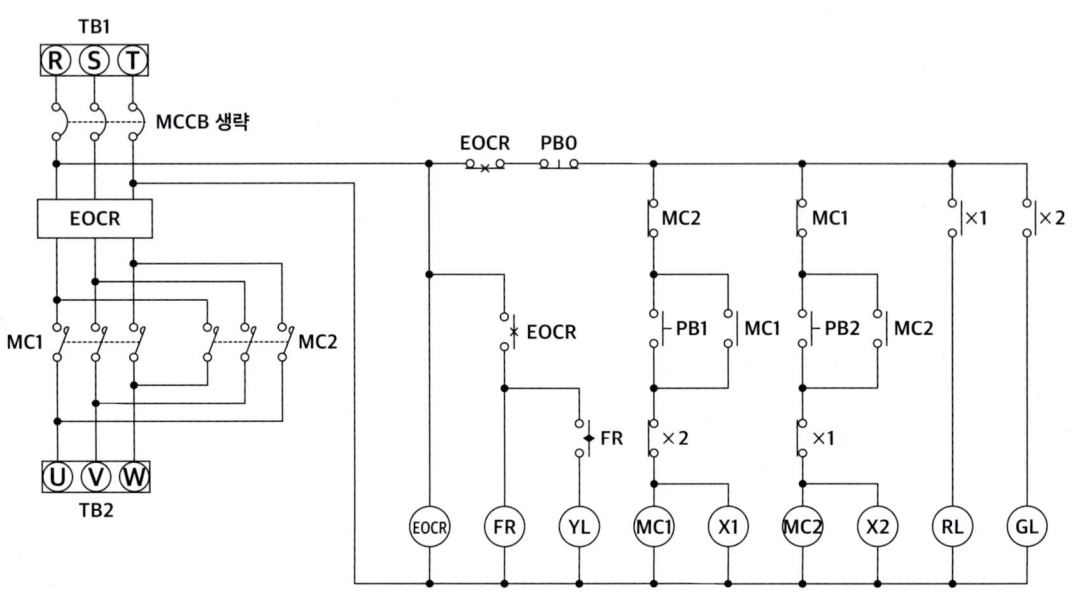

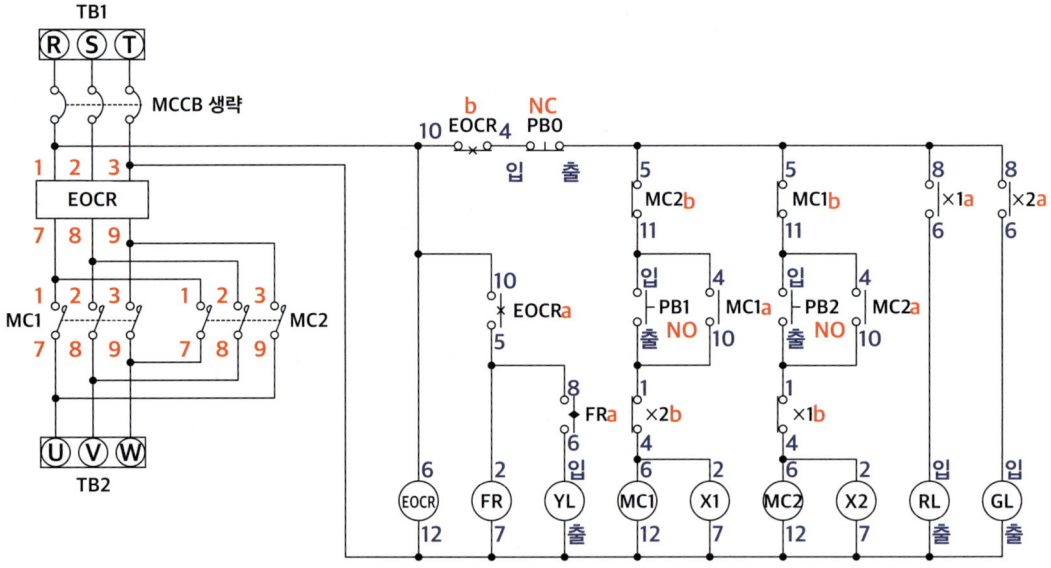

② 기구배치도

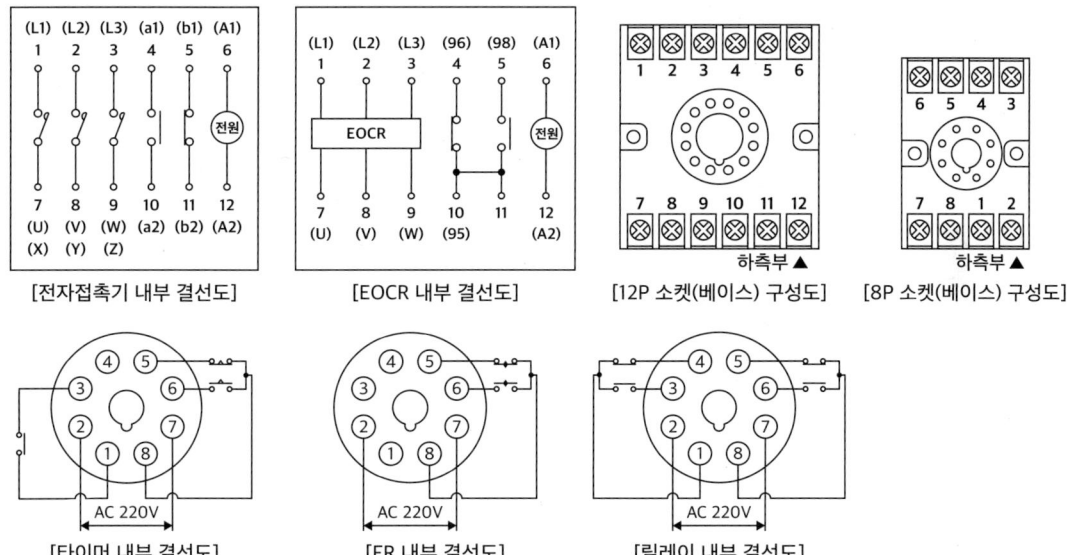

③ 기구 내부 결선도 및 구성도

## 5. 실전문제5

### 1 릴레이가 1개인 경우 + 단자대가 3개인 경우

① 시퀀스 회로도

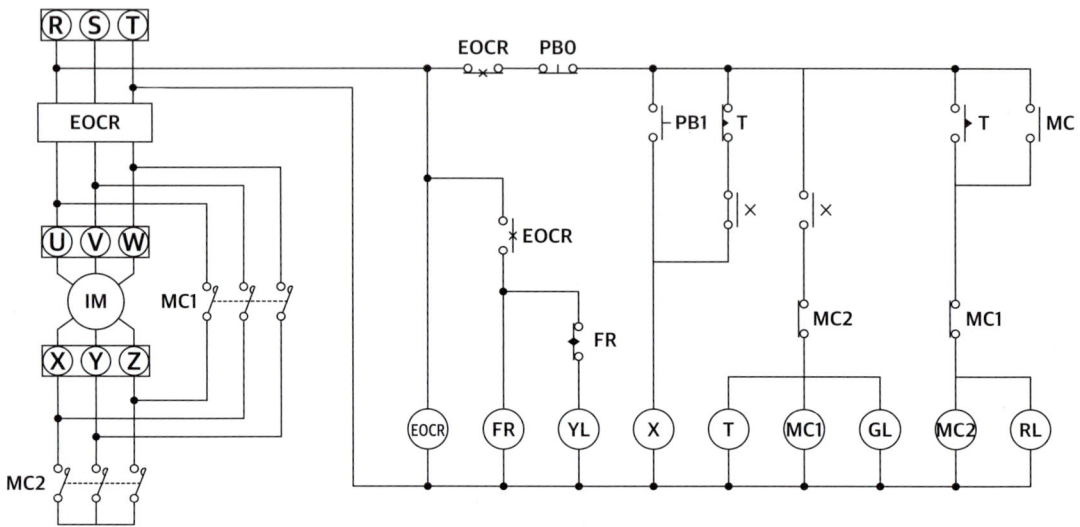

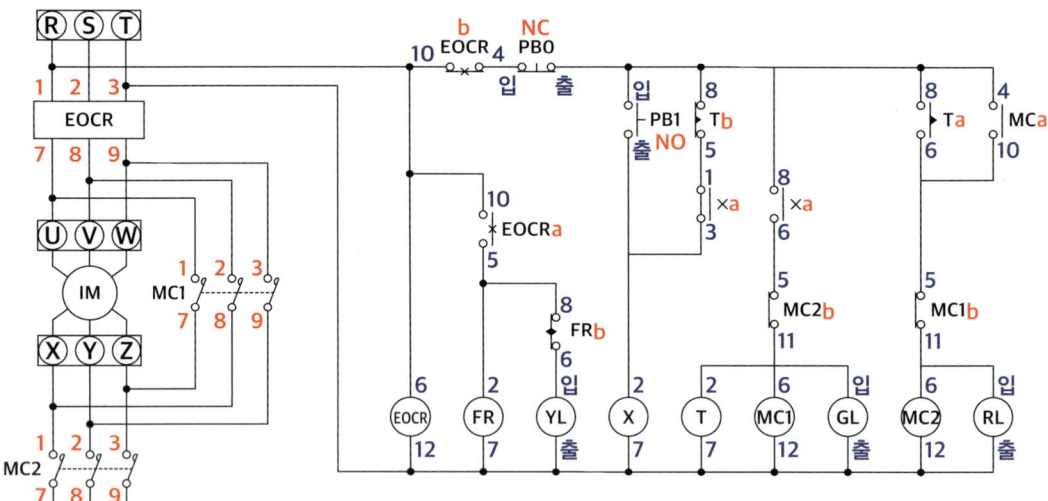

② 기구배치도

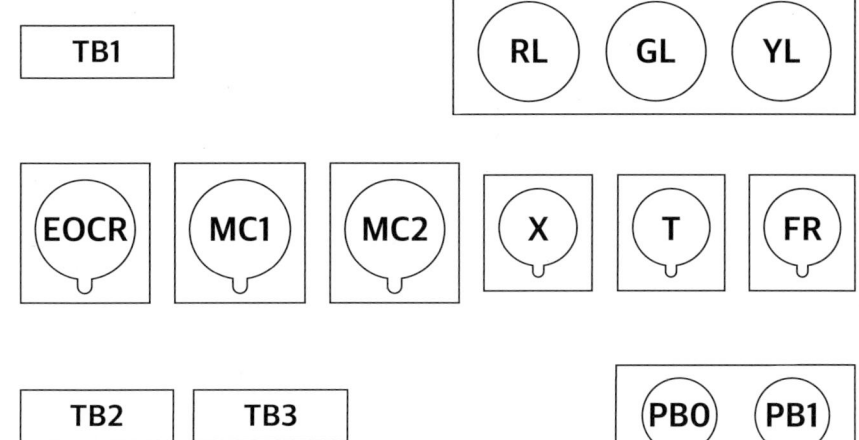

③ 기구 내부 결선도 및 구성도

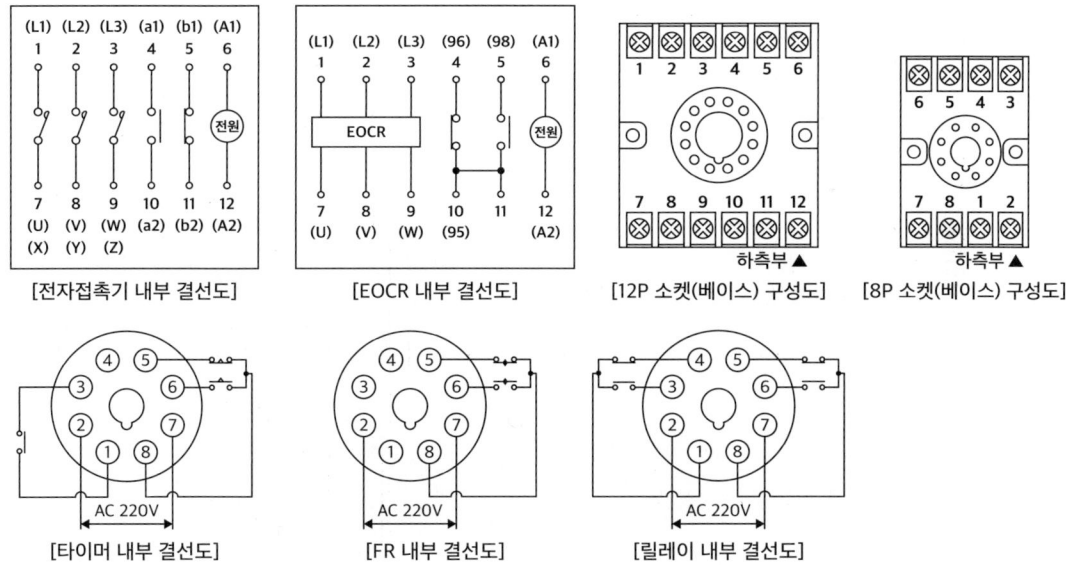

# chapter 6. 　작업과정

## 1. 기구 배치하기

**1** **단자대, 소켓, 컨트롤박스 배치**

① 시험지에 있는 기구배치도보고 적당한 간격으로 기구를 배치해줍니다.

<기구 배치도>

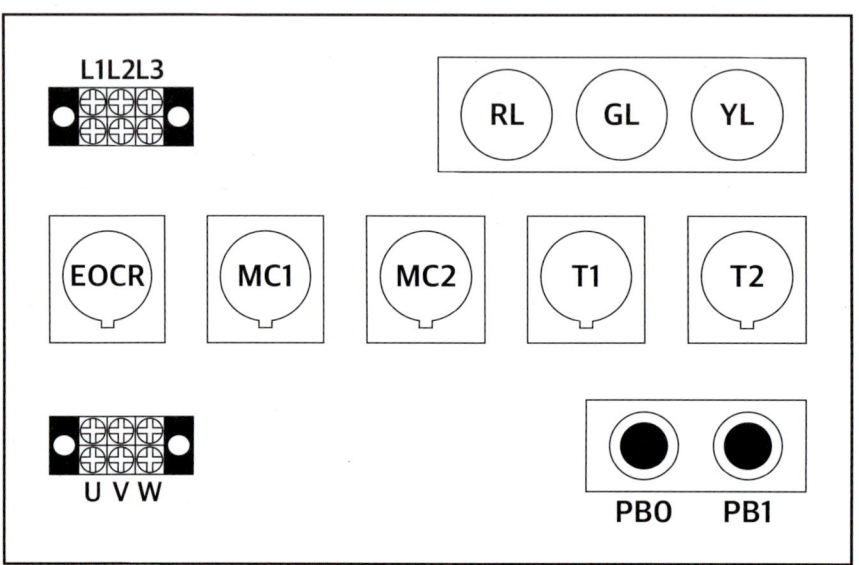

- 홈이 파져있는 부분이 아래를 향하게 배치해야 합니다.
- 12p 소켓, 8p 소켓, 컨트롤 박스 단자대 등 너무 멀리 배치하면 주어진 전선이 모자랄 수 있기 때문에 적당한 간격을 두고 배치해야합니다.

## 2 버튼, 램프 조립

① 시험지에 있는 표를 보고 램프색, 버튼색을 확인합니다.

<범례 예시>

| 기구 | 색상 | 재료명 |
|---|---|---|
| PB0 | 녹색 | 푸시버튼 스위치 |
| PB1 | 적색 | 푸시버튼 스위치 |
| GL | 녹색 | 램프 |
| RL | 적색 | 램프 |
| YL | 황색 | 램프 |

② 버튼/램프를 조립해줍니다.

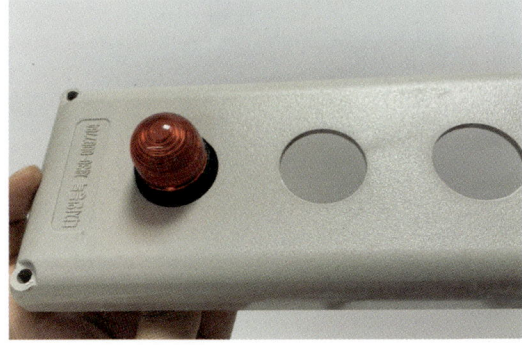
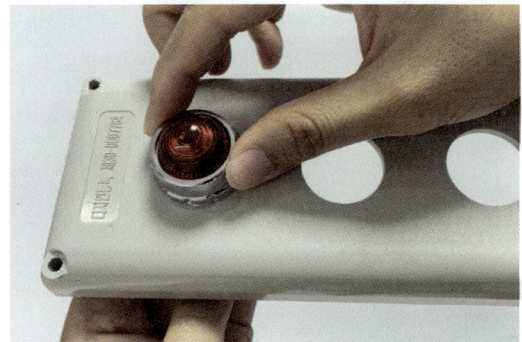

③ 박스 안쪽에 마스킹테이프로 색상을 표기해줍니다.

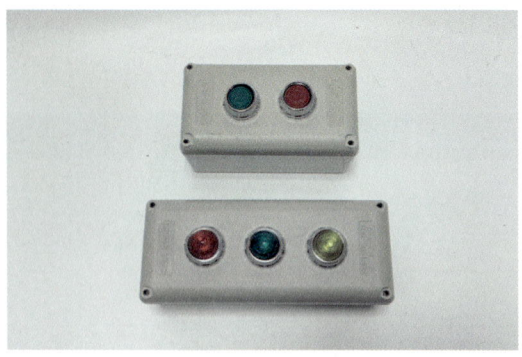 

### 3 고정 및 마스킹테이프 처리

① 12p / 8p 소켓, 컨트롤 박스를 전동드릴로 고정시켜줍니다.

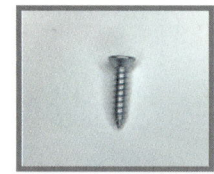 : 소켓

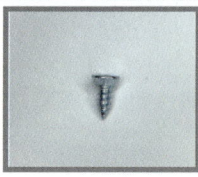 : 단자대, 컨트롤박스

② 12p / 8p 소켓 위에도 마스킹테이프를 붙이고 명칭을 적어 헷갈리지 않도록 합니다.
깔끔한 전선정리를 위해 소켓 위 아래로 마스킹테이프를 붙여줍니다.

## 2. 접점번호 매기기

제어회로 작업에서 가장 중요한 부분입니다.

접점번호 매기는 과정에서 실수하면 제어반이 제대로 작동되지 않게 되고 채점 시 정상 작동 되지 않으면 불합격입니다.

chapter3. 접점 표시법을 참고하여 a접점, b접점 NO, NC를 잘 적어줍니다.

## 3. 전선 작업

### 1 연선 작업 후 연결 방법

① 연선에 절연튜브를 끼워줍니다.

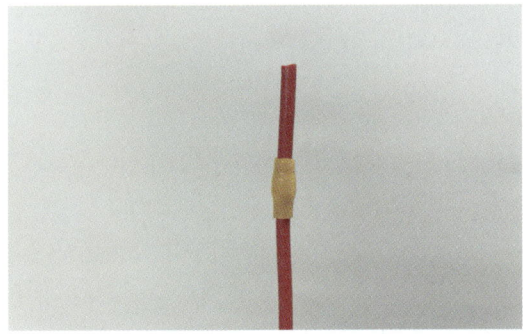

② 와이어스트리퍼의 1.6mm에 물려주고 피복을 벗겨냅니다.

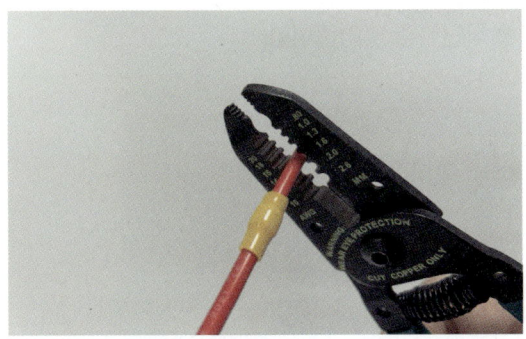
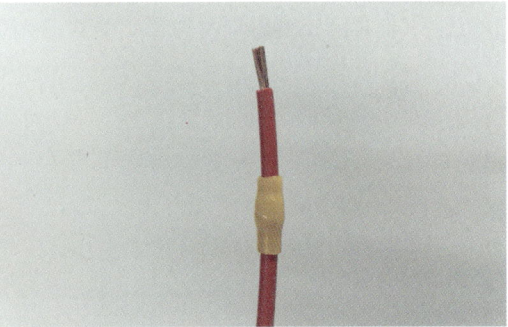

③ Y형 압착단자를 4SQ에 놓고 터미널압착기로 압착해줍니다.

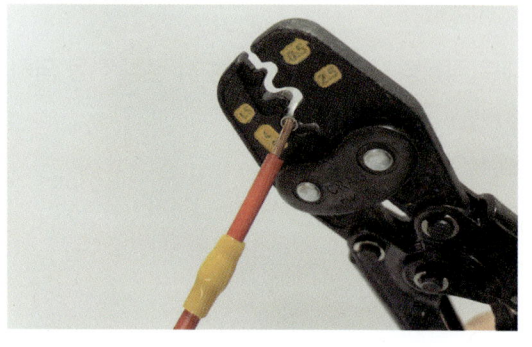 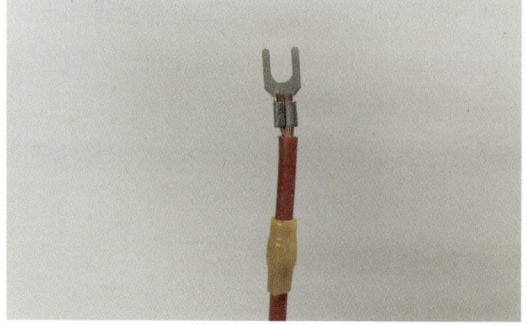

④ 절연튜브를 올려서 전선의 도체를 덮어줍니다.

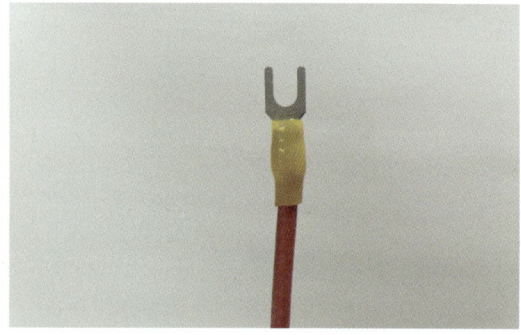

* 피복을 너무 많이 벗겨내서 전선의 도체가 많이 보이지 않도록 합니다.

⑤ 단자대, 혹은 소켓의 나사를 풀어주고 그 사이에 압착단자를 넣어줍니다.

⑥ 나사를 조여서 고정시켜줍니다.

\* 소켓에는 최대 2개까지의 전선만 연결 가능합니다.

## 2 단선 작업 후 연결 방법

① 와이어스트리퍼의 1.3mm에 물려주고 피복을 벗겨냅니다.

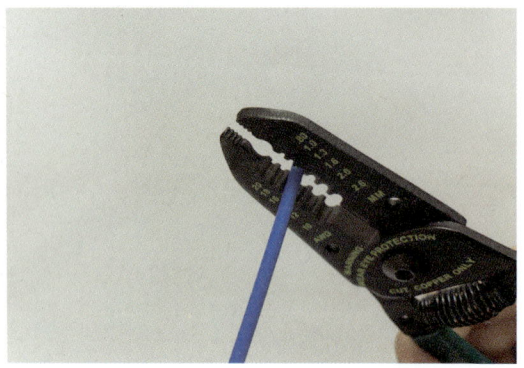 

\* 피복을 너무 많이 벗겨내서 전선의 도체가 많이 보이지 않도록 합니다.

② 나사를 풀어주고 그 사이에 압착단자를 넣어줍니다.

③ 나사를 조여서 고정시켜줍니다.

\* 소켓에는 최대 2개까지의 전선만 연결 가능합니다.
\* 간혹 나사가 제대로 조여지지 않아서 전선이 빠지는 경우가 있으니 유의하시기 바랍니다.

④ 피복을 너무 많이 벗겨내어 도체가 많이 보이거나, 피복을 적게 벗겨내어 고무가 나사에 물리지 않도록 합니다.

[고무가 물린 경우]

[도체가 많이 드러나는 경우]

⑤ 단선 버튼/램프 연결 시에는 전선이 빠지지 않도록 ㄱ자로 꺾어서 연결해줍니다.

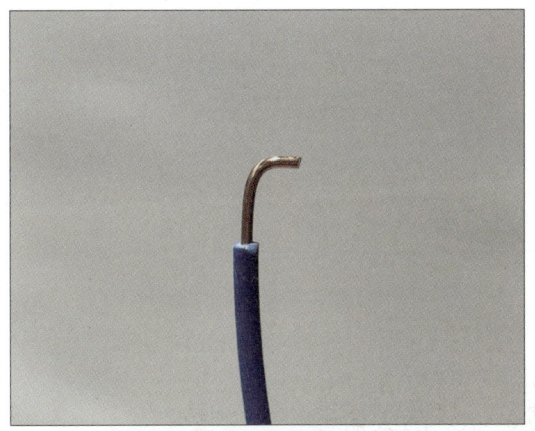

\* 버튼이나 램프에 연결 후 뚜껑을 닫는 과정에서 전선이 간혹 빠지는 경우가 있습니다.
ㄱ자로 꺾어 연결하면 잘 빠지지 않습니다.

## 4. 주회로 연결하기

### 1 주회로

① 전원이 들어와서 나가는 부분으로 주회로에 해당하는 부분은 2.5㎟ 연선을 사용해서 작업해줍니다.
(보통 빨간색)

* 결선해준 회로는 빨간색 형광펜으로 회로도에 표시해줍니다.

### 2 결선 과정

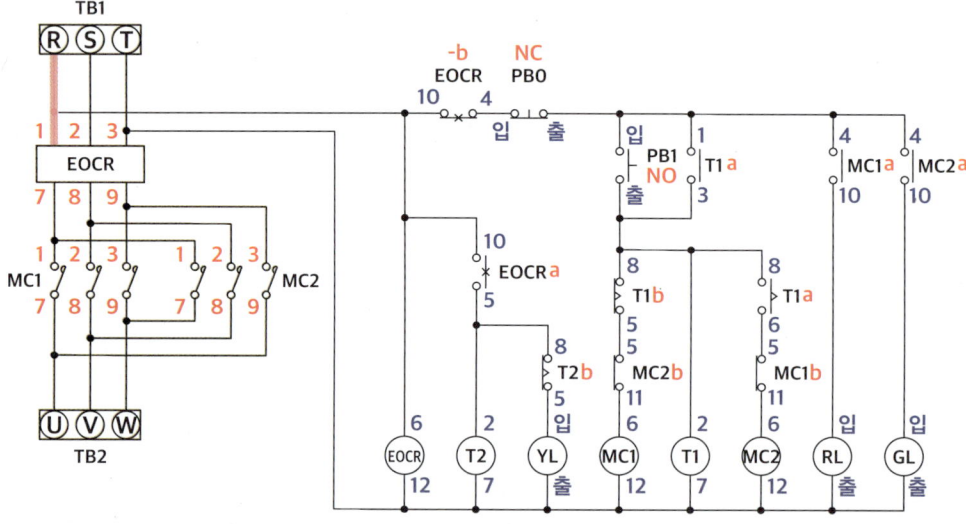

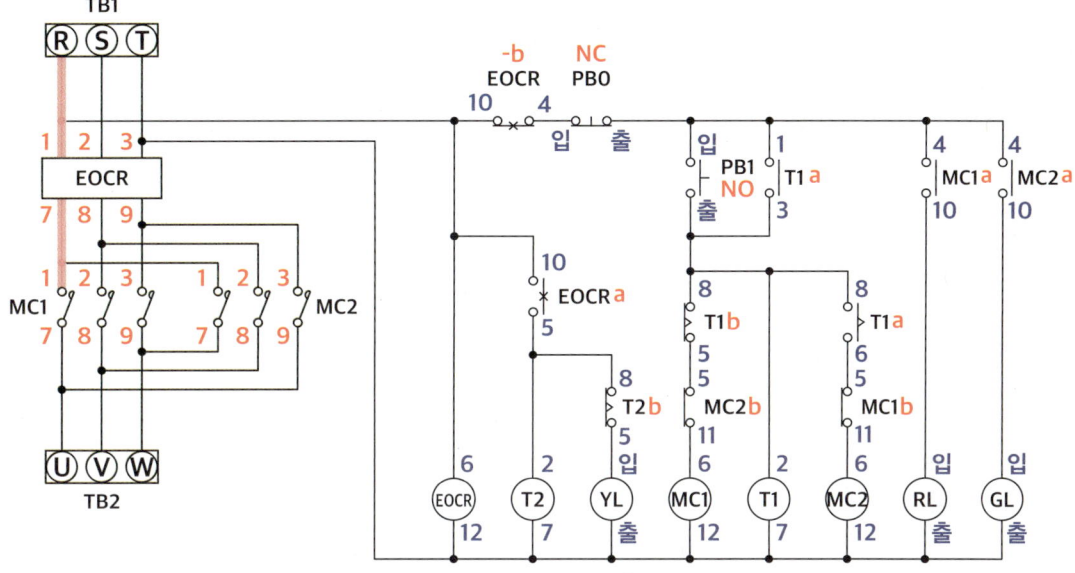

II. 승강기 운전 제어회로 375

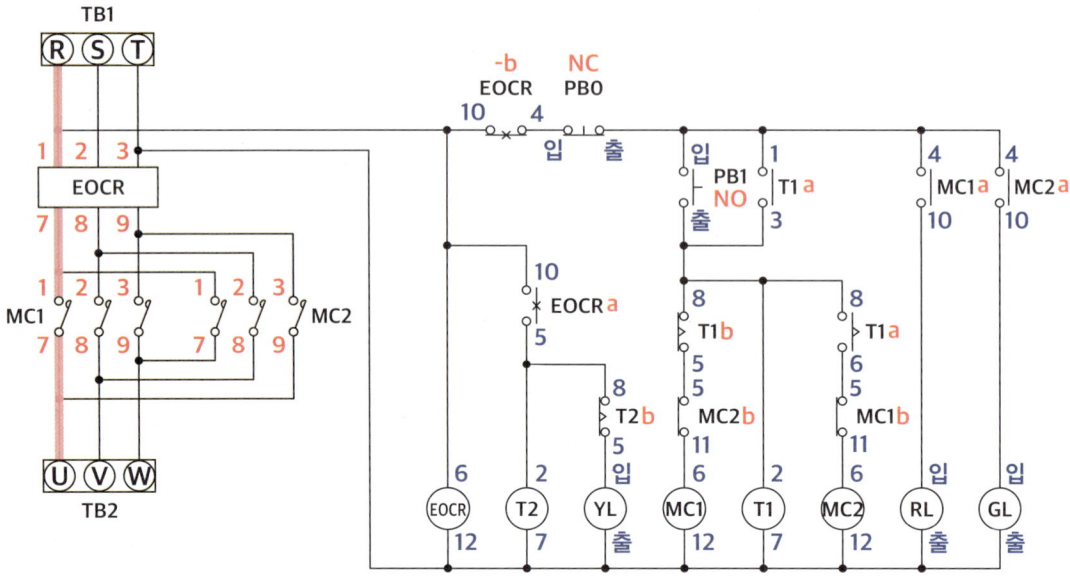

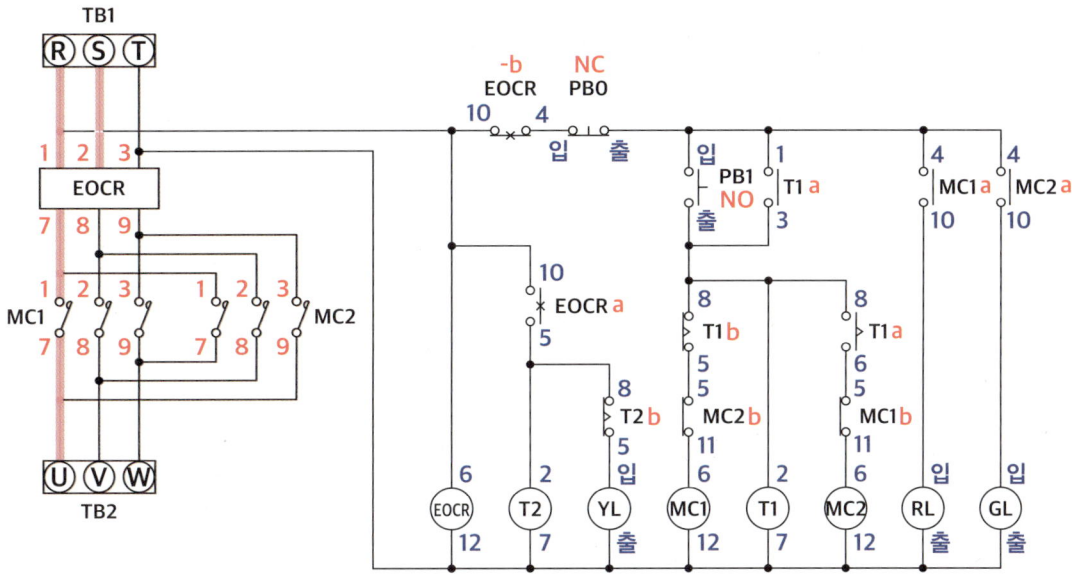

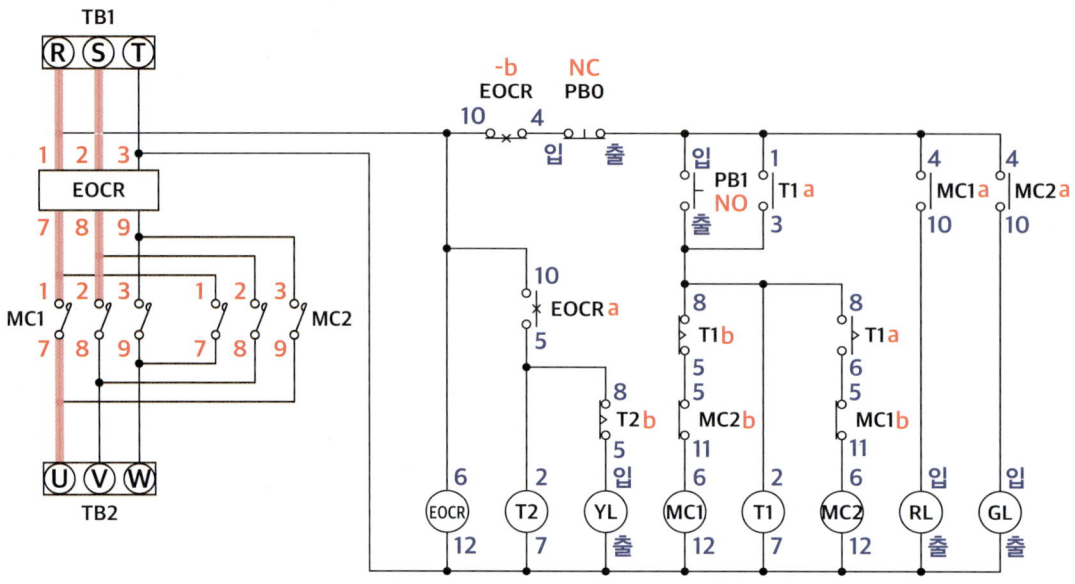

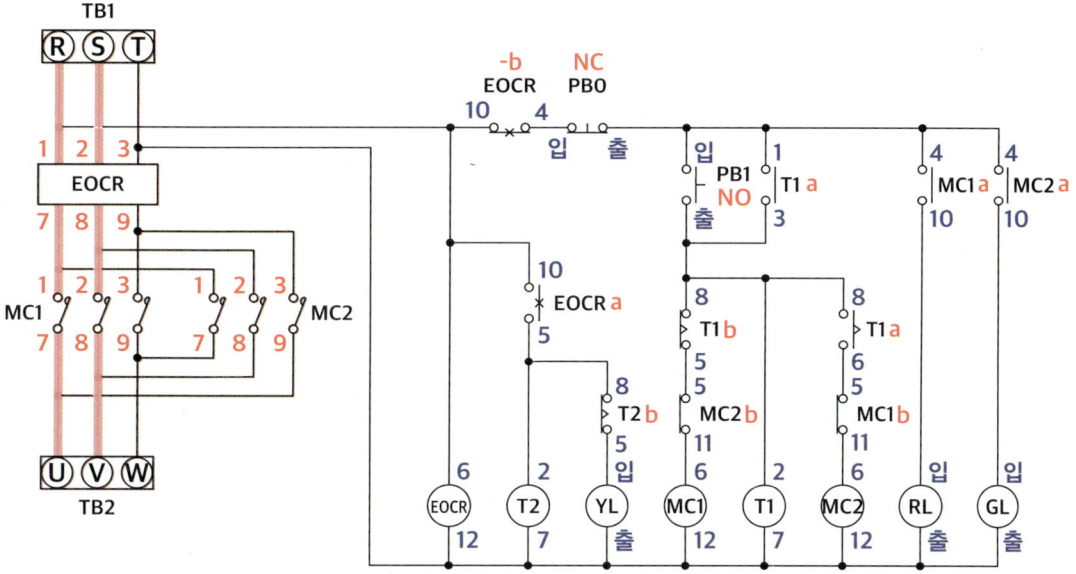

II. 승강기 운전 제어회로 379

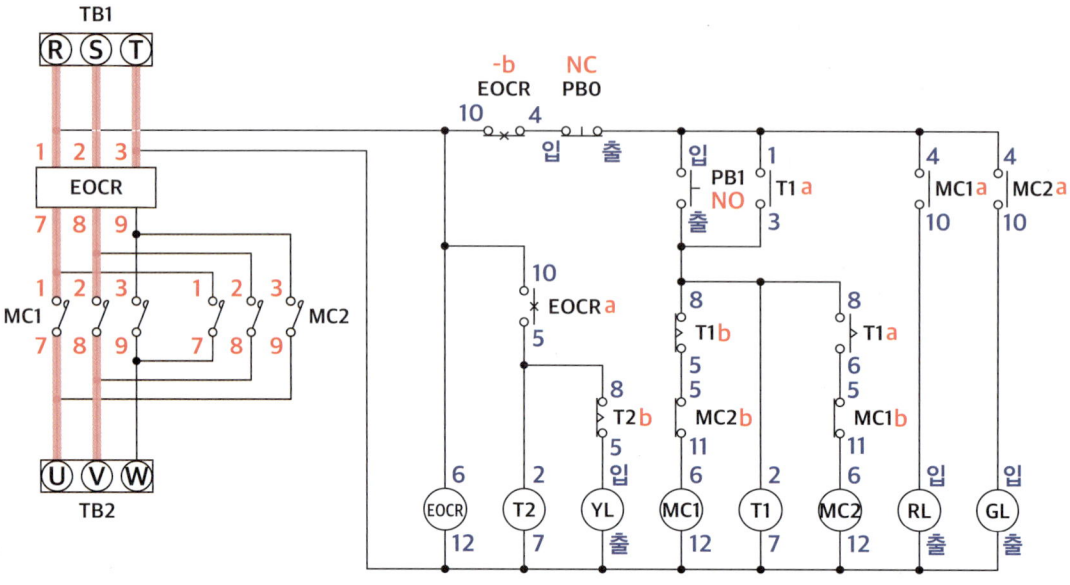
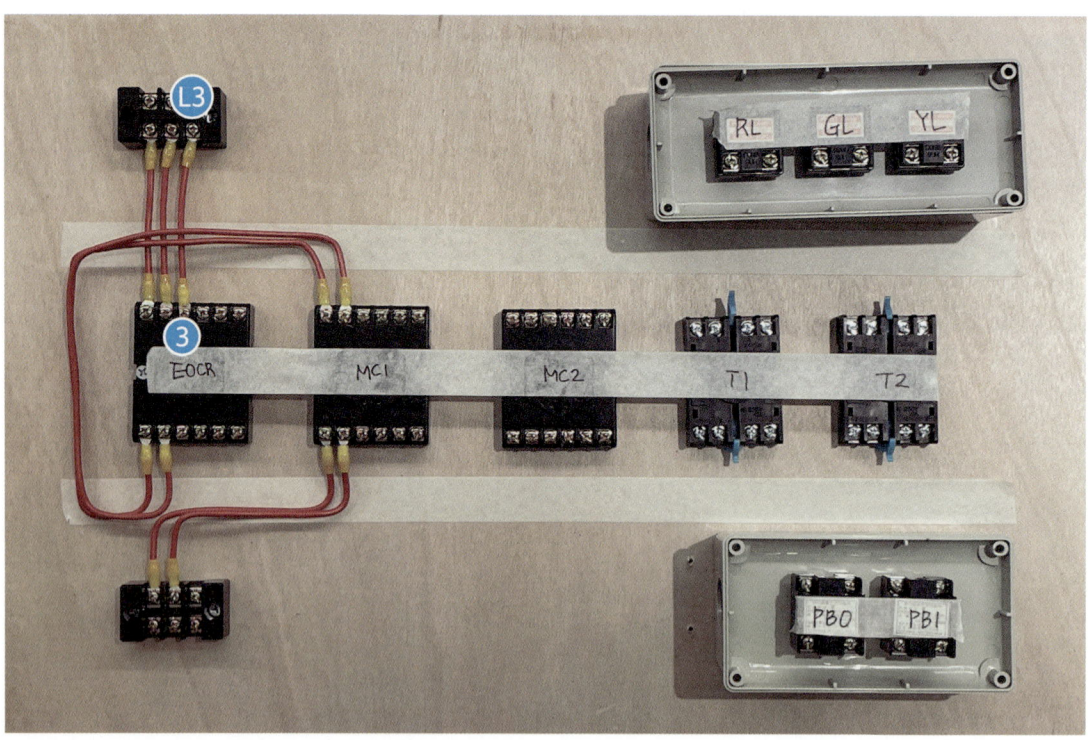

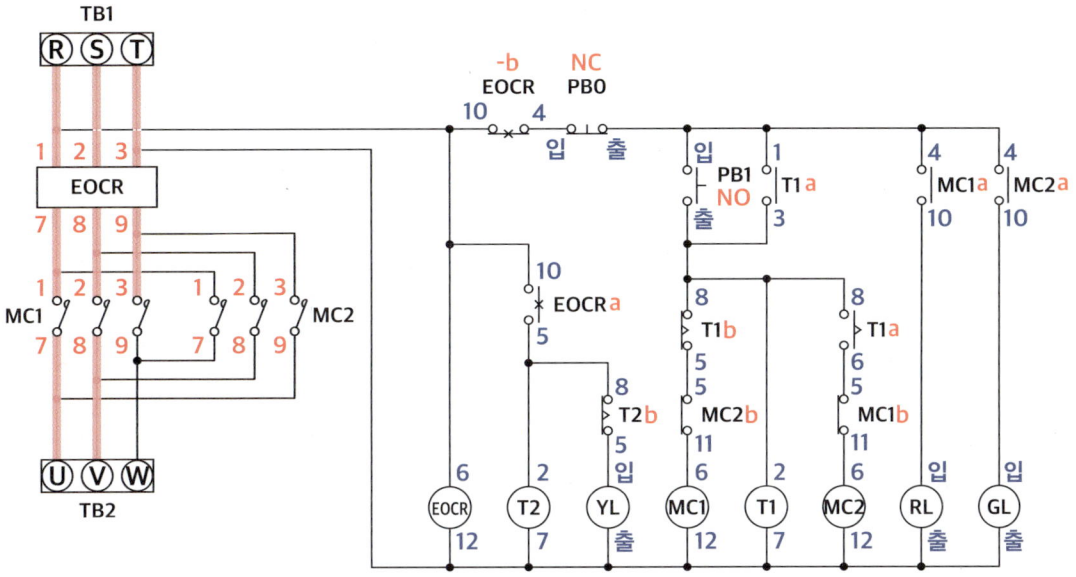

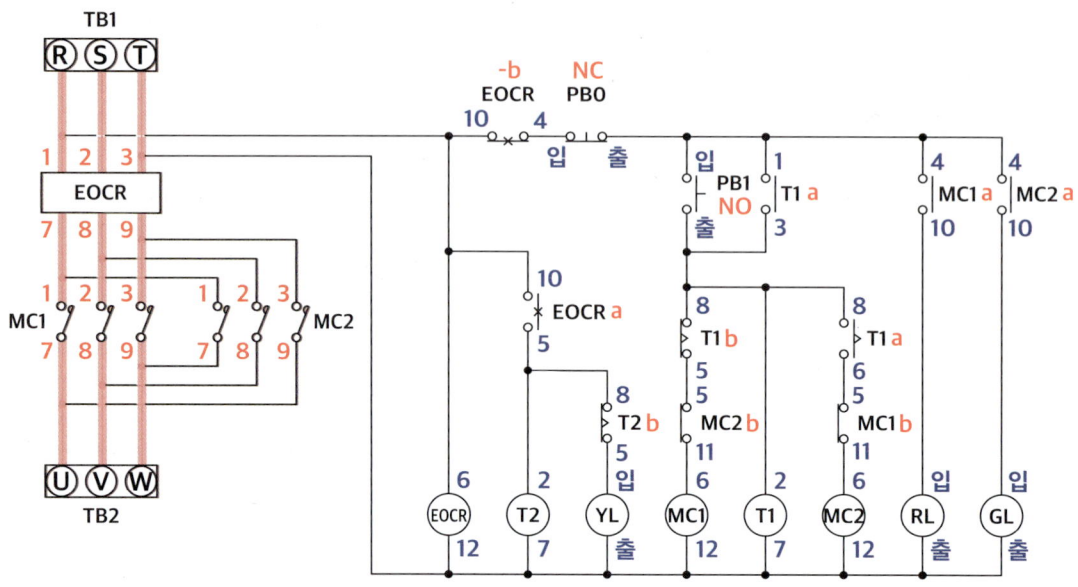

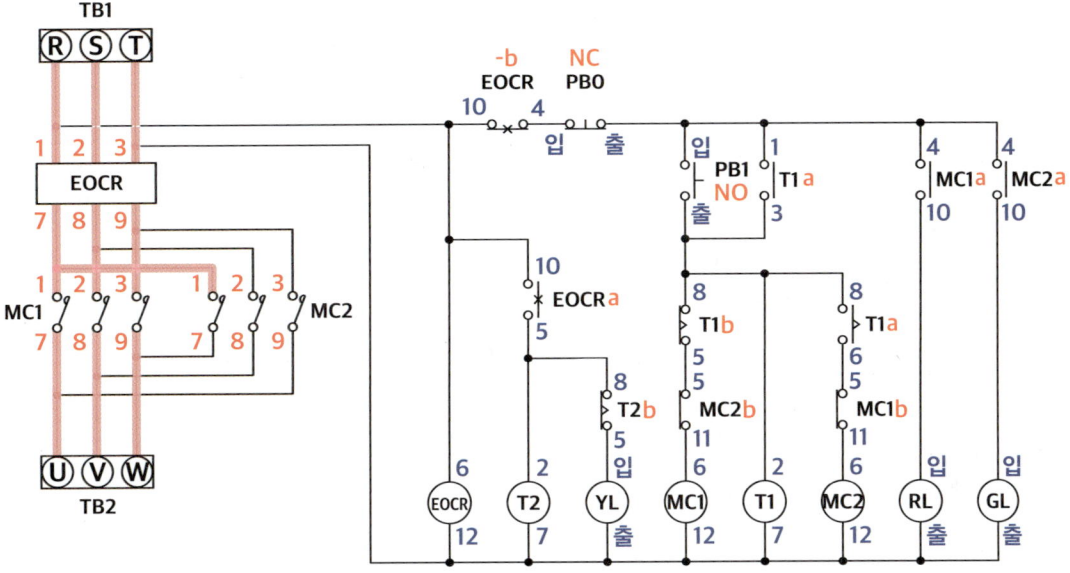

II. 승강기 운전 제어회로 383

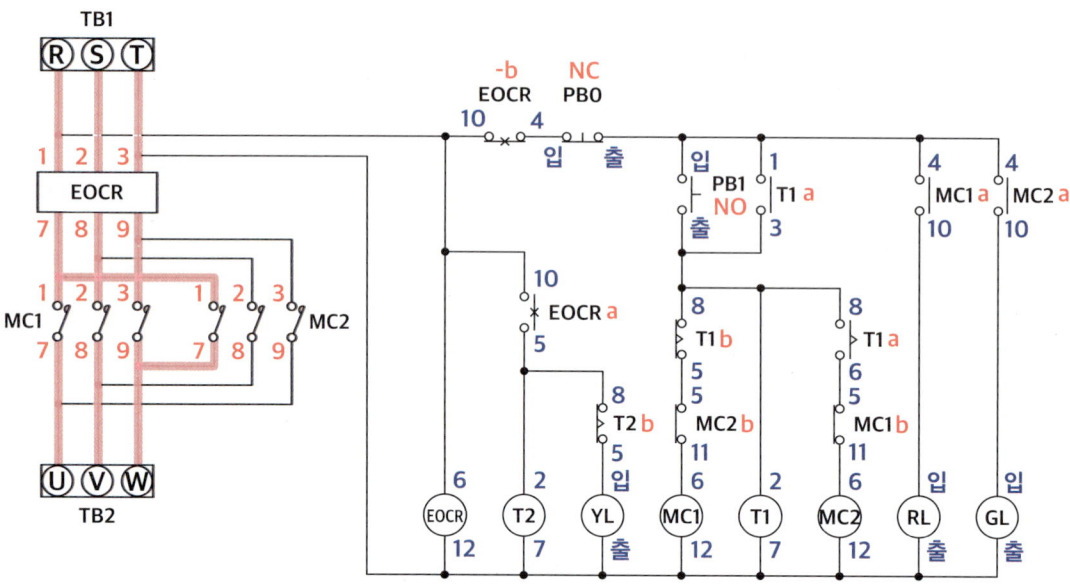

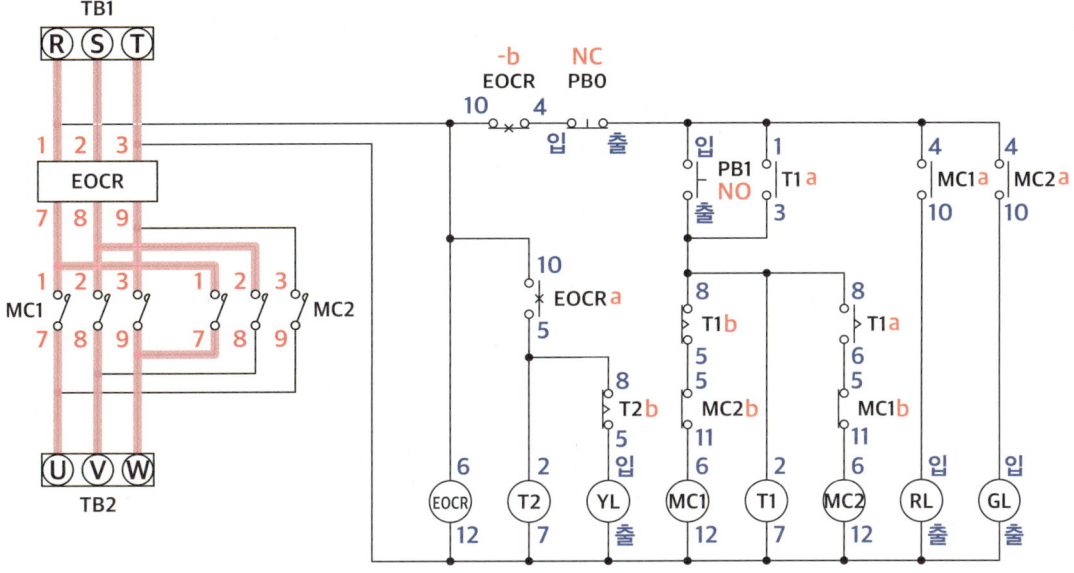

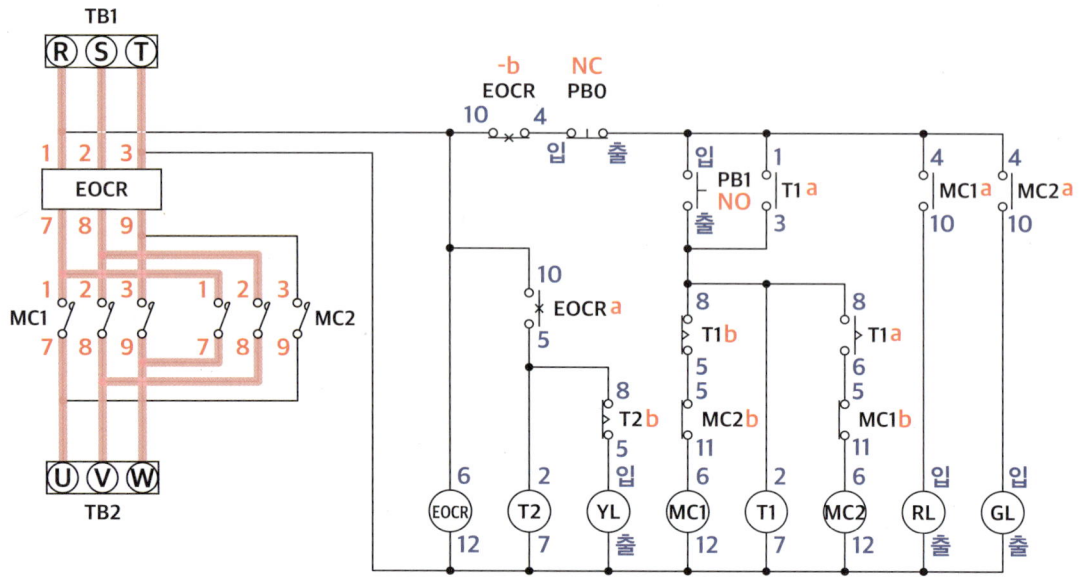

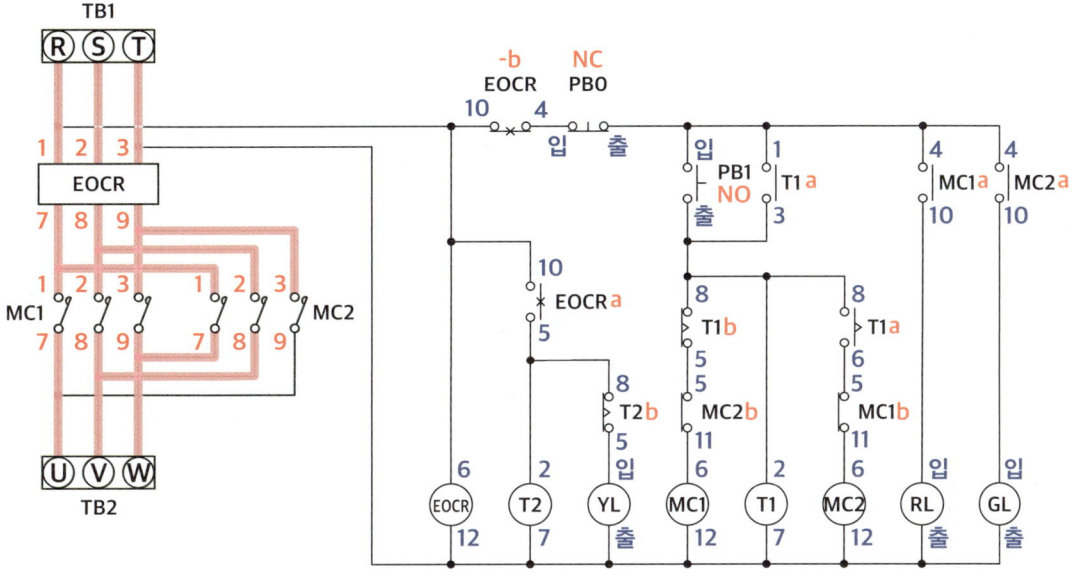

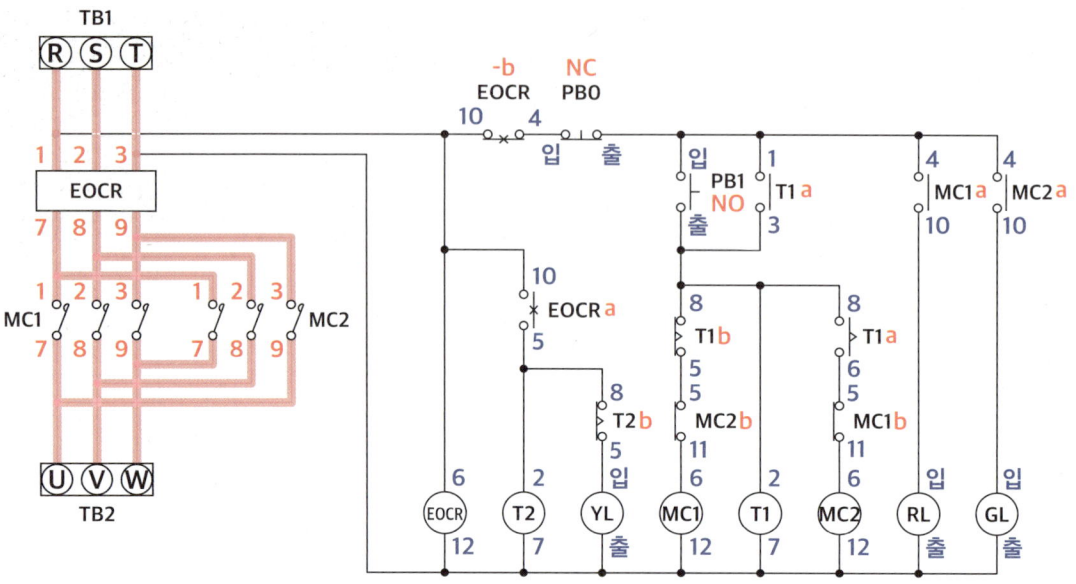

## 5. 보조회로 연결하기

### 1 회로도 - 실제 결선 모습

① 보조회로에 해당하는 부분은 1.5mm² 단선을 사용해서 작업해줍니다. (보통 파란색)

  * 결선해준 회로는 파란색 형광펜으로 회로도에 표시해줍니다.

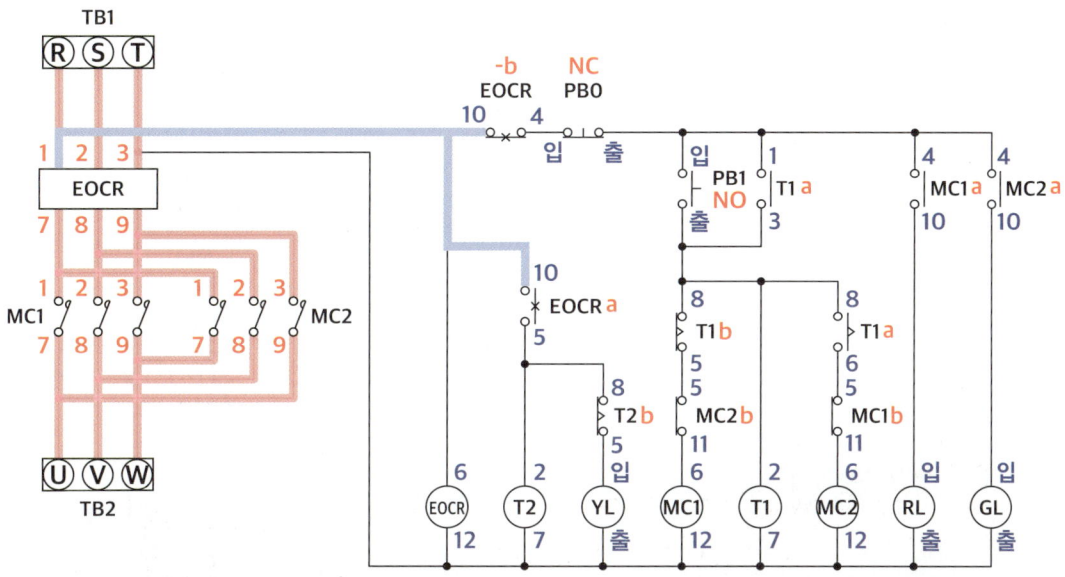

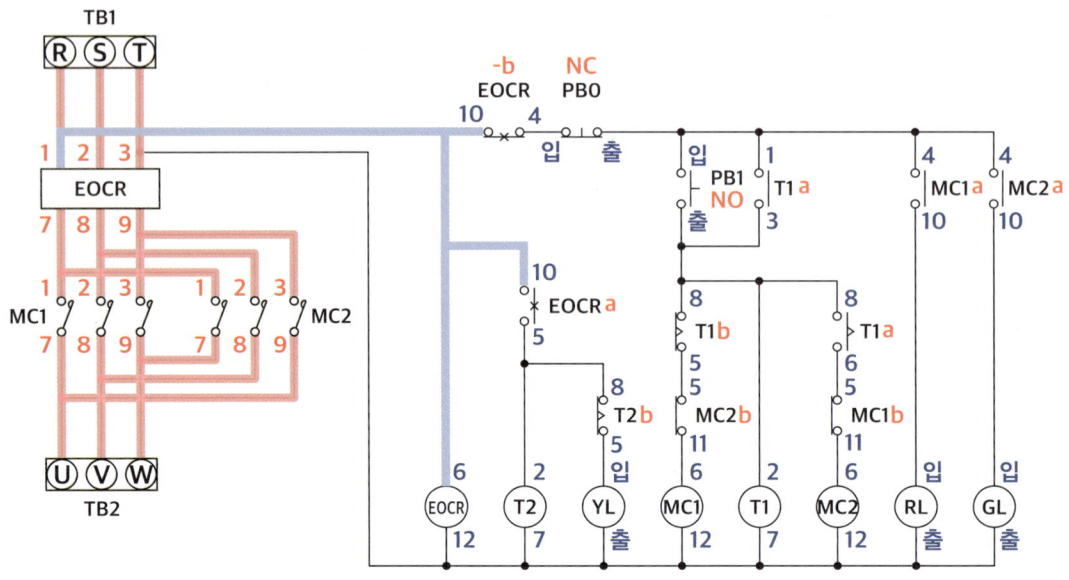

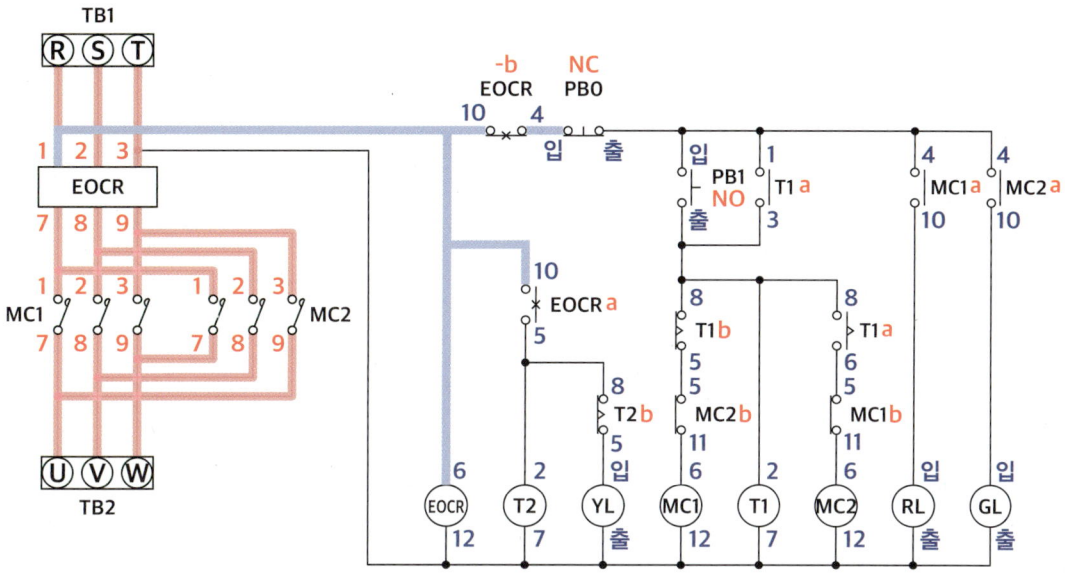

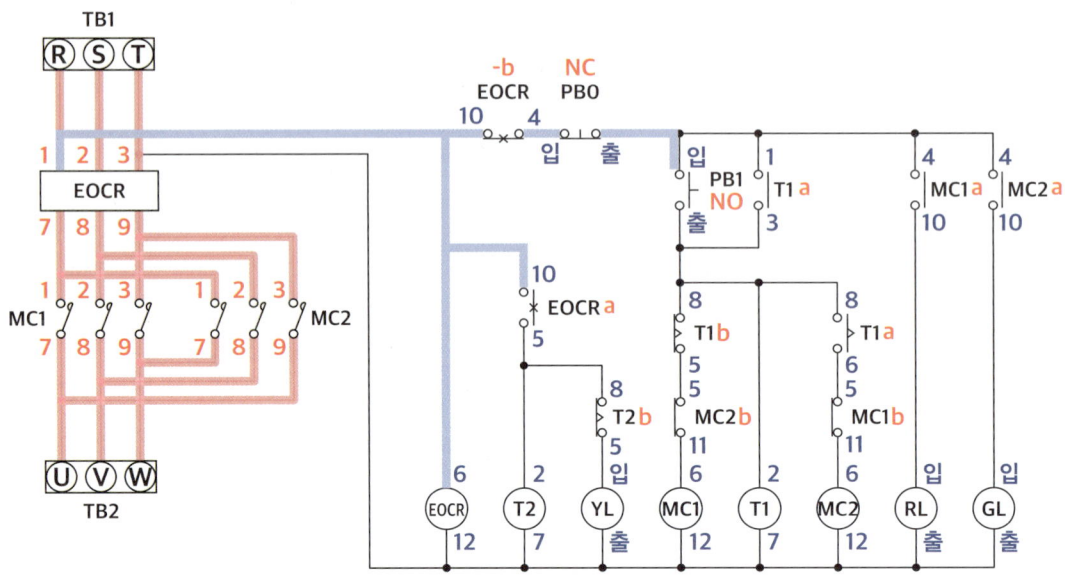

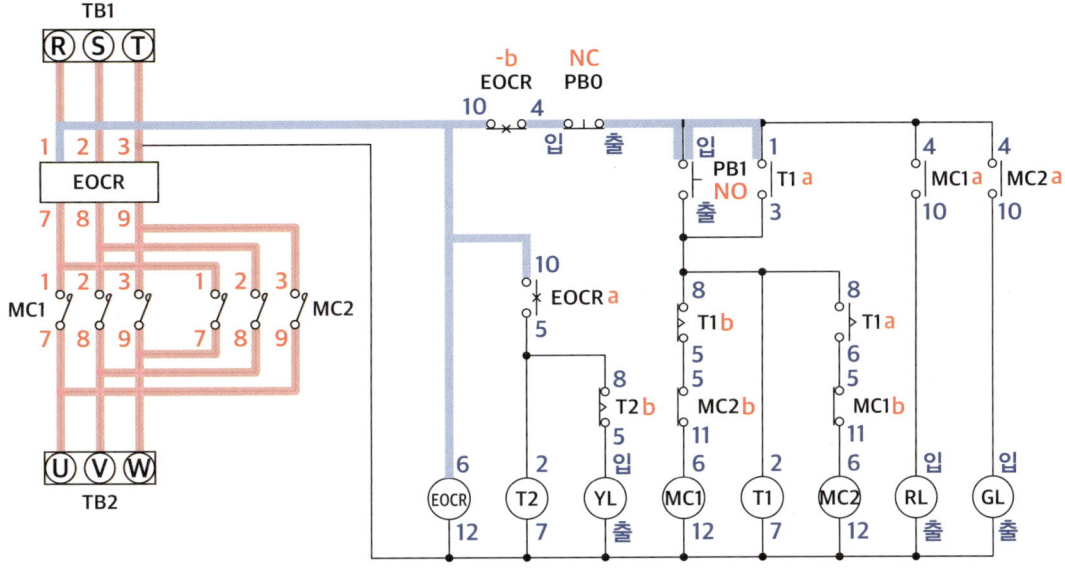

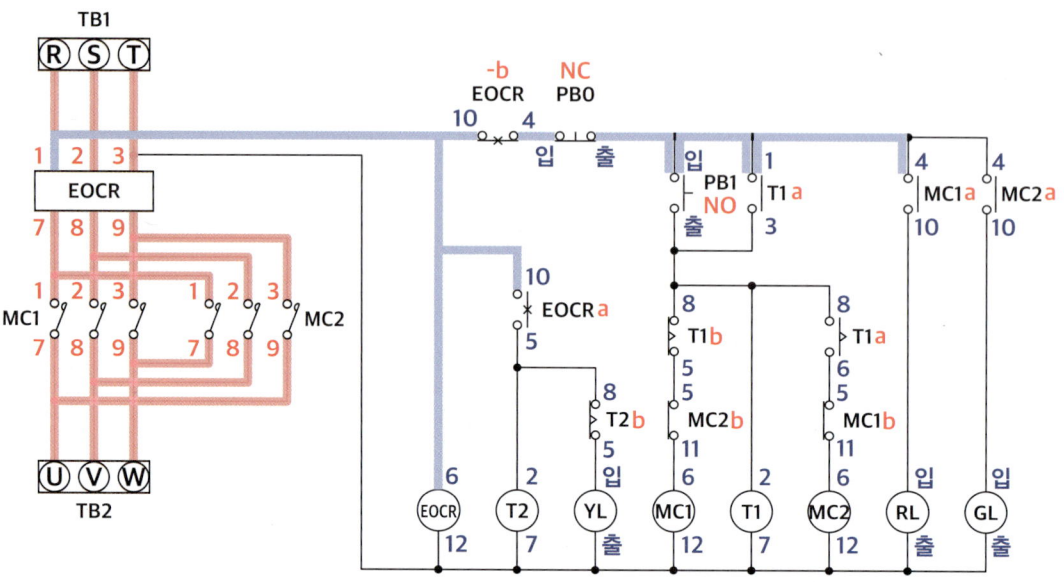

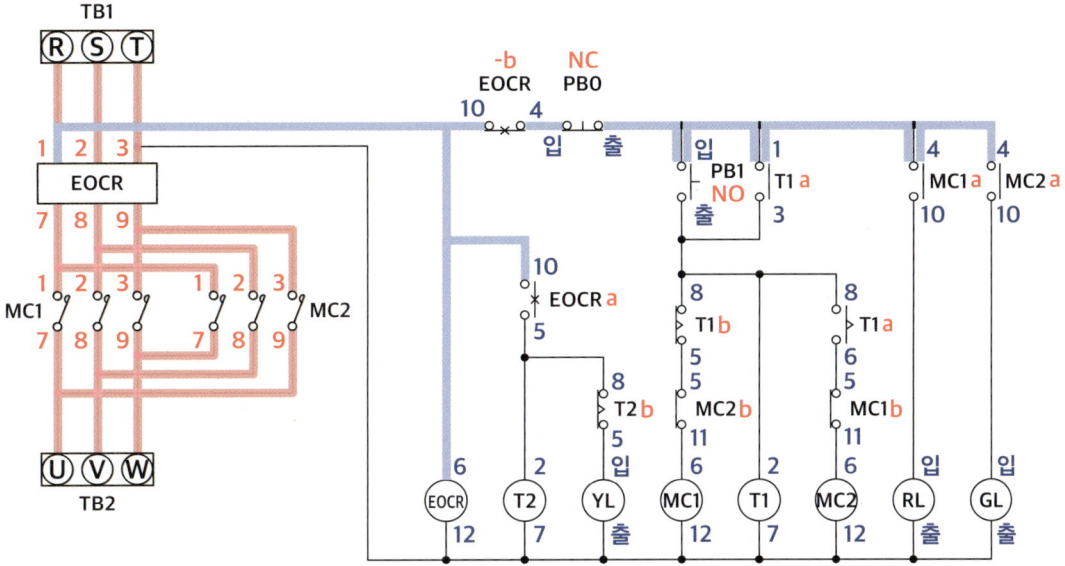

II. 승강기 운전 제어회로 395

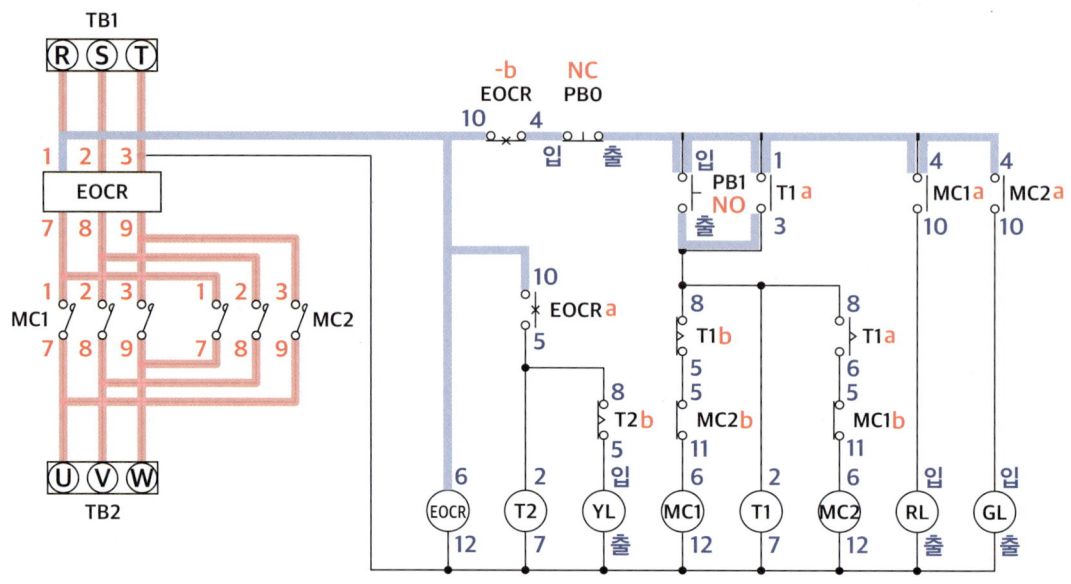

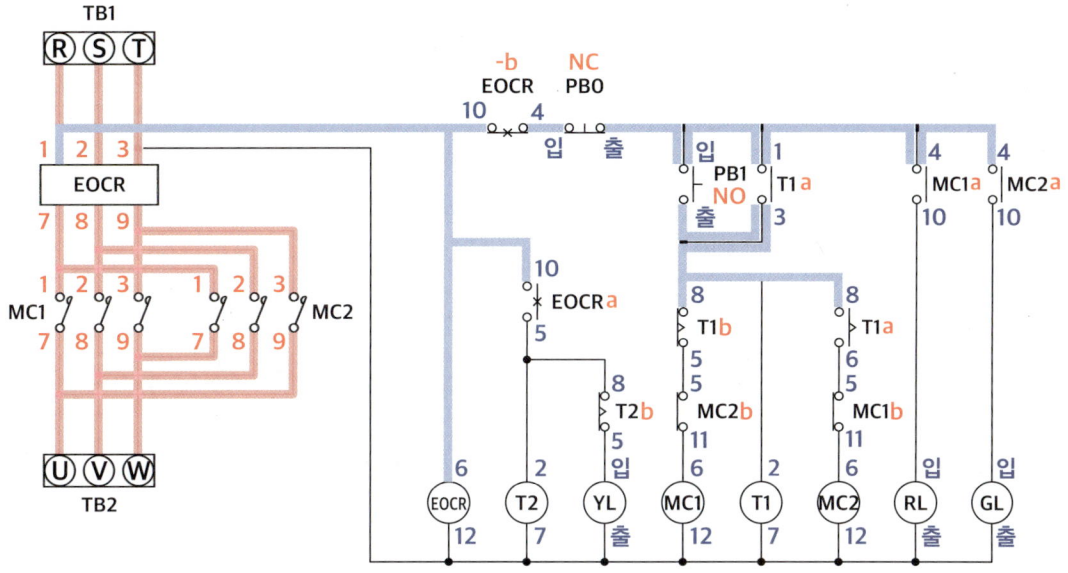

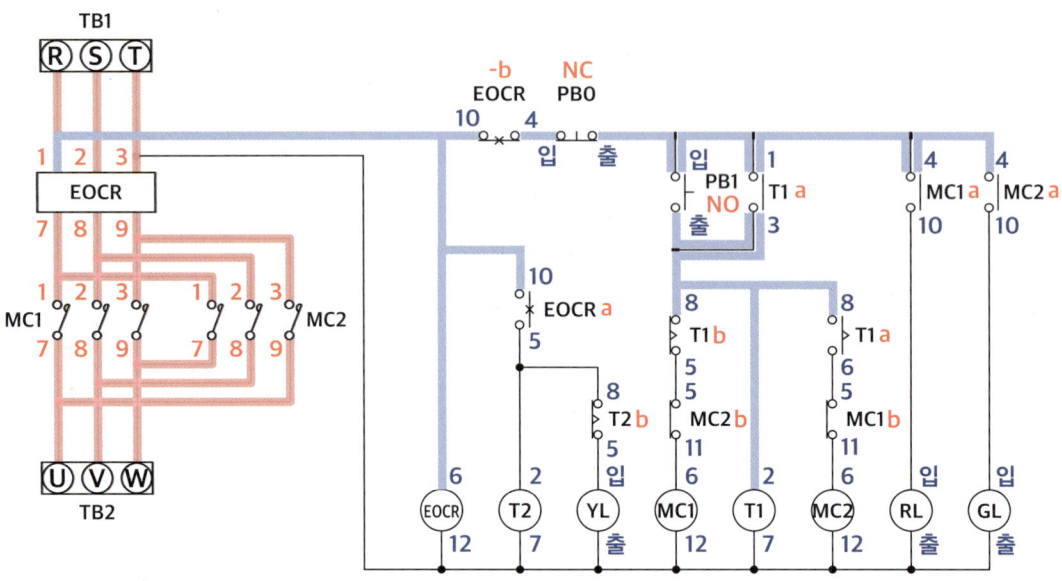

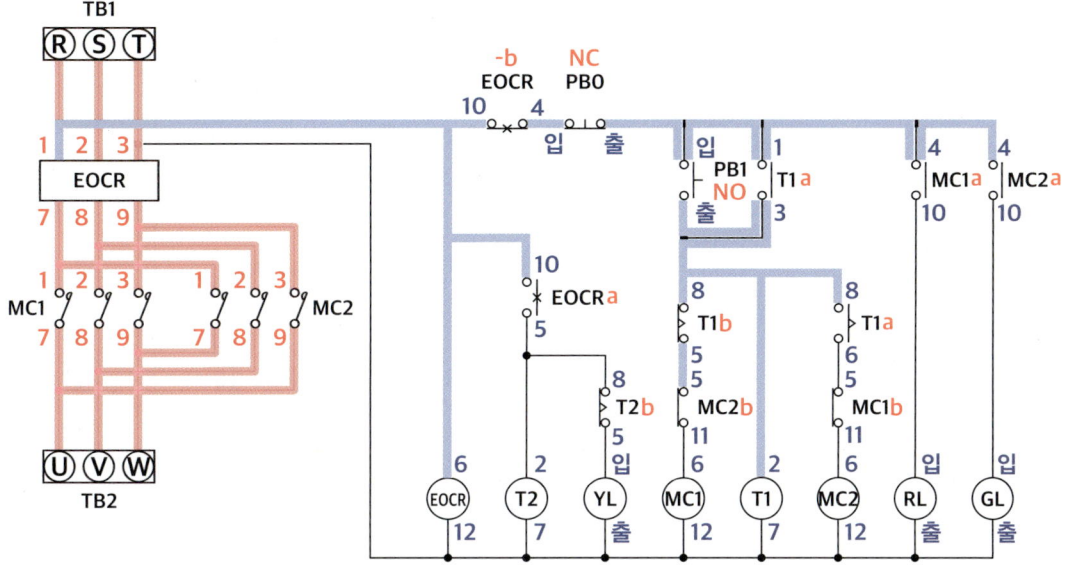

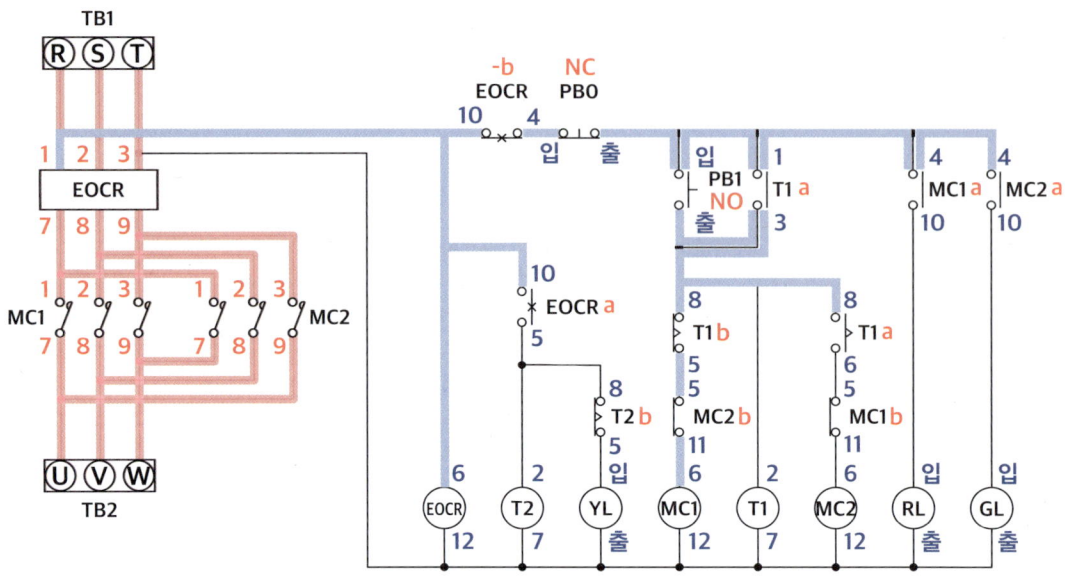
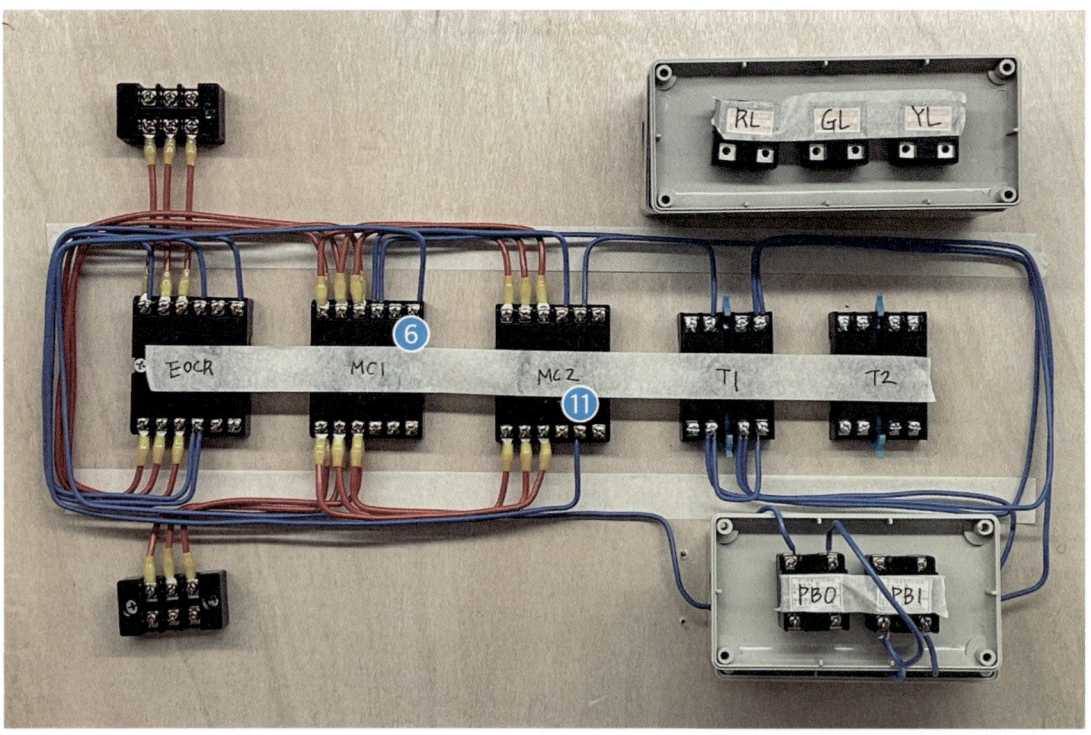

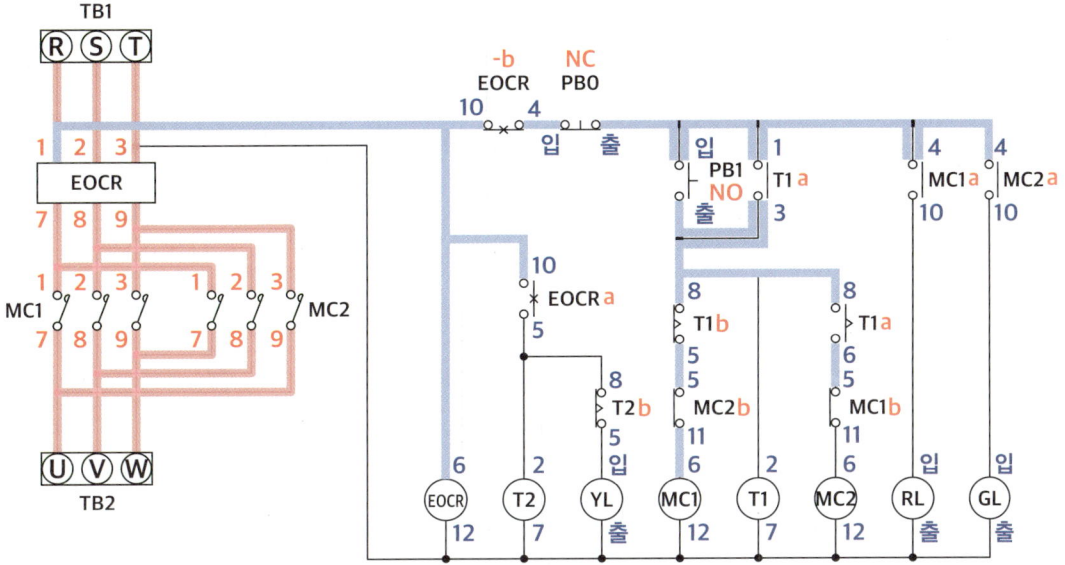

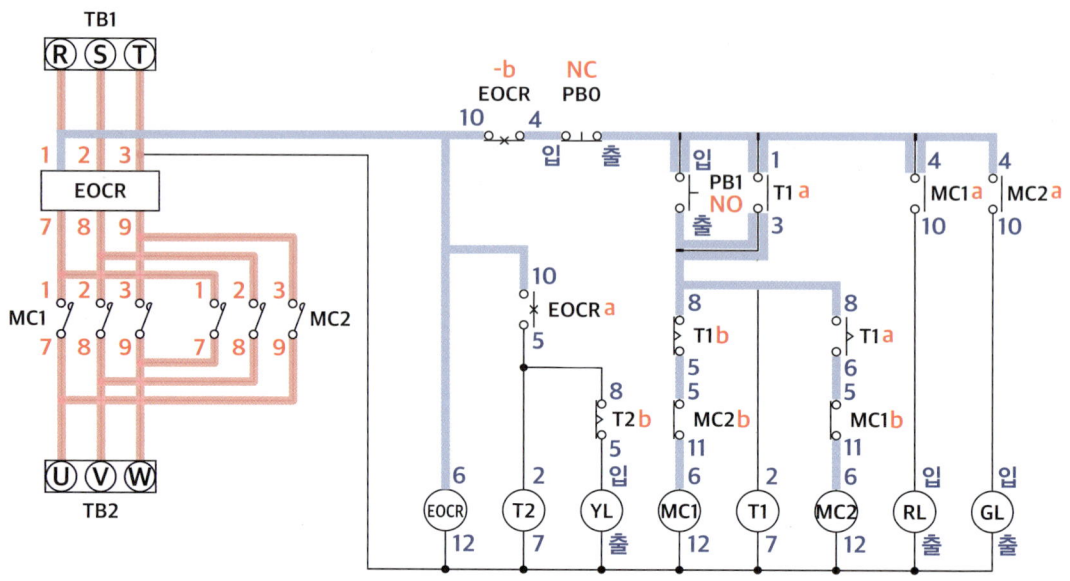

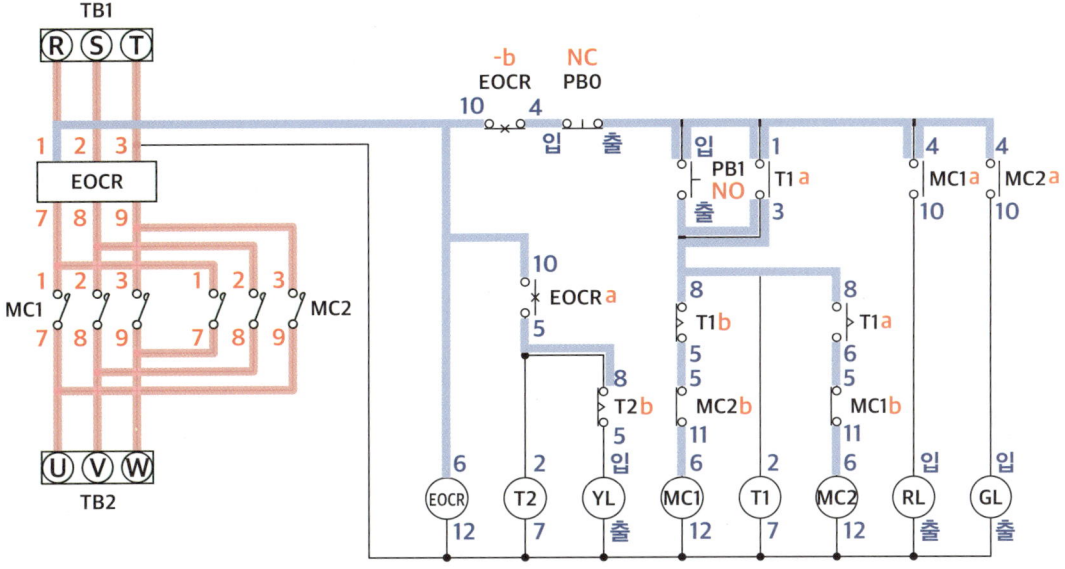

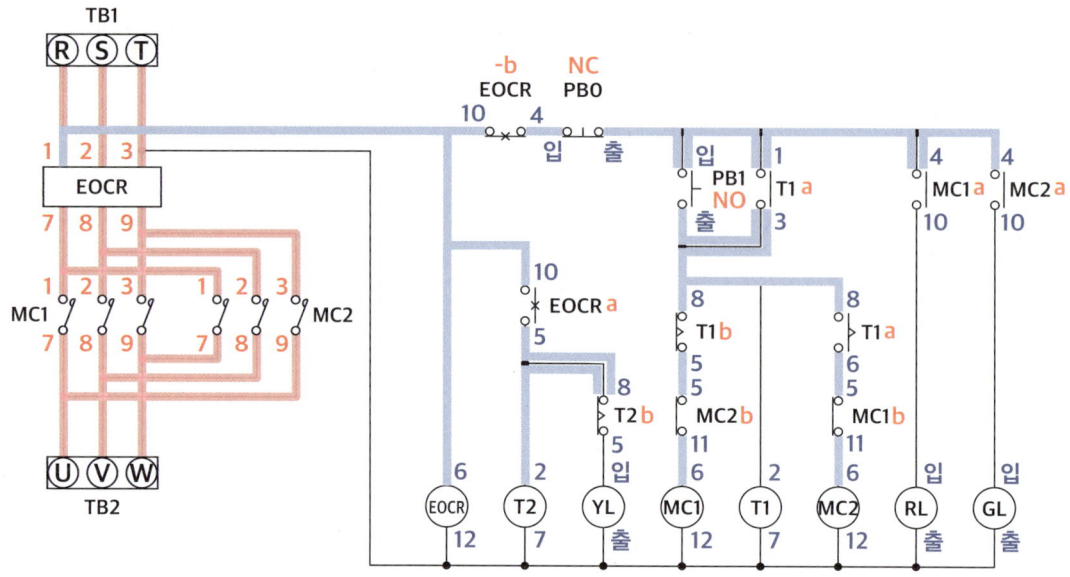

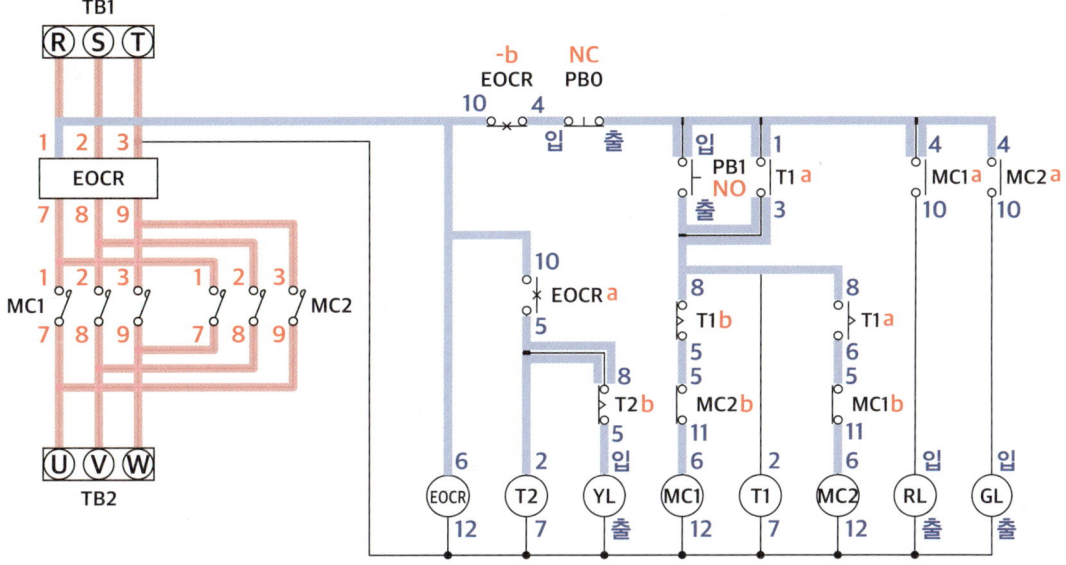

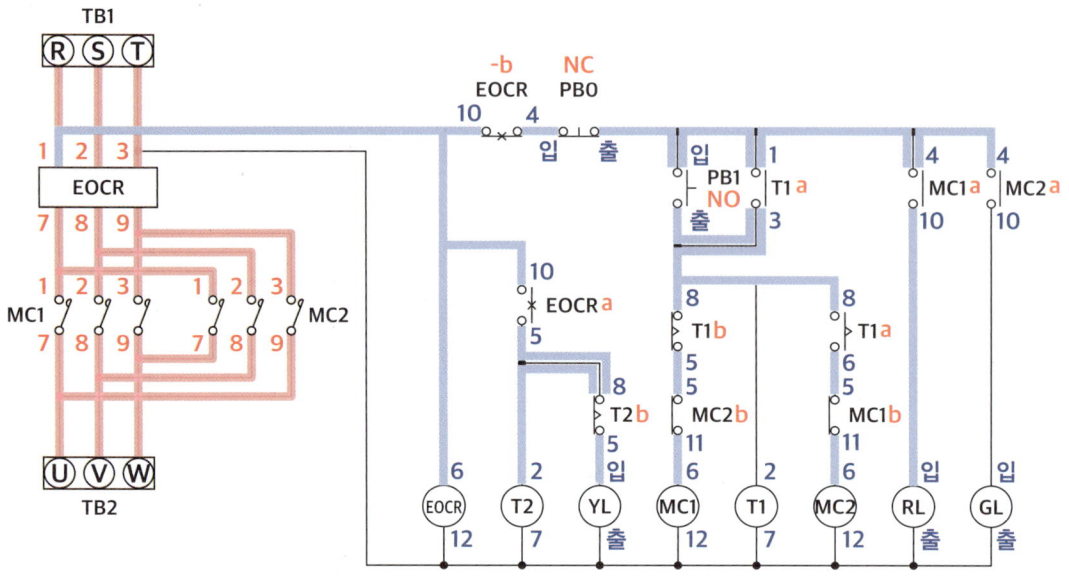
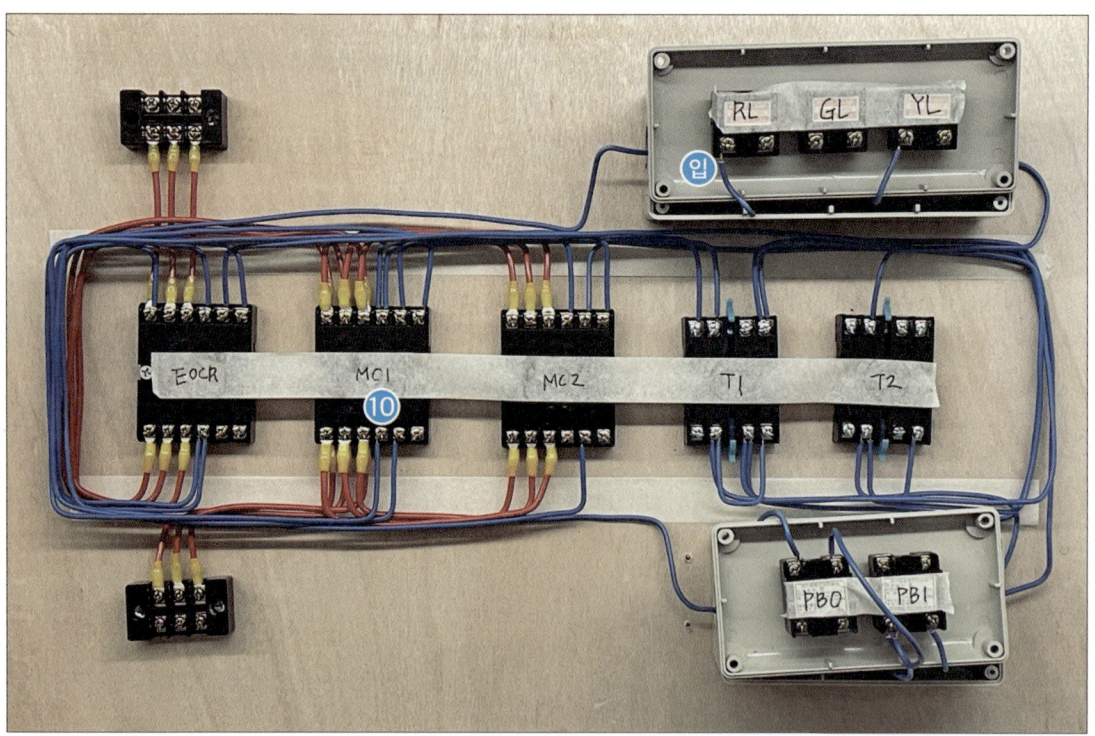

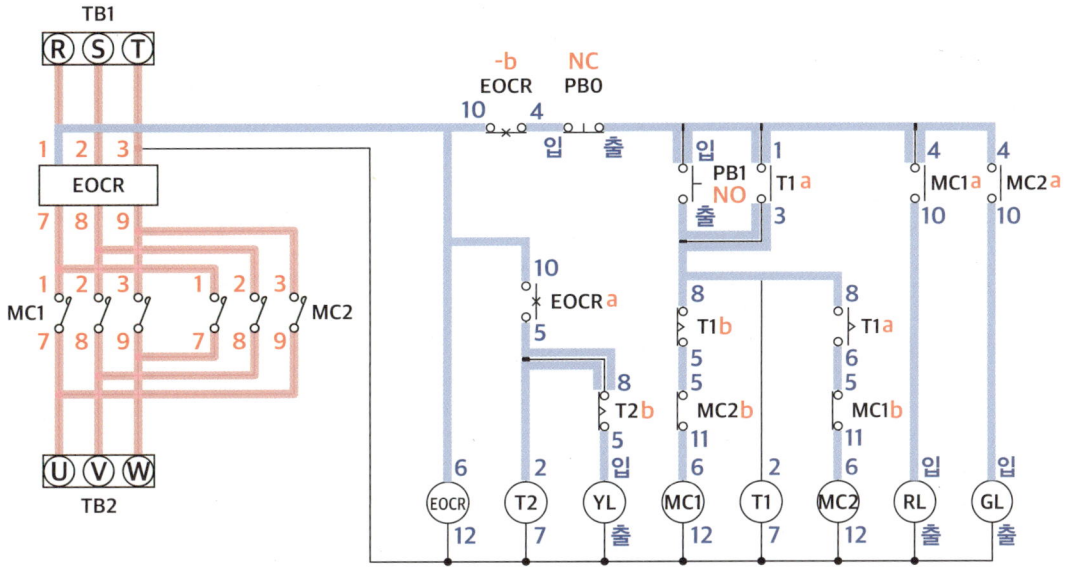
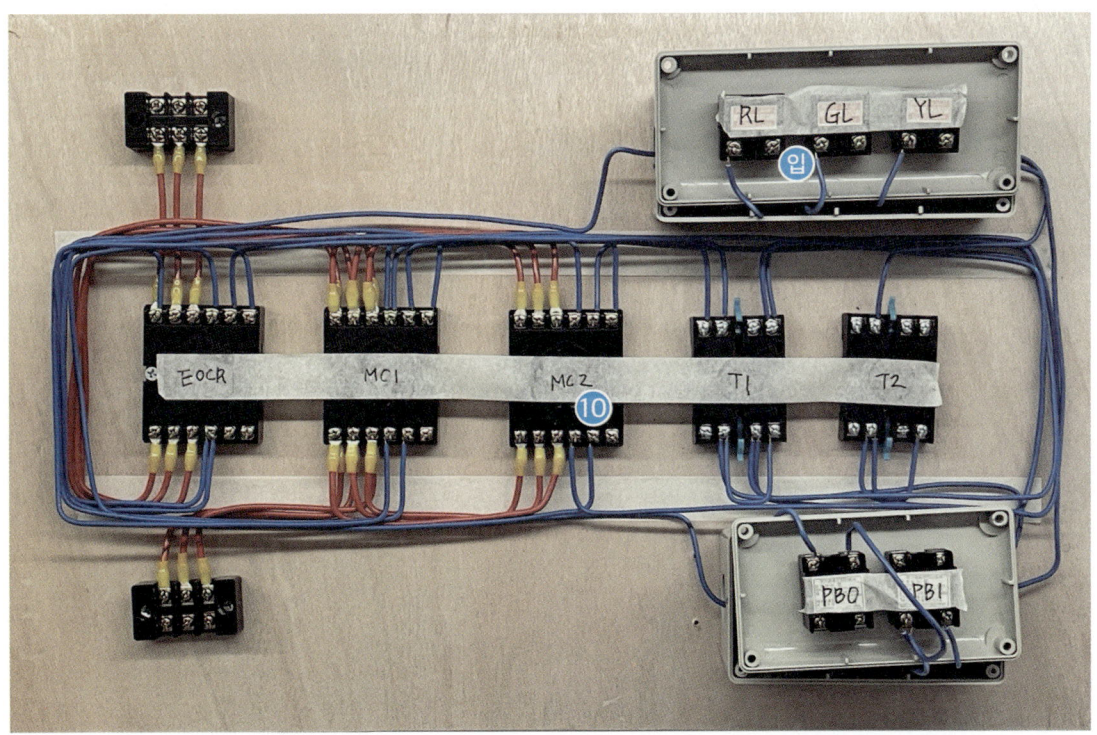

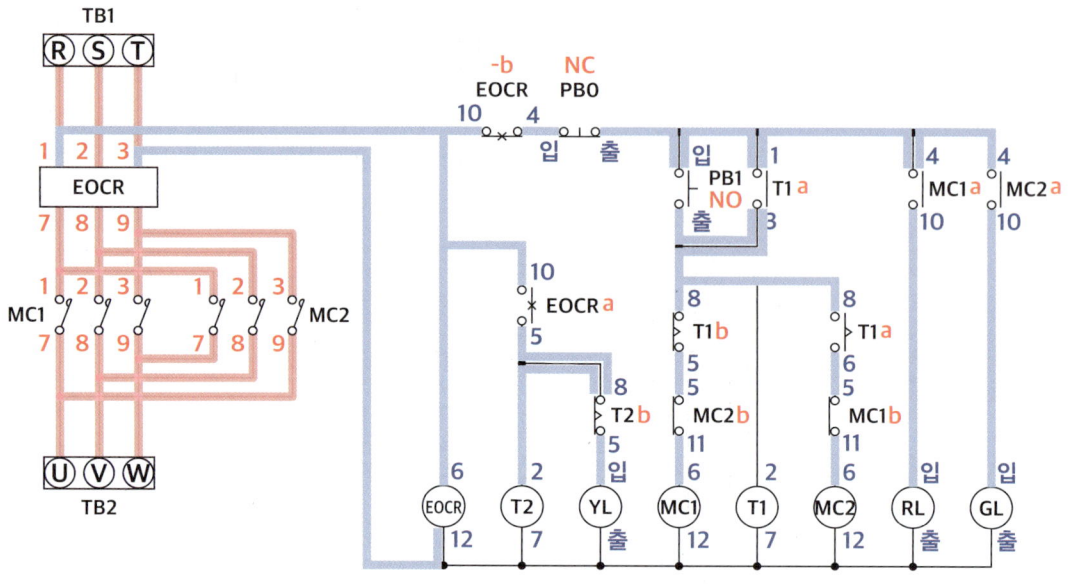
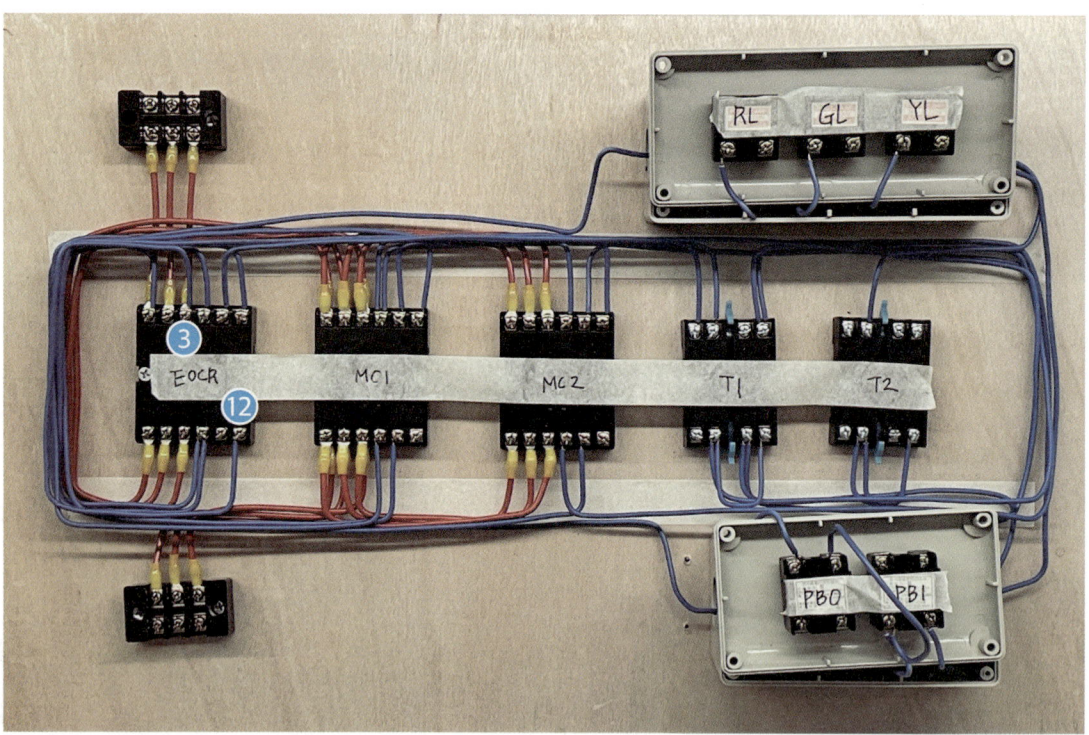

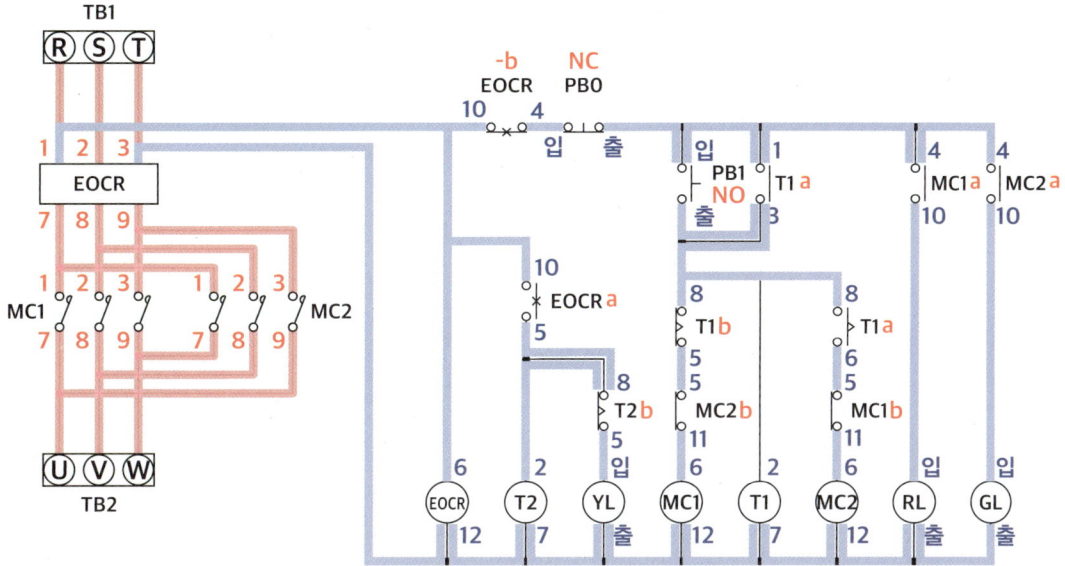

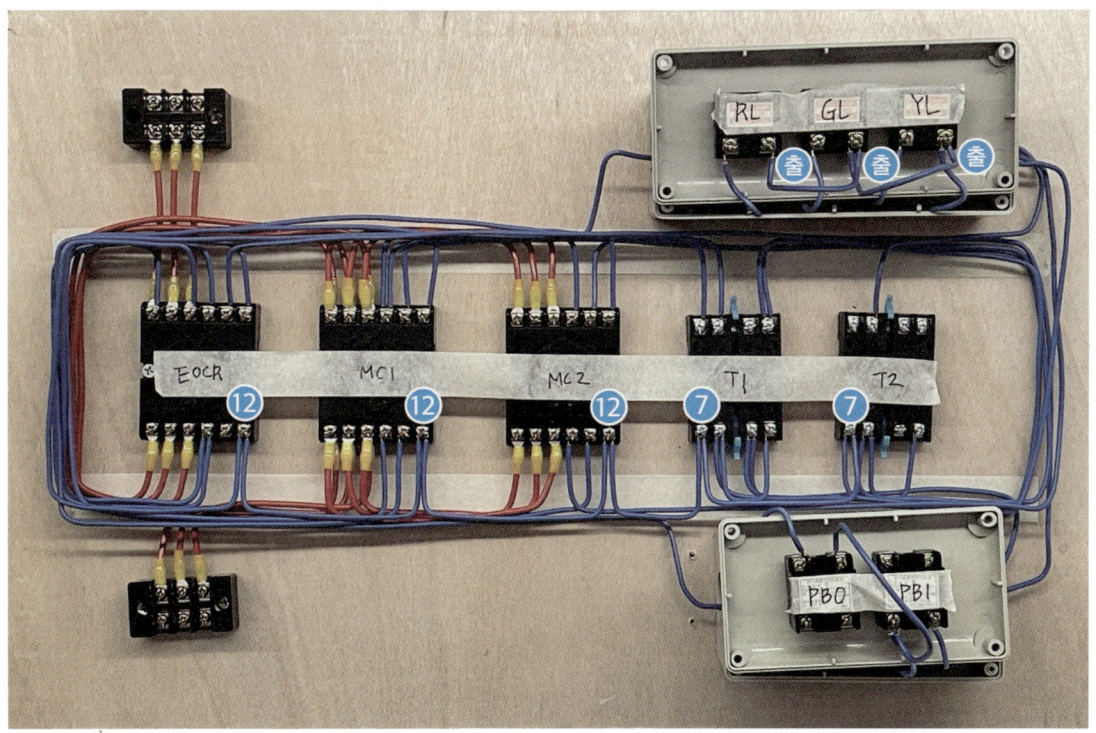

* 전원 연결 시 12핀의 12번, 8핀의 7번, 램프의 출력을 서로 연결해줍니다.

**Q.** 회로도 결선 시 꼭 EOCR 5번 - T2 8번 연결 후 T2 8번 - T2 2번을 연결해야하나요? EOCR 5번 - T2 2번 연결 후 T2 2번 - T2 8번을 연결하면 안 되나요?

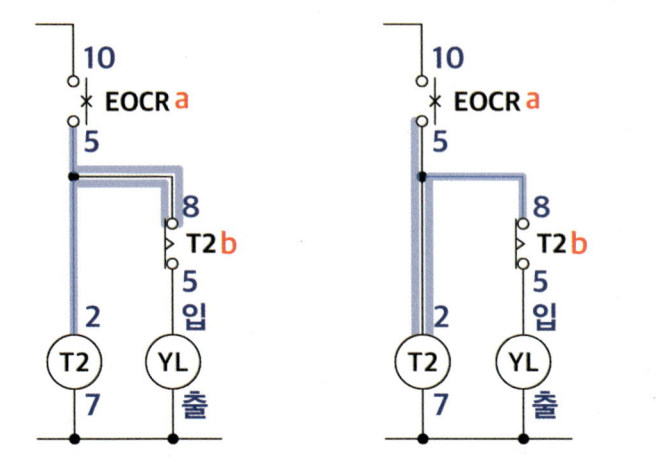

**A.** 상관없습니다. 세 개의 접점이 모두 연결될 수 있게끔만 결선해주면 됩니다.

**Q.** 회로도 결선 시 PB1 NO 출력 - T1 8번 연결, T1 3번 - T1 8번 연결, T1 8번 - T1 2번을 연결하면 안 되나요?

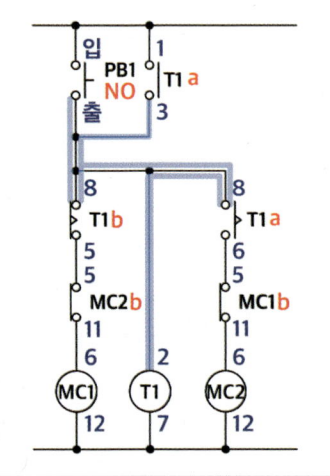

**A.** 이렇게 연결할 경우 T1 8번에 3개의 전선이 결선되기 때문에 안 됩니다. 단, 한 단자에 3개 이상이 결선되면 안 됩니다. (최대 2개까지)

## 6. 동작 확인

### 1 멀티테스터 사용

① 전선을 다 연결했다면 제출하기 전에 멀티테스터를 사용하여 제대로 연결이 되었는지 확인해야합니다.

* 테스터를 완료한 회로는 보라색 형광펜으로 회로도에 표시해줍니다.

② 연결한 접점들을 하나씩 짚어 볼 수도 있지만, 연결되어있는 선들을 한 번에 확인할 수도 있습니다.
  - **단자대 L1**에 리드선을 짚은 상태에서 다른 리드선으로 **EOCR 1번, 6번, 10번**을 짚어보면서 소리가 나는지 확인합니다.

  * 전기가 통하는지 안 통하는지 확인하는 부저테스트이기 때문에 리드선의 색은 구분하지 않아도 됩니다.

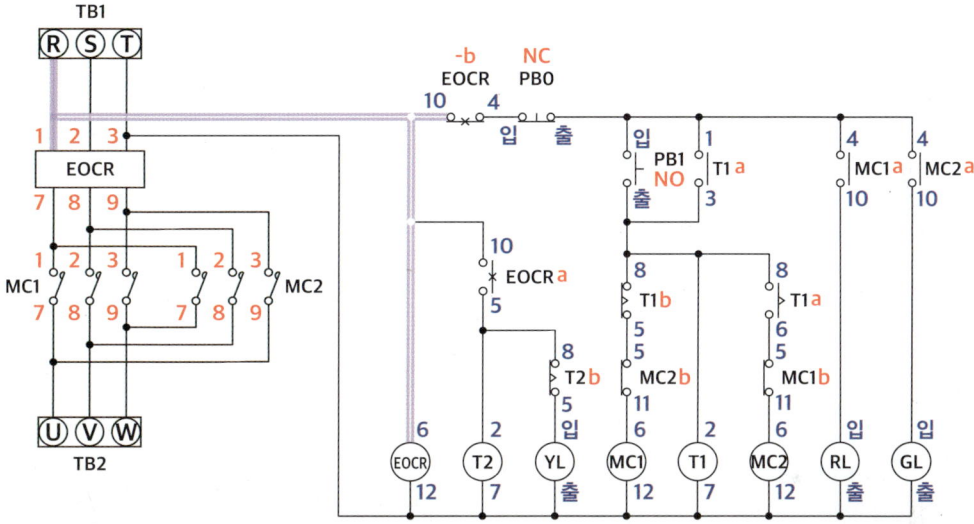

- 단자대 L3에 리드선을 짚은 상태에서 다른 리드선으로 **EOCR 3번, 12번, MC1 12번, MC2 12번, T1 7번, T2 7번, RL 출력, GL 출력, YL 출력**을 짚어보면서 소리가 나는지 확인합니다.

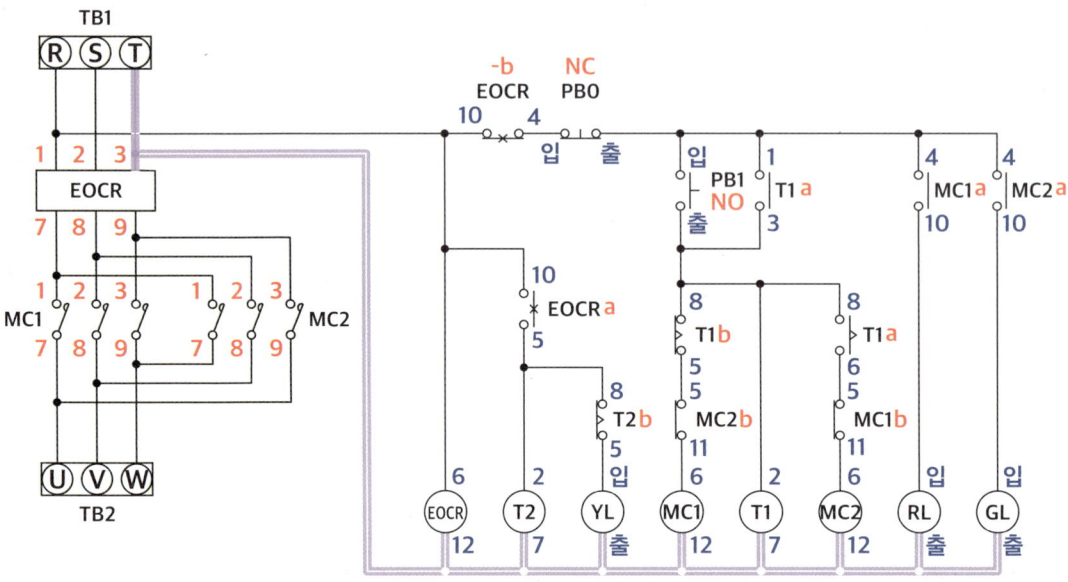

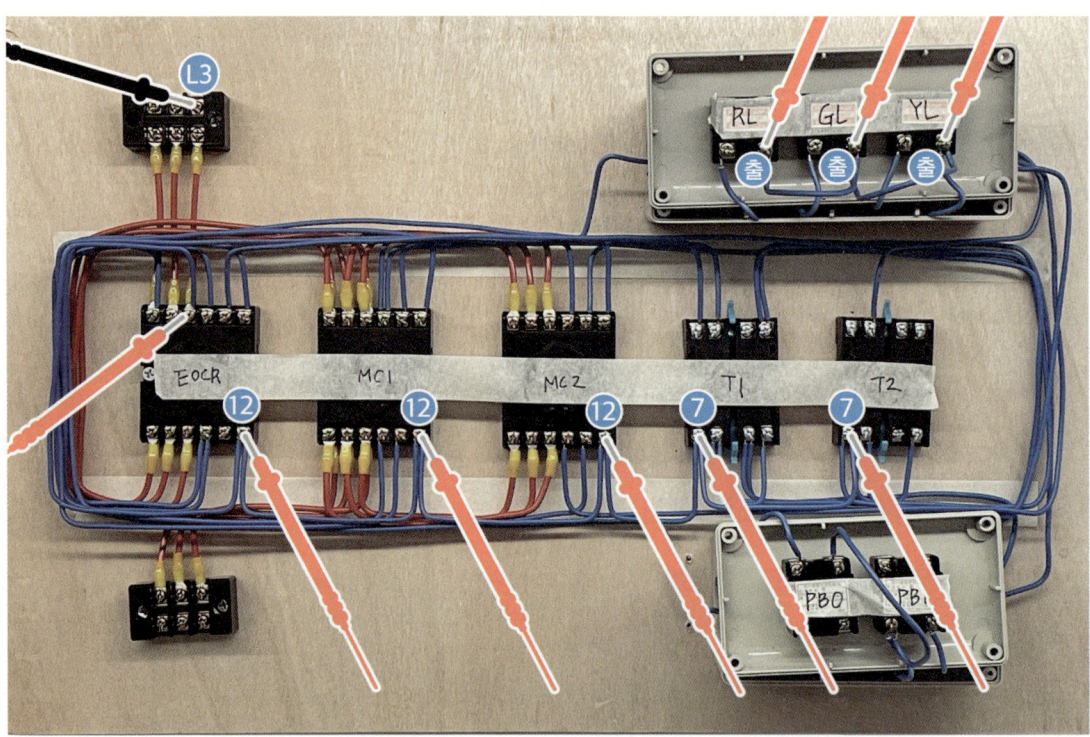

- **EOCR 5번**에 리드선을 짚은 상태에서 다른 리드선으로 **T2 2번, 8번**을 짚어보면서 소리가 나는지 확인합니다.

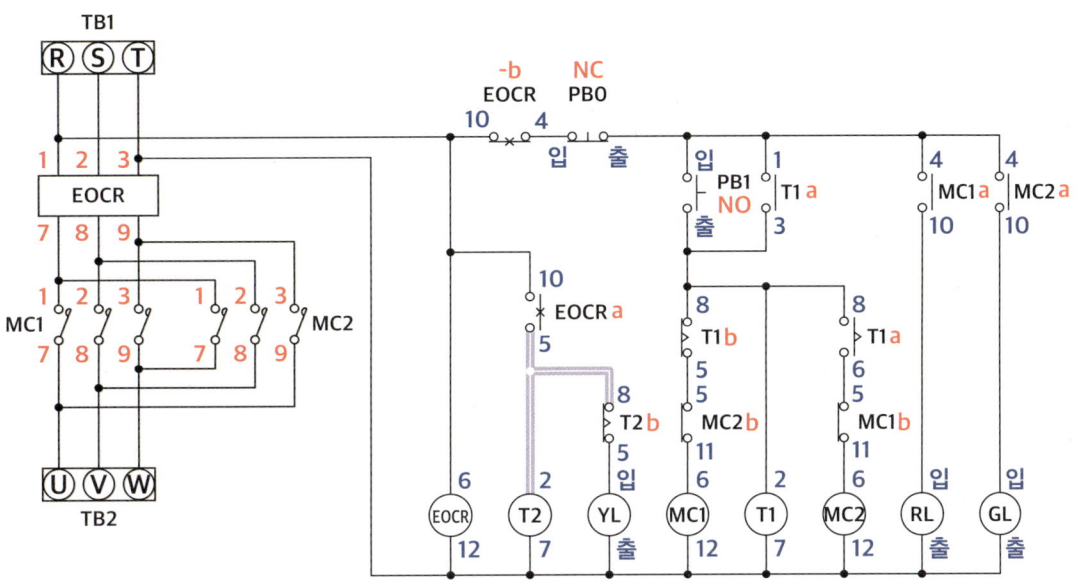

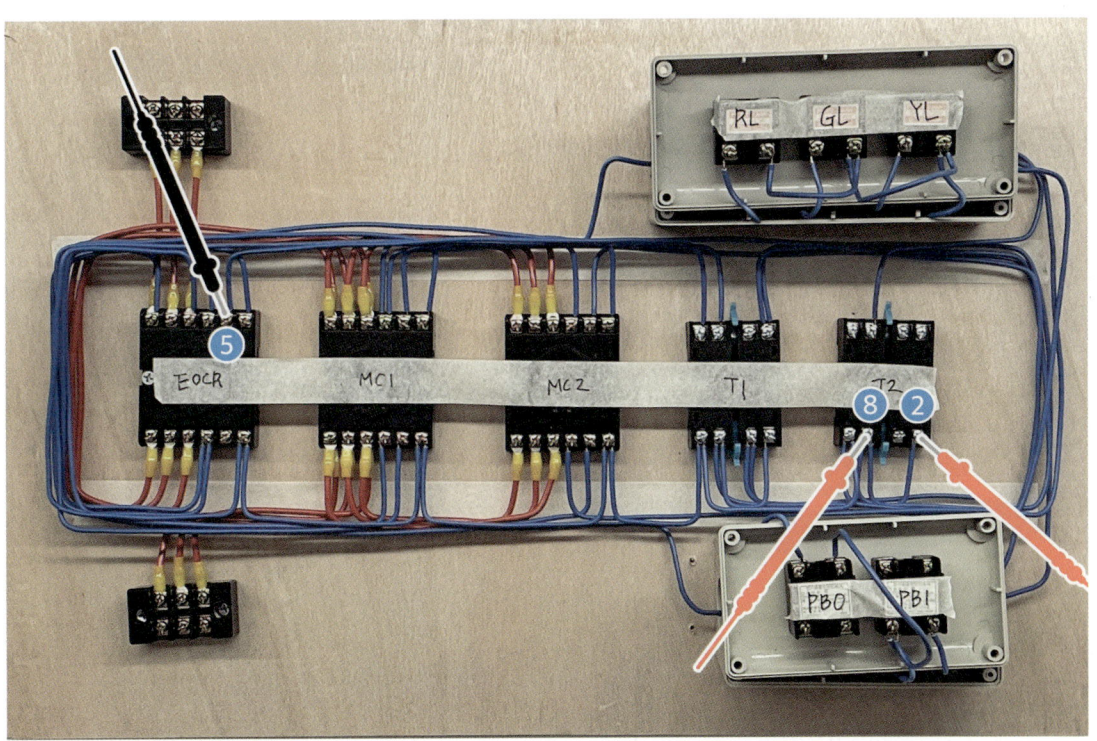

- **EOCR 4번**에 리드선을 짚은 상태에서 다른 리드선으로 **PB0 NC접점 입·출력, PB1 NO접점 입력, T1 1번, MC1 4번, MC2 4번**을 짚어보면서 소리가 나는지 확인합니다.

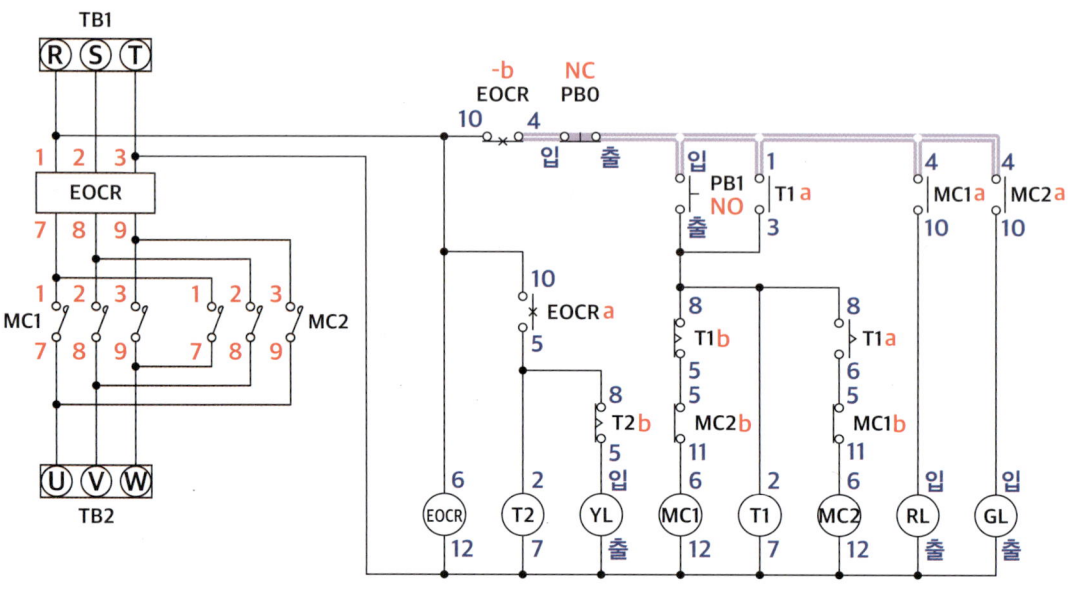

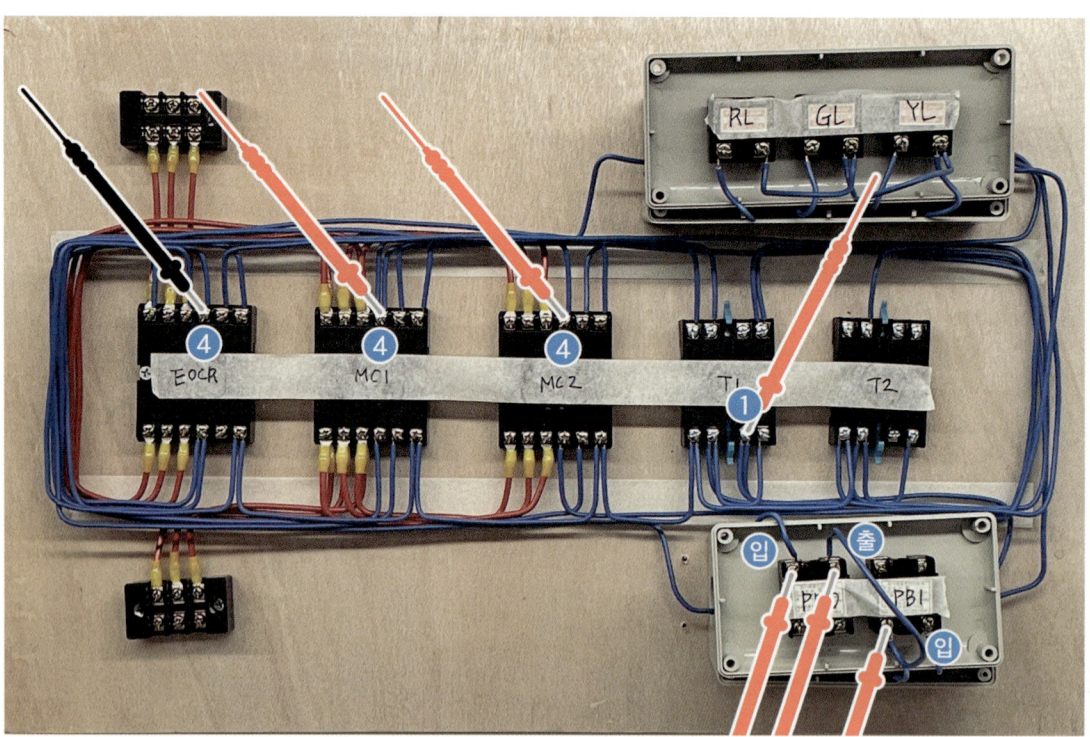

③ 버튼을 누름으로써 동작을 확인할 수도 있습니다.
- **PB1 NO접점 입력**에 리드선을 짚은 상태에서 **PB1 버튼을 누르고** 다른 리드선으로 **PB1 NO접점 출력**, T1 2번, 3번, 8번을 짚어보면서 소리가 나는지 확인합니다.

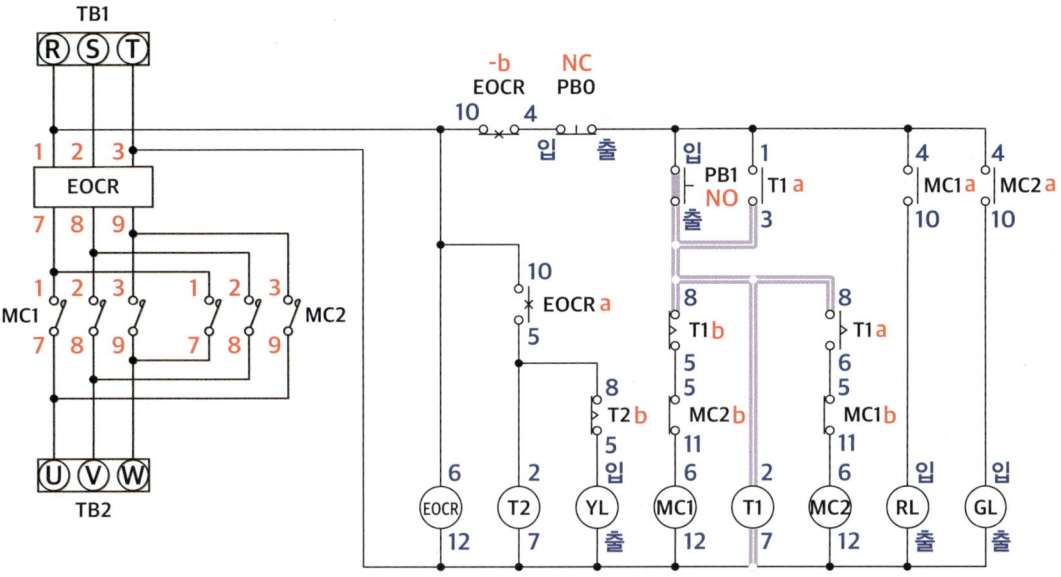

④ 이외의 선들을 하나씩 짚어보면서 올바르게 결선 되어있는지 꼼꼼하게 확인합니다.

II. 승강기 운전 제어회로

## 6. 마무리

### 1 케이블타이로 선 정리하기

① 주어진 케이블타이로 전선의 네 귀퉁이를 포함하여 군데군데 묶어줍니다.

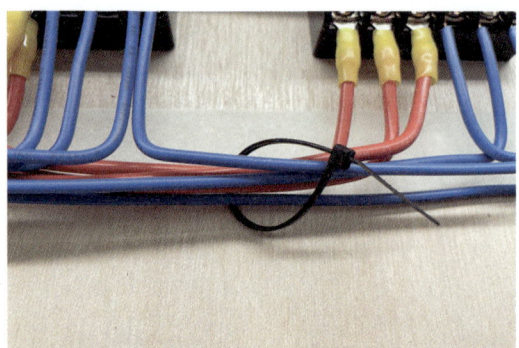
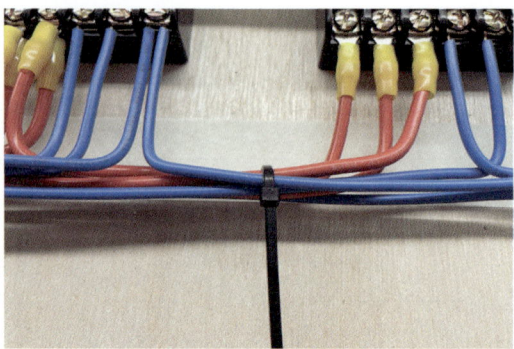

### 2 컨트롤박스 나사 고정시키기

① 전선이 빠지지 않도록 유의하여 나사를 고정시켜줍니다.

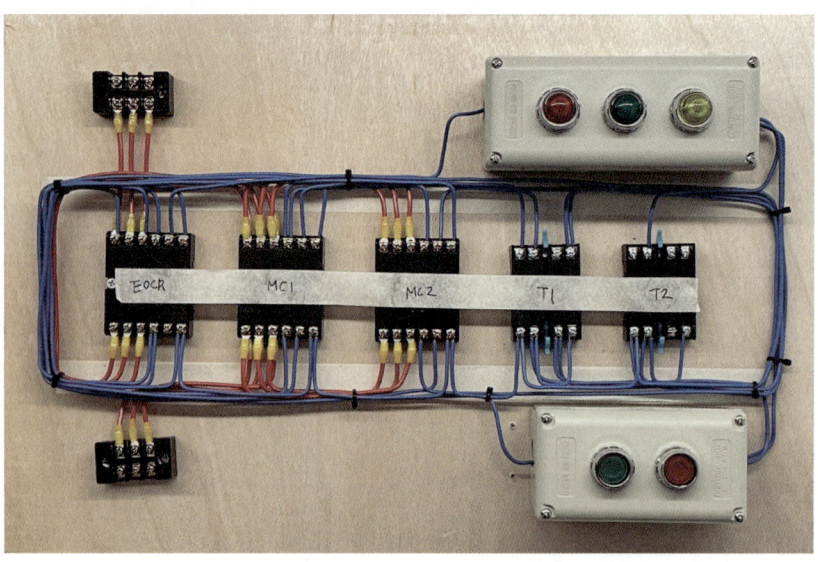

**3** 마스킹테이프 제거하기

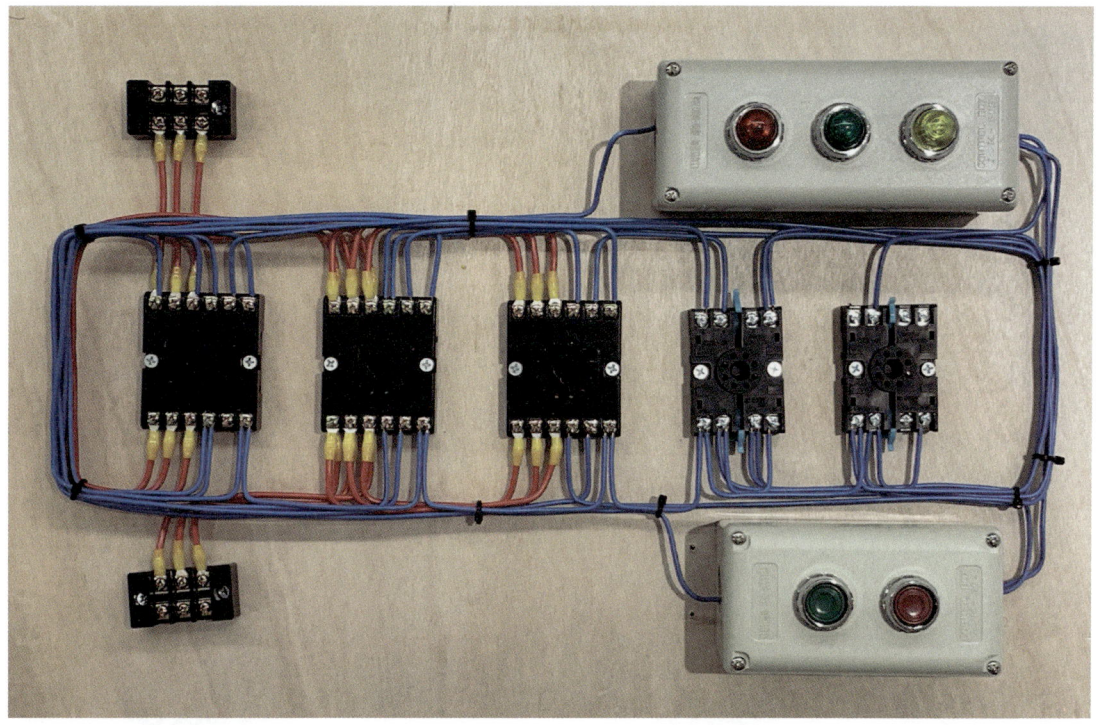

**4** 비번호 작성하여 제출하기
① 완성되는 순서대로 감독관에게 제출합니다.
② 전자접촉기, EOCR, 타이머 등을 연결하여 동작시험을 합니다.
③ 정상 작동 되는지(합격), 정상 작동 되지 않는지(불합격) 바로 확인 할 수 있습니다.
④ 감독관에게 검사를 받으면 먼저 퇴실 가능합니다.

## 7. 제어회로 오작(규격이나 규정에 맞지 않게 잘못 만든 경우)
① 기구 배치도와 다르게 작업했을 경우 (소켓 배치, 램프·버튼 색상 배치)
② 주회로, 보조회로에 각각 사용되는 연선, 단선을 잘못 사용한 경우
③ **소켓과 소켓 사이에 배선 한 경우**
④ 하나의 단자에 **3개 이상 배선** 한 경우
⑤ 컨트롤 박스 커버를 조립하지 않은 경우
⑥ 도면의 동작 사항과 일치하지 않는 경우

# chapter 7. 승강기기능사 실기 공개문제

## 1. 공개문제

큐넷(Q-Net)에서는 승강기기능사 실기시험 공개문제로 총 10개의 제어회로도를 제공하고 있습니다. 실기시험은 공개문제와 동일한 회로가 출제되거나, 일부 기출문제가 변형되어 출제되기도 합니다. 따라서 공개문제 1번부터 10번까지 전 회차를 모두 연습해보시는 것을 권장합니다.

## 2. 공개문제 다운로드

- Q-Net 홈페이지 > 자격정보 > 국가자격 > 국가자격 종목별 상세정보 > 하단 공개문제

## 3. 공개문제 해설 영상

| 접점번호<br>전체 해설 | | 7 | |
|---|---|---|---|
| 1-1 | | 8 | |
| 1-2 | | 10 | |
| 6 | | | |

memo

# 『승강기기능사 실기 재료 세트 판매개시!』

*시험에 따라 지급품은 변동이 있을 수 있습니다.

## 시험장 지급재료

| 지급재료 | 구분 | 수량 |
|---|---|---|
| 램프 | 적색 | 1개 |
| | 황색 | 1개 |
| | 녹색 | 1개 |
| 푸시버튼 | 적색 | 1개 |
| | 녹색 | 1개 |
| 컨트롤 박스 | 2구 | 1개 |
| | 3구 | 1개 |
| 소켓 | 릴레이 8핀 | 2개 |
| | 타이머 8핀 | 2개 |
| | 12핀 | 3개 |
| 단자대 | 3P | 2개 |
| Y형압착단자 | 2.5SQ-4Y | 40개 |
| 절연튜브 | 2.5SQ | 40개 |
| 나사못 | 12mm | 25개 |
| | 20mm | 20개 |
| 케이블타이 | 100mm | 20개 |
| 비닐절연전선 | 단선 1.5㎟ | 14m |
| | 연선 2.5㎟ | 5m |
| 합판 | 400X600 | 1개 |
| 와이어로프 | 1m | 1개 |
| 바인드선 | 0.5mm 1m | 1개 |

## 일리일 판매 구성품

| 수량 |
|---|
| 1개 |
| 1개 |
| 1개 |
| 1개 |
| 1개 |
| 1개 |
| 1개 |
| 2개 |
| 2개 |
| 3개 |
| 2개 |
| 80개 |
| 80개 |
| 25개 |
| 20개 |
| 20개 |
| 30m 1묶음 |
| 10m 1묶음 |
| 1개 |
| 1개 |
| 1개 |

시험용 재료는 일반 시중에서 구하기 어려운 품목들로 구성되어 있습니다. 공구상가에서도 해당 재료들은 실제 현장에서는 사용되지 않기 때문에 쉽게 구입하기 어렵습니다.

본 교재에서 안내하는 실기 세트는 실제 시험장에서 사용하는 재료와 동일한 구성으로 마련되었습니다. 와이어로프와 소켓 등 시험장 지급 품목이 모두 포함되어 있어, 실제 시험 환경과 최대한 동일한 조건에서 연습할 수 있습니다.

「순수찜 승강기기능사 교재」의 실기 파트를 참고하여 단계별로 차근차근 따라 하신다면, 막막하게 느껴졌던 실기시험도 한 번에 완벽히 대비하실 수 있습니다.

구매 바로가기

## 승강기기능사 실기 set 구성품

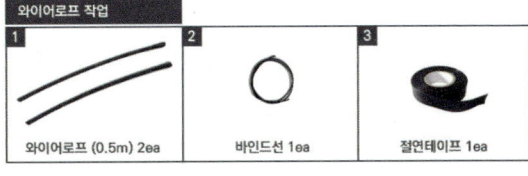

memo

memo

# 순수찜

## 약력 및 경력

- 승강기기능사 실기 고득점 합격자
- 전)승강기 유지보수 업체 재직중
- 승강기기능사 관련 유튜브 채널 운영
- 승강기기능사 외 국가기술자격/전문자격증 다수 보유
- 승강기기능사 자격증 시험 대비서 집필

## 2026 유튜버 순수찜
## 승강기기능사 필기/실기 핵심이론+기출문제집 -전체 무료강의 제공-

**발행일**  초판 2022년 1월 30일
  개정판(1쇄) 2026년 1월 2일
**발행처**  인성재단(지식오름)
**발행인**  조순자
**편저자**  순수찜
**디자인**  서시영

※ 낙장이나 파본은 교환해 드립니다.
※ 이 책의 무단 전제 또는 복제행위는 저작권법 제136조에 의거하여 처벌을 받게 됩니다.

**정가**  26,000원
**ISBN**  979-11-7491-033-2